高等职业教育计算机类专业“十二五”规划教材

国家级精品课程主讲教材

数据库原理与应用

孙　锋　主　编

王秀英　副主编

曲彤安　苗　雨　韩　红　参　编

中国铁道出版社

CHINA RAILWAY PUBLISHING HOUSE

内 容 简 介

本书是在2012年国家级精品资源共享课教材《数据库原理与应用》的基础上编写而成的。为了更好地适应高职高专课程教学的需要，本书采用理论带动实训、实训推动理论的编写方式，前5章系统地介绍了数据的基础理论知识，包括：数据库系统导论、关系数据库的基本理论、关系模式的规范化设计、数据库设计与维护和数据库的安全与保护。后6章是对应前面的基本理论在SQL Server 2005中的具体应用和实现，包括：SQL Server 2005基础、表的创建与管理、数据查询、视图与索引、安全管理和数据库维护。

本书结构严谨、层次清晰、深入浅出、理论与实训紧密结合，不仅可作为高职高专计算机及相关专业“数据库原理与应用”课程教材，也可供其他读者参考。

图书在版编目（CIP）数据

数据库原理与应用 / 孙锋主编. — 北京 : 中国铁道出版社，2014.2（2015.8 重印）

高等职业教育计算机类专业“十二五”规划教材　国家级精品课程主讲教材

ISBN 978-7-113-13494-5

Ⅰ. ①数… Ⅱ. ①孙… Ⅲ. ①关系数据库系统—高等职业教育—教材 Ⅳ. ①TP311.138

中国版本图书馆CIP数据核字(2014)第021340号

书　　名：数据库原理与应用
作　　者：孙　锋　主编

策　　划：祁　云　　　　**读者热线：**400-668-0820
责任编辑：祁　云　贾淑媛
封面设计：付　巍
封面制作：白　雪
责任校对：汤淑梅
责任印制：李　佳

出版发行：中国铁道出版社（100054，北京市西城区右安门西街8号）
网　　址：http://www.51eds.com
印　　刷：北京鑫正大印刷有限公司
版　　次：2014年2月第1版　　2015年8月第2次印刷
开　　本：787mm×1092mm　1/16　**印张：**19.25　**字数：**479千
印　　数：3 001～5 000册
书　　号：ISBN 978-7-113-13494-5
定　　价：37.00元

前　言

数据库是近年来计算机科学技术中发展最快的领域之一，它已经成为计算机信息系统与应用系统的核心技术和重要基础。

数据库技术包括数据库系统原理和数据库应用系统两大部分，前者是后者的理论基础，只有在正确理论指导下，才能设计出合理、适用的数据库系统。本教材首先给出必要的理论基础，然后在理论指导下进行实践。

全书分为 11 章（带*号的章节为选学内容）。

第 1 章 数据库系统导论，主要讲述数据管理技术的发展、数据库系统的结构和数据库管理系统，以及概念模型和数据模型。

第 2 章 关系数据库的基本理论，主要讲述关系模型的基本概念、关系代数的基本运算和关系的完整性。

第 3 章 关系模式的规范化设计，主要讲述问题提出、函数依赖、关系模式的范式和关系模式的规范化。

第 4 章 数据库设计与维护，主要讲述数据库设计概述、需求分析、概念结构设计、逻辑结构设计、数据库的物理设计、数据库的实施，以及数据库的运行和维护。

第 5 章 数据库的安全与保护，主要讲述数据库的并发控制技术、安全性、完整性控制和数据备份与恢复技术。

第 6 章 SQL Server 2005 基础，从 SQL Server 2005 的安装、配置开始讲解，并且介绍了 SQL Server 2005 常用工具及数据库的定义与管理。

第 7 章 表的创建与管理，包括常用数据类型、表的设计与创建，数据插入、更新和删除，数据的实体完整性、参照完整性、用户定义的完整性控制，以及约束的管理。

第 8 章 数据查询，主要讲述结构化查询语言 SQL 中的 SELECT 语句，包括：SELECT 子句、WHERE 子句、ORDER BY 子句、聚合函数与 GROUP BY 分组统计、COMPUTE 子句等。以及联接查询、子查询、联合查询等高级查询技术。最后简单介绍了 Transact-SQL 程序设计和存储过程。

第 9 章 视图与索引，讲解视图的定义与应用，以及索引的定义与应用。

第 10 章 安全管理，包括 SQL Server 2005 的安全管理机制和服务器安全管理；管理数据库用户、管理架构、管理数据库角色等数据库安全管理；权限的授予、回收和拒绝。

第 11 章 数据库维护，涉及数据库管理中常用的数据导入与导出，数据库收缩，数据库备份与恢复，以及 SQL Server 2005 中的事务处理等内容。

本书特色：

（1）结构设计完整。既包括数据库原理也包括数据库应用部分，适合按模块组织教学的需要。

（2）涉及内容适度。在数据库系统基础中，将数据库原理的最基础的部分提炼出来，做了深入浅出的论述，以指导应用系统的设计；在数据库应用系统中，以应用较广的 SQL Server 2005 为工具，选取企业相应岗位中常用的处理方法和操作进行讲解。

（3）适用性与针对性强。在编写上突出高等职业教育的特点，强调理论与实训充分结合，突出职业技能训练。

（4）在理论的基础上，结合企业岗位任务深入浅出地举例说明具体如何操作。例如本书中设有“SQL 语句分析”和“可视化操作指导”等，实践性较强，实际应用价值高，并与理论教学内容相呼应，起到了活学活用的目的。

（5）习题和实训练习丰富，每章后面都配有“思考与练习”，第 6 章起加入“实践练习”，而且，把各章的习题汇总起来就是完整的课程题库。实践练习的针对性强，提出了实训要求和必要的指导，有利于学生技能的提升。

（6）教学支持资源多。本教材还提供了完整的配套课件和课后习题的全部答案，并且对应于国家级精品资源课程网站，有丰富的视频、动画、案例等教学资源。

本书由 2012 年国家级精品资源共享课程“数据库原理与应用”课题组教师独立编写，编者都是长期在第一线从事高职高专院校计算机技术教学的专业教师，对学生的基础、特点和认识规律有深入的研究，在教学实践中积累了丰富的经验。

本书由孙锋副教授任主编，王秀英任副主编，曲彤安、苗雨和韩红参与了编写，其中第 1 章、第 3 章、第 4 章、第 5 章由孙锋编写；第 6 章、第 7 章和第 11 章由王秀英编写；第 9 章和第 10 章由曲彤安编写；第 8 章由苗雨编写；第 2 章由韩红编写。

由于编者水平有限，时间仓促，书中疏漏之处在所难免，恳请读者批评指正。

书中提到的脚本文件，请到课程网站 http://www.icourses.cn/coursestalic/course_2212.html 下载。

编 者

2013 年 12 月

目 录

第 1 章　数据库系统导论

学习目标：

- 了解数据和信息的概念，数据管理技术的发展，数据库系统三级模式/两层映像的体系结构。
- 了解数据库的概念、数据库管理系统的功能与数据库系统的组成。
- 掌握概念模型中几个常用术语，例如实体、属性、联系和码等，以及实体间的三类联系。
- 熟练掌握实体联系方法——E-R 图的画法。
- 理解几种不同的数据模型间的区别。

1.1　数据管理技术

随着信息技术的不断提高，用于管理信息资源的数据库技术也得到了很大的发展，其应用领域也越来越广泛，涉及办公自动化系统、管理信息系统、专家系统、过程控制、联机分析处理、计算机辅助设计与制造等领域。因此，数据库技术是近年来计算机科学技术中发展最快的领域之一，它已成为计算机信息系统与应用系统的核心技术和重要基础。

数据库技术就是研究如何对数据进行科学地组织、管理和处理，以便提供可共享的、安全的、可靠的数据信息。

1.1.1　信息与数据

在计算机应用技术中，信息与数据这两个概念有很多相似之处，但其具体表达的内容是有区别的。

数据（Data）是数据库中存储的基本对象，通常指描述事物的符号。这些符号具有不同的数据类型，它可以是数字、文字，也可以是图形、图像、声音、说明性信息等。例如，定义学生的年龄是 18 岁；学生性别是“女”，当然也可以将文字形式改为用字母“F”表示，这里的“18”、“女”和“F”都是数据。因此，数据代表真实世界的客观事实。

信息（Information）是经过加工处理后具有一定含义的数据集合，它具有超出事实数据本身之外的额外价值。信息是标识复杂客观实体的数据，是人们进行各种活动所需要的知识。例如，可以将学生年龄是“18”岁，性别为“女”的两组相对独立的数据组合在一起形成一条表示学生基本情况的信息。

数据与信息既有联系又有区别。数据是表示信息的，但并非任何数据都表示信息，信息是加工处理后的数据，是数据所表达的内容。同时，信息不随表示它的数据形式而改变，它是反映客观现实世界的知识，而数据则具有任意性，用不同的数据形式可以表示相同的信息。

将数据转换成信息的过程称为数据处理，它包括对各种类型的数据进行收集、存储、分类、加工和传输等一系列活动，具体讲就是对所输入的数据进行加工整理。其目的是从大量的、已知的数据出发，根据事物之间的固有联系和运动规律，推导、抽取出有价值的、有意义的信息。可以用下面的表达式简单地表示出信息与数据之间的关系：

信息=数据+处理

这里，数据可以看作原料，是输入；而信息是产出，是输出结果。由此可见，信息是一种被加工成特定形式的数据。

1.1.2 数据管理技术的发展

从数据本身来讲，数据管理是指收集数据、组织数据、存储数据和维护数据等几个方面。随着计算机硬件和软件技术的发展，计算机数据管理技术也在不断改进，大致经历了3个阶段：人工管理阶段、文件系统阶段和数据库系统阶段。

1. 人工管理阶段

20世纪50年代中期以前，计算机主要用于科学计算，数据量较少，一般不需要长期保存。硬件方面，外部存储器只有卡片、磁带和纸带，还没有磁盘等直接存取的存储设备；软件方面，没有专门管理数据的软件，数据处理方式基本是批处理。此阶段数据与应用程序之间的关系是一一对应的关系，如图1-1所示。

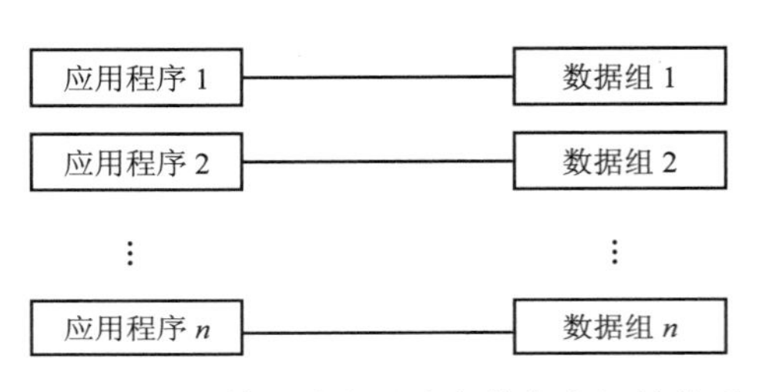

图1-1 人工管理阶段程序与数据之间的关系

这一阶段数据管理的特点是：

① 数据面向具体应用，不共享。一组数据只能对应一组应用程序，如果数据的类型、格式或者数据的存取方法、输入/输出方式等改变了，程序必须做相应的修改。这使得数据不能共享，即使两个应用程序涉及某些相同数据，也必须各自定义，无法互相利用。因此，程序与程序之间存在大量的冗余。

② 数据不单独保存。由于应用程序与数据之间结合得非常紧密，每处理一批数据，都要特地为这批数据编制相应的应用程序。数据只为本程序所使用，无法被其他应用程序利用。因此，程序的数据均不能单独保存。

③ 没有软件系统对数据进行管理。数据管理任务，包括数据存储结构、存取方法、输入/输出方式等。这些完全由程序开发人员全面负责，没有专门的软件加以管理。一旦数据发生改变，就必须修改程序，这就给应用程序开发人员增加了很大的负担。

④ 没有文件的概念。这个阶段只有程序的概念，没有文件的概念。数据的组织方式必须由程序开发人员自行设计。

2. 文件系统阶段

20世纪50年代后期至60年代中后期，计算机不仅用于科学计算，还用于信息管理。硬件方面，外存储器有了磁盘、磁鼓等直接存取的存储设备；软件方面，操作系统中已经有了专门的管理外存的数据软件，一般称为文件系统。数据处理方式不仅有批处理，还有联机实时处理。此阶段数据与应用程序之间的关系如图 1-2 所示。

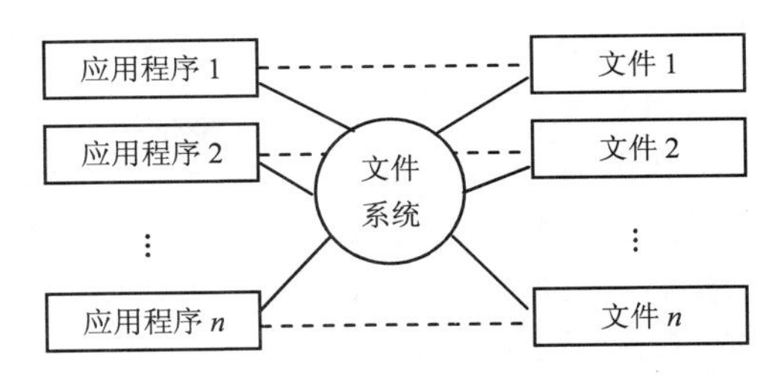

图 1-2　文件系统阶段程序与数据之间的关系

这一阶段数据管理的特点是：

① 程序与数据分开存储，数据可以“文件”形式长期保存在外部存储器上，并可对文件进行多次查询、修改、插入和删除等操作。

② 有专门的文件系统进行数据管理，程序和数据之间通过文件系统提供存取方法进行转换。因此程序和数据之间具有一定的独立性，程序只需用文件名访问数据，不必关心数据的物理位置。数据的存取以记录为单位，并出现了多种文件组织形式，如索引文件、随机文件和直接存取文件等。

③ 数据不只对应某个应用程序，可以被重复使用。但程序还是基于特定的物理结构和存取方法，因此数据结构与程序之间的依赖关系仍然存在。

虽然这一阶段较人工管理阶段有了很大的改进，但仍显露出很多缺点，主要有：

① 数据冗余度大。文件系统中数据文件结构的设计仍然对应于某个应用程序，也就是说，数据还是面向应用的。当不同的应用程序所需要的数据有部分相同时，也必须建立各自的文件，而不能共享部分相同的数据。因此，出现大量重复数据，浪费了存储空间。

② 数据独立性差。文件系统中数据文件是为某一特定要求设计的，数据与程序相互依赖。如果改变数据的逻辑结构或文件的组织方式，必须修改相应的应用程序；而应用程序的改变，如应用程序的编程语言改变了，也将影响数据文件结构的改变。

因此，文件系统是一个不具有弹性的、无结构的数据集合，即文件之间是独立的，不能反映现实世界事物之间的内在联系。

3. 数据库系统阶段

20 世纪 60 年代后期以来，计算机用于管理的范围越来越广泛，数据量也急剧增加。硬件技术方面，开始出现了大容量、价格低廉的磁盘。软件技术方面，操作系统更加成熟，程序设计语言的功能更加强大。在数据处理方式上，联机实时处理要求更多，另外提出分布式数据处理方式，用于解决多用户、多应用共享数据的要求。在这样的背景下，数据库技术应运而生，它主要是解决数据的独立性，实现数据的统一管理，达到数据共享的目的。也因此出现了统一管理数据的专门软件系统，即数据库管理系统（DataBase Mamagement System，DBMS）。这一阶段程序与数据之间的关系如图 1-3 所示。

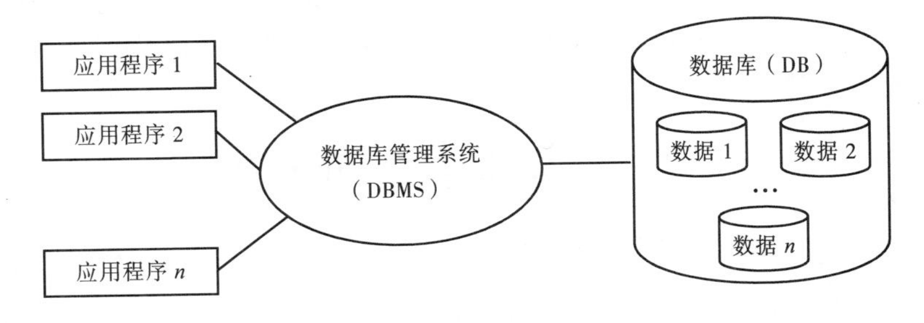

图 1-3　数据库系统阶段程序与数据之间的关系

数据库系统阶段的数据管理具有以下特点：

（1）数据结构化

数据结构化是数据库与文件系统的根本区别，是数据库系统的主要特征之一。传统文件的最简单形式是等长同格式的记录集合。在文件系统中，相互独立的文件的记录内部是有结构的，类似于属性之间的联系，而记录之间是没有结构的、孤立的。

【例 1-1】有 3 个文件，学生（学号、姓名、年龄、性别、出生日期、专业、住址）；课程（课程号、课程名称、授课教师）；成绩（学号、课程号、成绩），要想查找某人选修的全部课程的课程名称和对应成绩，则必须编写一段程序来实现。

数据库系统采用数据模型来表示复杂的数据结构，数据模型不仅表示数据本身的联系，而且表示数据之间的联系。只要定义好数据模型，上述问题可以非常容易地联机查到。

（2）数据的冗余度低，共享性高，易扩充

数据库系统从整体角度看待和描述数据，数据不再面向某个应用而是面向整个系统，因此数据可以被多个用户、多个应用共享使用。这样可以大大减少数据冗余，提高共享性，节约存储空间。数据共享还能够避免数据之间的不相容性与不一致性。

所谓数据的不一致性是指同一数据不同副本的值不一样。采用人工管理或文件系统管理时，由于数据被重复存储，当不同的应用使用和修改不同的副本时就很容易造成数据的不一致。在数据库中数据共享，减少了由于数据冗余造成的不一致现象。

由于数据面向整个系统，是有结构的数据，不但可以被多个应用共享使用，而且容易增加新的应用，这就使得数据库系统弹性大，易于扩充，可以适应各种用户的要求。

（3）数据独立性高

数据独立性包括数据的物理独立性和数据的逻辑独立性。物理独立性是指用户的应用程序与存储在磁盘上的数据库中数据是相互独立的。也就是说，数据在磁盘上的数据库中怎样存储是由数据库管理系统负责管理的，应用程序不需要了解，应用程序要处理的只是数据的逻辑结构。这样当数据的物理结构改变时，可以不影响数据的逻辑结构和应用程序，这就保证了数据的物理独立性。

而数据的逻辑独立性是指用户的应用程序与数据库的逻辑结构是相互独立的，即当数据的逻辑结构改变时，应用程序也可以保持不变。

（4）数据由数据库管理系统统一管理和控制

数据库系统的共享是并发的（Concurrency）共享，即多个用户可以同时存取数据库中的数据，这个阶段的程序和数据的联系通过数据库管理系统（DBMS）来实现。数据库管理系统必须为用户提供存储、检索、更新数据的手段，实现数据库的并发控制，实现数据库的恢复，保证数据完整性和保障数据安全性控制。

1.2 数据库系统的结构

1.2.1 数据库系统的三级模式结构

构建数据库系统的模式结构就是为了保证数据的独立性，以达到数据统一管理和共享的目的。数据的独立性包括物理独立性和逻辑独立性。物理独立性是指用户的应用程序与存储在磁盘上的数据库中数据的相互独立性。也就是说，在磁盘上数据库中数据的存储是由 DBMS 管理的，用户程序一般不需要了解。应用程序要处理的只是数据的逻辑结构，也就是数据库中的数据，这样在计算机存储设备上的物理存储改变时，应用程序可以不必改变，而由 DBMS 来处理这种改变，这就称为“物理独立性”。有的 DBMS 还提供一些功能，使得某些程序上数据库的逻辑结构改变了，用户程序也可以不改变，这又称为“逻辑独立性”。

数据库体系结构是数据库的一个总体框架，是数据库内部的系统结构。1978 年美国国家标准学会（American National Standard Institute，ANSI）的数据库管理研究小组提出标准化建议，从数据库管理系统角度看，将数据库结构分成三级模式和两层映像。

数据库系统的三级模式结构是指数据库系统是由外模式、模式和内模式三级构成，它们之间的关系如图 1-4 所示。

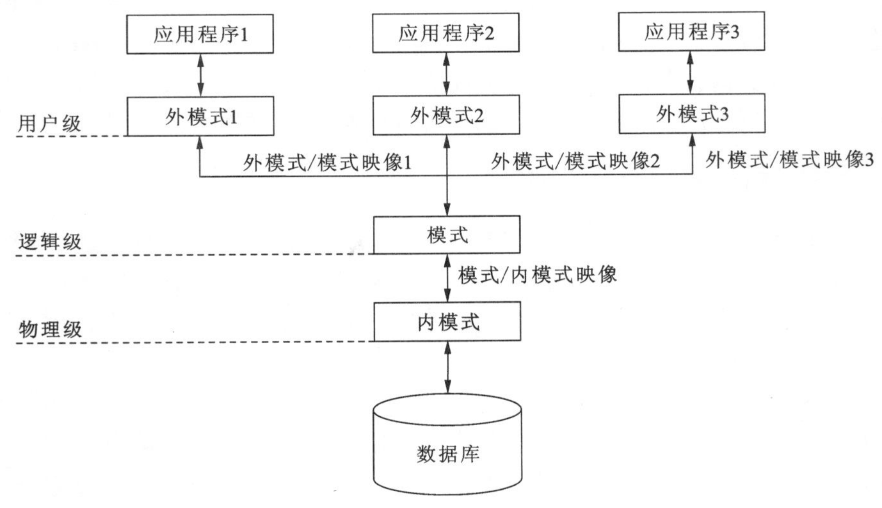

图 1-4　数据库系统的三级模式结构

1. 外模式

外模式也称子模式或用户模式，属于视图层抽象，它是数据库用户（包括应用程序员和最终用户）能够看见和使用的局部数据的逻辑结构和特征的描述，是数据库用户的数据视图，是与某一应用有关的数据的逻辑表示。

外模式通常是模式的子集。一个数据库可以有多个外模式。由于它是各个用户的数据视图，如果用户在应用需求、提取数据的方式、对数据保密的要求等方面存在差异，则其外模式描述就是不同的。即使对模式中同一数据，在外模式中的结构、类型、长度、保密级别等都可以不同。可见，不同数据库用户的外模式可以不同。

每个用户只能看见和访问所对应的外模式中的数据，数据库中的其余数据是不可见的，对于用户来说，外模式就是数据库。这样既能实现数据共享，又能保证数据库的安全性。DBMS 提供数据描述语言（Data Description Language）来严格定义外模式。

2. 模式

模式也称逻辑模式或概念模式，是数据库中全体数据的逻辑结构和特征的描述，是所有用户的公共数据视图，是数据库管理员看到的数据库，属于逻辑层抽象。它介于外模式与内模式之间，既不涉及数据的物理存储细节和硬件环境，也与具体的应用程序及所使用的应用程序无关。

模式实际上是数据库数据在逻辑级的视图。一个数据库只有一个模式。数据库模式以某一种数据模型为基础，统一考虑所有用户的需求，并将这些需求有机地结合成一个逻辑整体。定义模式时不仅要定义数据的逻辑结构，例如数据记录由哪些数据项构成，数据项的名字、类型、取值范围等，而且要定义数据之间的联系，定义与数据有关的安全性、完整性要求。模式可以减小系统的数据冗余，实现数据共享。DBSM 提供数据描述语言（Data Description Language）来严格地定义模式。

3．内模式

内模式也称存储模式，是数据在数据库中的内部表示，属于物理层抽象。内模式是数据物理结构和存储方式的描述，一个数据库只有一个内模式，它是 DBMS 管理的最低层。DBSM 提供内模式数据描述语言（Internal Schema Data Description Language）来严格地定义内模式。

总之，模式描述数据的全局逻辑结构，外模式涉及的是数据的局部逻辑结构，即用户可以直接接触到的数据的逻辑结构，而内模式更多的是由数据库系统内部实现的。

1.2.2 数据库的两层映像与独立性

数据库系统的三级模式是对数据的三个抽象级别，为了能够在内部实现这三个抽象层次的联系和转换，数据库管理系统在这三级模式之间提供了两层映像：外模式/模式映像；模式/内模式映像。如图 1–4 所示，这两层映像保证了数据库系统中的数据能够具有较高的逻辑独立性和物理独立性。

（1）外模式/模式映像

模式描述的是数据的全局逻辑结构，外模式描述的是数据的局部逻辑结构。对应于同一个模式可以有任意多个外模式。对于每一个外模式，数据库系统都提供了一个外模式/模式映像，它定义了该外模式与模式之间的对应关系。这些映像定义通常包含在各自外模式的描述中。

当模式改变时，可由数据库管理员对各个外模式/模式的映像作相应改变，从而保持外模式不变。应用程序是依据数据的外模式编写的，因此应用程序就不必修改了，保证了数据与程序的逻辑独立性，简称数据的逻辑独立性。

（2）模式/内模式映像

数据库中只有一个模式，也只有一个内模式，所以模式/内模式映像是唯一的，它定义了数据全局逻辑结构与存储结构之间的对应关系。当数据库的存储结构改变了（例如选用了另一种存储结构），为了保持模式不变，也就是应用程序保持不变，由数据库管理员对模式/内模式映像作相应改变就可以了。这样，就保证了数据与程序的物理独立性，简称数据的物理独立性。

在数据库的三级模式结构中，数据库模式即全局逻辑结构是数据库的中心与关键，它独立于数据库的其他层次。因此设计数据库模式结构时应首先确定数据库的逻辑模式。

数据库的内模式依赖于它的全局逻辑结构，但独立于数据库的用户视图即外模式，也独立于具体的存储设备。它将全局逻辑结构中所定义的数据结构及其联系按照一定的物理存储策略进行组织，以达到较好的时间与空间效率。

数据库的外模式面向具体的应用程序，它定义在逻辑模式之上，但独立于存储模式和存储设备。当用户需求发生较大变化，相应外模式不能满足其视图要求时，该外模式就得做相应改动，所以设计外模式时应充分考虑到应用的扩充性。

特定的应用程序是在外模式描述的数据结构上编制的，它依赖于特定的外模式，与数据库的模式和存储结构独立。不同的应用程序有时可以共用同一个外模式。数据库的两层映像保证了数据库外模式的稳定性，从而从底层保证了应用程序的稳定性，除非应用需求本身发生变化，否则应用程序一般不需要修改。

数据库的三级模式和两层映像保证了数据与程序之间的独立性，使得数据的定义和描述可以从应用程序中分离出去。另外，由于数据的存取由 DBMS 管理，用户不必考虑存取路径等细节，从而简化了应用程序的编制，大大减少了应用程序的维护和修改。

1.3　数据库、数据库管理系统和数据库系统

1.3.1　数据库

数据库（DataBase，DB），是存储在计算机存储设备上、结构化的相关数据集合。它不仅包括描述事物的数据本身，还包括相关事物之间的联系。

人们收集并抽取出一个应用所需要的大量数据之后，应将其保存起来以供进一步加工处理，进一步抽取有用信息。在科学技术飞速发展的今天，人们的视野越来越广，数据量急剧增加。过去人们把数据存放在文件柜里，现在人们借助计算机和数据库技术科学地保存和管理大量的复杂的数据，以便能方便而充分地利用这些宝贵的信息资源。例如，一个单位可以将全部员工的情况存入数据库进行管理；一个图书馆可以将馆藏图书和图书借阅情况保存在数据库中，以便于对图书信息的管理。

所以，数据库是长期存储在计算机内、有组织的、可共享的数据集合。数据库中的数据按一定的数据模型组织、描述和存储，具有较小的冗余度、较高的数据独立性和易扩展性，并可为各种用户共享。

1.3.2　数据库管理系统

数据库管理系统（DBMS）是处理数据访问的软件系统，也就是位于用户与操作系统之间的一层对数据库进行管理的软件。用户必须通过数据库管理系统来统一管理和控制数据库中的数据。一般来说，数据库管理系统主要有如下功能。

1. 数据定义

DBMS 提供数据定义语言（Data Definition Language，DDL），定义数据库的三级结构，包括外模式、模式和内模式及相互之间的映像；定义数据的完整性、安全控制等约束。各级模式通过 DLL 编译成相应的目标模式，并被保存在数据字典中，以便在进行数据操纵和控制时使用。这些定义存于数据字典中，是 DBMS 存储和管理数据的依据。DBMS 根据这些定义，从物理记录导出全局逻辑记录，又从全局逻辑记录导出用户所检索的记录。

2. 数据操纵

DBMS 还提供数据操纵语言（Data Manipulation Language，DML），用户可以使用 DML 操纵数据实现对数据库的基本操作，如存取、检索、插入、删除和修改等。DML 有两类：一类 DML

可以独立交互使用，不依赖于任何程序设计语言，称为自主型或自含型语言；另一类 DML 必须嵌入到宿主语言中使用，称为宿主型 DML。在使用高级语言编写的应用程序中，需要使用宿主型 DML 访问数据库中的数据。因此，DBMS 必须包含编译或解释程序。

3. 数据库的运行管理

所有数据库的操作都要在数据库管理系统统一管理和控制下进行，以保证事务的正确运行和数据的安全性、完整性。这也是 DBMS 运行时的核心部分，它包括以下四类。

（1）数据的并发（Concurrency）控制

当多个用户的并发进程同时存取、修改或访问数据库时，可能会发生相互干扰而得到错误的结果或使得数据库的完整性遭到破坏，因此必须对多用户的并发操作加以控制和协调。

（2）数据的安全性（Security）保护

数据的安全性保护是指保护数据以防止不合法的使用造成的数据的泄密和破坏。使每个用户只能按规定，对某些数据以某些方式进行使用和处理。

（3）数据的完整性（Integrity）控制

数据的完整性控制是指设计一定的完整性规则以确保数据库中数据的正确性、有效性和相容性。例如，当输入或修改数据时，不符合数据库定义规定的数据系统不予接受。

（4）数据库的恢复（Recovery）

计算机系统的硬件故障、软件故障、操作员的失误及故意的破坏也会影响数据库中数据的正确性，甚至造成数据库部分或全部数据的丢失。DBMS 必须具有将数据库从错误状态恢复到某一已知的正确状态（亦称为完整状态或一致状态）的功能，这就是数据库的恢复功能。

总而言之，数据库是个通用的、综合性的数据集合，它可以供各种用户共享，并且具有最小的冗余度和较高的数据与程序的独立性。

4. 数据字典

数据字典（Data Dictionary，DD）中存放着对实际数据库各级模式所做的定义，也就是对数据库结构的描述。这些数据是数据库系统中有关数据的数据，称之为元数据（Metadata）。因此，数据字典本身也可以看成是一个数据库，只不过它是系统数据库。

数据字典是数据库管理系统存取和管理数据的基本依据，主要由系统管理和使用。数据字典描述了对数据库数据的集中管理手段,并且还可以通过查阅数据字典来了解数据库的使用和操作。数据字典经历了人工字典、计算机文件、专用数据字典系统和数据库管理系统与数据字典一体化 4 个发展阶段。专用的数据字典在系统设计、实现、运行和扩充各个阶段是管理和控制数据库的有力信息工具。关于数据字典的具体内容将在第 4 章数据库设计与维护中做详细介绍。

综上所述，数据库管理系统在建立、运行和维护时对数据库进行统一控制，以确保多种程序并发地使用数据库，并可以及时、有效地处理数据。

1.3.3 数据库系统的组成

数据库系统是指引进了数据库技术后的计算机系统，它能够有组织地、动态地存储大量数据，提供数据处理和数据共享机制，一般由硬件系统、软件系统、数据库和人员组成。数据库系统的组成结构如图 1-5 所示。

1．硬件系统

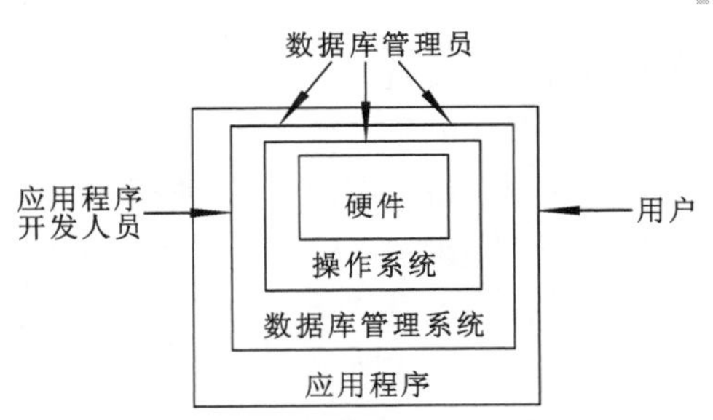

图 1-5　数据库系统组成结构

由于数据库系统数据量都很大，加之 DBMS 丰富的功能，使得自身的规模也很大，因此整个数据库系统对硬件资源提出了较高的要求，这些要求是：

① 有足够大的内存，存放操作系统、DBMS 的核心模块、数据缓冲区和应用程序。

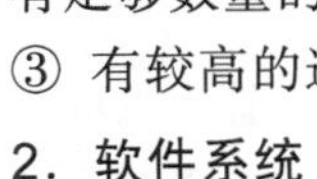

② 有足够大的磁盘等直接存取设备存放数据库；有足够数量的存储介质（内部存储设备和外部存储设计），作数据备份。

③ 有较高的通信能力，以提高数据传送率。

2．软件系统

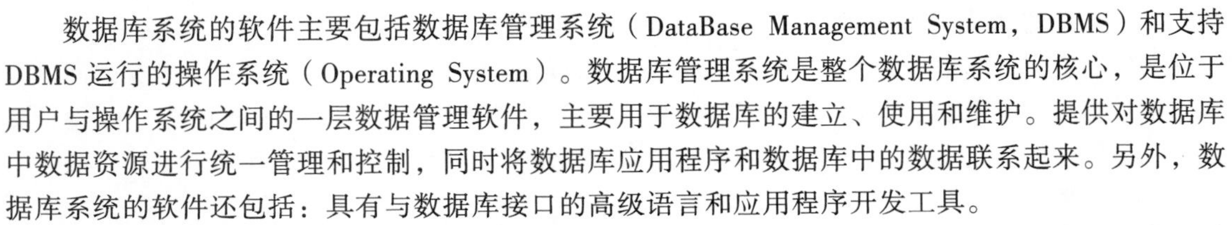

数据库系统的软件主要包括数据库管理系统（DataBase Management System，DBMS）和支持 DBMS 运行的操作系统（Operating System）。数据库管理系统是整个数据库系统的核心，是位于用户与操作系统之间的一层数据管理软件，主要用于数据库的建立、使用和维护。提供对数据库中数据资源进行统一管理和控制，同时将数据库应用程序和数据库中的数据联系起来。另外，数据库系统的软件还包括：具有与数据库接口的高级语言和应用程序开发工具。

一般来说，一种数据库只支持一种或两种操作系统。然而，近几年来，跨平台作业越来越受到人们的重视，许多大型数据库都同时支持几种操作系统，如 Oracle 数据库等。

应用程序开发工具在这里主要是用来开发与数据库相关的应用程序，现在流行的数据库应用程序开发工具有很多种，如本书所介绍的 SQL Server 2005 就是一种优秀的工具，它功能齐全，并且处理数据速度较高。

3．人员

这里的人员主要是指开发、设计、管理和使用数据库的人员，包括数据库管理员、应用程序开发人员和最终用户。

数据库管理员（DataBase Administrator，DBA）。为保证数据库系统的正常运行，需要有专门人员来负责全面管理和控制数据库系统，承担此任务的人员就称为 DBA。数据库管理员具体职责包括：

① 规划数据库的结构及存取策略。DBA 要了解、分析用户的应用需求，创建数据模式，并根据此数据模式决定数据库的内容和结构。同时要和数据库设计人员共同决定数据的存储结构和存取策略，以求获得较高的存取效率和存储空间利用率。此外，DBA 还要负责确定各个用户对数据库的存取权限、数据的保密级别和完整性约束条件。

② 监督和控制数据库的使用。DBA 的一个重要职责就是监视数据库系统的运行情况，及时处理运行过程中出现的问题。比如系统发生各种故障时，数据库会因此遭到不同程度的破坏，DBA 必须在最短时间内将数据库恢复到正确状态，并尽可能不影响或少影响系统其他部分的正常运行。

③ 负责数据库的日常维护。DBA 还负责在系统运行期间的日常维护工作，对运行情况进行记录、统计分析。并可以根据实际情况对数据库加以改进和重组重构。

数据库管理员的工作十分复杂，尤其是大型数据库的 DBA 一般是由几个人组成的小组协同工作。数据库管理员的职责十分重要，直接关系到数据库系统的顺利运行。所以，DBA 必须由专业知识和经验较丰富的专业人士来担任。

应用程序开发人员，就是设计数据库管理系统的人员。他们主要负责根据系统的需要，使用某种高级语言编写应用程序。应用程序可以对数据库进行访问、修改和存取等操作，并能够将数据库返回的结果按一定的形式显示给用户。

最终用户，是从计算机终端与系统交互的用户。最终用户可以通过已经开发好的具有友好界面的应用程序访问数据库，还可以使用数据库系统提供的接口进行联机访问数据库。

1.4 概 念 模 型

模型是人们对现实生活中事物和过程的描述和抽象表达。如建筑设计沙盘、航模飞机、微缩景观等都是具体的模式，人们通过它可以联想到现实生活中的事物。数据库中的数据模型（Data Model）是现实世界数据特征的抽象和归纳，也是一种模型。

我们知道数据库是相关数据的集合，它不仅反映数据本身的内容，而且要反映数据之间的联系。在数据库中，用数据模型这个工具来抽象、表示、处理现实世界中的数据和信息，以便计算机能够处理这些对象。因此，我们说数据模型就是对现实世界数据的模拟。了解数据模型的基本概念是学习数据库的基础。

数据模型一般情况下应满足三个条件：第一，数据模型要能够真实地描述现实世界；第二，数据模型要容易理解；第三，数据模型要能够方便地在计算机上实现。所以，在数据库系统中不同的数据模型能够提供不同的数据和信息。

根据数据模型应用目的的不同，可以将数据模型分为两类：概念模型（也称信息模式）和数据模型。前者是按用户的观点来对数据和信息建模，这类模型主要用在数据库的设计阶段，与具体的数据库管理系统无关。后者是按计算机系统的观点对数据建模，它与所使用的数据管理系统的种类有关，主要用于 DBMS 的实现。

1.4.1 信息的表示

由于计算机不可能直接处理现实世界中的具体事物，更不能够处理事物与事物之间的联系，因此必须把现实世界具体事物转换成计算机能够处理的对象。信息世界是现实世界在人脑中的真实反映，是对客观事物及其联系的一种抽象描述。为把现实世界中的具体事物抽象、组织为 DBMS 支持的数据模型，人们常常首先将现实世界抽象为信息世界，然后将信息世界转换为机器世界。具体地讲，就是首先把现实世界中的客观事物抽象为某一种信息结构，这种信息结构并不依赖于具体的计算机系统，也不与具体的 DBMS 相关，而是概念级的模型。然后再把概念模型转换为计算机上某一 DBMS 支持的数据模型。在这个过程中，将抽象出的概念模型转换成数据模型是比较直接和简单的，因此设计合适的概念模型就显得比较重要。信息转换过程如图 1-6 所示。

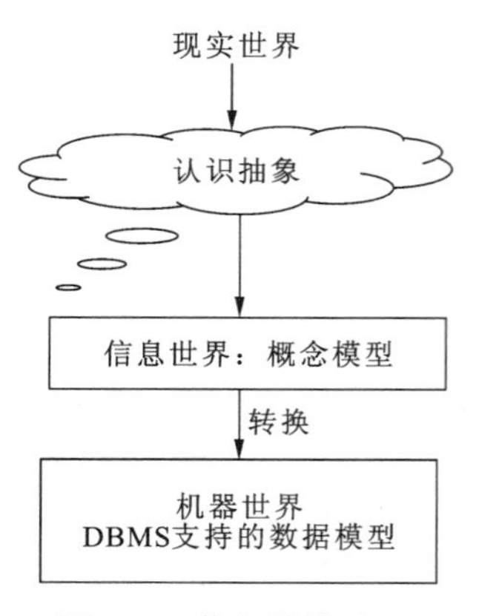

图 1-6 信息转换过程

可见，概念模型是现实世界到机器世界的一个中间层，它不依赖于数据的组织结构，而是反映现实世界中的信息及其关系。它是现实世界到信息世界的第一层抽象，也是用户和数据库设计人员之间进行交流的工具。这类模型不但具有较强的语义表达能力，能够方便、直接地表述应用中各种语义知识，而且概念简单、清晰，便于用户理解。

数据库设计人员在设计初期应把主要精力放在概念模型的设计上，因为概念模型是面向对象、面向现实世界的，与具体的 DBMS 无关。

1.4.2　实体、属性及联系

概念模型是对信息世界建模，所以概念模型应该能够方便、准确地表示出信息世界中的信息。信息世界中常用的术语如下。

1．实体（Entity）

客观存在并可相互区别的事物称为实体。实体可以是具体的人、事、物，也就是事物本身，如，职工、学生、图书等；也可以是抽象的概念或联系，如，学生选课、部门订货、借阅图书等都是实体。

2．属性（Attribute）

实体所具有的某一特征或性质称为属性。一个实体可以由若干个属性来刻画。例如学生实体可以用学号、姓名、性别、出生年份、专业、入学时间等属性来描述；学生选课实体可以用学号、课号、成绩这些属性来描述。属性的具体取值称为属性值。例如：（20070101，王一山，男，1989，软件技术，2007），这些属性组合起来表征了一个具体学生。

3．联系（Relationship）

在现实世界中，事物内部及事物之间是有联系的，这些联系在信息世界中反映为两类：一是实体内部的联系；二是实体之间的联系。实体内部的联系通常是指组成实体的各属性之间的联系。实体之间的联系通常是指不同实体之间的联系。

例如，在前面介绍的学生实体中，有多个属性，其中相同专业有很多学生，而一名学生当前只能有一种专业属性值，也就是说，学生的学号制约了该学生的专业，这就是实体内部的联系。再比如，学生选课实体和学生基本信息实体之间是有联系的，一名学生可以选修多门课程，一门课程可以被多名学生选修，这就是实体间的联系。

4．码（Key）

唯一标识实体的属性集称为码，例如学号是学生实体的码。码可以包含一个属性，也可以同时包含多个属性。如学生选课关系中，学号和课程号联合在一起才能唯一地标识某个学生某门课程的考试成绩。

5．实体型（Entity Type）

用实体名及其属性名集合来抽象和描述同类实体，称为实体型。例如，学生（学号，姓名，性别，出生年份，专业，入学时间）就是一个实体型，它是表示学生这个信息，不是指某一个具体的学生。通常说实体就是指实体型。

6．实体集（Entity Set）

同一类实体的集合称为实体集。例如，全体学生就是一个实体集。

1.4.3 实体间的联系

在现实世界中，事物之间的联系较为复杂。同样，实体内部和实体之间也存在着复杂的关系，这里主要讨论实体之间的联系。实体间的联系可以分为 3 类：

1．一对一联系（1:1）

设 A，B 为两个实体集。若 A 中的每个实体至多和 B 中的一个实体有联系，反之亦然，B 中的每个实体至多和 A 中的一个实体有联系，则称实体集 A 与实体集 B 是一一对应联系，记为 1:1，如图 1–7 所示。例如，职工管理系统中，一个部门只有一个经理，而一个经理只能担当一个部门的经理职务，则部门与经理之间是一对一的联系。

2．一对多联系（1:n）

设 A，B 为两个实体集。如果 A 中的某一个实体可以和 B 中的 n 个实体有联系，反之，B 中的每个实体至多和 A 中的一个实体有联系，则称实体集 A 与实体集 B 是一对多的联系，记为 1:n，如图 1–8 所示。这类联系比较普遍，例如，部门与职工之间是一对多联系，一个部门可以有多名职工，一名职工只在一个部门就职（只占一个部门的编制）；又如，一个系有多名教师，而每位教师只能在一个系工作，系和老师之间也是一对多联系。

一对一的联系可以看作一对多联系的特殊情况，即 n=1 时的特例。

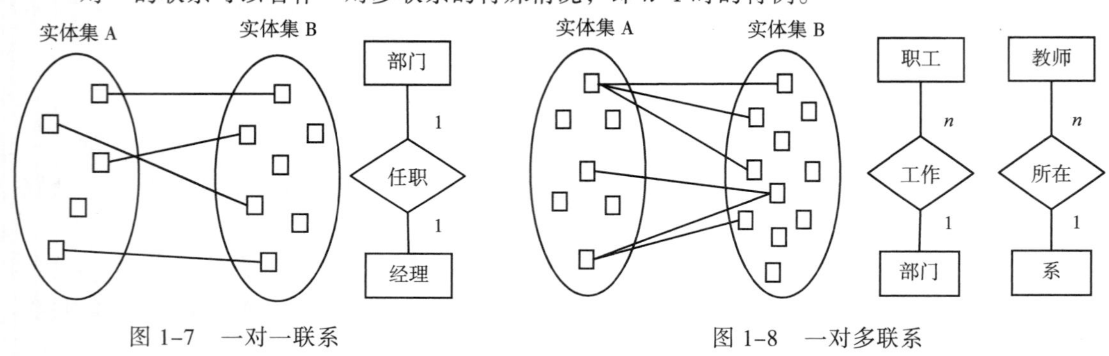

图 1–7 一对一联系　　图 1–8 一对多联系

3．多对多联系（m:n）

设 A，B 为两个实体集。若 A 中的每个实体可与 B 中的多个实体有联系，反过来，B 中的每个实体也可以与 A 中的多个实体有联系，则称实体集 A 与实体集 B 的联系是多对多，记为 m:n，如图 1–9 所示。

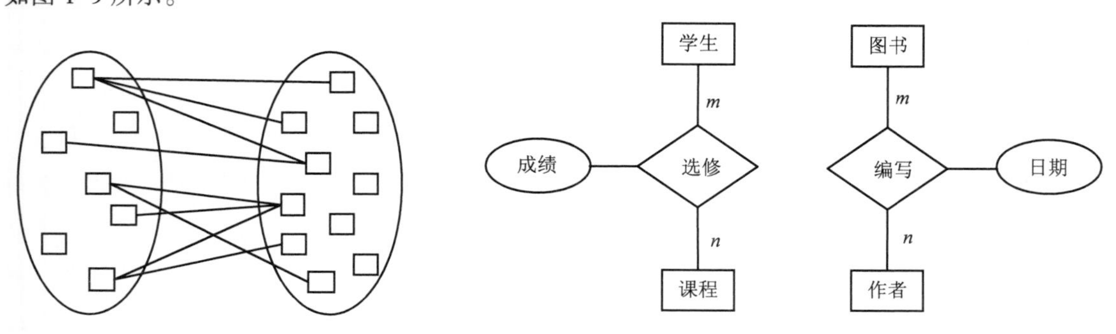

图 1–9 多对多联系

【例 1-2】一个学生可以选修多门课程，一门课程可以由多名学生选修。学生和课程间存在多对多联系。一本书可以由多个作者合作编写，而一个作者可以编写多种不同的图书，则作者与图书之间的联系也是多对多的联系。

提示：

有时联系也可以有自己的属性，这类属性不属于任一实体。例如，图 1-9 中，选修联系的成绩属性，它既不属于学生实体，也不属于课程实体。

实际上，一对多的联系可以看作多对多联系的一个特殊情况，即 $n=1$ 或 $m=1$ 时的特例。

一般，两个以上实体之间也存在着一对一、一对多和多对多的联系。

【例 1-3】一个职工拥有唯一的身份证和工作证，则职工与身份证和工作证之间是一对一的联系，如图 1-10（a）所示。

学校组织毕业设计，一个教师可以指导多个毕业生，一个毕业生只有一位指导教师；同时一个老师可以指导多个毕业设计题目，但每个毕业设计题目只能由一个教师指导。教师、毕业生和毕业设计题目三者之间是一对多的联系，如图 1-10（b）所示。

厂家生产过程中，一个厂家可以生产多种产品，每种产品可以使用多种材料，每种材料可以由不同的厂家生产，则厂家、产品和材料之间存在多对多的联系。也就是多个实体之间的多对多联系，如图 1-10（c）所示。

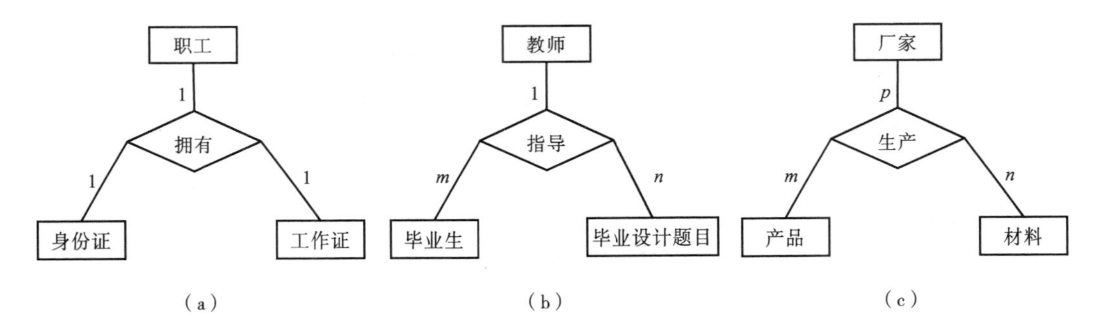

图 1-10　实体之间联系

同一实体集内的各实体之间也存在一对一、一对多和多对多的联系。

举例说明，以班级为单位的学生实体集内具有管理与被管理的关系，即一个学生作为班长可以管理若干学生，而一个学生仅被一个班长管理，这就是实体集内部的一对多联系，如图 1-11 所示。

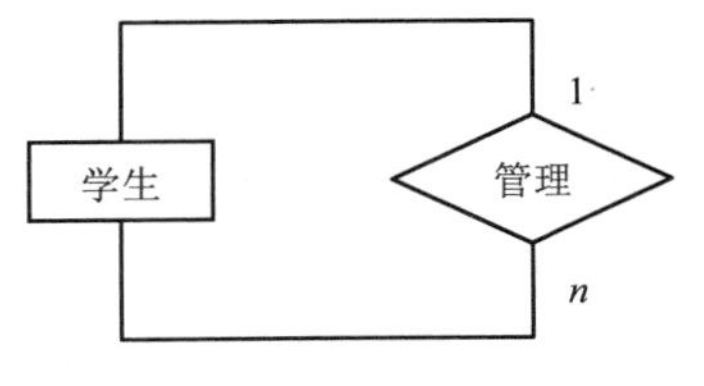

图 1-11　实体集内的 1:n 联系

1.4.4　实体联系方法

概念模型的表示方法很多，其中最为著名、最为常用的是 P.P.S.Chen 于 1976 年提出的实体-联系方法（Entity-Relationship Approach），即 E-R 方法（或 E-R 模式）。该方法用 E-R 图来描述现实世界的概念模型。E-R 图中提供了表示实体、属性和联系的方法：

① 实体（型）：用矩形表示，矩形框内写明实体名。

② 属性：用椭圆形表示，椭圆内注明属性名称，并用无向边将其与相应的实体连接起来。如果属性较多，可以将实体与其相应的属性另外单独用列表表示。

③ 联系：用菱形表示，菱形框内写明联系名，并用无向边将其与有关实体连接起来，同时在无向边上标注联系的类型（1 : 1，1 : n 或 m : n）。

④ 弱实体：即依赖联系，在现实世界中，有些实体对另一些实体有很强的依赖关系，即一个实体的存在必须以另一实体的存在为前提，前者就称为“弱实体”。在 E–R 图中用双线框表示弱实体，用箭头表示依赖联系。

【例 1-4】学生选课的概念模型中，学生实体具有学号、姓名、性别、出生年月、专业、入学时间等属性，用 E–R 图表示如图 1–12 所示。

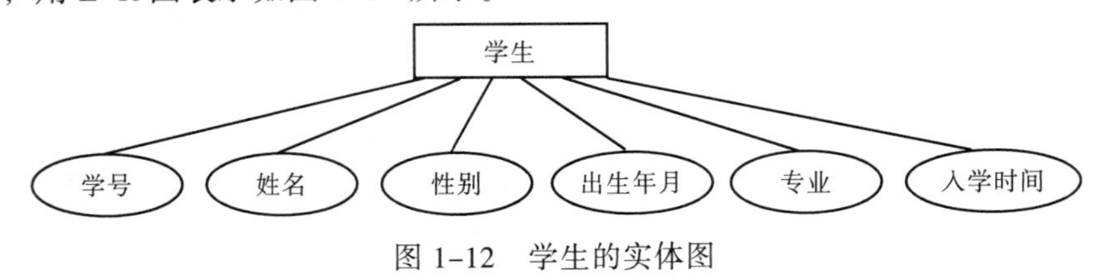

图 1–12 学生的实体图

提示：

如果一个联系具有属性，则这些属性也要用无向边与该联系连接起来。

图 1–9 所示为用成绩来描述学生选修联系的属性。

下面用 E–R 图来表示学生选课的概念模型。每个实体有如下属性：

学生基本情况：学号、姓名、性别、出生年月、专业、入学时间。

教师基本情况：编号，姓名、性别、职称、所属系部。

课程设置情况：课号、课程名称，学分。

这些实体有如下联系：

① 一个学生可以选修若干门课程，每门课程可以由多名学生选修。

② 一位教师可以讲授若干门课程，每门课程只有一位教师讲授。

三个实体之间的联系用 E–R 图表示如图 1–13 所示。

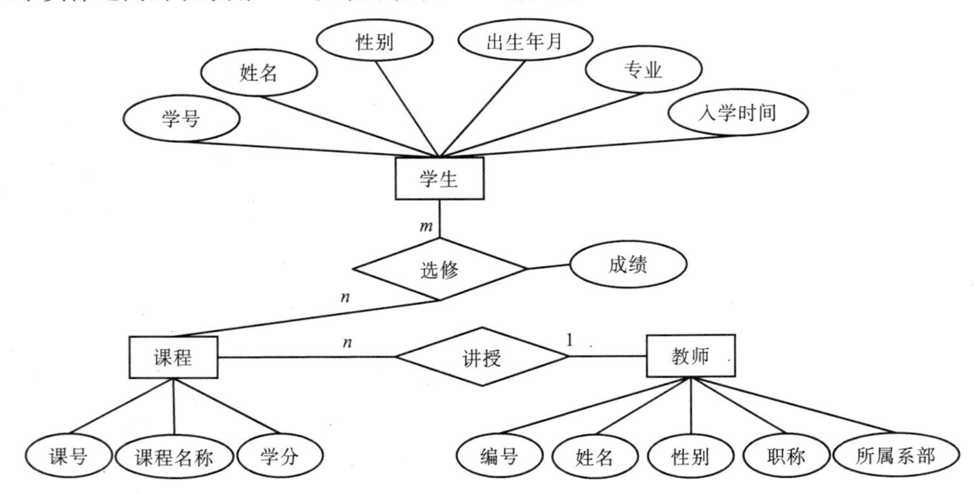

图 1–13 课程与学生、教师 E–R 图

【例 1-5】在人事管理系统的概念模型中，有职工实体和家庭成员实体。但是家庭成员的存在是依赖于职工的，所以家庭成员实体是弱实体。其联系用 E–R 图表示如图 1–14 所示。

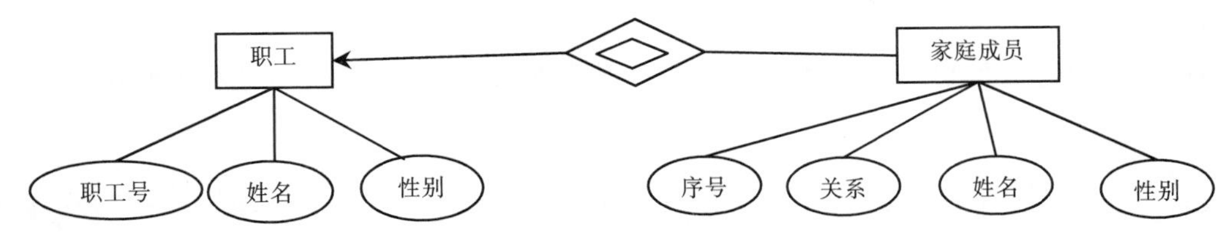

图 1–14　职工与家庭成员 E–R 图

实体–联系方法是抽象和描述现实世界的有力工具。用 E–R 图表示的概念模型独立于具体的 DBMS 所支持的数据模型，它是各种数据模型的共同基础，因而比数据模型更一般、更抽象、更接近现实世界。

1.5　数据模型

1.5.1　数据模型的三要素

现实世界客观事物经过概念模型的抽象和描述，最终要转换为计算机所能识别的数据模型。数据模型与具体的 DBMS 相关，可以说它是概念模型的数据化，是现实世界的计算机模拟。数据模型通常有一组严格定义的语法，人们可以使用它来定义、操纵数据库中的数据。数据模型的组成要素为：数据结构、数据操纵和数据的完整性约束条件。

1. 数据结构

数据结构是对数据静态特征的描述。数据的静态特征包括数据的基本结构、数据间的联系和对数据取值范围的约束。所以说，数据结构是所研究对象类型的集合。如，前面所讲的学生信息中的学号和选课信息中的学号是有联系，即选课信息中学号必须在学生信息中学号的取值范围内。

在数据库系统中通常按数据结构的类型来命名数据模型，如层次结构的数据模型是层次模型，网状结构的数据模型是网状模型，关系结构的数据模型是关系模型。

2. 数据操纵

数据操纵是指对数据动态特征的描述，包括对数据进行的操作及相关操作规则。数据库的操作主要有检索和更新（包括插入、删除、修改）两大类。数据模型要定义这些操作的确切含义、操作符号、操作规则（如优先级别）及实现操作的语言。

因此，数据操纵完全可以看成是对数据库中各种对象操作的集合。

3. 数据的完整性约束条件

数据的完整性约束是对数据静态和动态特征的限定，是用来描述数据模型中数据及其联系应该具有的制约和依存规则，以保证数据的正确、有效、相容。

数据模型应该反映和规定符合本数据模型必须遵守的基本的、通用的完整性约束条件。例如，在关系模型中，任何关系必须满足实体完整性和参照完整性两个条件（后面将介绍这两个完整性约束条件）。

另外，数据模型还应该提供定义完整性约束条件的机制，用以反映特定的数据必须遵守特定的语义约束条件。如学生信息中必须要求学生性别只能是男或女，选课信息中成绩应该在数据 0 至 100 之间等。

数据模型的这三个要素完整地描述了一个数据模型，数据模型不同，描述和实现方法亦不同。

1.5.2 层次模型

数据库之所以有类型之分，是根据数据模型划分的。目前常用的数据模型主要有：层次模型、网状模型、关系模型和面向对象模型。其中层次模型、网状模型是非关系模型。

非关系模型的数据库系统在 20 世纪 70 年代至 80 年代初非常流行，当时在数据库系统产品中占据了主导地位，现在已逐渐被关系模型的数据库系统取代。

层次模型是数据库系统中最早出现的数据模型，层次数据库系统采用层次模型作为数据的组织方式。层次数据库系统的典型代表是 IBM 公司的 IMS（Information Management System）数据库管理系统，这是 1968 年 IBM 公司推出的第一个大型的商用数据库管理系统。

1. 数据结构

层次模型用树形结构来表示各类实体及实体间的联系。以实体作为结点，树是由结点和连线组成的。每个结点表示一个记录类型，记录（类型）之间的联系用结点之间的连线（有向边）表示。通常把父结点放在上面；把子结点放在下面。

在数据库中定义满足下面两个条件的数据模型为层次模型。

① 有且只有一个结点没有父结点，这个结点称为根结点。

② 根以外的其他结点有且只有一个父结点。

由此可见，层次模型描述的是 1：n 的实体联系，即一个父结点可以有一个或多个子结点。图 1-15 是一个层次模型。

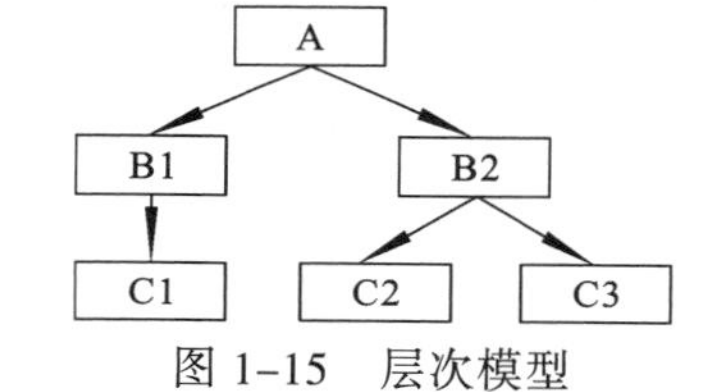

图 1-15 层次模型

在层次模型中，同一父结点的子结点称为兄弟结点（Twin 或 Sibling），没有子结点的结点称为叶结点。在层次模型中，每个记录类型可包含若干个字段，这里，记录类型描述的是实体，字段描述实体的属性。各个记录类型及其字段都必须命名，并且同一记录类型中各个字段不能同名。图 1-16 所示一个具体层次模型实例。

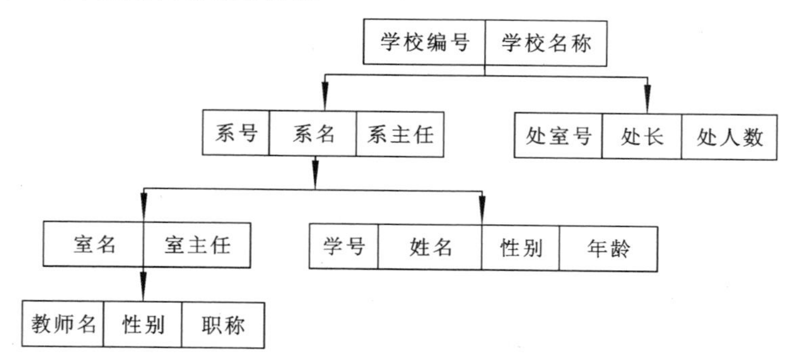

图 1-16 具体层次模型实例

2. 多对多联系在层次模型中的表示

层次数据模型只能直接表示一对多（包括一对一）的联系，也就是说层次数据库不支持多对多联系。那么要想用层次模型表示多对多联系，就必须将其分解成几个一对多联系。分解方法有两种：冗余结点法和虚拟结点法。因此，层次数据模型可以看成是由若干个层次模型构成的集合。

3. 数据操纵

层次模型的数据操纵主要有查询、插入、删除和更新。进行插入、删除、更新操作时要满足层次模型的完整性约束条件。

4. 完整性约束

进行插入操作时，如果没有相应的父结点值就不能插入子结点值。如图 1-16 所示，学校要新建立一个新教研室，但还未分配到哪个具体的系，此时就不能将教研室信息插入到数据库中。

进行删除操作时，如果删除父结点值，则相应的子结点值也被同时删除。如图 1-16 所示，如果要删除某个教研室，则这个教研室中所有教师的信息将会全部删除。

进行更新操作时，应更新所有相应记录，以保证数据的一致性。如数据库中有多处相同信息，修改操作都要进行。

5. 存储结构

层次数据库中不仅要存储数据本身，还要存储数据之间的层次联系。层次模型数据的存储常常是和数据之间联系的存储结合在一起的。层次模型的存储结构有两种：顺序存储结构和链式存储结构。

6. 优缺点

层次模型的优点主要有：

① 层次数据模型本身比较简单，对具有一对多的层次关系的部门描述自然、直观、容易理解。

② 对于实体间联系是固定的，且预先定义好的应用系统，其性能稳定。

③ 层次数据模型提供了良好的完整性支持。

层次模型的缺点主要有：

① 不适合于非层次性联系，如多对多联系，层次模型需要进行分解描述。

② 对插入和删除操作的限制比较多。

③ 查询子结点必须通过父结点，因为在层次模型中，查询方式必须按照从根开始按某条路径顺序查询，不能直接回答。

④ 由于结构严密，层次命令趋于程序化。

可见，用层次模型对具有一对多的层次关系的描述非常自然、直观，容易理解。这是层次数据库的突出优点。

1.5.3 网状模型

在现实世界中事物之间的联系更多的是非层次关系的，用层次模型表示非树形结构是很不直接的，网状模型则可以克服这一点。

网状数据库系统采用网状模型作为数据的组织方式。网状模型的典型代表是 DBTG 系统，亦称 CODASYL 系统。这是 20 世纪 70 年代数据系统语言研究会(Conference On Data System Language，CODASYL) 下属的数据库任务组 (DataBase Task Group，DBTG) 提出的一个系统方案。DBTG 系统虽然不是实际的软件系统，但是它提出的基本概念、方法和技术具有普遍意义。它对于网状数据库系统的研制和发展起了重大的影响。后来不少的系统都采用 DBTG 模型或者简化的 DBTG 模型。例如，Cullinet Software 公司的 IDMS、Univac 公司的 DMS1100、Honeywell 公司的 IDS/2、HP 公司的 IMAGE 等。

1. 数据结构

与层次模型一样，网状模型中每个结点表示一个记录类型（实体），每个记录类型可包含若干个字段（实体的属性），结点间的连线表示记录类型（实体）之间一对多的父子联系。与层次模型不同，网状模型中的任意结点间都可以有联系。

在数据库中，把满足以下两个条件的数据模型称为网状模型：

① 允许一个以上的结点无父结点。

② 一个结点可以有多于一个的父结点。

由此可见，网状模型可以描述实体间多对多的联系。图 1–17 所示为一个网状模型。

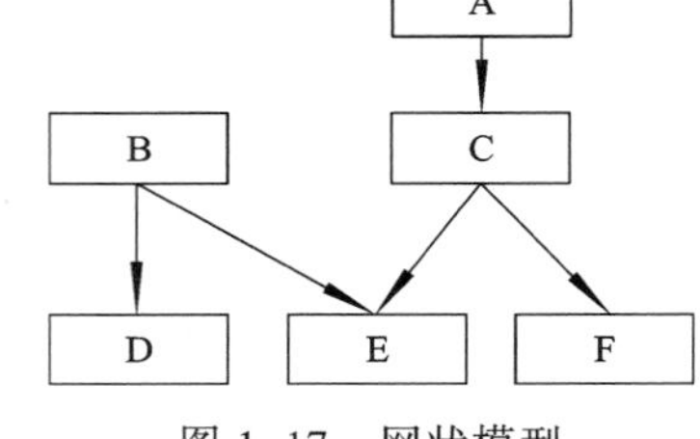

图 1–17 网状模型

网状模型是一种比层次模型更具普遍性的结构，它去掉了层次模型的两个限制，允许多个结点没有父结点，允许结点有多个父结点，此外它还允许两个结点之间有多种联系（称之为复合联系）。因此网状模型可以更直接地去描述现实世界。而层次模型实际上是网状模型的一个特例。图 1–18 所示为一个具体网状模型实例。

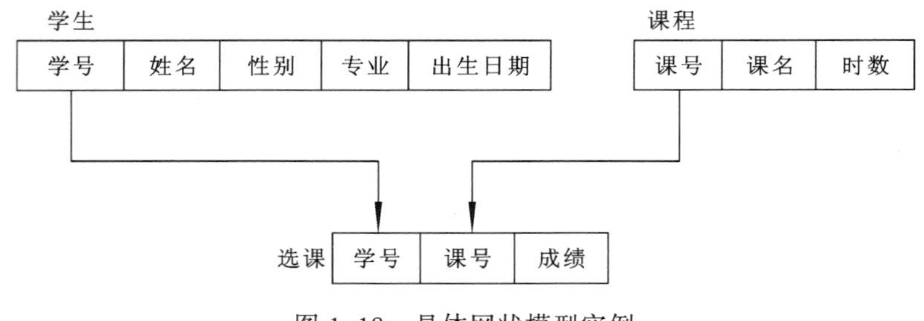

图 1–18 具体网状模型实例

2. 数据操纵

网状模型的数据操纵主要有查询、插入、删除和更新。进行插入、删除、更新操作时要满足网状模型的完整性约束条件。

3. 完整性约束

网状模型一般来说没有层次模型那样严格的完整性约束条件，但也对数据操纵加了一些限制，提供了一定的完整性约束，主要有：

① 支持记录码的概念，码即唯一标识记录的数据项的集合。例如，职工记录中职工号是码，因此数据库中不允许重复出现职工记录中职工号。

② 保证一个联系中父结点和子结点之间是一对多的联系。

③ 可以支持父结点和子结点之间某些约束条件。例如，有些子结点要求父结点存在才能插入，而父结点删除时子结点也连同删除。如图 1–18 中选课记录就应该满足这种约束条件，学生选课记录值必须是数据库中存在的某一学生、某一门课的选修记录。如果某一名学生的信息不在学生记录中，则该学生的选课记录值也要被删除。

4．存储结构

网状数据模型的存储结构中关键是如何实现记录之间的联系。常用的方法是链接法（包括单向链接、双向链接、环状链接等），此外还有其他实现方法，如指引元阵列法、二进制阵列法、索引法等，依具体系统不同而不同。

5．优缺点

网状数据模型的优点主要有：

① 能够更直接地描述现实世界，如多对多的联系。

② 存取效率较高，性能良好。

网状数据模型的缺点主要有：

① 结构比较复杂，而且随着应用环境的扩大，数据库的结构也就变得复杂，不利于最终用户掌握。

② 其 DDL、DML 复杂。

③ 由于实体间联系是通过存取路径实现的，应用程序在访问数据时必须选择适当的存取路径，也就是说，用户必须了解系统结构，加重了编写应用程序的负担。

1.5.4　关系模型

关系模型是目前应用最广泛，也是最重要的一种数据模型。关系数据库是采用关系模型作为数据的组织形式。

关系模型是在 1970 年，在 E.F.Codd 发表的题为《大型共享数据库数据的关系模型》的论文中首次提出的，并开创了数据库关系方法和关系数据理论的研究，进而创建了关系数据库系统（Relational DataBase System， RDBS）。更重要的是 RDBS 提供了结构化查询语言（Structured Query Language，SQL），它是在关系数据库中定义和操纵数据的标准语言。SQL 大大增加了数据库的查询功能，是 RDBS 普通应用的直接原因。对于关系数据数据库和 SQL 查询语言将在第 2 章和第 3 章分别给出，这里只对关系模型做简单的介绍。

1．数据结构

关系模型中基本的数据结构是二维表。每个实体可以看成一个二维表，它存放实体本身的数据，实体间的联系也用二维表来表达。在关系模型中，每个二维表称为一个关系，并且有一个名字，称为关系名。表 1-1 所示为二维表结构。

表 1-1　二 维 表

课　　号	课　　名	时　　数
C101	数据库原理	90
C201	计算机网络技术	60
C202	程序设计	90
B101	数学	60

2．数据操纵与完整性约束

关系模型的数据操纵主要有查询、插入、删除和更新。进行插入、删除、更新操作时要满足关系模型的完整性约束条件。

前面介绍过的层次模型和网状模型这两种非关系数据模型的数据操纵都是按记录进行的。查找过程中要明确按什么路径、什么方式查找一条记录。而关系模型是面向集合的操纵方式，并且关系操纵语言都是高度非过程化的，用户无须考虑存取路径及路径的选择，这些都由系统完成，从而大大简化了操作，提高了使用效率。

关系模型的完整性约束包括：实体完整性、参照完整性和用户定义完整性，具体介绍参见第5章。

3. 存储结构

关系模型中，实体及实体间的联系都用二维表来表示，在数据库的物理组织中，表以文件形式存储。

4. 优点

关系数据模型的优点主要有：

① 具有严格的数据理论基础，关系数据模型是建立在严格的数据概念基础上的。

② 概念单一，不管是实体本身还是实体之间的联系都用关系（表）来表示，这些关系必须规范化，使得数据结构变得清晰、简单。

③ 在用户的眼中无论是原始数据还是结果，都是二维表，不用考虑数据的存储路径，提高了数据的独立性、安全性，同时也提高了开发效率。

1.5.5 面向对象模型

面向对象数据库系统支持面向对象数据模型。面向对象数据库是面向对象数据库技术和面向对象程序设计相结合的产物，面向对象的方法是面向对象数据库模型的基础，这种数据模型能够适应更复杂的数据处理技术。

面向对象模型中的核心概念是对象（Object）和类（Class）。

1. 对象和类

对象类似于E-R模型中的实体，但更为复杂。每个对象既有数据特征，还有状态（State）特征和行为（Behavior）特征，并把它们封装在一起。比如，学号、姓名、年龄、专业等可以看作学生的数据特征，学生是否毕业可以看成状态特征，学生是否选修了课程可以看作学生的行为特征。因此，对象应该具有三要素：唯一的标识符来识别对象；用特征或属性来描述对象；有一组操作来决定对象对应的行为。

根据对象的定义，可以看出有很多客观存在的对象具有相似的特性。比如，学生是一个客观存在的对象，那么无论是男学生还是女学生都应该具有学生的特征，只不过可以通过相应的属性值加以区分。

把具有相同数据特征和行为特征的所有对象称为类。由此，可以看出，对象是类的一个实例。类是一个描述，对象是具体描述的值。

每个类都由两部分组成：其一是对象类型，也称对象的状态；其二是对这个对象进行的操作方法，称为对象的行为。对象的状态是描述该对象属性值的集合，对象的行为是对该对象操作的集合。

【例 1-6】学生赵强是一个学生类的对象。

对象名：赵强

对象的属性（状态）：

学号：07304703203

性别：男

专业：信息工程系

出生日期：1988-04-25

对象的操作（行为）：选修课程，参加考试

该学生类的所有像赵强这样的学生对象，都具有相同的数据状态和行为。

2．对象之间的信息传递

现实世界中，各个对象之间不是相互独立的，它们之间存在相互联系。对象的属性和操作对外部是透明的，对象之间的通信是通过消息传递实现的。一个对象可以通过接收其他对象发送的消息来执行某些指定的操作，同时这个对象还可以向多个对象发送消息。可见，一个对象既可以是消息的发送者（请求者）也可以是消息的接收者（响应者）。

对象之间的联系就是通过消息的传递来进行的，接收者只有接收到消息后才会触发某种操作，也就是根据消息做出响应，来完成某种功能的执行。

3．面向对象模型的优缺点

由于面向对象模型中不仅包括描述对象状态的属性集，而且包括类的方法及类的层次，具有更加丰富的表达能力。因此，面向对象的数据库比层次、网状、关系数据库使用方便，它能够支持这些模型所不能处理的复杂的应用。

面向对象模型不但能够支持存储复杂的应用程序，而且还能够支持存储较大的数据结构。由于面向对象模型可以直接引用对象，因此，使用对象可以处理复杂的数据集。当然，面向对象模型也有它的缺点，比如，由于模型复杂，系统实现起来难度大。

知 识 小 结

本章主要介绍了数据库的基本概念、数据管理技术的发展阶段、数据库系统的结构及数据库管理系统的功能。

数据是描述事物的符号，它与信息既有联系又有区别。数据库是存储在计算机存储设备上，结构化的相关数据集合。它不仅包括描述事物的数据本身，还包括相关事物之间的联系。数据库管理系统是处理数据访问的系统软件，它位于用户与操作系统中间。数据库系统是指引进数据库技术后的计算机系统。

数据管理技术的发展大致经历三个阶段：人工管理阶段、文件系统阶段和数据库系统阶段。

数据库系统体系结构从数据库管理系统角度看，通常采用三级模式结构，即外模式、模式和模式。三级模式之间的两层映像：外模式/模式映像、模式/内模式映像保证了数据库系统中的数据具有逻辑独立性和物理独立性。

思考与练习

一、填空题

1. 经过处理和加工提炼而用于决策或其他应用活动的数据称为________________。
2. 数据管理技术经历了__________、__________和 _________ 三个阶段。
3. 数据库系统一般是由________、_________、_________、__________ 和__________组成。
4. 数据库是长期存储在计算机内、有_____________的、可_____________的数据集合。
5. DBMS 是指__________，它是位于__________和__________之间的一层管理软件。
6. DBMS 管理的是______________的数据。
7. 数据库管理系统的主要功能有________、________、数据库的运行管理和数据库的建立及维护 4 个方面。
8. 数据库管理系统包含的主要程序有__________、_________ 和__________。
9. 数据库语言包括________________和________________两大部分，前者负责描述和定义数据库的各种特性，后者用于说明对数据进行的各种操作。
10. 指出下列缩写的含义：

    ① DML：________________　　② DBMS：________________

    ③ DDL：________________　　④ DBS：________________

    ⑤ SQL：________________　　⑥ DB：________________

    ⑦ DD：________________　　⑧ DBA：________________

11. 数据库系统包括数据库________________、_____________和_____________ 三个方面。
12. 开发、管理和使用数据库的人员主要有________ 、________ 、________和最终用户四类相关人员。
13. 由________负责全面管理和控制数据库系统。
14. 数据库系统与文件系统的本质区别在于________。
15. 数据独立性是指________与________是相互独立的。
16. 数据独立性又可分为________和________。
17. 当数据的物理存储发生改变，应用程序不变，而由 DBMS 处理这种改变，这是指数据的_______。
18. 根据数据模型的应用目的不同，数据模型分为________和________。
19. 数据模型是由________、________ 和________ 三部分组成的。
20. 按照数据结构的类型来命名，数据模型分为________、________和________。
21. ________是对数据系统的静态特性的描述，________是对数据库系统的动态特性的描述。
22. 以子模式为框架的数据库是________；以模式为框架的数据库是________；以物理模式为框架的数据库是________。
23. 非关系模型中数据结构的基本单位是________。
24. 层次数据模型中，只有一个结点，无父结点，它称为________。
25. 层次模型的物理存储方法一般采用________和________。
26. 层次模型中，根结点以外的结点至多可有________个父结点。

27. 关系数据库采用________作为数据的组织方式。
28. 数据描述语言的作用是________。
29. 数据库体系结构按照________、________和________ 三级结构进行组织。
30. 外模式是________的子集。
31. 数据库的模式有________和________两方面，前者直接与操作系统或硬件联系，后者是数据库数据的完整表示。
32. 现实世界的事物反映到人的头脑中经过思维加工成数据，这一过程要经过三个领域，依次是________、________和________。
33. 实体之间的联系可抽象为三类，它们是________、________和________。
34. 数据冗余可能导致的问题有________和________。
35. 从外部视图到子模式的数据结构的转换是由________实现的；模式与子模式之间的映像是由________实现的；存储模式与数据物理组织之间的映像是由________实现的。

二、选择题

1. 数据管理与数据处理之间的关系是（　　）。
   A. 两者是一回事　　B. 两者之间无关
   C. 数据管理是数据处理的基本环节　　D. 数据处理是数据管理的基本环节
2. 在数据管理技术的发展过程中，经历了人工管理阶段、文件系统阶段和数据库系统阶段。在这几个阶段中，数据独立性最高的是（　　）阶段。
   A. 数据库系统　　B. 文件系统　　C. 人工管理　　D. 数据项管理
3. 数据的管理方法主要有（　　）。
   A. 批处理和文件系统　　B. 文件系统和分布式系统
   C. 分布式系统和批处理系统　　D. 数据库系统和文件系统
4. 数据库系统与文件系统的主要区别是（　　）。
   A. 数据库系统复杂，而文件系统简单
   B. 文件系统不能解决数据冗余和数据独立性问题，而数据库系统可以解决
   C. 文件系统只能管理程序文件，而数据库系统能够管理各种类型的文件
   D. 文件系统管理的数据量较少，而数据库系统可以管理庞大的数据量
5. 相对于其他数据管理技术，数据库系统有（　　）、减少数据冗余、保持数据的一致性、（　　）和（　　）的特点。
   ①A. 数据共享　　B. 数据模块化　　C. 数据结构化　　D. 数据共享
   ②A. 数据结构化　　B. 数据无独立性　　C. 数据统一管理　　D. 数据有独立性
   ③A. 使用专用文件　　B. 不使用专用文件
   C. 数据没有安全与完整性保障　　D. 数据有安全与完整性保障
6. 数据库的特点之一是数据的共享，严格地讲，这里的数据共享是指（　　）。
   A. 同一个应用中的多个程序共享一个数据集合
   B. 多个用户、同一种语言共享数据
   C. 多个用户共享一个数据文件
   D. 多种应用、多种语言、多个用户相互覆盖地使用数据集合

7. 数据库的基本特点是（　　）。
   A. 数据共享（或数据结构化）、数据独立性、数据冗余大，易移植、统一管理和控制
   B. 数据共享（或数据结构化）、数据独立性、数据冗余小，易扩充、统一管理和控制
   C. 数据共享（或数据结构化）、数据互换性、数据冗余小，易扩充、统一管理和控制
   D. 数据非结构化、数据独立性、数据冗余小，易扩充、统一管理和控制
8. 数据库系统的特点是（　　）、数据独立、减少数据冗余、避免数据不一致和加强了数据保护。
   A. 数据共享　B. 数据存储　C. 数据应用　D. 数据保密
9. 数据库具有（　　）、最小的（　　）和较高的（　　）。
   ①A. 程序结构化　B. 数据结构化　C. 程序标准化　D. 数据模块化
   ②A. 冗余度　B. 存储量　C. 完整性　D. 有效性
   ③A. 程序与数据可靠性　B. 程序与数据完整性
   C. 程序与数据独立性　D. 程序与数据一致性
10. （　　）是存储在计算机内有结构的数据的集合。
   A. 数据库系统　B. 数据库　C. 数据库管理系统　D. 数据结构
11. 在数据库中存储的是（　　）。
   A. 数据　B. 数据模型　C. 信息　D. 数据及数据间联系
12. 数据库三级模式体系结构的划分，有利于保持数据库的（　　）。
   A. 数据独立性　B. 数据安全性　C. 结构规范化　D. 操作可行性
13. 数据库系统的最大特点是（　　）。
   A. 数据的三级抽象和二级独立性　B. 数据共享性
   C. 数据的结构化　D. 数据独立性
14. 数将数据库的结构划分成多个层次，是为了提高数据库的（　①　）和（　②　）。
   ①A. 数据独立性　B. 逻辑独立性　C. 管理规范性　D. 数据的共享
   ②A. 数据独立性　B. 物理独立性　C. 逻辑独立性　D. 管理规范性
15. 在数据库技术中，为提高数据库的逻辑独立性和物理独立性，数据库的结构被划分成用户级、（　　）和存储级三个层次。
   A. 管理员级　B. 外部级　C. 概念级　D. 内部级
16. 数据库系统的数据独立性是指（　　）。
   A. 不会因为数据的变化而影响应用程序
   B. 不会因为系统数据存储结构与数据逻辑结构的变化而影响应用程序
   C. 不会因为存储策略的变化而影响存储结构
   D. 不会因为某些存储结构的变化而影响其他的存储结构
17. 数据库中，数据的物理独立性是指（　　）。
   A. 数据库与数据库管理系统的相互独立
   B. 用户程序与 DBMS 的相互独立
   C. 用户的应用程序与存储在磁盘上数据库中的数据是相互独立的
   D. 应用程序与数据库中数据的逻辑结构相互独立
18. 在数据库系统中，通常用三级模式来描述数据库，其中（　　）是用户与数据库的接口，是

应用程序可见到的数据描述，(　　) 是对数据整体的 (　　) 的描述，而 (　　) 描述了数据的 (　　)。

A. 外模式　　B. 概念模式　　C. 内模式　　D.逻辑结构

E. 层次结构　　F. 物理结构

19. 子模式是 (　　)。

A. 模式的副本　　B. 模式的逻辑子集

C. 多个模式的集合　　D. 以上三者都对

20. 在数据库三级模式结构中，描述数据库中全体逻辑结构和特性的是 (　　)。

A. 外模式　　B. 内模式　　C. 存储模式　　D. 模式

21. 数据库三级模式体系结构的划分，有利于保持数据库的 (　　)。

A. 数据独立性　　B. 数据安全性　　C. 结构规范化　　D. 操作可行性

22. 以下所列数据库系统组成中，正确的是 (　　)。

A. 计算机、文件、文件管理系统、程序

B. 计算机、文件、程序设计语言、程序

C. 计算机、文件、报表处理程序、网络通信程序

D. 支持数据库系统的计算机软硬件环境、数据库文件、数据库管理系统、数据库应用程序和数据库管理员

23. 数据库是在计算机系统中按照一定的数据模型组织、存储和应用的 (　　)，支持数据库各种操作的软件系统叫 (　　)，由计算机、操作系统、DBMS、数据库、应用程序及用户等组成的一个整体叫做 (　　)。

①A. 文件的集合　　B. 数据的集合　　C. 命令的集合　　D. 程序的集合

②A. 命令系统　　B. 操作系统　　C. 数据库系统　　D. 数据库管理系统

③A. 文件系统　　B. 数据库系统　　C. 软件系统　　D. 数据库管理系统

24. 数据库系统的核心是 (　　)。

A. 数据库　　B. 软件工具　　C. 数据模型　　D. 数据库管理系统

25. 数据库 (DB)、数据库系统 (DBS) 和数据库管理系统 (DBMS) 三者之间的关系是 (　　)。

A. DBS 包括 DB 和 DBMS　　B. DDMS 包括 DB 和 DBS

C. DB 包括 DBS 和 DBMS　　D. DBS 就是 DB，也就是 DBMS

26. (　　) 可以减少相同数据重复存储的现象。

A. 记录　　B. 字段　　C. 文件　　D. 数据库

27. 在数据库中，产生数据不一致的根本原因是 (　　)。

A. 数据存储量太大　　B. 没有严格保护数据

C. 数据冗余　　D. 未对数据进行完整性控制

28. 数据库管理系统 (DBMS) 是 (　　)。

A. 一个完整的数据库应用系统　　B. 一组硬件

C. 一组软件　　D. 既有硬件，也有软件

29. 数据库管理系统 (DBMS) 是 (　　)。

A. 数学软件　　B. 应用软件　　C. 计算机辅助设计　　D. 系统软件

30. 数据库管理系统（DBMS）的主要功能是（　　）。
A. 修改数据库　B. 定义数据库　C. 应用数据库　D. 保护数据库
31. 数据库管理系统的工作不包括（　　）。
A. 定义数据库　B. 数据通信
C. 为定义的数据库提供操作系统　D. 对已定义的数据库进行管理
32. （　　）是存储在计算机内的有结构的数据集合。
A. 网络系统　B. 数据库系统　C. 操作系统　D. 数据库
33. 数据库系统的核心是（　　）。
A. 编译系统　B. 数据库
C. 操作系统　D. 数据库管理系统
34. 数据库系统是由（　　）组成；而数据库应用系统是由（　　）组成。
A. 数据库管理系统、应用程序系统、数据库
B. 数据库管理系统、数据库管理员、数据库
C. 数据库系统、应用程序系统、用户
D. 数据库管理系统、数据库、用户
35. 数据库系统由数据库、（　　）和硬件等组成，数据库系统是在（　　）的基础上发展起来的。数据库系统由于能减少数据冗余，提高数据独立性，并集中检查（　　），由此获得广泛的应用。数据库提供给用户的接口是（　　），它具有数据定义、数据操作和数据检查功能，可独立使用，也可嵌入宿主语言使用。（　　）语言已被国际标准化组织采纳为标准的关系数据库语言。
①②A. 操作系统　B. 文件系统　C. 编译系统　D. 数据库管理系统
③ A. 数据完整性　B. 数据层次性　C. 数据的操作性　D. 数据兼容性
④ A. 数据库语言　B. 过程化语言　C. 宿主语言　D. 面向对象语言
⑤ A. QUEL　B. SEQUEL　C. SQL　D. ALPHA
36. 数据库管理系统是（　　）。
A. 操作系统的一部分　B. 在操作系统支持下的系统软件
C. 一种编译程序　D. 一种操作系统
37. 应用数据库的主要目的是为了（　　）。
A. 解决保密问题　B. 解决数据完整性问题
C. 共享数据问题　D. 解决数据量大的问题
38. 数据库应用系统包括（　　）。
A. 数据库语言、数据库　B. 数据库、数据库应用程序
C. 数据管理系统、数据库　D. 数据库管理系统
39. DBMS 是（　　）。
A. 数据库　B. 数据库系统
C. 数据库应用软件　D. 数据库管理软件
40. 提供数据库定义、数据操纵、数据控制和数据库维护功能的软件称为（　　）。
A. OS　B. DS　C. DBMS　D. DBS

41. 下述不是 DBA 数据库管理员的职责的是（　　）。
A. 完整性约束说明　B. 定义数据库模式
C. 数据库安全　D. 数据库管理系统设计

42. 数据库管理系统中用于定义和描述数据库逻辑结构的语言称为（　　）。
A. 数据库模式描述语言　B. 数据库子语言
C. 数据操纵语言　D. 数据结构语言

43. 数据库管理系统能实现对数据库中数据的查询、插入、修改和删除等操作，这种功能称为（　　）。
A. 数据定义功能　B. 数据管理功能　C. 数据操纵功能　D. 数据控制功能

44. 为使程序员编程时既可使用数据库语言又可使用常规的程序设计语言，数据库系统需要把数据库语言嵌入到（　　）中。
A. 编译程序　B. 操作系统　C. 中间语言　D. 宿主语言

45. 反映现实世界中实体及实体间联系的信息模型是（　　）。
A. 关系模型　B. 层次模型　C. 网状模型　D. E-R 模型

46. 设在某个公司环境中，一个部门有多名职工，一名职工只能属于一个部门，则部门与职工之间的联系是（　　）。
A. 一对一　B. 一对多　C. 多对多　D. 不确定

47. 数据库的概念模型独立于（　　）。
A. 具体的机器和 DBMS　B. E-R 图
C. 信息世界　D. 现实世界

48. 层次型、网状型和关系型数据库划分原则是（　　）。
A. 记录长度　B. 文件的大小　C. 联系的复杂程度　D. 数据之间的联系

49. 按照传统的数据模型分类，数据库系统可以分为（　　）三种类型。
A. 大型、中型和小型　B. 西文、中文和兼容
C. 层次、网状和关系　D. 数据、图形和多媒体

50. 数据库的网状模型应满足的条件是（　　）。
A. 允许一个以上的结点无父结点，也允许一个结点有多个父结点
B. 必须有两个以上的结点
C. 有且仅有一个结点无父结点，其余结点都只有一个父结点
D. 每个结点有且仅有一个父结点

51. 在数据库的非关系模型中，基本层次联系是（　　）。
A. 两个记录型及它们之间的多对多联系
B. 两个记录型及它们之间的一对多联系
C. 两个记录型之间的多对多的联系
D. 两个记录之间的一对多的联系

52. 数据模型用来表示实体间的联系，但不同的数据库管理系统支持不同的数据模型。在常用的数据模型中，不包括（　　）。
A. 网状模型　B. 链状模型　C. 层次模型　D. 关系模型

53. 数据库可按照数据分成下面三种：

① 对于上层的一个记录，有多个下层记录与之对应，对于下层的一个记录，只有一个上层记录与之对应，这是（　　）数据库。

② 对于上层的一个记录，有多个下层记录与之对应，对于下层的一个记录，也有多个上层记录与之对应，这是（　　）数据库。

③ 不预先定义固定的数据结构，而是以“二维表”结构来表达数据与数据之间的相互关系，这是（　　）数据库。

A. 关系型　　B. 集中型　　C. 网状型　　D. 层次型

54. 一个数据库系统必须能够表示实体和关系，关系可与（　　）实体有关。实体与实体之间的关系有一对一、一对多和多对多三种，其中（　　）不能描述多对多的联系。

① A. 0 个　　B. 1 个　　C. 2 个或 2 个以上　　D. 1 个或 1 个以上

② A. 关系模型　　B. 层次模型　　C. 网状模型　　D. 网状模型和层次模型

55. 按所使用的数据模型来分，数据库可分为（　　）三种模型。

A. 层次、关系和网状　　B. 网状、环状和链状

C. 大型、中型和小型　　D. 独享、共享和分时

56. 通过指针链接来表示和实现实体之间联系的模型是（　　）。

A. 关系模型　　B. 层次模型　　C. 网状模型　　D. 层次和网状模型

57. 层次模型不能直接表示（　　）。

A. 1:1 关系　　B. 1:m 关系　　C. m:n 关系　　D. 1:1 和 1:m 关系

58. 关系数据模型（　　）。

A. 只能表示实体间的 1:1 联系　　B. 只能表示实体间的 1:n 联系

C. 只能表示实体间的 m:n 联系　　D. 可以表示实体间的上述三种联系

59. 从逻辑上看关系模型是用（　　）表示记录类型的，用（　　）表示记录类型之间的联系；层次与网状模型是用（　　）表示记录类型，用（　　）表示记录类型之间的联系。从物理上看关系是（　　），层次与网状模型是用（　　）来实现两个文件之间的联系。

A. 表　　B. 结点　　C. 指针

D. 连线　　E. 位置寻址　　F. 相联寻址

60. 在数据库设计中用关系模型来表示实体和实体之间的联系，其结构是（　　）。

A. 层次结构　　B. 二维表结构　　C. 网状结构　　D. 封装结构

61. 数据库技术奠基人之一 E.F. Codd 从 1970 年起发表过多篇论文，主要论述了（　　）。

A. 层次数据模型　　B. 网状数据模型　　C. 关系数据模型　　D. 面向对象数据模型

62. 实体是信息世界中的术语，与之对应的数据库术语为（　　）。

A. 文件　　B. 数据库　　C. 字段　　D. 记录

63. 常见的数据模型是（　　）。

A. 层次模型、网状模型、关系模型　　B. 概念模型、实体模型、关系模型

C. 对象模型、外部模型、内部模型　　D. 逻辑模型、概念模型、关系模型

64. 一个结点可以有多个父结点，结点之间可以有多种联系的模型是（　　）。

A. 网状模型　　B. 关系模型　　C. 层次模型　　D. 以上都有

三、判断题

1. 数据模型质量的高低将影响数据库性能的好坏。（　　）
2. 层次模型是一个以记录类型为结点的有向树。（　　）
3. 关系模型是将数据之间的关系看成网络关系。（　　）
4. 数据库系统避免了一切冗余。（　　）
5. 数据库系统减少了数据冗余。（　　）
6. 数据库中的数据可以共享。（　　）
7. 若系统是完全可以控制的，则系统可确保更新时的一致性。（　　）
8. 数据库系统中数据的一致性是指数据类型一致。（　　）
9. 数据库系统比文件系统能管理更多的数据。（　　）
10. 数据库的数据项之间无联系，记录之间存在联系。（　　）

四、简答题

1. 数据与信息有什么区别与联系？
2. 数据管理技术发展经历了几个阶段，各阶段的特点是什么？
3. 从程序和数据之间的关系分析文件系统和数据库系统之间的区别和联系。
4. 什么是数据冗余？数据库系统与文件系统相比怎样减少冗余？
5. 使用数据库系统有什么好处？
6. 什么是外模式、模式和内模式？
7. 试述数据库系统的两层映像功能。
8. 什么是数据库的数据独立性？
9. 试述数据库系统的三级模式结构如何保证数据的独立性？
10. 什么是数据库、数据库系统和数据库管理系统？
11. 简单说明数据库管理系统包含的功能。
12. DBA 的职责是什么？
13. 什么是数据字典？数据字典包含哪些基本内容？
14. 叙述数据字典的主要任务和作用。
15. 叙述模型、模式和具体值三者之间的联系和区别。
16. 什么是数据模型？并说明为什么将数据模型分成两类，各起什么作用？
17. 什么是概念模型？概念模型的表示方法是什么？并举例说明。
18. 什么是层次模型？
19. 什么是网状模型？
20. 解释概念模型中的常用术语：实体、属性、联系、属性值、码、实体型、实体集。
21. 简要叙述关系数据库的优点。
22. 层次模型、网状模型和关系模型 3 种基本数据模型是根据什么来划分的？
23. 层次模型、网状模型和关系模型 3 种基本数据模型各有哪些优缺点？
24. 试举出 3 个实例，要求实体型之间具有一对一、一对多、多对多各种不同的联系。

五、作图题

1. 某大学实行学分制，学生可根据自己的情况选修课程。每名学生可同时选修多门课程，每门课程可由多位教师讲授；每位教师可讲授多门课程。其不完整的 E–R 图如图 1–19 所示。

① 指出学生与课程的联系类型，完善 E–R 图。

② 指出课程与教师的联系类型，完善 E–R 图。

③ 若每名学生有一位教师指导，每个教师指导多名学生，则学生与教师是何联系？

④ 在原 E–R 图上补画教师与学生的联系，并完善 E–R 图。

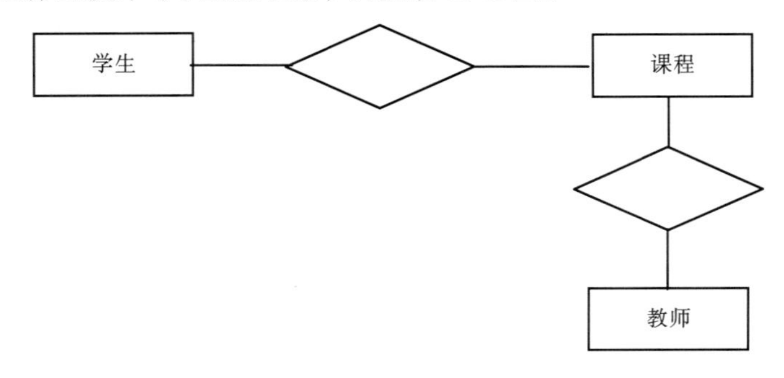

图 1–19　E–R 图

2. 用 E–R 图表示出版社与作者和图书的概念模型。它们之间的联系如下：一个出版社可以出版多种图书，但同一本书仅为一个出版社出版；一本图书可以由多个作者共同编写，而一个作者可以编写不同的书。

3. 一个工厂可以生产若干产品，每种产品由不同的零件组成，有的零件可以用在不同的产品上。这些零件由不同的原材料制作，一种原材料可适用于多种零件的生产。工厂内有若干仓库存放零件和产品，但同一种零件或产品只能放在一个仓库内。请用 E–R 图画出此工厂产品、零件、材料和创建的概念模型。

4. 某学校有若干系，每个系有若干个教研室和专业，每个教研室有若干名教师，其中一名教师为教研主任。每个专业有若干个班，每个班有若干名学生，其中有一名学生是班长。每个学生可以选修若干门课程，每门课程可由若干名学生选修，但同一门课程只能有一名教师讲授。用 E–R 图画出此学校的概念模型。

5. 假定一个部门的数据库包括以下的信息：
   - 职工的信息：职工号、姓名、住址和所在部门。
   - 部门的信息：部门所有职工、经理和销售的产品。
   - 产品的信息：产品名、制造商、价格、型号及产品内部编号。
   - 制造商的信息：制造商名称、地址、生产的产品名和价格。

   试画出这个数据库的 E–R 图。

6. 设有商业销售记账数据库。一个顾客（顾客姓名，单位，电话号码）可以买多种商品，一种商品（商品名称，型号，单价）供应多个顾客。试画出对应的 E–R 图。

第 2 章　关系数据库的基本理论

学习目标：

- 掌握关系数据模型的概念。
- 掌握关系模型中常用的术语，如元组、属性、属性值、码、外码、关系模式等。
- 了解关系代数中传统的集合运算和专门的关系运算。
- 熟练掌握专门的关系运算方法。

2.1　关系模型的基本概念

关系数据库建立在数学理论基础上，是用数学的方法来处理数据库中的数据，是能够支持关系数据模型的数据库系统，目前绝大多数数据库系统都是关系数据库。比如，常用的 Access、Visual FoxPro、IBM DB2、Microsoft SQL Server 等都是关系数据库管理系统，可见关系数据库已经逐步取代了层次数据库和网状数据库。在这一章我们将继续讨论关系数据的一些基本理论。

2.1.1　关系的定义

我们在第 1 章已经介绍过，关系模型的数据结构是用二维表的形式来表示实体及实体之间联系的数据模型。从用户观点来看，关系的逻辑结构是一个二维表，在磁盘上以文件形式存储。表 2-1 和表 2-2 分别代表学生和课程两个关系。

表 2-1　学生关系

学号	姓名	年龄	性别	专业
07001	王力	19	男	计算机软件
07002	李明	18	男	信息技术
07003	张立	20	男	信息技术
07004	孙晨	19	女	计算机软件

表 2-2　课程关系

课号	课名	学时数
C101	数据库原理	90
C201	计算机网络技术	60
C202	程序设计	90
C301	VB.NET	60

关系就是一张二维表，通常没有重复行，每个关系都有一个关系名。比如，学生关系、库存关系。不是所有二维表都是关系，因此二维表必须满足以下几个条件：

① 表中每一项都必须是不可再分的最小数据项，这也是对关系的最基本限定。例如表 2-3 就不是一个关系，因为表中学时数不是最小的数据项。要想使其成为一个关系，只需要把“学时数”这个数据项分解为“理论时数”和“实践时数”两项即可，新关系如表 2-4 所示。

表 2-3　非关系表

课号	课名	学时数	
		理论	实践
C101	数据库原理	50	40
C201	计算机网络技术	40	20
C202	程序设计	50	40
C301	VB.NET	30	30

表 2-4　关系表

课　号	课　名	理论时数	实践时数
C101	数据库原理	50	40
C201	计算机网络技术	40	20
C202	程序设计	50	40
C301	VB.NET	30	30

关系模型要求关系必须是规范化的，即要求关系必须满足一定的规范条件，这些规范条件中最基本的一条就是，关系的每一个分量必须是一个不可分的数据项，也就是说，不允许表中还有表。

② 表中不能出现数据完全相同的两行。

③ 表中同一列的数据类型是相同的，也就是说列中所有分量是同类型的数据，来自同一值域。如果把每一列称为一个属性，则每一列的列名或属性名不应该相同。

④ 表中各行或各列的次序可以任意交换，不改变关系的实际意义。如把学生关系中的“性别”和“年龄”两列交换次序，并不影响这个表要表达的语义。

2.1.2　关系模型的常用术语

① 关系（Relation）：一个关系对应通常说的一张表，如表 2-1 所示。

② 元组（Tuple）：二维表中的一行即为一个元组（记录），如表 2-1 学生关系中，元组有：

（07001，王力，19，男，计算机软件）

（07002，李明，18，男，信息技术）

（07003，张立，20，男，信息技术）

（07004，孙晨，19，女，计算机软件）

③ 属性（Attribute）：二维表中的一列即为一个属性，给每一个属性起一个名称即属性名。如表 2-1 有 5 列，对应 5 个属性（学号，姓名，年龄，性别，专业）；表中对应某列的值称为属性值。

④ 域（Domain）：属性的取值范围称为该属性的域。属性的域由属性的性质及要表达的意义确定，如学生的性别只能取男或女，学号取 5 位整数等。

⑤ 码（Key）：表中的某个属性或几个属性组合称为码，它可以唯一确定一个元组，如学生关系中的学号，可以唯一确定一个学生，因此学号称为这个关系的码。而在选课关系中，一个学生可以选修多门课程，每门课程又可以被多个学生选修，因此只有将学号和课号组合起来才能唯一地确定一个元组，学号和课号的组合称为这个关系的码。由多个属性组成的码称为复合码，使用时用括号将这些属性括起来，表示共同作为码，如（学号，课号）。

提示：

组成码的属性或属性组合不能为空值。

⑥ 关系模式（Relation Schema）：对关系的描述称为关系模式，它描述的是二维表的结构。一般表示为：关系名（属性 1，属性 2，…，属性 n）

例如上面的关系可描述为：

学生（学号，姓名，年龄，性别，专业）

在关系模型中，实体以及实体间的联系都是用关系来表示。例如学生、课程、选课之间的多对多联系在关系模型中可以如下表示：

学生（学号，姓名，年龄，性别，专业）

课程（课号，课程名，课时数）

选修（学号，程号，成绩）

⑦ 元数：关系模式中属性的数目是关系的元数。

⑧ 分量（Component）：元组中的每个属性值称为元组的分量。如元组：（07001，王力，19，男，计算机软件），有 5 个分量，即 5 个属性值。

⑨ 外码（Foreign Key）：如果一个关系中的属性或属性组并非该关系的码，但它们是另外一个关系的码，则称其为该关系的外码。

SC 关系的码是属性组合（Sno,Cno）；Sno 或 Cno 的任何一个都不能唯一确定选修关系的整个元组，但它们分别是 Student 和 Course 关系的码。因此，对于选修而言，它们是外码。有了外码，才能实现关系之间的动态联接；否则就成了孤立的关系，只能查找本关系的内容。在进行关系模式设计时应该特别注意这方面的问题。

2.1.3　关系操作

关系操作是一种集合操作方式，即操作的对象和结果都是集合。因此，关系操作主要是对关系数据的查询操作和对记录的增加、删除和修改操作。

关系操作主要包括：

① 查询操作：选择（Select）、投影（Project）、连接（Join）、除（Divide）、并（Union）、交（Intersection）、差（Difference）。

② 更新操作：插入（Insert）、删除（Delete）、修改（Update）。

关系模型给出关系操作的能力，早期的关系操作能力通常用代数方式和逻辑方式来表示，分别称为关系代数和关系演算。关系代数用关系的运算来表达查询要求，关系演算用谓词来表达查询要求。具体地说，关系操作都是由关系操作语言实现的。

关系模型使用的查询语言是关系代数和关系演算。关系代数和关系演算也是关系数据库 SQL 查询语言的理论基础。标准 SQL 是介于关系代数和关系演算之间的语言。

2.2　关系代数的基本运算

任何一种运算都是将一定的运算符作用于一定的运算对象上，得到预期的运算结果。所以运算对象、运算符、运算结果是运算的三大要素。

关系代数的运算对象是关系，运算结果亦为关系。与一般运算一样，也具有运算的三大要素。关系代数是一种抽象的查询语言，是关系数据操纵语言的一种传统表达方式，它是用对关系的运算来表达查询的。

关系代数的运算按运算符的不同可分为传统的集合运算和专门的关系运算两类。

其中传统的集合运算将关系看成元组的集合，其运算是从关系的“水平”方向即行的角度来进行。而专门的关系运算不仅涉及行而且涉及列。比较运算符和逻辑运算符是用来辅助专门的关系运算符进行操作的。

2.2.1 传统的集合运算

传统的集合运算包括并、差、交 3 种运算。

1. 并运算（Union）

设有两个关系 R 和 S，它们具有相同的元数（即它们的属性全部相同，且属性的取值范围也相同）。R 和 S 的并就是由属于 R 和属于 S 的元组组成的集合，是一个新的关系。关系 R 与关系 S 的并记为：R∪S。例如，图 2-1 表示关系 R 和 S，则 R∪S 如图 2-2 所示。

关系 R

X	Y
X1	Y1
X2	Y2
X3	Y3

关系 S

X	Y
X2	Y2
X4	Y4
X5	Y5

图 2-1　关系 R 与 S

X	Y
X1	Y1
X2	Y2
X3	Y3
X4	Y4
X5	Y5

图 2-2　关系 R∪S

2. 交运算（Intersection）

设有两个关系 R 和 S，它们具有相同的元数。R 和 S 的交是由既属于 R 又属于 S 的元组组成的集合。是一个新的关系。关系 R 与关系 S 的交记为：R∩S。例如，图 2-3 表示 R∩S。

3. 差运算（Difference）

设有两个关系 R 和 S，它们具有相同的元数。R 和 S 的差是由属于 R 但不属于 S 的元组组成的集合。是一个新的关系。关系 R 与关系 S 的差记为：R–S。例如，图 2-4 表示 R–S。

X	Y
X2	Y2

图 2-3　关系 R∩S

X	Y
X1	Y1
X3	Y3

图 2-4　关系 R–S

2.2.2 专门的关系运算

专门的关系运算包括选择、投影、连接和除等。

1. 选择运算（Selection）

选择运算是从指定的关系中，选取其中满足条件的若干个元组，组成新的关系。选择的结果是原关系的一个子集，且关系的模型不变。

选择运算表示为：$\sigma_F(R) = \{r \mid r \in R \wedge F(r) = \text{'真'}\}$

其中：σ 代表选择运算符，R 是指定的关系名，r 是元组，F 是指定的条件，它是一个逻辑表达式，取逻辑值“真”或“假”。

设有学生选课数据库，学生关系 Student、课程关系 Course，学生选课关系 SC 如表 2–5(a)、(b)、(c)所示。其中 Sno、Sname、Sage、Ssex 和 Sdept 分别代表学生的学号、姓名、年龄、性别和所修专业；Cno、Cname、Credit 分别代表课程的课号、课名和学分数；Grade 代表学生选修课程的成绩。

表 2-5　学生、课程、选课关系

（a）　Studen 关系

Sno	Sname	Sage	Ssex	Sdept
07001	王力	19	男	计算机软件
07002	李明	18	男	信息技术
07003	张立	20	男	信息技术
07004	孙晨	19	女	计算机软件

（b）　Course 关系

Cno	Cname	Credit
C101	数据库原理	6
C201	计算机网络技术	4
C202	程序设计	6
C301	VB.NET	4

（c）　SC 关系

Sno	Cno	Grade
07001	C101	90
07001	C201	80
07002	C101	86
07002	C302	72

【例 2-1】 查询性别为男的学生信息。

$\sigma_{Ssex='男'}$(Student)

结果如表 2–6 所示，选择运算实际从关系 R 中选取表达式 F 为真的元组，也就是从关系的水平方向（行）进行运算，取子集。

【例 2-2】　查询年龄等于 19 岁的学生信息。

$\sigma_{Sage='19'}$ (Student)

结果如表 2–7 所示。

表 2-6　选择结果

Sno	Sname	Sage	Ssex	Sdept
07001	王力	19	男	计算机软件
07002	李明	18	男	信息技术
07003	张立	20	男	信息技术

表 2-7　选择结果

Sno	Sname	Sage	Ssex	Sdept
07001	王力	19	男	计算机软件
07004	孙晨	19	女	计算机软件

2. 投影运算（Projection）

投影运算是从指定的关系中，按给定的条件选取若干个属性列，从而构成一个新的关系。选择运算表示为：$\Pi_A(R) = \{r[A] | r \in R\}$

其中Π是投影运算符，A 为 R 的属性列或属性组，r[A]表示 r 元组中相应于属性（组）A 的分量。

【例 2-3】 查询 Student 关系中学生的 Sno、Sname 和 Sdept。

$\Pi_{Sno,Sname,Sdept}$(Student)

结果如表 2–8 所示，投影运算是从关系垂直方向（列）进行的运算。因此，投影之后属性减少了，剩下的元组可能出现重复，投影运算同时会取消这些重复的元组。这样，新关系和原关系不是同类关系。

实际上，投影的操作首先根据指定的属性（组），形成可能有重复行的新表；然后删除重复行。投影运算的操作除了涉及行还有可能涉及列。

表 2-8　投影结果

Sno	Sname	Sdept
07001	王力	计算机软件
07002	李明	信息技术
07003	张立	信息技术
07004	孙晨	计算机软件

3. 联接运算(Join)

选择和投影运算都属于单目运算，它们的操作对象只是一个关系。联接运算是二目运算，需要两个关系作为操作对象。

(1)等值联接

等值联接运算是选取若干个指定关系中满足条件的元组，从左至右进行连接，从而构成一个新关系的运算。

表现形式为：$R \bowtie S=\{t_r \wedge t_s \mid t_r \in R \wedge t_s \in S \wedge t_r[A]\theta t_s[B]$

其中 A 和 B 分别是关系 R 和 S 上可比的属性组。θ是算术运算符，当θ为“=”时，称为等值连接；当θ为“<”时，称为小于连接；当θ为“>”时，称为大于连接。连接运算是从两个关系 R 和 S 的笛卡儿积中选取满足连接条件的那些元组。

【例 2-4】将 Student 关系和 SC 关系进行联接，得到学生及其选课的全部情况。

Student ⋈ SC 运算结果如表 2-9 所示，这里用的是等值联接。我们可以看出，联接运算比较费时间，尤其是在包括许多元组的关系之间联接更是如此。设关系 R 和 S 分别有 m 和 n 个元组，R 与 S 的联接过程要访问 m×n 个元组。先从 R 关系中的第一个元组开始，依次与 S 关系的各元组比较，符合条件的两元组首尾相连纳入新关系，一轮共进行 n 次比较；再用 R 关系的第二个元组对 S 关系的各元组扫描，符合条件的两元组首尾相连再纳入新关系。依此类推，直到 R 中所有元组被扫描完毕，则关系 R 共需进行 m 轮扫描。如果 m=500，n=50，R、S 的连接过程需要进行 25 000 次存取。

表 2-9　联接结果

Sno	Sname	Sage	Ssex	Sdept	Sno	Cno	Grade
07001	王力	19	男	计算机软件	07001	C101	90
07001	王力	19	男	计算机软件	07001	C201	80
07002	李明	18	男	信息技术	07002	C101	86
07002	李明	18	男	信息技术	07002	C302	72

由此可见，查询时应考虑优化，以便提高查询效率。如果有可能，应当首先进行选择运算，使关系中元组个数尽量少，然后能投影的先投影，使关系中属性个数较少，最后再进行联接。

(2)自然联接

自然联接是去掉重复属性的等值联接。它属于联接运算的一个特例，是最常用的联接运算，在关系运算中起着重要作用。它要求两个关系中进行比较的分量必须是相同的属性组。

表现形式为：$R \bowtie S=\{t_r \wedge t_s \mid t_r \in R \wedge t_s \in S \wedge t_r[A]\theta t_s[B]$

【例 2-5】　将 Student 关系和 SC 关系进行自然联接，得到学生及其选课的全部情况。

Student ⋈ SC 运算结果如表 2-10 所示。

表 2-10　自然联接结果示意图

Sno	Sname	Sage	Ssex	Sdept	Cno	Grade
07001	王力	19	男	计算机软件	C101	90
07001	王力	19	男	计算机软件	C201	80

续表

Sno	Sname	Sage	Ssex	Sdept	Cno	Grade
07002	李明	18	男	信息技术	C101	86
07002	李明	18	男	信息技术	C302	72

提示

自然联接与等值联接的区别如下:

① 自然联接要求连接两个关系的分量必须有共同的属性名，等值联接则不要求。

② 自然联接要求删除重复的属性，等值联接不要求。

自然联接与等值联接都是把满足条件的两个关系连接在一起形成一个更宽的关系，生成的新关系中包含满足条件的所有元组。

4. 除运算（Division）

除运算也是双目操作，涉及两个关系的操作。除运算是关系运算中最复杂的一种，这里只介绍其简单的形式。

关系 R 和关系 S 进行除操作（R ÷ S），要满足以下两个条件:

① 关系 R 包含关系 S 中的所有属性。

② 关系 R 中必须有一些属性不出现在关系 S 中。

则 R ÷ S 后形成的新关系的属性由 R 中那些不出现在 S 中的属性所组成，其元组则由 S 中出现的所有在 R 中对应的相同的值组成。

【例 2-6】设有关系 R 和关系 S，则 R ÷ S 的结果如表 2-11 所示。

表 2-11 关系 R÷S

关系 R

X	Y	Z
X1	Y1	Z1
X2	Y1	Z2
X3	Y2	Z3
X4	Y5	Z4

关系 S

X	Y
X2	Y1
X3	Y2

R÷S

Z
Z2
Z3

关系 R 中有 X、Y、Z 三个属性，关系 S 中有 X、Y 两个属性，所以 R 包含 S 中所有属性，且 R 中的 Z 属性不属于 S，符合除法运算的两个条件。将属性 Z 取出，且将与关系 S 中元组完全相同的 R 中的元组提出，得到 R ÷ S 的新关系。需要注意的是，R ÷ S 所得的新关系中若有相同的元组必须删除。

【例 2-7】查询 Student 关系中年龄不为 19 岁的学生姓名。

首先建立只包含学生姓名和年龄的关系 $R=\Pi_{Sname,Sage}$(Student)，如表 2-12 所示。然后建立一个关系 $S=\Pi_{Sage}(\sigma_{Sage='19'}$(Student))，该关系中只有一个属性年龄，且年龄为 19 岁，如表 2-13 所示。再求，T=R ÷ S，结果如表 2-14 所示。

表 2-12 关系 R

Sname	Sage
王力	19
李明	18
张立	20
孙晨	19

表 2-13 关系 S

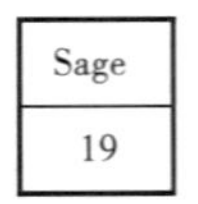

Sage
19

表 2-14 关系 T

Sname	Sage
李明	18
张立	20

2.3 关系的完整性

关系模型的数据结构是一张二维表，也就是关系。因此，关系的完整性就是指关系模型的数据完整性，用于确保数据的准确性和一致性。关系模型的完整性有三大类：实体完整性、参照完整性和用户定义完整性。

其中，实体完整性和参照完整性是关系模型必须满足的完整性约束条件，被称为关系的两个不变性。

1. 实体完整性

实体完整性是指关系的主属性不能为空。在关系模型中码能够唯一地识别元组，而码是由一个或几个属性组成的。这就规定了组成码的所有属性都不能为空，这些属性也称为主属性。

关系模型中的每个元组都对应客观存在的一个实例，若关系中某个元组主属性没有值，则此元组在关系中一定没有任何意义。比如，Student 关系中，Sno(学号)能够唯一地确定一个学生，如果有一个学生的学号没有值，则此学生将无法管理。又如，在 SC 关系中，码是(Sno，Cno)的组合，如果只有某个学生的学号而没有该学生修课号，那么该学生某门课的成绩将无法确定。

另外，若关系中存在码值相同的元组，则说明这几个元组都对应客观存在的同一实例。比如，Student 关系中，有相同名字的学生，他们的 Sno 不同，则说明这是几个不同实例；倘若他们的 Sno 相同，则关系中出现重复的一个实例，这就不符合关系的特征。

因此，实体完整性确保了关系中的每个元组都是可识别的、唯一的。

2. 参照完整性

在关系模型中，实体与实体之间的联系都是用关系来表示的，这些关系主要分为 1:1、1:*n* 和 *m*:*n* 三种。参照完整性也称为引用完整性，描述了实体之间的引用规则，即一个实体中某个属性的属性值是引用另一个实体的码，其中，引用关系称为参照关系，而被引用关系称为被参照关系，参照关系中的引用字段称为外码。

关系模型中的参照完整性就是通过定义外码来实现的。

【例 2-8】教师实体和教研室实体可用如下关系表示：

教师（教师号，姓名，职称，教研室号）

教研室（教研室号，教研室名称）

其中，教师的码是教师号，外码是教研室号，教研室的码是教研室号。这两个关系之间存在着属性的引用，即教师关系中教研室号引用了教研室关系中的码“教研室号”。显然，教师关系中教研室号必须是确定存在的，即在教研室关系已有的教研室号，因为教研室实体必须符合实体完整性规则。此时，教师关系为参照关系，而教研室关系为被参照关系。

参照完整性就是限制一个关系中某个属性的取值受另一个关系中某个属性的取值范围的约束。

同样，在多个关系间也存在参照完整性。比如，在 Student 关系、Course 关系和 SC 关系之间的引用。SC 中“Sno”引用了 Student 中的码“Sno”，即 SC 关系中的 Sno 必须是 Student 关系中存在的学号；同样，SC 中“Cno”引用了 Course 中的码“Cno”，即 SC 关系中的 Cno 必须是 Course 关系中存在的课号。这里，SC 关系是参照关系，Student 关系和 Course 关系均是被参照关系。SC 关系中的(Sno，Cno)两个属性的组合是 SC 的码，而 Sno 和 Cno 又分别是外码。

参照完整性规定了码与外码之间的引用规则，要求主码必须是非空且不重复的，但对外码并无要求。外码可以有重复值，也可以为空。

其中，例 2-8 教师实体中教研室号可重复，表示多个教师可以在同一个教研室内；如果某位新教师还未被分配到某个具体的教研室内，则其教研室号可以为空。

3. 用户定义的完整性

用户定义的完整性是指不同的关系数据库系统根据应用环境的不同，设定的一些特殊约束条件。用户定义的完整性也称为域完整性或语义完整性。它说明某一具体应用所涉及的数据必须满足应用语义的要求。

因此用户定义的完整性就是针对某一个特定的关系数据库的数据库约束条件。例如，学生的成绩取值应该设定在 0～100，学生的姓名应该是字符类型等。用户定义的完整性实际上就是指明关系中属性的取值范围，这样可以限制关系中的属性类型及取值范围，防止属性值与数据库语义矛盾。

2.4 综合举例

对应表 2-5 学生、课程、选课关系，使用专门的关系运算完成：

【例 2-9】求计算机软件专业的所有学生。

$\sigma_{Sdept='计算机软件'}$ (Student)

本例直接在 Student 关系中做选择运算得到。

【例 2-10】求选修了 C101 号课程的学生的学号和成绩。

$\Pi_{Sno,Grade}$ ($\sigma_{Cnot='C101'}$ (SC))

本例首先求出选修了 C101 号的所有学生信息，再进行投影运算，得到这些学生的学号和成绩。当需要进行选择和投影运算时，一般情况下先做选择。

【例 2-11】求选修了 C101 号课程的学生的学号、姓名和所在的系。

$\Pi_{Sno,Sname,Grade}$ ($\sigma_{Cnot='C101'}$(SC) $\bowtie$ Student)

本例首先使用选择找出选修了 C101 课程的学生，再与 Student 关系表进行自然连接，得到一个新关系，包括选修了 C101 课程的学生的全部基本信息及该门课程的考试成绩。然后再对新关系进行投影，得到学生的学号、姓名和所在的系。

【例 2-12】求没有选修任何课程的学生的学号和姓名。

$\Pi_{Sno,Sname}$(Student $\bowtie$ (Π_{Sno}(Student)– Π_{Sno}(SC)))

本例先对 Student 关系和 SC 分别进行投影，再通过一个差运算得到没有选修任何课程的学生（新来的学生）学号，然后将这些学生学号所构成的新关系与 Student 关系进行自然联接，最后投影得到没有选修任何课程的学生学号和姓名。

【例 2-13】求选修所有课程的学生的学号和姓名。

$\Pi_{Sno,Sname}(Student \bowtie (SC \div \Pi_{Cno}(Course)))$

本例先对 Course 关系进行投影运算得到所有课程的课号，得到一个新关系，然后用 SC 关系与这个只有课号的新关系进行除运算，表示选修了所有课程的学生的学号、课号和成绩，接着与 Student 关系进行自然联接后投影出选修了所有课程的学生的学号和姓名。

本例还可以先进行除运算，得到一个新关系，再与从 Student 中投影出的只有学号和姓名的另一个新关系进行自然联接。这说明利用关系代数进行查询的表达式不是唯一的，可以选择一种最优的方式。

知 识 小 结

本章系统地讲解关系数据库的重要概念，并着重介绍了关系模型的基本概念。关系模型包括关系数据结构、关系操作集合，以及关系完整性约束 3 个组成部分。其中关系数据库的常用术语和关系的三类完整性约束的概念是必须理解和掌握的，后面的学习中将会反复用到。关系代数（包括抽象的语言及具体的语言）；关系代数中的各种运算（包括并、交、差、选择、投影、连接、除及广义笛卡儿积等）等，因为较为抽象，因此在学习的过程中一定要结合具体的实例进行学习，需要举一反三。

思考与练习

一、填空题

1. 关系操作的特点是________操作。
2. 一个关系模式的定义格式为________。
3. 一个关系模式的定义主要包括________、________、________、________和________。
4. 关系数据库中可命名的最小数据单位是________。
5. 关系模式是关系的________，相当于________。
6. 在一个实体表示的信息中，称________为码。
7. 关系代数运算中，传统的集合运算有________、________、________和________。
8. 关系代数运算中，基本的运算是________、________、________、________和________。
9. 关系代数运算中，专门的关系运算有________、________和________。
10. 关系数据库中基于数学上两类运算是________和________。
11. 传统的集合“并、交、差”运算施加于两个关系时，这两个关系的________必须相等，________必须取自同一个域。
12. 关系代数中，从两个关系中找出相同元组的运算称为________运算。
13. 已知系（系编号，系名称，系主任，电话，地点）和学生（学号，姓名，性别，入学日期，专业，系编号）两个关系，系关系的主码是________，系关系的外码是______________，学生关系的主码是______________，外码是______________。

二、选择题

1. 下面关于关系性质的说法，错误的是（　　）。
   A. 表中的一行称为一个元组　　B. 行与列交叉点不允许有多个值
   C. 表中的一列称为一个属性　　D. 表中任意两行可能相同
2. 同一个关系模型的任两个元组值（　　）。
   A. 不能全同　　B. 可全同　　C. 必须全同　　D. 以上都不是
3. 在通常情况下，下面关系中不可以作为关系数据库的关系是（　　）。
   A. R1（学生号，学生名，性别）　　B. R2（学生号，学生名，班级号）
   C. R3（学生号，学生名，宿舍号）　　D. R4（学生号，学生名，简历）
4. 下面的选项不是关系数据库基本特征的是（　　）。
   A. 不同的列应有不同的数据类型　　B. 不同的列应有不同的列名
   C. 与行的次序无关　　D. 与列的次序无关
5. 一个关系数据库文件中的各条记录（　　）。
   A. 前后顺序不能任意颠倒，一定要按照输入的顺序排列
   B. 前后顺序可以任意颠倒，不影响库中的数据关系
   C. 前后顺序可以任意颠倒，但排列顺序不同，统计处理的结果就可能不同
   D. 前后顺序不能任意颠倒，一定要按照码段值的顺序排列
6. 设有属性 A，B，C，D，以下表示中不是关系的是（　　）。
   A. R(A)　　B. R(A，B，C，D)　　C. $R(A \times B \times C \times D)$　　D. R(A，B)
7. 关系模式的任何属性（　　）。
   A. 不可再分　　B. 可再分
   C. 命名在该关系模式中可以不唯一　　D. 以上都不是
8. 在关系数据模型中，通常可以把（　　）称为属性，而把（　　）称为关系模式。常用的关系运算是关系代数和（　　）。在关系代数中，对一个关系做投影操作后，新关系的元组个数（　　）原来关系的元组个数。用（　　）形式表示实体类型和实体间的联系是关系模型的主要特征。
   ①A. 记录　　B. 基本表　　C. 模式　　D. 字段
   ②A. 记录　　B. 记录类型　　C. 元组　　D. 元组集
   ③A. 集合代数　　B. 逻辑演算　　C. 关系演算　　D. 集合演算
   ④A. 小于　　B. 小于或等于　　C. 等于　　D. 大于
   ⑤A. 指针　　B. 链表　　C. 码　　D. 表格
9. 关系模型中，一个码（　　）。
   A. 可由多个任意属性组成
   B. 至多由一个属性组成
   C. 可由一个或多个其值能唯一标识该关系模式中任何元组的属性组成
   D. 以上都不是

10. 在一个关系中如果有这样一个属性存在，它的值能唯一地标识关系中的每一个元组，称这个属性为（　　）。
A. 码　　B. 数据项　　C. 主属性　　D. 主属性值
11. 在订单管理系统中，客户一次购物（一张订单）可以订购多种商品。有订单关系 R（订单号，日期，客户名称，商品编码，数量），则 R 的主码是（　　）。
A. 订单号　　B. 订单号，客户名称
C. 商品编码　　D. 订单号，商品编码
12. 关系数据库管理系统应能实现的专门关系运算包括（　　）。
A. 排序、索引、统计　　B. 选择、投影、连接
C. 关联、更新、排序　　D. 显示、打印、制表
13. 关系数据库中的投影操作是指从关系中（　　）。
A. 抽出特定记录　　B. 抽出特定字段
C. 建立相应的影像　　D. 建立相应的图形
14. 在关系代数的传统集合运算中，假定有关系 R 和 S，运算结果为 W。如果 W 中的元组属于 R，或者属于 S，则 W 为（　　）运算的结果。如果 W 中的元组属于 R 而不属于 S，则 W 为（　　）运算的结果。如果 W 中的元组既属于 R 又属于 S，则 W 为（　　）运算的结果。
A. 笛卡儿积　　B. 并　　C. 差　　D. 交
15. 在关系代数的专门关系运算中，从表中取出满足条件的属性的操作称为（　　）；从表中选出满足某种条件的元组的操作称为（　　）；将两个关系中具有共同属性值的元组连接到一起构成新表的操作称为（　　）。
A. 选择　　B. 投影　　C. 连接　　D. 扫描
16. 自然连接是构成新关系的有效方法。一般情况下，当对关系 R 和 S 使用自然连接时，要求 R 和 S 含有一个或多个共有的（　　）。
A. 元组　　B. 行　　C. 记录　　D. 属性
17. 如图 2-5 所示，两个关系 R1 和 R2，它们进行（　　）运算后得到 R3。

R1

A	B	C
A	1	X
C	2	Y
D	1	y

R2

D	E	M
1	M	I
2	N	J
5	M	K

R3

A	B	C	D	E
A	1	X	M	I
C	1	Y	M	I
C	2	y	N	J

图 2-5

A. 交　　B. 并　　C. 笛卡儿积　　D. 连接
18. 设关系 R(A,B,C)和 S(B,C,D)，下列各关系代数表达式不成立的是（　　）。
A. $\Pi A(R) \bowtie \Pi D(S)$　　B. $R \cup S$
C. $\Pi B(R) \cap \Pi B(S)$　　D. $R \bowtie S$
19. 关系运算中花费时间可能最长的运算是（　　）。
A. 投影　　B. 选择　　C. 笛卡儿积　　D. 除
20. 在关系代数运算中，5 种基本运算为（　　）。

A. 并、差、选择、投影、自然连接　　B. 并、差、交、选择、投影

C. 并、差、选择、投影、乘积　　D. 并、差、交、选择、乘积

21. 关系数据库用（　　）来表示实体之间的联系，其任何检索操作的实现都是由（　　）三种基本操作组合而成的。

①A. 层次模型　B. 网状模型　C. 指针链　D. 表格数据

②A. 选择、投影和扫描　B. 选择、投影和连接

C. 选择、运算和投影　D. 选择、投影和比较

22. 设有关系 R，按条件 f 对关系 R 进行选择，正确的是（　　）。

A. $R \times R$　B. $R \underset{f}{\bowtie} R$　C. $\sigma_f(R)$　D. $\Pi_f(R)$

三、判断题

1. 等值连接与自然连接是相同的运算。（　　）
2. 关系数据库中的码是指能唯一决定关系的字段。（　　）
3. 关系模型建立在严格的数学理论、集合论和谓词演算公式的基础之上。（　　）
4. 微机 DBMS 绝大部分采取关系数据模型。（　　）
5. 用二维表表示关系模型是其一大特点。（　　）
6. 不具有连接操作的 DBMS 也可以是关系数据库系统。（　　）

四、简答题

1. 叙述等值连接与自然连接的区别和联系。
2. 举例说明关系参照完整性的含义。
3. 设有图 2-6 所示的关系 R 和 S，计算：

（1）$R1=R-S$

（2）$R2 = R \cup S$

（3）$R3 = R \cap S$

（4）$R4 = R \times S$

R

A	B	C
a	b	c
b	a	f
c	b	d

S

A	B	C
b	a	f
d	a	d

图 2-6

4. 设有图 2-7 所示的关系 R，S 和 T，计算：

（1）$R1=R \cup S$

（2）$R2 = R-S$

（3）$R3 = R \bowtie T$

（4）$R4=R \underset{A<C}{\bowtie} T$

（5）$R5 = \prod A(R)$

（6）$R6=\sigma_{A='C'}(R \times T)$

R

A	B
a	d
b	e

S

A	B
d	a
b	a
b	c

T

B	C
b	b
c	c
b	d

图 2-7

5. 设有图 2-8 所示的两上关系 E1 和 E2，其中，E2 是从 E1 中经过关系运算所形成的结果，试给出该运算表达式。

E1

A	B	C
1	2	3
4	5	6
7	8	9

E2

B	C
5	6
8	9

图 2-8

6. 设有图 2-9 所示的 3 个关系 S、C 和 SC。用关系代数表达式表示下列要求，并求出结果。

S

学号	姓名	年龄	性别	籍贯
20001	王小严	20	女	北京
20002	李 白	21	男	上海
20003	陈志坚	23	男	长沙
20004	王 兵	20	男	上海
20005	张 红	22	女	武汉

C

课程号	课程名	教师	办公室
C001	程序设计	李 娟	416
C002	数据结构	刘小东	415
C003	操作系统	吴 浩	415
C004	编译原理	王 伟	415

SC

学号	课程号	成绩
20001	C001	90
20001	C002	90
20001	C003	85
20001	C004	87
20002	C001	90
20003	C001	75
20003	C002	70
20003	C004	56
20004	C001	90
20004	C004	85
20005	C001	95
20005	C003	80

图 2-9

（1）检索籍贯为“重庆”的学生姓名、学号和选修的课程号。

（2）检索选修“程序设计”的学生姓名、课程号和成绩。

（3）检索选修了全部课程的学生姓名、年龄。

7. 设有如下所示的关系 S(S#,SNAME,AGE,SEX)、C(C#,CNAME,TEACHER)和 SC(S#,C#, GRADE)，试用关系代数表达式表示下列查询语句：

（1）检索“李毅”老师所授课程的课程号(C#)和课程名(CNAME)。

（2）检索年龄小于 20 的男学生学号(S#)和姓名(SNAME)。

（3）检索至少选修“李毅”老师所授全部课程的学生姓名(SNAME)。

（4）检索“王强”同学不学课程的课程号(C#)。

（5）检索至少选修 3 门课程的学生学号(S#)。

（6）检索全部学生都选修的课程的课程号(C#)和课程名(CNAME)。

（7）检索选修课程包含“李毅”老师所授课程之一的学生学号(S#)。

（8）检索选修课程号为“C002”和“C008”的学生学号(S#)。

（9）检索选修全部课程的学生姓名(SNAME)。

（10）检索选修课程包含学号为“0002”的学生所修课程的学生学号(S#)。

8. 用关系代数完成下面各项操作。

供应商（SNO，SNAME，CITY）

零件（PNO，PNAME，COLOR，WEIGHT）

工程（JNO，JNAME，CITY）

供应（SNO，PNO，JNO，QTY）

（1）供应工程 J1 零件的供应商号码 SNO。

（2）求供应工程 J1 零件 P1 的供应商号码 SNO。

（3）求供应工程 J1 零件为红色的供应商号码 SNO。

（4）求没有使用天津供应商的红色零件的工程号 JNO。

（5）求至少用了供应商 S1 所供应的全部零件的工程号 JNO。

第3章 关系模式的规范化设计

学习目标：

- 了解关系模式规范化要解决的问题。
- 掌握函数依赖、部分/完全函数依赖、传递函数依赖等概念。
- 掌握候选码、外码、主属性、非主属性等概念。
- 掌握第一、二、三和 BCNF 范式定义。
- 掌握模式分解的方法。
- 理解规范化的规则：分解的无损连接性和保持函数依赖。

前面已经讲述了关系数据库、关系模型的基本概念，也讨论了实体与实体之间的数据联系。如何使用关系模型设计关系数据库，就是根据一个具体问题，如何选择一个比较好的关系模式的集合，每个关系又应该由哪些属性组成，即考虑实体内部属性与属性之间的数据关联；这属于数据库逻辑设计的问题，有关数据库设计的全过程将在第 4 章详细讨论。本章重点讲述关系数据库规范化理论，是数据库逻辑设计的理论依据。

数据库理论与设计中的一个重要课题，就是若要将一组数据存储在数据库中，需要考虑如何为这些数据设计一个合理的逻辑组织结构。这样做的根本目的在于使得储存这些数据的基本关系所占用的空间“最小化”，消除数据冗余及由此带来的各种操作异常现象。为了在一个数据库中构造“好的”、“合适”的关系模式，产生了一系列的理论与方法，由此形成了关系数据库设计的理论和技术，因为合适的关系模式要符合一定的规范化要求，所以又称为关系数据库的规范化理论。

构造数据库必须要遵循一定的规则，在关系数据库中，把这种规则称为范式。范式是符合某一种级别的关系模式的集合。关系数据库中的关系必须满足一定的要求，即满足不同的范式。满足最低要求的范式是第一范式（1NF），在第一范式的基础上进一步满足更多要求的称为第二范式（2NF），其余范式依此类推，目前最高有第六范式（6NF）。一般说来，数据库只需满足第三范式（3NF）就行了。

3.1 问题提出

如果关系数据库的数据模式设计不当，就会出现数据冗余；有了数据冗余，就可能产生操作异常。为了解决这些问题，需要讨论数据依赖中的某些重要课题，例如函数依赖、多值依赖和连接依赖等，并由此提出关系数据的规范化问题。

3.1.1 关系数据库逻辑设计问题

我们知道，关系数据库是由一组关系组成，一个关系由一组属性组成。那么，针对一个具体的问题，如何构造适合于它的数据模式，即应该构造几个关系，每个关系由哪些属性组成等，这就是关系数据库的逻辑设计问题。对这些问题的不同处理，往往会使数据管理的效率相差很远。

例如，现在需要建立一个学校的教学管理数据库，涉及的内容包括：学生学号（SNO），学生姓名（SNAME）， 所在系名（DEPT），系所在教学楼（D_LOC），系主任名（D_DEAN），所学课程名（CNAME）及成绩（GRADE）。假设该数据库由一个单一关系模式 SLC 构成（见表 3-1），则该关系模式的属性集合为：

```
SLC={SNO, SNAME,DEPT,D_LOC,D_DEAN,CNAME,GRADE}
```

表 3-1 关系模式 SLC

SNO	SNAME	DEPT	D_LOC	D_DEAN	CNAME	GRADE
01001	张艺	信息系	A 座	陈武	软件工程	98
01001	张艺	信息系	A 座	陈武	数据结构	87
01001	张艺	信息系	A 座	陈武	Java 语言	76
01002	王尔	信息系	A 座	陈武	软件工程	97
01002	王尔	信息系	A 座	陈武	数据结构	86
01002	王尔	信息系	A 座	陈武	Java 语言	75
02001	李散	自动化系	B 座	胡柳	接口技术	98
02001	李散	自动化系	B 座	胡柳	自动原理	85
02001	李散	自动化系	B 座	胡柳	数字电路	74
03001	赵斯	机械系	A 座	郭奇	机械制图	98

上述关系模式虽然可以存储学生、学生所在的系、系主任及学生的选课和成绩等情况，但其存在 4 个主要的问题：

① 数据冗余（Data Redundancy），就是相同数据在数据库中多次重复存放的现象。数据冗余不仅会浪费存储空间，而且可能造成数据的不一致性。例如若一个系有 200 名学生，学习 10 门课，则共有 2 000 个元组，那么，系名、系主任名和系所在教学楼要出现 2 000 次，其实出现一次就够了。

② 插入异常（Insertion Anomaly），当在不规范的数据表中插入数据时，由于实体完整性约束要求主键不能为空的限制，而出现有的数据无法插入的情况。此表主键是 SNO，如果有新系没有招生，则系名、系所在教学楼和系主任名就没法进表。

③ 删除异常（Deletion Anomaly），当不规范的数据表中某条需要删除的元组中包含有一部分有用数据时，就会出现删除困难。一个系的学生毕业了，删除全部学生记录，则连系名、系所在教学楼和系主任名也一同删除了。

④ 修改异常（Modification Anomaly），潜在的不一致性，假设系主任一换，2 000 个记录都要更新，漏掉一个没改，就会出现数据不一致性。

所以说 SLC 关系模式不是一个好模式。一个好的模式不应当出现数据冗余、插入异常、删除异常和潜在的不一致性问题。

如果将上述关系分解成3个：

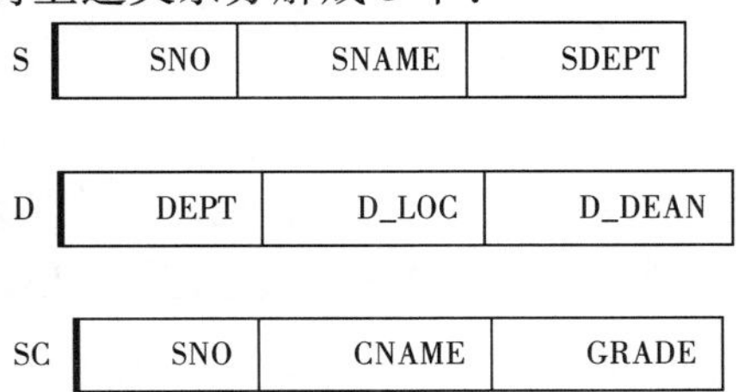

则在以上3个关系模式中，实现了信息的某种程度的分离：

① S中存储学生基本信息，与所选课程及系主任无关。

② D中存储系的有关信息，与学生无关。

③ SC中存储学生选课的信息，与学生及系的有关信息无关。

与SLC相比，分解为3个关系模式后，数据的冗余度明显降低。

① 当新插入一个系时，只要在关系D中添加一条记录。

② 当某个新生尚未选课，只要在关系 S 中添加一条学生记录，而与选课关系无关，这就避免了插入异常。

③ 当一个系的学生全部毕业时，只需在S中删除该系的全部学生记录，而关系D中有关该系的信息仍然保留，从而不会引起删除异常。

④ 同时，由于数据冗余度的降低，数据没有重复存储，也不会引起更新异常。

经过上述分析，我们说分解后的关系模式是一个好的关系数据库模式。

从而得出结论，一个好的关系模式应该具备以下4个条件：

- 尽可能少的数据冗余。
- 没有插入异常。
- 没有删除异常。
- 没有修改异常。

一个关系模式之所以会产生上面所述的问题，是由存在于模式中的某些数据依赖引起的。规范化理论正是用来改造关系模式，通过分解关系模式来消除其中不合适的数据依赖，以解决数据冗余、插入异常、删除异常和潜在的数据不一致性问题。那么，什么样的关系需要分解？分解关系模式的理论依据又是什么？分解完后能否完全消除上述几个问题？回答这些问题需要规范化理论的指导。

3.1.2　规范化理论研究的内容

关系数据库的规范化理论主要包括3个方面的内容：函数依赖（Functional Dependency）、范式（Normal Form）、模式设计（Form Design）。

其中，函数依赖起着核心的作用，是模式分解和模式设计的基础，范式是模式分解的标准。

关系规范化理论是数据库逻辑设计的理论指南。规范化理论研究的是关系模式中各属性之间的数据依赖关系及其对关系模式性能的影响，探讨“好”的关系模式应该具备的性质，以及达到“好”的关系模式的设计算法。规范化理论是判断关系模式优劣的理论标准。

3.2 函数依赖

3.2.1 属性间联系

前面已经讲过客观世界的事务之间存在着错综复杂的联系。实体之间的联系有两类：一类是实体与实体之间的联系；另一类是实体内部各属性之间的联系，本节主要讨论第二种联系。实体内属性间的联系可分为以下 3 种：

1．一对一联系（1:1）

设 X、Y 是关系 R 的两个属性或属性集。如果对于 X 中的任一具体值，Y 中至多有一个值与之对应，且反之亦然，则称 X、Y 两属性间是一对一联系。例如，在 SLC 关系模式中，假定无重名学生，则属性 SNO 和 SNAME 之间是一对一联系，即一个 SNO 决定一个唯一的 SNAME，同样，一个 SNAME 决定一个唯一的 SNO。

2．一对多联系（1:*n*）

设 X、Y 是关系 R 的两个属性或属性集。如果对于 X 中的任一具体值，Y 中至多有一个值与之对应，而 Y 中的一个值却可以和 X 中的 n（$n \geqslant 0$）个值相对应，则称 Y 对 X 是一对多联系。例如，在 SLC 关系模式中，属性 DEPT 和 SNAME 之间是一对多联系，即一个 SNAME 决定一个唯一的 DEPT，而一个 DEPT 则对应若干个 SNAME。

3．多对多联系（*m*:*n*）

设 X、Y 是关系 R 的两个属性或属性集。如果对于 X 中的任一具体值，Y 中有 m（$m \geqslant 0$）个值与之对应，而 Y 中的一个值也可以和 X 中的 n（$n \geqslant 0$）个值相对应，则称 X 对 Y，Y 对 X 均是多对多联系。例如，在 SLC 关系模式中，属性 CNAME 和 SNAME 之间是多对多联系，即一门 CNAME 可以有多个 SNAME 来学，同样，一个 SNAME 可以学习多门 CNAME。

这 3 种属性间的联系实际上是属性值之间相互依赖又相互制约的反映，称为属性间的数据依赖，即通过一个关系中属性间值的相等与否体现出来的数据间的相互关系，是现实世界属性间相互联系的抽象，是数据内在的性质，是语义的体现。属性间的数据依赖共有 3 种：函数依赖（Functional Dependency，FD）；多值依赖（Multivalued Dependency，MVD）和连接依赖（Join Dependency，JD），其中最重要的是函数依赖和多值依赖。本书只介绍函数依赖。

3.2.2 函数依赖的定义

函数依赖是属性之间的一种联系。

定义 3.1 函数依赖（Functional Dependencies）：设 R(U)是属性集 U（如 $U=\{A_1,\ldots,A_n\}$）上的一个关系模式，X，Y 为 U 的子集，如果 R(U)的所有关系 r 都存在着：对于 X 的每一个具体值，都有 Y 的唯一值与之相对应，则称属性 Y 函数依赖属性 X（或属性 X 函数决定属性 Y），记作 $X \rightarrow Y$，其中属性 X 是决定因素（Determinant），属性 Y 是被决定因素（Dependent）；否则，记作 $X \nrightarrow Y$ 称为属性 X 不能函数决定属性 Y。

如果 $X \rightarrow Y$ 和 $Y \rightarrow X$ 同时成立，则记作 $X \longleftrightarrow Y$。

当 $X \rightarrow Y$，且 $Y \subseteq X$ 时，称 $X \rightarrow Y$ 是平凡函数依赖（Trivial Functional Dependence）；当 $X \rightarrow Y$，且 $Y \nsubseteq X$（Y 不包含于 X）时，则称 $X \rightarrow Y$ 是非平凡函数依赖（Nontrivial Functional Dependence）。

若不特别指定声明，我们讨论的是非平凡函数依赖。

前面讨论的属性之间的 3 种联系，并不是每一种联系都存在函数依赖。

① 若属性或属性集 X、Y 之间是 1:1 联系，则存在函数依赖：$X\longleftrightarrow Y$，例如，在 SLC 中的 SNO$\longleftrightarrow$SNAME。

② 若属性或属性集 X、Y 之间是 1:n 联系，则存在函数依赖：Y→X，例如，在 SLC 中的 SNAME→DEPT。

③ 若属性或属性集 X、Y 之间是 m:n 联系，则 X、Y 之间不存在函数依赖，例如，在 SLC 中的 SNAME 和 CNAME。

定义 3.2 完全/部分函数依赖：在 R(U)中，如果 X→Y，且 X 的任一真子集 X '，都有 X '$\nrightarrow$Y，则称 Y 对 X 完全函数依赖（Full Functional Dependence），记作 $X\xrightarrow{f}Y$；否则称 Y 对 X 是部分函数依赖（Partial Functioanl Dependence），记作 $X\xrightarrow{p}Y$。

例如，关系模式 SLC 中，有（SNO,CNAME）→（SNAME,GRADE）。其中，存在 SNO⊂（SNO,CNAME），且 SNO→SNAME，则称（SNO,CNAME）$\xrightarrow{f}$SNAME，即 SNAME 部分函数依赖于（SNO,CNAME）；由于一个 SNO 有多个 GRADE 的值与其对应，因此 GRADE 不能唯一地确定，即 GRADE 不能函数依赖于 SNO，所以有：SNO$\nrightarrow$GRADE，但是 GRADE 可以被（SNO,CNAME）唯一地确定，所以可表示为：（SNO,CNAME）→GRADE，即为完全函数依赖。

定义 3.3 传递函数依赖：在 R(U)中，若 X→Y，Y→Z ，且 Y$\not\subseteq$X，Z$\not\subseteq$Y，Y→X，则称 Z 对 X 是传递函数依赖（Transitive Functional Dependence），记作 $X\xrightarrow{传递}Z$。实际上，若加上 Y→X，则 $X\longleftrightarrow Y$，那么 $X\xrightarrow{直接}Z$。

例如，关系模式 SLC 中，SNO→DEPT,DEPT→D_LOC，且 DEPT$\not\subseteq$SNO，D_LOC$\not\subseteq$DEPT，所以 SNO$\xrightarrow{传递}$D_LOC。

3.2.3　候选码和外码

定义 3.4 候选码（Candidate Key）：设 K 是关系模式 R（U,F）中的属性或属性组，K '是 K 的真子集（即 K '⊂K），若 K→U，而不存在 K '→U，则 K 是 R 的候选码。

若候选键个数多于一个，则选择其中的一个作为主码（Primary Key）。

没有被选中作为主码的其他候选码都称为替代码（Alternate Key）。

属于任一候选码的属性都称为主属性（Primary Attribute）；不属于任何候选码的属性都称为非主属性（Nonprime Attribute）。

若候选码中只有一个属性，则称为单码（Single Key）；若整个属性组是一个候选码，则称为全码（All Key）。

例如，关系模式 D（DEPT,D_LOC,D_DEAN），因为 DEPT→（DEPT,D_LOC,D_DEAN），所以 DEPT 就是关系模式 D 的候选码，且是单码；关系模式 CG（CNAME,GRADE），由于 CNAME 不能决定 GRADE，同样 GRADE 也不能决定 CNAME，所以该关系模式的候选码是（CNAME,GRADE），即全码。

定义 3.5 外码（Foreign Key）：设有两个关系模式 R 和 S，X 是 R 的属性或属性组，并且 X 不是 R 的候选码，但 X 是 S 的候选码，则称 X 是 R 的外码。

例如，关系模式 S（SNO,SNAME,DEPT）和关系模式 D（DEPT,D_LOC,D_DEAN），其中，

DEPT 不是关系模式 S 的候选码，但 DEPT 是关系模式 D 的候选码，所以 DEPT 是关系模式 S 的一个外码。

在此需要注意，在定义中说 X 不是 R 的候选码，并不是说 X 不是 R 的主属性。X 不是候选码，但可以是候选码的组成属性，或者是任一候选码中的一个主属性。例如，关系模式 S（SNO,SNAME,DEPT）和关系模式 SC（SNO,CNAME,GRADE），在选课关系模式 SC 中，（SNO,CNAME）是该关系模式的候选码，SNO 即是组成主码的属性（但不是单码），同时它又是关系模式 S 的主码，所以 SNO 是选课关系模式的一个外码。

关系间的联系，可以通过同时存在于两个或多个关系中的主码和外码的取值来建立。例如，要查询某个学生所在系的情况，只需查询系表中的系名与该学生的系名相同的记录即可。因此，主码和外码提供了一个表示关系间联系的手段。

*3.2.4 逻辑蕴含

一般情况下，对于一个关系模式，除了要考虑给定的函数依赖，还应考虑在该关系模式上“隐藏”的其他函数依赖。

定义 3.6 逻辑蕴含：若 F 是关系模式 R（U,F）上的一函数依赖集合，X→Y 是 R 的一个函数依赖，若一关系模式满足 F，则必然满足 X→Y，称 F 逻辑蕴含 X→Y。也就是说，若根据给定的函数依赖集 F，可以证明其他一些函数依赖也存在，就称这些函数依赖被 F 逻辑蕴含。

定义 3.7 闭包（Closure）：若 F 是一个函数依赖集合，则 F 所逻辑蕴含的函数依赖的全体称为 F 的闭包，记作 F^+。

*3.2.5 函数依赖的推理规则

在给定函数依赖集 F 的情况下，如何计算它的闭包 F^+呢？1974 年引入的 Armstrong 公理可完成此任务。

Armstrong 公理系统（Armstrong's Axioms）设有关系模式 R(U,F)，X⊆U，Y⊆U，Z⊆U，W⊆U，则对 R(U,F)有：

① A1（自反律 Reflexivity）：若 Y⊆X，则 X→Y。

② A2（增广律 Augmentation）：若 X→Y，则 XZ→YZ（其中 XZ 表示 X∪Z）。

③ A3（传递律 Transitivity）：若 X→Y，Y→Z，则 X→Z。

上述定律是正确（Sound）且完备（Complete）的，也就是说，若 F 成立，则由 F 根据 Armstrong 公理所推导的函数依赖总是成立的，并且所有的函数依赖都可以由这三条定律推出。由 Armstrong 公理系统，可以得到以下 4 个推理：

① A4 合并律（Union）：若 X→Y，X→Z，则 X→YZ（其中 YZ 表示 Y∪Z）。

② A5 分解律（Decomposition）：若 X→YZ，则 X→Y，X→Z（其中 YZ 表示 Y∪Z）。

③ A6 伪传递律（Pseudo Transitivity）：若 X→Y，WY→Z，则 XW→Z（其中 WY 表示 W∪Y，XW 表示 X∪W）。

④ A7 复合律（Composition）：若 X→Y，W→Z，则 WX→YZ（其中 WX 表示 W∪X，YZ 表示 Y∪Z）。

【例 3-1】关系模式 R(U,F)，其中属性集合 U={A,B,C,D,E,F}函数依赖集合为 F={A→B，A→C，

CD→E，CD→F，B→E}，利用上述规则，能够得到关系中存在以下几个函数依赖。

（1）A→E

因为 A→B，B→E

所以使用传递律，可得 A→E

（2）CD→EF

因为 CD→E，CD→F

所以使用合并律，可得 CD→EF

（3）AD→F

因为 A→C，CD→F

所以使用伪传递律，可得 AD→F

（4）ACD→BF

因为 A→B，CD→F

所以使用复合律，可得 ACD→BF

3.3　关系模式的范式

关系数据库中的关系必须满足一定的要求，满足不同程度要求的为不同范式。

范式表示的是关系模式的规范化程序，也即满足某种约束条件的关系模式，根据满足的约束条件的不同来确定不同范式。若 R(U,F)符合 x 范式的要求，则称 R 为 x 范式，记作：R∈xNF。

范式的概念最早由 E.F.Codd 提出，从 1971 年起，Codd 相继提出了关系的三级规范化形式，即第一范式（1NF）、第二范式（2NF）和第三范式（3NF）；1974 年，Codd 和 Boyce 又共同提出了一个新的范式的概念，即 Boyce-Codd 范式，简称 BC 范式；1976 年 Fagin 提出了第四范式（4NF），后来又有人定义了第五范式（5NF）。至此在关系数据库规范中建立了一个范式系列：1NF，2NF，3NF，BCNF，4NF，5NF，一级比一级有更严格的要求。本章我们只学习函数依赖范畴内的 1NF，2NF，3NF 和 BCNF，后两种范式是多值依赖范畴内的。

3.3.1　第一范式

在任何一个关系数据库中，第一范式（1NF）是对关系模式的最基本要求，不满足第一范式（1NF）的数据库就不是关系数据库。

定义 3.8　第一范式（1NF）：如果一个关系模式 R 的所有属性都是不可分的基本数据项，则称关系 R 满足第一范式，记作 R∈1NF。

【例 3-2】由学号 SNO，姓名 SNAME，成绩 GRADE 组成一个表（一个学生可能有英语和数学两个成绩），如表 3-2 所示。

它不属于 1NF，要将其规范成为 1NF 有 3 种方法：

① 重复存储 SNO 和 SNAME，如表 3-3 所示。此时按规定，只能选定 GRADE 为候选码，但有重复成绩时就会出错了，所有人的所有成绩均不相同是不符合实际情况的，因此这种分解方法是不可取的。

表 3-2 不符合第一范式的关系

SNO	SNAME	GRADE	
		ENGLISH	MATH
01001	张艺	76	98
01002	王尔		97
02001	李散	98	
03001	赵斯		86

表 3-3 第一种方法规范化结果

SNO	SNAME	GRADE
01001	张艺	98
01001	张艺	76
01002	王尔	97
02001	李散	98
03001	赵斯	86

② 以 SNO 为候选码，把 GRADE 分为 ENG_G 和 MA_G 两个属性，如表 3-4 所示，此方法基本可行。

③ 还是以 SNO 为候选码，但强制每条记录只能有一个 GRADE，如表 3-5 所列。此时若每个学生确实只有一个成绩，这个方法就可行，但若有学生有两个成绩，则会丢失部分数据。

这 3 种方法中，第一种方法最不可取，可以按实际情况选取后两种情况。满足 1NF 的数据库并一定是一个好的关系模式。例如，表 3-1 所示 SLC∈1NF，但该关系模式依然存在数据冗余、插入异常、删除异常和修改异常等问题。所以，该 SLC 不是一个好的关系模式。

表 3-4 第二种方法规范化结果

SNO	SNAME	ENG G	MA_G
01001	张艺	76	98
01002	王尔		97
02001	李散	98	
03001	赵斯		86

表 3-5 第三种方法规范化结果

SNO	SNAME	GRADE
01001	张艺	98
01002	王尔	97
02001	李散	8
03001	赵斯	86

3.3.2 第二范式

定义 3.9 第二范式（2NF）：满足第一范式的关系模式 R，如果所有非主属性都完全依赖于候选码，则称 R 属于第二范式，记为 R∈2NF。

简而言之，第二范式就是非主属性非部分依赖于主码。第二范式是在第一范式的基础上建立起来的，即满足第二范式必须先满足第一范式。第二范式要求实体的属性完全依赖于主码，即不能存在仅依赖主码一部分的属性，如果存在，那么这个属性和主码的这一部分应该分离出来形成一个新的实体，新实体与原实体之间是一对多的关系。

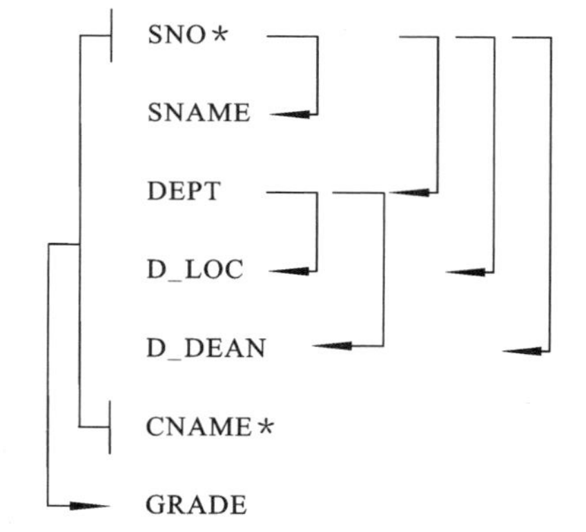

图 3-1 关系模式 SLC 中属性之间的关系

例如，表 3-1 所列关系模式 SLC∈1NF，其中各属性之间的关系如图 3-1 所示。前面已知 SLC 的候选码是（SNO,CNAME），且（SNO,CNAME）$\xrightarrow{f}$（SNAME, DEPT,D_LOC,D_DEAN），为了消除其中的部分函数依赖，对其进行投影分解，新关系包括两个关系模式，它们可达到第二范式。

SD（SNO,SNAME,DEPT,D_LOC,D_DEAN）∈2NF

SC（SNO,CNAME,GRADE）∈2NF

它们之间通过 SC 中的外码 SNO 相联系，需要时再进行自然联接，恢复了原来的关系。SD 虽然属于第二范式，但还存在数据冗余和删除异常问题：

① 数据冗余度大：每一系的学生都有多人，关于系的信息就要重复出现，重复次数与系的学生数相同。

② 插入异常：如果某个系因种种原因（如刚成立），目前暂没有在校学生，就无法把这个系的信息存入到数据库中。

③ 删除异常：如果某个系的学生全部毕业了，在删除该系学生信息的同时，把这个系的信息也删掉了。

④ 修改异常：当学校重新任命系主任时，该系每个学生的 D_DEAN 信息都必须进行修改，若少修改一处则会出现同系但系主任不同的错误。

所以说，从 SLC 分解后得到的 SD 仍不是一个“好”模式。发生这些问题的原因是存在非主属性 D_LOC 和 D_DEAN 对候选码 SNO 的传递依赖。

3.3.3 第三范式

定义 3.10 第三范式（3NF）：若关系模式 R∈2NF，且它的任何一个非主属性都不传递依赖于候选码，则称关系 R 满足第三范式，记为 R∈3NF。

例如，分析属于第二范式的关系模式 SD，其主码是 SNO，其他属性为非主属性，其中各个属性之间的关系如图 3-2 所示。根据上节可知 SNO$\xrightarrow{传递}$D_LOC，因此对其进行投影分解，消除其中的传递函数依赖，就可达到第三范式，结果如下：

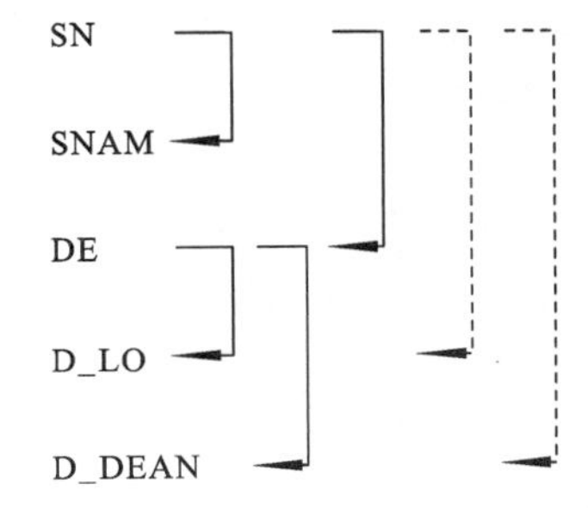

图 3-2　关系模式 SD 中属性之间的关系

S（SNO,SNAME,DEPT）∈3NF

D（DEPT,D_LOC,D_DEAN）∈3NF

分解时应注意，关系模式 S 不能没有外码 DEPT，否则两个关系之间失去联系。简而言之，第三范式就是属性不依赖于其他非主属性，即要求一个数据库表中不包含已在其他表中包含的非主属性信息。例如，存在一个系关系模式 D，其中包括系名（DEPT）、系所在教学楼（D_LOC）和系主任（D_DEAN）等信息。那么在关系模式 SD 中列出系名（DEPT）后就不能再将系所在教学楼（D_LOC）和系主任（D_DEAN）等与系有关的信息加入表中。如果不存在关系模式 D，则根据第三范式（3NF）也应该构建它，否则就会有大量的数据冗余。

在数据库的模型设计中，目前一般采用第三范式，它有非常严格的数学定义。如果从其表达的含义来看，一个符合第三范式的关系必须具有以下 3 个条件：

① 每个属性的值唯一，不具有多义性。

② 每个非主属性必须完全依赖于整个主键，而非主键的一部分。

③ 每个非主属性不能依赖于其他关系中的属性，因为这样的话，这种属性应该归到其他关系中去。

可以看到，第三范式的定义基本上是围绕主码与非主属性之间的关系而作出的。如果只满足第一个条件，则称为第一范式；如果满足前面两个条件，则称为第二范式；依此类推。因此，各级范式是向下兼容的。

可以证明，若 R∈3NF，则每一个非主属性既不部分依赖于候选码，也不传递依赖于候选码。

3.3.4 BCNF 范式

定义 3.11 BCNF 范式（Boyee-Codd Normal Form）：若关系模式 R 的所有属性都不传递依赖于 R 的任何候选码，则称关系 R 满足 BCNF，记作 R∈BCNF。也可以定义为：设关系模式 R（U,F）∈1NF，若 F 的任一函数依赖 X→Y（Y $\not\subset$ X）中 X 都包含了 R 的一个候选码，则称关系 R 满足 BCNF，记作 R∈BCNF。

推论：如果 R∈BCNF，则：R 中所有非主属性对每一个候选码都是完全函数依赖；R 中所有主属性对每一个不包含它的候选码，都是完全函数依赖；R 中没有任何属性完全函数依赖于非候选码的任何一组属性。

【例 3-3】 在关系模式 SCT（S#，C#，T）中，S#为学生号，C#为课程号，T 为教师。若规定每个教师只教一门课，每门课有若干教师教，一个学生选定某门课就对应一个教师。则根据上述语义可得如下的函数依赖关系：（S#,C#）→T，（S#,T）→C#，T→C#。

由于（S#,C#）与（S#,T）都是候选码，所以此关系模式中不存在任何非主属性，则关系模式 SCT∈3NF，但因为属性 T 是决定因素，却不是候选码，所以 SCT 不是 BCNF。

此时，对 SCT 的操作，也会遇到异常问题，例如，在 SCT 关系模式中删除了某学生选修某课程 C1 的元组，有可能同时丢失讲授该课程的教师信息。因此，应对 SCT 进行分解，得到关系模式 SC（S#,C#）和 CT（C#,T），就不会再有上述的异常问题了，且关系模式 SC∈BCNF，关系模式 CT∈BCNF。

由上述分析可知：如果一个关系模式是 BCNF，那么它一定是 3NF，反之则不然，BCNF 是在函数依赖的条件下，对一个关系模式进行分解所能达到的最高程度，如果一个关系模式 R（U）分解后得到的一组关系模式都属于 BCNF，那么在函数依赖范围内，这个关系模式 R（U）已经彻底分解了，消除了插入、删除等异常现象。

3.3.5 范式之间的关系

下面来看看所学范式之间的关系。各个范式之间的联系可以表示为：BCNF⊂3NF⊂2NF⊂1NF，即满足最低要求的是第一范式，在第一范式中满足进一步要求的为第二范式，其余以此类推，如图 3-3 所示。各个范式的成立条件如表 3-6 所示。

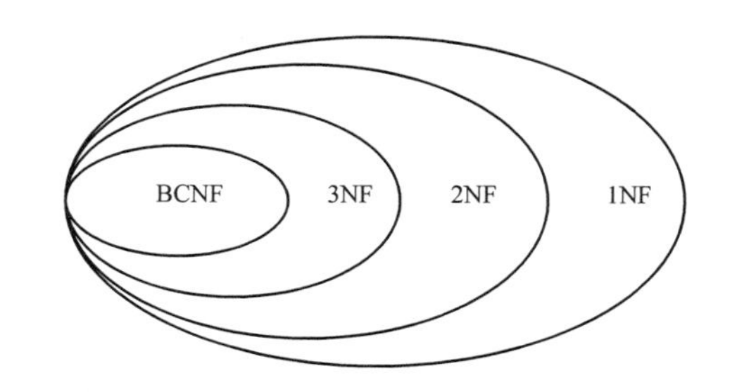

图 3-3 各种范式之间的关系

表 3-6　各范式成立的条件

范　　式	条　　件
第一范式（1NF）	元组中每一个分量都必须是不可分割的数据项
第二范式（2NF）	不仅满足第一范式，而且所有非主属性完全依赖于其候选码
第三范式（3NF）	不仅满足第二范式，而且它的任一个非主属性都不传递于任何候选码
BC 范式（BCNF）	不仅满足第三范式，而且它的任一个属性都不传递于任何候选码

3.4　关系模式的规范化

3.4.1　关系模式规范化的目的和基本思想

各范式级别是在分析函数依赖条件下对关系模式分离程度的一种测度，范式级别可以逐级升高。

通过模式分解将一个低一级范式的关系模式转换为若干个高一级范式的关系模式集合的过程称作关系模式规范化（Normalization）。

关系模式规范化的目的：解决关系模式中存在的数据冗余、插入、删除和更新异常等问题。

关系模式规范化的基本思想：逐步消除函数依赖中不合适的部分，使模式中的各个关系模式达到某种程度的“分离”，也就是采用“一事一地”的模式设计原则，达到每个规范化的关系应该只有一个主题，即让一个关系描述一个概念、一个实体或实体间的一种联系。若某个关系描述了两个或多个主题，即多于一个概念，就应该将它分解为多个关系，使它们相互“分离”。因此，所谓规范化实质上是概念的单一化。

当一个关系存在操作异常时，就应该把关系分解成两个或多个单独的关系，使每个关系只描述一个主题，从而消除这些异常。

3.4.2　关系模式规范化的步骤

规范化就是对原关系进行投影，消除决定属性不是候选键的任何函数依赖。具体可以分为以下几步：

① 把非规范化关系（含有可分数据项二维表格），分解数据项，规范化为 1NF。

② 对 1NF 关系进行投影，消除原关系中非主属性对候选码的函数依赖，将 1NF 关系转换成为若干个 2NF 关系。

③ 对 2NF 关系进行投影，消除原关系中非主属性对键的传递函数依赖，从而产生一组 3NF 关系。

④ 对 3NF 关系进行投影，消除原关系中主属性对键的部分函数依赖和传递函数依赖（也就是说，使决定属性都成为投影的候选键），得到一组 BCNF 关系。

关系模式规范化的基本步骤如图 3-4 所示。

规范化应满足的基本原则是：由低到高，逐步规范，权衡利弊，适可而止。通常以满足第三范式为基本要求。并不是规范化程度越高，模式就越好，必须结合实际应用环境和现实世界的具体情况合理地选择数据库模式。

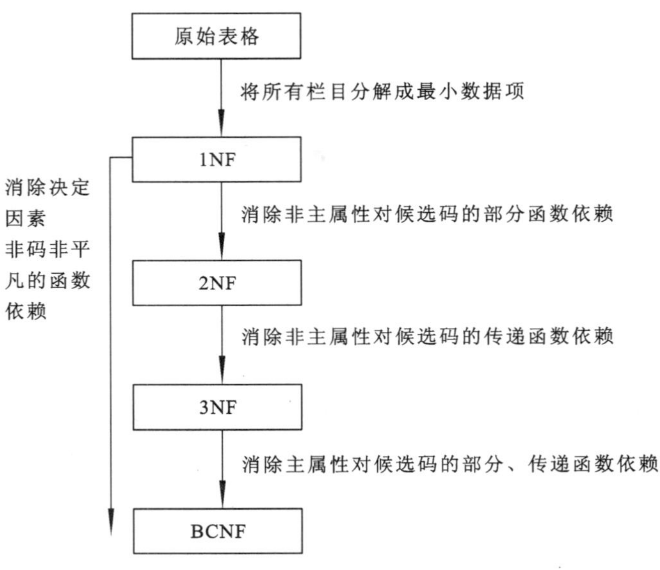

图 3-4 关系模式规范化的基本步骤

3.4.3 关系模式规范化的分解准则

关系数据库的规范化理论是以关系模型为背景，研究如何构造一个适合已有数据的模式，使得其不仅能准确地反映客观世界，而且还能适于应用，这属于关系数据库的逻辑设计问题，由于关系模型可以转换成其他数学模型，所以规范化理论的其他模型的数据库逻辑设计同样具有理论指导意义。

关系模式的规范化过程是通过对关系模式的投影分解来实现的。把低一级的关系模式投影分解为若干个高一级的关系模式。但是这种分解不是唯一的，不同的投影分解会得到不同的结果。在这些分解方法中，只有能够保证分解后的关系模式与原关系模式等价的方法才是有意义的。

定义 3.12 模式分解：关系模式 R（U,F）的一个分解是指 $\rho=\{R_1(U_1,F_1),R_2(U_2,F_2),\ldots,R_n(U_n,F_n)\}$，其中 $U=U_1$，$U_2,\ldots,U_n$，并且没有 $U_i\subseteq U_j$，$1\leqslant i$，$j\leqslant n$，F_i是 F 在 U_i上的投影。

关系模式规范化的方式是进行模式分解，模式分解的原则是与原模式等价，即模式分解必须遵守一定的准则，不能表面上消除了操作异常现象，却留下其他问题。模式分解的标准是：

① 模式分解具有无损连接性。

② 模式分解能够保持函数依赖。

③ 模式分解既要保持函数依赖又要具有无损连接性。

模式分解具有无损连接性和模式分解保持函数依赖是两个互相独立的标准。

定义 3.13 无损连接性（Lossless Join）：设关系模式 R(U,F)被分解为若干个关系模式 $R_1(U_1,F_1)$，$R_2(U_2,F_2)$，…，$R_n(U_n,F_n)$，其中 $U=U_1,U_2,\ldots,U_n$，且不存在 $U_i\subseteq U_j$，F_i为 F 在 U_j上的投影，如果 R 与 R_1，R_2，…，R_n自然连接的结果相等，则称关系模式 R 的分解具有无损连接性。也就是说，如果模式分解保持无损连接，则分解后的关系通过自然连接可以恢复成原来的关系，即通过自然连接得到的关系与原来的关系相比，既不多出信息，又不丢失信息。

判断模式分解保持无损连接性的充分必要条件是：$R1\cap R2\rightarrow R1-R2$ 或 $R1\cap R2\rightarrow R2-R1$。也就是说，当关系模式 R 分解成两个关系模式 R1 和 R2 时，若 R1 和 R2 的公共属性能够决定 R1 或

R2 中的其他属性，则这样的模式分解具有无损连接性。

定义 3.14 保持函数依赖性（Preserve Dependency）：设关系模式 R(U，F)被分解为若干个关系模式 $R_1(U_1,F_1)$，$R_2(U_2,F_2)$，…，$R_n(U_n,F_n)$，其中 $U=U_1,U_2,\ldots,U_n$，且不存在 $U_i\subseteq U_j$，F_i 为 F 在 U_j 上的投影，如果 F 所蕴含的函数依赖一定也由分解得到的某个关系模式中的函数依赖 F_i 所蕴含，则称关系模式 R 的分解具有函数依赖保持性。也就是说，如果模式分解保持函数依赖，则在模式的分解过程中函数依赖不能丢失特性，即模式分解不能破坏原来的语义。

如果一个分解具有无损分解，则它能够保证不丢失信息；如果一个分解保持了函数依赖，则它可以减轻或解决种类异常情况。具有无损连接性的分解不一定保持函数依赖，保持函数依赖的分解不一定具有无损连接性。一个关系模式的分解可能有多种情况，那么应该如何对关系模式进行分解呢？

【例 3-4】对关系模式 SDL(SNO,DEPT,D_LOC)，其中 SNO 为学号，DEPT 为学生所属系系名，D_LOC 为该系所在教学楼，有如下函数依赖：

SNO→DEPT，DEPT→D_LOC

具体举例的关系模式 SDL 如表 3-7 所列。因为非主属性 D_LOC 传递依赖于候选码 SNO，所以 SDL 不属于 3NF。此时，关系模式 SDL 至少有 3 种分解方案：

表 3-7　关系模式 SDL

SNO	DEPT	D_LOC
01001	信息系	A 座
01002	信息系	A 座
02001	自动化系	B 座
03001	机械系	A 座

方案 1：SL(SNO,D_LOC)∈3NF，DL(DEPT,D_LOC)∈3NF，如表 3-8 所示。

表 3-8　方案 1 分解得到关系模式 SL 和 DL，以及自然连接后的结果 SDL1

（a）关系模式 SL

SNO	D_LOC
01001	A 座
0 002	A 座
02001	B 座
03001	A 座

（b）关系模式 DL

DEPT	D_LOC
信息系	A 座
自动化系	B 座
机械系	A 座

（c）关系模式 SDL1

SNO	DEPT	D_LOC
01001	信息系	A 座
01001	机械系	A 座
01002	信息系	A 座
01002	机械系	A 座
02001	自动化系	B 座
03001	信息系	A 座
03001	机械系	A 座

方案 2：SL(SNO,D_LOC)∈3NF，SD(SNO,DEPT) ∈3NF，如表 3-9 所示。

表 3-9　方案 2 分解得到关系模式 SL 和 SD，以及自然连接后的结果 SDL2

（a）关系模式 SL

SNO	D_LOC
01001	A 座
01002	A 座
02001	B 座

（b）关系模式 SD

SNO	DEPT
01001	信息系
01002	信息系
02001	自动化系
03001	机械系

（c）关系模式 SDL2

SNO	DEPT	D_LOC
01001	信息系	A 座
01002	信息系	A 座
02001	自动化系	B 座
03001	机械系	A 座

方案 3：SD(SNO,DEPT)∈3NF，DL(DEPT,D_LOC) ∈3NF，如表 3-10 所示。

表 3-10 方案 3 分解得到关系模式 SD 和 DL，以及自然连接后的结果 SDL3

（a）关系模式 SD

SNO	DEPT
01001	信息系
01002	信息系
02001	自动化系
03001	机械系

（b）关系模式 DL

DEPT	D_LOC
信息系	A 座
自动化系	B 座
机械系	A 座

（c）关系模式 SDL3

SNO	DEPT	D_LOC
01001	信息系	A 座
01002	信息系	A 座
0201	自动化系	B 座
03001	机械系	A 座

这 3 种方案的优劣，就要看它们是否满足关系模式分解的标准及满足了哪些标准。分别考查这 3 种方案是否具有无损连接性和保持函数依赖。

从表 3-8 可看出，方案 1 不具有无损连接性，因此不是一个好方案。

从表 3-9 可看出，方案 2 具有无损连接性。但进一步分析，它没有保持函数依赖，可能会发生异常问题，例如，假设学生 02001 从“自动化系”转到“信息系”，则关系模式 SL 中的元组（02001，B 座）改为（02001，A 座），同时关系模式 SD 中的元组（02001，自动化系）应改为（02001，信息系）。若这两个修改没有同时进行，则数据库中就会出现信息不一致现象。其原因是原来的函数依赖 DEPT→D_LOC，在分解后既没有投影到关系模式 SL 上，也没有投影到关系模式 SD 上。因此方案 2 也不是好方案。

从表 3-10 可看出，方案 3 具有无损连接性，经过分析它也保持了函数依赖，因此方案 3 是一个比较好的分解方案。

提示：

规范化理论提供了一套完整的模式分解算法，按照这套算法可以做到：

① 若要求分解具有无损连接性，那么分解后的模式一定能达到 4NF（本书不讨论 4NF）。

② 若要求分解保持函数依赖，那么分解后的模式总可以达到 3NF，但不一定能达到 BCNF。

③ 若要求分解既具有无损连接性，又保持函数依赖，则分解后的模式可以达到 3NF，但不一定能达到 BCNF。

一个关系分解成多个关系，要使得分解有意义，起码的要求是分解后不丢失原来的信息。这些信息不仅包括数据本身，而且包括由函数依赖所表示的数据之间的相互制约。进行分解的目标是达到更高一级的规范化程度，但是分解的同时必须考虑无损联接性和保持函数依赖。有时往往不可能做到既有无损联接性，又完全保持函数依赖，需根据需要进行权衡。

3.4.4 规范化方法

下面，简要介绍一下规范化方法。

算法 1 原始表格 ⟹ 1NF

对原始表格横向或纵向展开，使得该关系模式的每一属性对应的域为简单域，即其域值不可再分，从而得到 1NF。

【例 3-5】学生简历及选课表，如图 3-5 所示。

S#	SNAME	AGE	CLASS	DEPARTMENT		COURSE			
				D#	DEPT	C#	CNAME	SCORE	CREDIT

图 3-5　学生简历及选课表

对表 3-5 横向展开，得到关系模式 STUDENT(U,F)∈1NF。其中，U={ S#,SNAME,AGE, CLASS,D#,DEPT,C#,CNAME,SCORE,CREDIT }。

根据事实，得到其上的函数依赖集合，F={ S#→SNAME, CLASS→D#, S#→CLASS, S#→AGE, D#→DEPT, C#→CNAME,(S#,C#)→SCORE, C#→CREDIT }。

算法 2　1NF⟹2NF

对 1NF 消除非主属性对候选码的部分函数依赖，从而得到 2NF。

【例 3-6】分析关系模式 STUDENT。

因为(S#,C#)→(SNAME,AGE,CLASS,D#,DEPT,CNAME,SCORE,CREDIT)

所以(S#,C#)是关系模式 STUDENT 的候选码

因为 S#→(SNAME,AGE,CLASS,D#,DEPT)

所以存在非主属性 SNAME，AGE，CLASS，D#，DEPT 对候选码的部分函数依赖

同理，非主属性 CNAME 和 CREDIT，也部分函数依赖于候选码。

因此，关系模式 STUDENT 不是 2NF，应对其进行分解。

将 STUDENT 中对候选码完全依赖的属性和部分函数依赖的属性分别组成关系。所以，将关系模式 STUDENT 分解成：

关系模式 STUDENT1（S#,SNAME,AGE,CLASS,D#,DEPT）

关系模式 COURSE（C#,CNAME,CREDIT）

关系模式 SC（S#,C#,SCORE）

在分解后的每一个关系模式中，非主属性对候选码是完全函数依赖，所以上述 3 个关系模式均属于 2NF。

算法 3　2NF⟹3NF

对 2NF 消除非主属性对候选码的传递依赖，从而得到 3NF。

【例 3-7】分析上述关系模式 STUDENT1。

因为关系模式 STUDENT1 的候选码是 S#

所以 S#是主属性，SNAME,AGE,CLASS,D#,DEPT 是非主属性

又因为 S#→CLASS,CLASS→D#

所以存在非主属性对候选码的传递依赖

因此，关系模式 STUDENT1 不是 3NF，应对其进行分解。

将 STDENT1 中对候选码存在传递依赖的属性和不存在传递依赖的属性“分离”。所以，将关系模式 STDENT1 分解成：

关系模式 STUDENT2（S#,SNAME,AGE,CLASS）

关系模式 CLASS1（CLASS,D#,DEPT）

分解后的关系模式 STUDENT2 不再存在传递依赖，所以它是 3NF。但分析关系模式 CLASS1 虽只有 3 个属性，但还存在传递依赖。

因为关系模式 CLASS1 的候选码是 CLASS

所以 CLASS 是主属性，D#和 DEPT 是非主属性

又因为 CLASS→D#，D#→DEPT

所以存在非主属性对候选码的传递依赖

因此，关系模式 CLASS1 还不是 3NF，仍然需要继续对其进行分解，得到：

关系模式 CLASS（CLASS,D#）

关系模式 DEPARMENT（D#,DEPT）

分解后关系模式 CLASS 和关系模式 DEPARTMENT 均是 3NF。

算法 4 3NF⇒BCNF

对 3NF 消除主属性对候选码的传递依赖，从而得到 BCNF。

【例 3-8】关系模式 WPE（U,F），其中 U={W#,P#,E#,QNT}，W#表示仓库号，P#表示配件号，E#表示职工号，QNT 表示数量。并有以下条件：

① 一个仓库有多个职工。

② 一个职工仅在一个仓库工作。

③ 每个仓库里一种型号的配件由专人负责，但一个人可以管理几种配件。

④ 同一种型号的配件可以分放在几个仓库中。

由上述条件分析可得函数依赖集合：

因为一个职工仅在一个仓库工作，而一个仓库有多个职工

所以 E#→W#

因为每个仓库里的一种配件由专人负责，而一个人可以管理几种配件

所以（W#,P#）→E#

因为同一种型号的配件可以分放在几个仓库中

所以（W#,P#）→QNT

因为每个仓库里的一种配件由专人负责，而一个职工仅在一个仓库工作

所以（E#,P#）→QNT

因此 F={ E#→W#,（W#,P#）→（E# ,QNT）,（E#,P#）→QNT }

因为（W#,P#）→QNT,（W#,P#）→E#

所以（W#,P#）是关系模式 WPE 的一个候选码

因为 E#→W#,（E#,P#）→QNT

所以（E#,P#）是关系模式 WPE 的一个候选码

因此，W#，P#和 E#为主属性，而 QNT 为非主属性。由于 QNT 对任一候选码都是完全函数依赖，所以 WPE∈3NF。

因为（E#,P#）→E#，E#→W#

所以存在主属性 W#对候选码的传递依赖，WPE 不属于 BCNF，应对其进行分解。将对候选码有传递依赖的主属性 W#“分离”出来，得到：

关系模式 EP（E#,P#,QNT）

关系模式 EW（E#,W#）

分解后关系模式 EP 和关系模式 EW 均属于 BCNF。

但是这种分解函数依赖的保持性较差。本例中，由于分解使得函数依赖（W#,P#）→E#丢失了，因此对原来的语义有所破坏，没有体现出每个仓库里一种部件由专人负责，就有可能出现一个部件由两个人或两个以上的人来同时管理。因此，分解之后的关系模式降低了部分完整性约束。

关于模式分解的更具体的算法，可以查阅相关资料，本书不再详细讨论。

3.5 综合举例

【例 3-9】有关系模式 R(U,F)，其中 U={A,B,C,D}，F={AB→C，B→D，BC→A}，要求判断 R 是否属于 3NF，若不属于，请分解到 3NF。

判断分解过程：

因为 AB→C，B→D

所以 AB→U，则 AB 为一个候选码

同理，BC 也是一个候选码

所以 A，B，C 为主属性，D 为非主属性

因为 B→D

所以 D 部分函数依赖于候选码，则 R 不属于 3NF

对 R 进行分解，得到两个关系模式 R1（B，D）和 R2（A，B，C）

此时，经判断 R1∈3NF，R2∈3NF

【例 3-10】有关系模式 R(U,F)，其中 U={C#,T#,Time,Room,S#,Grade}，F={C#→T#, (Time,Room)→C#, (Time,S#)→Room,(Time,T#)→Room,(C#,S#)→Grade}，C#表示课程号，T#表示教师号，Time 表示上课时间，Room 表示教室，S#表示学生号，Grade 表示成绩。要求判断 R 是否属于 BCNF，若不属于，请分解到 BCNF。

判断过程：

① 因为(Time,S#)→Room（已知）

(Time,S#)→Time（平凡函数依赖）

所以(Time,S#)→(Time,Room)（合并律）

且(Time,Room)→C#（已知）

所以(Time,S#)→C#（传递律）

② 因为 C#→T#（已知）

所以(Time,S#)→T#（传递律）

③ 因为(Time,S#)→S#（平凡函数依赖）

(Time,S#)→C#（已求出）

所以(Time,S#)→(S#,C#)（合并律）

且(C#,S#)→Grade（已知）

所以(Time,S#)→Grade（传递律）

由①、②、③和已知(Time,S#)→Room，可得(Time,S#)→U，所以(Time,S#)是候选码。

因此，Time，S#为主属性，C#，T#，Room，Grade 为非主属性。

因为存在非主属性对候选码的传递依赖

所以 R 不属于 BCNF

分解过程：

① 处理传递依赖(Time,S#)→Grade

原关系模式 R 分解为 R1（C#,S#,Grade）和 R'（C#,T#,Time,Room,S#）

② 处理传递依赖(Time,S#)→T#

原关系模式 R'分解为 R2（C#,T#）和 R"（C#, Time,Room,S#）

③ 处理传递依赖(Time,S#)→C#

原关系模式 R"分解为 R3（C#, Time,Room）和 R4（Time,Room,S#）

即 R 分解为：

R1（C#,S#,Grade）：学生的各门课程的成绩。

R2（C#,T#）：每门课程的教师。

R3（C#, Time,Room）：每门课的上课时间和在每个时间的上课教室。

R4（Time,Room,S#）：学生在每个时间的上课教室。

【例 3-11】现有某书友会的“会员基本情况调查表”，如表 3-11 所示，要求根据这张调查表设计符合 BCNF 的关系模式。已填写的“会员基本情况调查表”示例如表 3-12～表 3-14 所示。

表 3-11　会员基本情况调查表

会员基本情况调查表								
编号：______			姓名：______			职称：______		
联系地址		城市：______		街道：______			邮政编码	
最喜爱的图书情况								
1	书号		书名		作者		最喜爱章节	
2	书号		书名		作者		最喜爱章节	
3	书号		书名		作者		最喜爱章节	

表 3-12　已填写的“会员基本情况调查表”示例 1

会员基本情况调查表								
编号：001			姓名：钱久			职称：教授		
联系地址		城市：北京市		街道：学府路			邮政编码	100300
最喜爱的图书情况								
1	书号	1001	书名	周恩来传	作者	王朝柱	最喜爱章节	第 10 章
2	书号	2003	书名	亮剑	作者	都梁	最喜爱章节	第 5 章
3	书号	3005	书名	小灵通漫游未来	作者	叶永烈	最喜爱章节	第 12 章

表 3-13　已填写的“会员基本情况调查表”示例 2

会员基本情况调查表								
编号：002			姓名：武实			职称：高工		
联系地址		城市：上海市		街道：漕宝路			邮政编码	200100
最喜爱的图书情况								
1	书号	4002	书名	天龙八部	作者	金庸	最喜爱章节	第 4 部
2	书号	5004	书名	四世同堂	作者	老舍	最喜爱章节	第 20 回
3	书号		书名		作者		最喜爱章节	

表 3-14　已填写的“会员基本情况调查表”示例 3

会员基本情况调查表								
编号：003			姓名：周跋			职称：研究员		
联系地址		城市：天津市		街道：平江路			邮政编码	300200
最喜爱的图书情况								
1	书号	6006	书名	红楼梦	作者	曹雪芹	最喜爱章节	第 43 回
2	书号	7008	书名	惊蛰	作者	王玉彬	最喜爱章节	第 8 章
3	书号		书名		作者		最喜爱章节	

第一步：从原始表格规范化到 1NF，通过横向或纵向展开。

先把已知的“作者基本情况调查表”改为一张二维表格，如表 3-15 所示。

表 3-15　作者基本情况表

编号	姓名	职称	地址			喜爱的图书			
			城市	街道	邮编	书号	书名	作者	喜爱章节
001	钱久	教授	北京	学府路	100300	1001	周恩来传	王朝柱	第 10 章
						2003	亮剑	都梁	第 5 章
						3005	小灵通漫游未来	叶永烈	第 12 章
002	武实	高工	上海	漕宝路	200100	4002	天龙八部	金庸	第 4 部
						5004	四世同堂	老舍	第 20 回
003	周跋	研究员	天津	平江路	300200	6006	红楼梦	曹雪芹	第 43 回
						7008	惊蛰	王玉彬	第 8 章

再对表 3-15 进行横向或纵向展开，得到符合第一范式的关系模式 WAB，如表 3-16 所示。

已知关系模式 WAB(R,U)，其中：

```
U={W#,WName,Title,City,Street,Zip,B#,BName,Author,Chapter}
```

由于题目中并没有给出关系模式中存在的函数依赖关系，所以应按照事实列出实际存在的所有函数依赖。

表 3-16 关系模式 WAB

编号 W#	姓名 WName	职称 Title	城市 City	街道 Street	邮编 Zip	书号 B#	书名 BName	作者 Author	喜爱章节 Chapter
001	钱久	教授	北京	学府路	100300	1001	周恩来传	王朝柱	第 10 章
001	钱久	教授	北京	学府路	100300	2003	亮剑	都梁	第 5 章
001	钱久	教授	北京	学府路	100300	3005	小灵通漫游未来	叶永烈	第 12 章
002	武实	高工	上海	漕宝路	200100	4002	天龙八部	金庸	第 4 部
002	武实	高工	上海	漕宝路	200100	5004	四世同堂	老舍	第 20 回
003	周跋	研究员	天津	平江路	300200	6006	红楼梦	曹雪芹	第 43 回
003	周跋	研究员	天津	平江路	300200	7008	惊蛰	王玉彬	第 8 章

因为由 W#可知会员的基本信息

所以 W#→(WName,Title,City,Street,Zip)

因为由 B#可知喜爱的图书的基本信息

所以 B#→(Bname,Author)

因为每位会员喜爱每本图书的最喜爱章节可能是不同；不同会员即便同一本书，喜爱的章节也可能不同

所以(W#,B#)→Chapter，即不同会员对不同图书喜爱的章节不同

同时，还有生活事实(City,Street)→Zip,Zip→City

因此，关系模式中的

R={W#→(WName,Title,City,Street,Zip),(City,Street)→Zip,Zip→City,B#→(Bname,Author),(W#,B#)→Chapter}

第二步：从 1NF 规范化到 2NF。

因为经分析可知，关系模式 WAB 的候选码是(W#,B#)

所以 W#，B#是主属性，Wname，Title，City，Street，Zip，Bname，Author，Chapter 是非主属性

因为存在 W#→(WName,Title,City,Street,Zip)，即非主属性 Wname，Title，City，Street，Zip 对候选码的部分函数依赖

同理，存在 B#→(Bname,Author)，即非主属性 Bname，Author 对候选码的部分函数依赖

所以 WAB 不属于 2NF，对其进行分解，如表 3-17 所示。

关系模式 WA（W#,WName,Title,City,Street,Zip）∈2NF

关系模式 B（B#,Bname,Author）∈2NF

关系模式 WBL（W#,B#,Chapter）∈2NF

第三步：从 2NF 规范化到 3NF。

分析关系模式 WA（W#,WName,Title,City,Street,Zip）

此时该关系模式的候选码是 W#，即主属性为 W#，非主属性有 Wname，Title，City，Street 和 Zip。

表 3-17　把关系模式 WAB 分解为 2NF 的结果

（a）关系模式 WA

W#	WName	Title	City	Street	Zip
001	钱久	教授	北京	学府路	100300
002	武实	高工	上海	漕宝路	200100
003	周跋	研究员	天津	平江路	300200

（b）关系模式 B

B#	BName	Author
1001	周恩来传	王朝柱
2003	亮剑	都梁
3005	小灵通漫游未来	叶永烈
4002	天龙八部	金庸
5004	四世同堂	老舍
6006	红楼梦	曹雪芹
7008	惊蛰	王玉彬

（c）关系模式 WBL

W#	B#	Chapter
001	1001	第 10 章
001	2003	第 5 章
001	3005	第 12 章
002	4002	第 4 部
002	5004	第 20 回
003	6006	第 43 回
003	7008	第 8 章

因为 W#→(City,Street)且(City,Street)→Zip

所以存在非主属性 Zip 对候选码的传递依赖

因此，关系模式 WA 不属于 3NF，对其进行分解，如表 3-18 所示，得到：

关系模式 W（W#,WName,Title,City,Street）∈3NF

关系模式 A（City,Street,Zip）∈3NF

表 3-18　把关系模式 WA 分解为 3NF 的结果

（a）关系模式 W

W#	WName	Title	City	Street
001	钱久	教授	北京	学府路
002	武实	高工	上海	漕宝路
003	周跋	研究员	天津	平江路

（b）关系模式 A

City	Street	Zip
北京	学府路	100300
上海	漕宝路	200100
天津	平江路	300200

第四步：从 3NF 规范化到 BCNF。

分析关系模式 A（City,Street,Zip）

因为(City,Street)→Zip

所以(City,Street)是该关系模式的一个候选码

又因为(Street ,Zip) →City

所以(Street ,Zip)也是该关系模式的一个候选码

因此，City，Street 和 Zip 都是主属性

既然(City,Street)→Zip，且 Zip→City

所以存在主属性对候选码的传递依赖，即 A 不属于 BCNF，对其进行分解，得到：

关系模式 ZC（Zip,City）∈BCNF

关系模式 CS（City,Street）∈BCNF

至此，已经完成了对“作者基本情况调查表”，进行符合 BCNF 的关系模式设计，经过合并，去掉无用的，最后得到：

关系模式 W（W#,WName,Title,City,Street）∈BCNF

关系模式 B（B#,Bname,Author）∈BCNF

关系模式 WBL（W#,B#,Chapter）∈BCNF

关系模式 ZC（Zip,City）∈BCNF

其实，这种分解方式也不是唯一的，并且也存在一些问题和不足，在实际应用中，需要根据具体情况对各种分解方法加以取舍。

知 识 小 结

本章主要介绍设计关系数据库的有关理论，包括函数依赖、范式和关系模式规范化等方面内容。首先具体讲解了函数依赖、完全函数依赖和传递函数依赖的定义，以及候选码和外码等概念。之后讨论了以函数依赖为基础的 4 种关系范式，其中最基本的是 1NF，最高级的是 BCNF。在 1NF 中消除非主属性对码的部分函数依赖，就得到了 2NF；在 2NF 中消除非主属性对码的传递函数依赖，就可得到 3NF；在 3NF 中消除主属性对码的部分和传递函数依赖，就可得到 BCNF。最后，以实例介绍了关系模式规范化的基本方法和步骤。

思考与练习

一、填空题

1. 关系规范化的目的是________。
2. 在关系 A(S, SN, D)和 B(D, CN, NM 中，A 的主键是 S，B 的主键是 D，则 D 在 S 中称为________。
3. 对于非规范化的模式，经过________转变为 1NF，将 1NF 经过________转变为 2NF，将 2NF 经过________转变为 3NF。
4. 在一个关系 R 中，若每个数据项都是不可再分割的，那么 R 一定属于________。
5. 1NF，2NF，3NF 之间，相互是一种________关系。
6. 若关系为 1NF，且它的每一非主属性都________候选码，则该关系为 2NF。
7. 在关系数据库的规范化理论中，在执行“分解”时，必须遵守规范化原则：保持原有的依赖关系和________。

二、选择题

1．设计性能较优的关系模式称为规范化，规范化主要的理论依据是（　　）。

　A．关系规范化理论　　B．关系运算理论

　C．关系代数理论　　D．数理逻辑

2．规范化理论是关系数据库进行逻辑设计的理论依据。根据这个理论，关系数据库中的关系必须满足：其每一属性都是（　　）。

A. 互不相关的　　B. 不可分解的
C. 长度可变的　　D. 互相关联的

3. 关系数据库规范化是为解决关系数据库中（　　）。
A. 插入、删除和数据冗余问题而引入的
B. 减少数据操作的复杂性问题而引入的
C. 提高查询速度问题而引入的
D. 保证数据安全性/完整性问题而引入的

4. 规范化过程主要为克服数据库逻辑结构中的插入异常、删除异常及（　　）的缺陷。
A. 数据的不一致性　　B. 结构不合理
C. 冗余度大　　D. 数据丢失

5. 关系规范化中的删除操作异常是指（　　），插入操作异常是指（　　）。
A. 不该删除的数据被删除　　B. 不该插入的数据被插入
C. 应该删除的数据未被删除　　D. 应该插入的数据未被插入

6. 当 B 属性函数依赖于 A 属性时，属性 A 与 B 的联系是（　　）。
A. 1 对多　　B. 多对 1　　C. 多对多　　D. 以上都不是

7. 在关系模式中，如果属性 A 和 B 存在 1 对 1 的联系，则说（　　）。
A. $A \rightarrow B$　　B. $B \rightarrow A$　　C. $A \leftrightarrow B$　　D. 以上都不是

8. 候选码中的属性称为（　　）。
A. 非主属性　　B. 主属性　　C. 复合属性　　D. 关键属性

9. 关系模式的候选码可以有（　　），主码有（　　）。
A. 0 个　　B. 1 个　　C. 1 个或多个　　D. 多个

10. 已知关系模式 R（A，B，C，D，E）及其上的函数依赖集合 $F = \{A \rightarrow D, B \rightarrow C, E \rightarrow A\}$，该关系模式的候选码是（　　）。
A. AB　　B. BE　　C. CD　　D. DE

11. 已知关系 R（P，Q，M，N），F 是 R 上成立的函数依赖集，$F=\{(P \rightarrow Q, Q \rightarrow M)\}$，则 R 的侯选码是（　　）。
A. P　　B. Q　　C. PQ　　D. PN

12. 有关系模式 A（C，T，H，R，S），其中各属性的含义是：C，课程：T，教员：H，上课时间：R，教室：S，学生。根据语义有如下函数依赖集 $F=\{C \rightarrow T, (H,R) \rightarrow C, (H,T) \rightarrow R, (H,S) \rightarrow R\}$。关系模式 A 的码是(　　)，关系模式 A 的规范化程度最高达到（　　）。
A. C　　B.（H，R）　　C.（H，T）　　D.（H，S）

13. $X \rightarrow Y$，当下列哪一条成立时，称为平凡的函数依赖（　　）。
A. $X \in Y$　　B. $Y \in X$　　C. $X \cap Y = \Phi$　　D. $X \cap Y \neq \Phi$

14. 下面关于函数依赖的叙述中，不正确的是（　　）。
A. 若 $X \rightarrow Y$，$Y \rightarrow Z$，则 $X \rightarrow YZ$　　B. 若 $XY \rightarrow Z$，则 $X \rightarrow Z$，　$Y \rightarrow Z$
C. 若 $X \rightarrow Y$，$Y \rightarrow Z$，则 $X \rightarrow Z$　　D. 若 $X \rightarrow Y$，Y’包含 Y，则 $X \rightarrow Y'$

15. 在下面的两个关系中，职工号和部门号分别为职工关系和部门关系的主码。
职工（职工号，职工名，部门号，职务，工资）
部门（部门号，部门名，部门人数，工资总额）

在这两个关系的属性中，只有一个属性是外码，它是（　　）。

A. 职工关系的“职工号”　　B. 职工关系的“部门号”

C. 部门关系的“部门号”　　D. 部门关系的“部门名”

16. 规范化理论是关系数据库进行逻辑设计的理论依据，根据这个理论，关系数据库中的关系必须满足：其每一属性都是（　　）。

A. 互不相关的　　B. 不可分解的　　C. 长度可变的　　D. 互相关联的

17. 关系数据库的规范化理论指出：关系数据库中的关系应满足一定的要求，最起码的要求是达到 1NF，即满足（　　）。

A. 每个非主属性都完全依赖于主属性　　B. 主属性唯一标识关系中的元组

C. 关系中的元组不可重复　　D. 每个属性都是不可分解的

18. 关系模式中的关系模式至少是（　　）。

A. 1NF　　B. 2NF　　C. 3NF　　D. 4NF

19. 关系模式中各级模式之间的关系为（　　）。

A. 3NF⊂2NF⊂1NF　　B. 3NF⊂1NF⊂2NF

C. 2NF⊂3NF⊂1NF　　D. 1NF⊂2NF⊂3NF

20. 设有关系 R（S，D，M）F={S→D，D→M}。则关系 R 至多满足（　　）。

A. 1NF　　B. 2NF　　C. 3NF　　D. BCNF

21. 关系模式中，满足 2NF 的模式，（　　）。

A. 可能是 1NF　　B. 必定是 1NF　　C. 必定是 3NF　　D. 必定是 BCNF

22. 消除了部分函数依赖的 1NF 的关系模式，必定是（　　）。

A. 1NF　　B. 2NF　　C. 3NF　　D. BCNF

23. 所谓范式是指规范化的关系模式。由于规范化的程度不同，就产生了不同的范式。在对关系模式进行规范化的过程中，对 1NF 关系进行投影，将消除原关系中（　　），从而产生一组 2NF 关系。

A. 非主属性对码的传递依赖　　B. 非主属性对码的部分函数依赖

C. 主属性对码的部分和传递函数依赖　　D. 非平凡且非函数依赖的多值依赖

24. 当关系模式 R（A，B）已属于 3NF，下列说法正确的是（　　）。

A. 它一定消除了插入和删除异常　　B. 仍存在一定的插入和删除异常

C. 一定属于 BCNF　　D. A 和 C 都是

25. 关系模式 R 中的属性全部是主属性，则 R 至少是（　　）。

A. 2NF　　B. 3NF　　C. BCNF　　D. 4NF

26. 在关系模式 R 中，若其函数依赖集中所有候选码都是决定因素，则 R 最高范式是（　　）。

A. 2NF　　B. 3NF　　C. 4NF　　D. BCNF

27. 在对关系模式进行规范化的过程中，为得到一组 3NF 关系需对 2NF 关系进行投影，消除原关系中非主属性对码的（　　）。

A. 部分和传递函数依赖　　B. 连续依赖

C. 多值依赖　　D. 传递函数依赖

28. 学生表（id，name，sex，age，depart_id，depart_name），存在的函数依赖是 id→{name，sex，age，depart_id}；dept_id→dept_name，其满足（　　）。

A. 1NF　　B. 2NF　　C. 3NF　　D. 4NF

29. 设有关系模式 R（A，B，C，D），其数据依赖集：F = {（A，B）→C，C→D}，则关系模式 R 的规范化程度最高达到（　　）。

A. 1NF　　B. 2NF　　C. 3NF　　D. BCNF

30. 已知学生关系：R（学号，姓名，系名称，系地址），每一名学生属于一个系，每一个系有一个地址，则 R 属于（　　）。

A. 1NF　　B. 2NF　　C. 3NF　　D. 4NF

31. 在订单管理系统中，客户一次购物（一张订单）可以订购多种商品。有订单关系 R：R（订单号，日期，客户名称，商品编码，数量），关系 R 属于（　　）。

A. 1NF　　B. 2NF　　C. 3NF　　D. BCNF

32. 已知关系 R（A,B,C,D），F 是 R 上成立的函数依赖集，F={（A,B→C,D）,B→D}，则 R 应分解成（　　）。

A. R1(A,B)和 R2(C,D)　　B. R1(A,B,C)和 R2(B,D)

C. R1(A,C)和 R2(B,D)　　D. R1(A,B,D)和 R2(B,C)

33. 设有关系 W（工号，姓名，工种，定额），将其规范化到 3NF 正确的是（　　）。

A. W1（工号,姓名）,W2（工种,定额）

B. W1（工号，工种，定额）　W2（工号，姓名）

C. W1（工号，姓名，工种）　W2（工号，定额）

D. 以上都不对

34. 设有关系模式 W(C,P,S,G,T,R)，其中各属性的含义是：C 为课程，P 为教师，S 为学生，G 为成绩，T 为时间，R 为教室，根据定义有如下函数依赖集：

F = {C→G,(S,C)→G,(T,R)→C,(T,P)→R,(T,S)→R}

关系模式 W 的一个码是(　　)，W 的规范化程度最高达到(　　)。若将关系模式 W 分解为 3 个关系模式 W1(C,P)，W2(S，C，G)，W3(S,T,R,C)，则 W1 的规范化程度最高达到(　　)，W2 的规范化程度最高达到(　　)，W3 的规范化程度最高达到(　　)。

①A. (S,C)　　B. (T,R)　　C. (T,P)　　D. (T,S)　　E. (T,S,P)

②③④⑤A.1NF　　B. 2NF　　C. 3NF　　D. BCNF　　E. 4NF

三、判断题

1. 若关系模式 AB ∈ 2NF，则 AB ∈ 3NF。（　　）
2. 在一个关系模式中，有可能没有非主属性。（　　）
3. 若一个关系模式已经是 BCNF 了，则其一定是 2NF。（　　）
4. 主属性与非主属性的并集为关系模式的属性全集 U。（　　）
5. 部分函数依赖必然是传递函数依赖。（　　）
6. 若属性 X、Y 之间为 1:*n* 的联系，则 X→Y。（　　）
7. 每一个关系模式至少要包括一个外码才能与其他关系模式建立联系。（　　）
8. 函数依赖是指关系模式 R 的某个或某些元组满足的约束条件。（　　）
9. 如果在同一组属性子集上，不存在第二个函数依赖，则该组属性集为候选码。（　　）
10. 如果一个关系模式属于 3NF，则该关系模式一定属于 BCNF。（　　）
11. 如果一个关系数据库模式中的关系模式都属于 BCNF，则在函数依赖的范畴内，已实现了彻

底的分离，消除了插入、删除和修改异常。（　　）

12. 规范化的过程是一组等价的关系子模式，使关系模式中的多关系模式达到某些程度的“分离”，让一个关系描述一个概念、一个实体或实体间的一种联系。规范化的实质就是概念的单一化。（　　）

13. 规范化理论为数据库设计提供了理论上的指导和工具。规范化程度越高，模式就越好。（　　）

14. 如果一个函数依赖仅仅决定于一个属性，则这个函数依赖一定是完全函数依赖。（　　）

15. 如果一个关系模式中不存在任何函数依赖，则它具有全码。（　　）

16. 某一个属性有可能既是主属性又是非主属性。（　　）

17. 某一个属性组既是候选码又是外码。（　　）

18. 当且仅当函数依赖 A→B 在 R 上成立，关系 R（A,B,C）等于投影 R1（A,B）和 R2（A,C）的连接。（　　）

19. 若 R.A→R.B，R.B→R.C，则 R.A→R.C。（　　）

20. 若 R.A→R.B，R.A→R.C，则 R.A→R.(B,C)。（　　）

21. 若 R.B→R.A，R.C→R.A，则 R.(B,C) →R.A。（　　）

22. 若 R.(B,C) →R.A，则 R.B→R.A，R.C→R.A。（　　）

23. 关系模式的分解都是唯一的。（　　）

四、简答题

1. 名词解释：函数依赖、部分函数依赖、传递函数依赖、候选码、外码、主属性、非主属性。
2. 简述关系数据库的规范化理论的作用。
3. 关系模式有哪些异常操作？它们是由什么原因引起的？解决方法是什么？
4. 试举与函数依赖有关的例子。
5. 给出表 3-19 中的关系所满足的所有函数依赖。

表 3-19

A	B	C
aa	bb	cc
aa	bb	ca
ab	bb	cc
ab	bb	cb

6. 设有关系模式 R(A,B,C,D,E,F)，F={A→BC,CD→E,B→D,E→A}，请问 R 有几个候选码？是什么？
7. 已知关系模式 R(CITY,ST,ZIP)和函数依赖集：F = {(CITY,ST)→ZIP,ZIP →CITY}。试找出 R 的两个候选码。
8. 设有关系模式 R(U,F)，其中：U = {A,B,C,D,E,P}，F = {A→B,C→P,E→A,CE→D}，求出 R 的所有候选码。
9. 设有关系模式 R(C,T,S,N,G)，其上的函数依赖集：F={C→T,CS→G,S→N}，求出 R 的所有候选码。
10. 简述范式及其级别。
11. 下列关系模式最高已达到什么范式？请说明原因。
    ① R(A,B,C,D)，F={B→D, AB→C}
    ② R(A,B,C,D)，F={B→D,D→B,AB→C}
    ③ R(A,B,C,D,E)，F={AB→CE,E→AB,C→D}
12. 指出下列关系模式是第几范式?并说明理由。
    ①R(X,Y,Z)　　F = {XY→Z}
    ②R(X,Y,z)　　F = {Y→z,XZ→Y}

③R(X,Y,Z)　　F = {Y→Z,Y→X,X→YZ}

④R(X,Y,z)　　F = {X→Y,X→Z}

⑤R(X,Y,Z)　　F = {XY→Z}

⑥.R(W,X,Y,Z)　　F = {X→Z,WX→Y}

13. 设有关系模式 W (C,P,S,G,T,R)，其中各属性的含义是：C——课程，P——教师，S——学生，G——成绩，T——时间，R——教室，根据语义有如下函数依赖集：

D={ C→P,(S,C) →G,(T,R) →C,(T,P) →R,(T,S) →R }

关系模式 W 的候选码是什么？W 的规范化程序已经达到什么范式？

若将关系模式 W 分解为 3 个关系模式 W1(C,P)，W2(S,C,G)，W3(S,T,R,C)，则 W1、W2 和 W3 的规范化程序都已经分别达到什么范式？

14. 设有关系模式 R(A,B,C,D)，F={A→C,C→A,B→AC ,D→AC,BD→A }。关系模式 R 的候选码是什么？将它分别分解成 3NF 和 BCNF。

15. 设有关系模式 R(S#,NAME,BIRTHDAY,DEPARTMENT,DROM)，其中各属性的含义是：S#——学号，NAME——姓名，BIRTHDAY——出生日期，DEPARTMENT——所在系，DROM——宿舍。其语义为：一个学生只在一个系学习，一个系的学生都住在同一个宿舍楼。关系模式 R 的候选码是什么？它属于第几范式？若不属于第三范式，请将其规范化为第三范式，并指明分解后的每个关系模式的候选码和外码。

16. 设有关系模式 R(U,F)，其中：U = {A,B,C,D}，F = {A→B,B→C,D→B}，把 R 分解成 BCNF 模式集：

① 如果首先把 R 分解成{ACD,BD}，试求 F 在这两个模式上的投影。

② ACD 和 BD 是 BCNF 吗?如果不是，请进一步分解。

17. 有关系模式 R(A,B,C,D,E)，其函数依赖集：F = {A→D,E→D,D→B,BC→D,CD→A}

① 求 R 的候选码。

② 将 R 分解为 3NF。

18. 表 3-20 给出的关系 R 为第几范式?是否存在操作异常?若存在，则将其分解为高一级范式。分解完成的高级范式中是否可以避免分解前关系中存在的操作异常?

表 3-20

工程号	材料号	数量	开工日期	完工日期	价格
P1	I1	4	2000.5	2001.5	250
P1	I2	6	2000.5	2001.5	300
P1	I3	15	2000.5	2001.5	180
P2	I1	6	2000.11	2001.12	250
P2	I4	18	2000.11	2001.12	350

19. 设有关系模式 R(U，F)，其中：

U = {A,B,C,D,E}，F = {A→D,E→D,D→B,BC→D,DC→A}

① 求出 R 的候选码。

② 判断 ρ = {AB,AE,CE,BCD,AC}是否为无损连接分解?

20. 设有关系框架 R(A,B,C,D,E)及其上的函数相关性集合 F = {A→C,B→D,C→D,DE→C,CE→A}，试问分解 ρ = {R1(A,D),R2(A,B),R3(B,E),R4(C,D,E),R5(A,E)}。是否为 R 的无损连接分解?

21. 设有关系模式 R(U,V,W,X,Y,Z)，其函数依赖集：F = {U→V,W→Z,Y→U,WY→X}，现有下列分解：

① ρ 1 = {WZ,VY,WXY,UV}

② ρ 2 = {UVY,WXYZ}

判断上述分解是否具有无损连接性。

22. 已知 R(Al,A2,A3,A4,A5)为关系模式，其上函数依赖集：F = {Al→A3,A3→A4,A2→A3,A4A5→A3,A3A5→A1}

ρ ={Rl(Al,A4),R2(A1,A2),R3(A2,A3),R4(A3,A4,A5),R5(Al,A5)}

判断 ρ 是否具有无损连接性。

23. 设有关系模式 R(B,O,I,S,Q,D}，其上函数依赖集：F = {S→D,I→B,IS→Q,B→O}如果用 SD，IB，ISQ，BO 代替 R，这样的分解是具有无损连接吗?

24. 设有关系模式 R(F,G,H,I,J)，R 的函数依赖集：F = {F→I,J→I,I→G,GH→I,IH→F}

① 求出 R 的所有候选码。

② 判断 ρ = {FG,FJ,JH,IGH,FH}是否为无损连接分解。

③ 将 R 分解为 3NF，并具有无损连接性和依赖保持性。

25. 设有关系模式 R(A,B,C,D,E)，其上的函数依赖集：F = {A→C,C→D,B→C,DE→C，CE→A}

① 求 R 的所有候选码。

② 判断 ρ = {AD,AB,BC,CDE,AE}是否为无损连接分解。

③ 将 R 分解为 BCNF，并具有无损连接性。

26. 设有一教学管理数据库，其属性为：学号(S#)，课程号(C#)，成绩(G)，任课教师(TN)，教师所在的系(D)。这些数据有下列语义：

- 学号和课程号分别与其代表的学生和课程一一对应。
- 一个学生所修的每门课程都有一个成绩。
- 每门课程只有一位任课教师，但每位教师可以有多门课程。
- 教师中没有重名，每个教师只属于一个系。

① 试根据上述语义确定函数依赖集。

② 如果用上面所有属性组成一个关系模式，那么该关系模式为何模式?并举例说明在进行增、删操作时的异常现象。

③ 将其分解为具有依赖保持和无损连接的 3NF。

第 4 章　数据库设计与维护

学习目标：

- 了解设计数据系统的特点和常用数据库设计方法。
- 理解数据库系统的设计步骤。
- 理解需求分析阶段的基本任务，能够理解数据流图。
- 熟练掌握概念结构设计工具——E-R 图的设计与优化。
- 掌握逻辑结构设计的过程。
- 掌握 E-R 图向关系模型的转换。
- 了解物理结构设计的主要任务。

4.1　数据库设计概述

数据库设计（Database Design），狭义上是指利用选定的数据库管理系统，针对某个具体的应用领域，构造合适的数据库模式，建立基于这个数据库的应用系统或信息系统，以便有效地存储和存取数据，满足各类用户需求。随着数据库技术本身的不断发展和数据库更广泛的应用，数据库设计的任务已远远超过上述内容，它不仅包括设计数据库结构，也包括设计应用程序等内容。

4.1.1　数据库设计特点

数据库设计需要结合多门学科的知识和技术，工作量大而且比较复杂，大型数据库的设计是一项庞大的工程，其开发周期长、耗资多、失败的风险也大。数据库设计的很多阶段都可以和软件工程的各阶段对应起来，软件工程的某些方法和工具同样也适合于数据库设计。所以可以把软件工程的原理和方法应用到数据库建设中来。但由于数据库设计和用户的业务需求紧密相关，因此，它还有很多自身的特点：

① 数据库建设是硬件、软件和干件的结合。其中，技术与管理的界面就是干件。

② 数据库设计应该和应用系统设计相结合。也就是说，在整个设计过程中结构（数据）设计和行为（处理）设计既是分别进行的又是密切结合的。

③ 数据库设计是涉及多学科的综合技术。大型数据库的设计和开发是一项复杂的工程，其开发周期长、耗资多、风险大。为了降低风险，可以将软件工程的原理和方法应用到数据库设计中，因此，数据库设计的人员应该具备多方面的知识和技术：

- 计算机软、硬件基础知识和程序设计技术。
- 数据库基本知识和数据库设计技术。

- 软件工程的原理和方法。
- 数据库应用领域的知识。

其中，数据库应用领域的专业知识随着应用系统的不同而不同。数据库设计人员必须对应用环境、专业知识、业务有深入、具体地了解，才能设计出符合具体领域要求的数据库应用系统。

数据库设计的最终目标是为用户及建立在其上的应用系统提供一个高效率的运行环境。数据库设计中信息转换过程如图 4-1 所示。

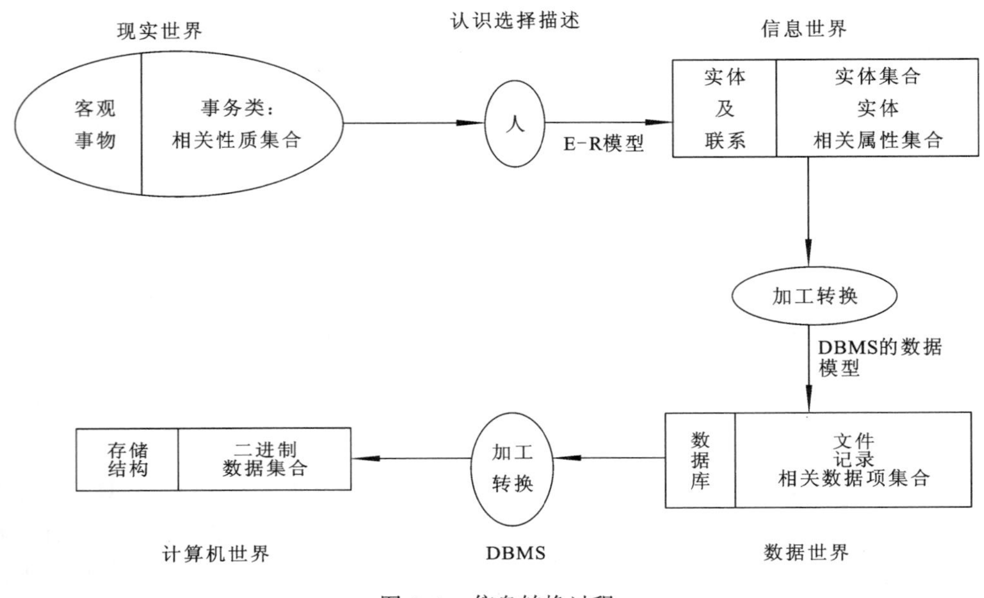

图 4-1 信息转换过程

4.1.2 数据库设计方法

由于信息结构的复杂性和应用环境的多样性，在相当长的一段时间内数据库设计主要采用手工试凑法，使用这种方法主要依赖于设计者的工作经验和编程技巧，缺乏科学理论和工程原则的支持，很难保证设计质量。经过努力，人们依据软件工程的思想和方法，提出了数据库设计工作的规范。规范设计法从本质上看仍然是手工设计方法，其基本思想是过程迭代和逐步求精。目前应用较多的规范设计方法有以下几种：

1. 新奥尔良（New Orleans）方法

该方法把数据库设计分为若干阶段和步骤：需求分析（分析用户要求）阶段、概念设计（信息分析和定义）阶段、逻辑设计（设计实现）阶段和物理设计（物理数据库设计）阶段，并采用一些辅助手段实现每一过程。它运用软件工程的思想，即依据一定的设计规程用工程化方法设计数据库。

2. 基于视图概念的数据库设计方法

此法是先分析各个应用的数据，为每个应用建立自己的视图，然后再把这些视图汇总起来合并成整个数据库的概念模型。合并时必须注意解决下类问题：

① 消除命名冲突。

② 消除试题和联系的冗余。

③ 进行模型重构。在消除了命名冲突和冗余后，需要对整个汇总模型进行调整，使其满足全部的完整性约束条件。

3．基于 E-R 模型（实体-联系模型）的数据库设计方法

该方法是在需求分析的基础上，用 E-R 图来设计一个纯粹反映现实实体之间内在联系的数据库概念模型，然后再转换成特定的 DBMS 上的概念模型，是数据库概念设计阶段广泛采用的方法。

4．基于 3NF（第 3 范式）的设计方法

该方法用关系数据理论为指导来设计数据库的逻辑模型，是数据库逻辑设计阶段可以采用的一种有效方法。在需求分析基础上识别并确认数据库模型中的全部属性及属性之间的依赖关系，对其中不符合 3NF 约束条件的，用投影和连接的方法将其分解，使其达到 3NF 的条件。具体设计步骤为：

① 设计企业模型，从 3NF 关系模型出发画出企业模型。

② 设计数据库的概念模型，将企业模型转化成为 DBMS 支持的概念模型，并根据概念设计数据库导出各个应用的外模型。

③ 设计数据库的存储模型，即物理模型。

④ 对物理模型进行评价。

⑤ 数据库设计的实施。

5．ODL（Object Definition Language）方法

这是面向对象的数据库设计方法。该方法用面向对象的概念和术语来说明数据库结构。ODL 可以描述面向对象数据库结构设计，可以直接转换为面向对象的数据库。

4.1.3　数据库设计的基本任务

数据库设计的基本任务是根据用户的信息需求、处理需求和数据库的支持环境（包括硬件、操作系统、系统软件和 DBMS）设计出相应的数据模式（包括外模式、逻辑概念模式和内模式）以及典型的应用程序。

① 信息需求——静态要求，主要是指用户对象的数据及其结构，也就是数据库应用系统的结构特性的设计，它负责设计各级数据库模式，决定数据库系统的信息内容。

② 处理需求——动态要求，主要是指用户对象的数据处理过程和方式。也就是数据库应用系统的行为特性设计，它决定数据库系统的功能，是事物处理等应用程序的设计。

③ 数据模式，是以上述两者为基础，在一定平台（支持环境）制约下进行设计而得到的最终产物。

结构设计与行为设计应该统一。但是，目前建立数据模型所使用的工具并没有给行为特性的设计提供有效的方法和手段，也就是结构设计和行为设计不得不分别进行，而又必须相互参照。在数据库系统设计中，结构特性设计是关键。因为数据库结构框架是从考虑用户的行为所涉及的数据处理进行汇总而提炼出来的，这也是数据库设计与其他软件设计的最大区别。

4.1.4 数据库设计步骤

目前设计数据库系统主要采用的是以逻辑数据库设计和物理数据库设计为核心的规范设计方法。按照规范设计的方法，考虑数据库及其应用系统开发的全过程，可以将数据库设计过程可分为以下 6 个主要阶段，如图 4-2 所示。

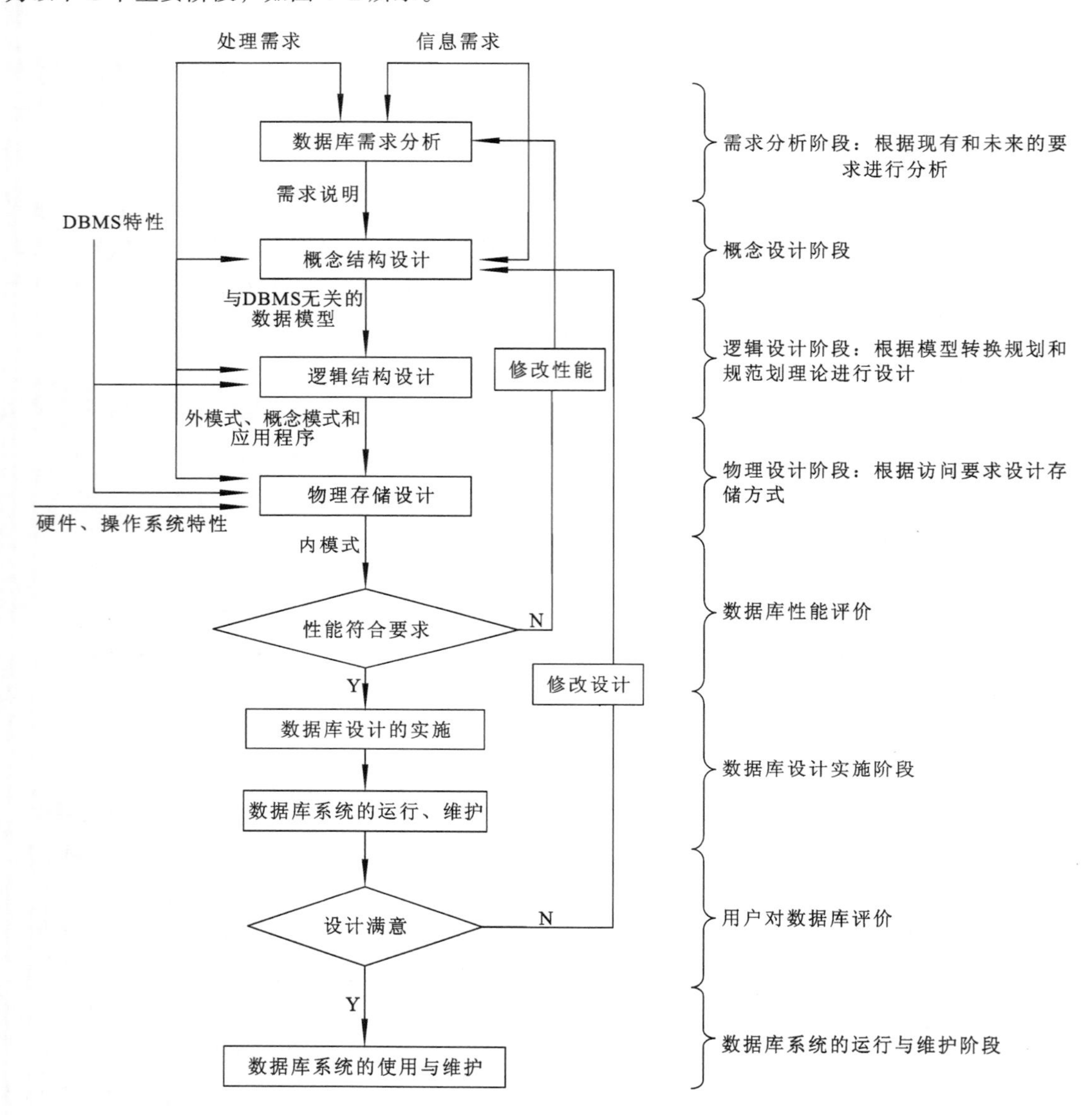

图 4-2　数据库的设计过程

1. 需求分析阶段

进行数据库应用软件的开发，首先必须准确了解与分析用户需求（包括数据处理）。需求分析是整个设计过程的基础，是最困难、最耗费时间的一步。需求分析的任务是准确了解并分析用户对系统的需要和要求，弄清系统要达到的目标和实现的功能。作为地基的需求分析是否做得充分与准确，决定了在其上构建数据库大厦的速度与质量。需求分析做得不好，会导致整个数据库设计返工重做。

2. 概念结构设计阶段

概念结构设计是整个数据库设计的关键，它的任务是通过对用户需求进行综合、归纳与抽象，形成一个独立于具体 DBMS 的概念模型。概念模型是从用户角度看到的数据库，一般可用 E-R 图表示。

3. 逻辑结构设计阶段

逻辑结构设计是将概念结构转换为选定的 DBMS 所支持的数据模型，并以关系数据理论为依据，对其进行优化，形成数据库的全局逻辑结构和每个用户的局部逻辑结构，并使其在功能、性能、完整性约束、一致性和可扩充性等方面均满足用户的需求。有关 E-R 模型所表示的概念模型转换为关系数据模型的方法将在后面给大家详细介绍。

4. 物理设计阶段

数据库物理设计是为逻辑数据模型设计一个最适合应用环境的物理结构，即利用选定的 DBMS 提供的方法和技术，以合理的存储结构设计一个高效的、可行的数据库的物理结构，以获得数据库的最佳存取效率。物理结构设计的主要内容包括：库文件的组织形式，如选用顺序文件组织形式、索引文件组织形式等；存储介质的分配；存取路径的选择等。

5. 数据库实施阶段

在数据库实施阶段，设计人员根据逻辑结构设计和物理设计的结果运用 DBMS 提供的数据库语言及各种工具建立数据库，编制与调试应用程序，组织数据入库，并进行试运行。

6. 数据库运行、维护阶段

数据库应用系统经过试运行后即可投入正式运行。在数据库系统运行过程中必须不断地对其进行评价、调整与修改。

在这 6 个阶段中，前 2 个阶段是面向“问题”的，即客观存在或用户的应用要求；中间 2 个阶段是面向“数据库管理系统”的；最后 2 个阶段是面向“实现”的。

设计一个完善的数据库应用系统是不可能一蹴而就的，它往往是上述 6 个阶段的不断反复的过程。而这 6 个阶段不仅包含了数据库的（静态）设计过程，而且包含了数据库应用系统（动态）的设计过程。在设计过程中，应该把数据库的结构特性设计（数据库的静态设计）和数据库的行为特性设计（数据库的动态设计）紧密结合起来，将这两个方面的需求分析、数据抽象、系统设计及实现等各个阶段同时进行，应努力将数据库的设计与其他成分的设计紧密结合起来，对数据处理的要求进行收集、分析和抽象，在各个不同的设计阶段进行相互参照、相互补充，以完善整体设计。

数据库设计是从客观分析和抽象入手，综合使用各种设计工具分阶段完成的。每一个阶段完成后都要进行设计分析，评价一些重要的设计指标，将设计阶段产生的文档进行评审并与用户交流，对用户不满意之处必须进行修改。在设计中，这种分析和修改可能要重复若干次，能准确地反映用户的要求，以求最佳的模拟现实世界使用效果。

4.2 需求分析

需求分析是数据库设计的第一阶段，是设计数据库的起点，需求分析是整个设计过程的基础和首要条件，也是最困难、最耗费时间的一步。其结果是概念设计的基础，分析结果是否准确而无遗漏地反映了用户对系统的实际要求，将直接影响到后面各个阶段的设计成效，并影响到设计结果是否合理和实用。事实证明，由于设计要求不正确和误解，到系统测试阶段才发现有许多错误，使得纠正这些错误要付出很大的代价，应避免这类情况的发生。

需求分析的主要工具就是数据流图（Data Flow Diagram，DFD）。数据流图是一种最常用的结构化分析工具，它从数据传递和加工角度，以图形的方式刻画系统内的数据运动情况。这一阶段收集到的基础数据和数据流图是下一步概念模型设计的基础。概念模型是整个组织中所有用户使用的信息结构，对整个数据库设计具有深远的影响，而要设计好概念模型，就必须在需求分析阶段用系统的观点来考虑问题、收集和分析数据。

4.2.1 需求分析的任务

简单地说，需求分析就是分析用户的要求。其任务是通过详细调查现实世界应用领域中要处理的对象（组织、部门、企业等），充分了解原系统（手工系统或计算机系统）工作概况，明确用户的各种需求，然后进行详细分析，在此基础上确定新系统的功能，形成需求分析说明书。新系统必须充分考虑今后可能的扩充和改变，不能仅仅按当前应用需求来设计数据库。

4.2.2 需求分析的步骤

进行需求分析的步骤如下：

① 调查组织机构的总体情况。了解企、事业组织情况，调查其组织机构由哪些部门组成，各部门的职责是什么，为需要分析信息流程做准备。

② 熟悉各部门的业务活动情况。了解各部门的业务活动情况，调查各部门输入和使用什么数据，如何加工处理这些数据，输出什么信息，输出到什么部门，输出结果的格式是什么等。这是需求分析的基础。

③ 分析用户需求。在熟悉了业务活动的基础上，协助用户明确对新系统的各种要求，包括信息要求、处理要求、完全性与完整性要求，这是需求分析的又一个重点。

④ 确定新系统的边界。确定哪些功能由计算机完成或将来准备由计算机完成，哪些活动由人工完成，由计算机完成的功能就是新系统应该实现的功能。

值得注意的是，需求分析阶段的一个重要而困难的任务是收集将来应用所涉及的数据。设计人员应充分考虑到可能的扩充和改变，使设计易于更改，系统易于扩充。必须强调用户的参与，这是数据库应用系统设计的特点。另外，需求分析主要是考虑“做什么”的问题，而不是考虑“怎么做”的问题。数据流图的概念比较简单，利于系统分析员与用户的沟通。数据字典也是在需求分析阶段建立，在数据库设计中不断修改、充实、完善的。

4.2.3 需求信息的收集

收集资料是需求分析的第一步，是设计人员和用户共同参与的任务。

1. 信息收集的内容

数据库需求分析和一般信息系统的系统分析相似。但数据库需求分析所收集的信息，却要详细得多，不仅要收集数据的型（包括数据的名称、数据类型、字节长度等），还要收集与数据库运行效率、安全性、完整性有关的信息（包括数据库使用频率、数据间的联系和对数据操纵的保密要求等）。需求分析的重点是调查、收集与分析用户在数据管理中的信息要求、处理要求、安全性与完整性要求。

① 信息要求，是指用户需要从数据库中获得数据对象、类型和来源等信息的内容、性质。由用户的信息要求可以导出数据要求，即在数据库中需要存储哪些数据。

② 处理要求，是指用户要求完成什么处理功能，对处理的响应时间有什么要求，处理方式是批处理还是联机处理。新系统的功能必须能够满足用户的信息要求、处理要求。

③ 数据的完整性和一致性的要求。

④ 系统的安全性和可靠性的要求。

2. 信息收集的方法

确定用户的最终需求其实是一件很困难的事，这是因为：一方面，用户缺少计算机知识，开始时无法确定计算机究竟能为自己做什么，不能做什么，因此无法一下准确地表达自己的需求，他们所提出的需求往往不断地变化；另一方面，设计人员缺少用户的专业知识，不易理解用户的真正需求，甚至误解用户的需求。此外新的硬件、软件技术的出现也会使用户需求发生变化。因此设计人员必须与用户不断深入地进行交流，才能逐步得以确定用户的实际需求。常用的调查方法有以下几种：

① 跟班作业。通过亲身参加业务工作来了解业务活动的情况。有时用户并不能从信息处理的角度来表达自己的需求，这种方法可以比较准确地理解用户的需求，但比较耗时。

② 开调查会。通过与用户座谈来了解业务活动情况及用户需求以相互启发。

③ 设计调查表请用户填写。如果调查表设计得合理，这种方法很有效，也易于为用户接受。

④ 请专人介绍。对某些调查中的问题，可以找专人介绍。

⑤ 询问。与各种用户（包括领导、管理人员和操作人员等）询问。每个用户所处地位不同，对新系统的理解和要求也不同，可获得较全面的资料。

⑥ 查阅记录。即阅读有关手册、文档及与原系统有关的数据记录。

4.2.4　需求信息的分析整理

1. 需求分析整理的策略

分析整理资料的目的是分析和表达用户的需求，在信息收集完成后的分析整理工作，主要是对信息进行抽象，即对实际事件进行处理，抽取共同的本质特征，忽略其细节。

分析的方法有自顶向下和自底向上两种，如图 4-3 所示。

在众多的分析方法中，结构化分析法（Structured Analysis，SA）是分析和表达用户需求的简单、实用的方法。SA 方法是以自顶向下、逐层分解的方法进行系统的分析，用数据流图、数据字典描述系统。任何一个系统都可以抽象为图 4-4 所示的结构。

2. 数据流图

数据流图（Data Flow Diagram，DFD）是用于表达和描述系统是数据流向和对数据的处理功能。将系统的整体功能分解为若干个子功能，每个子功能继续分解，直到把系统的工作过程表达清楚为止。在处理功能逐步分解的同时，所涉及的数据也逐级分解，形成若干层次的数据流图。数据流图表达了数据和处理过程的关系。处理过程的处理逻辑经常使用判定表或判定树来描述。

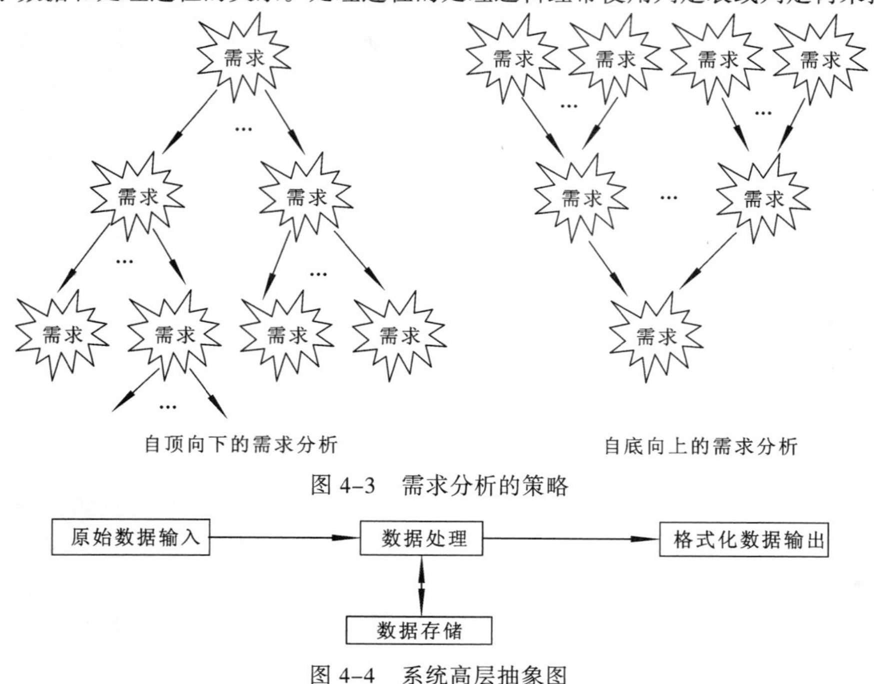

图 4-3　需求分析的策略

图 4-4　系统高层抽象图

例如，要开发一个学校管理系统。其中，包括课程管理子系统，其对应的数据流图如图 4-5 所示。

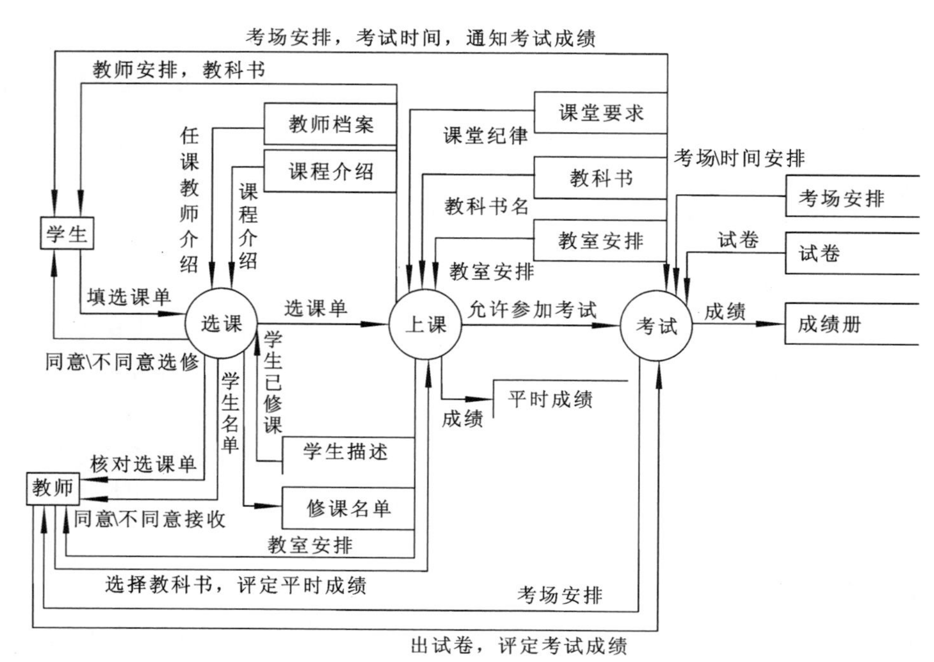

图 4-5　课程管理数据流图

3. 调查分析系统功能

调查分析系统功能是确定系统应具有哪些功能，完成哪些任务。通常是从用户对数据处理的要求开始的，通过设计人员和用户的充分讨论和协商，由用户提出要求，设计人员根据用户的要求制订实施方案，最后把系统的功能确定下来，并以某种形式的陈述语言或自然语言做出无二义的表述。对于用户提出的功能要求，设计人员应尽量满足，但必须注意不能随便答应用户某些不合理或无法实现的要求，同时也应注意用户的要求能否实现，以免日后引起纠纷。

4. 数据字典

（1）数据字典

数据字典（Data Dictionary，DD）是各类数据描述的集合，是对系统中数据结构的详细描述，是各类数据属性的清单。对数据库设计来讲，数据字典是数据收集和数据分析所获得的主要结果。

数据流图表达了数据与处理的关系，数据字典则是系统中各类数据描述的集合，是进行详细的数据收集和数据分析所获得的主要成果。

（2）数据字典的主要内容

数据字典通常包括数据项（数据的最小单位）、数据结构（若干数据项有意义的集合）、数据流（表述某一数据处理过程的输入与输出）、数据存储（处理过程中的存取数据）和处理过程 5 个部分。数据字典的主要内容有：

① 数据项。是不可再分的数据单位，包括数据项名、数据项含义说明、别名、类型、长度、取值范围、与其他数据项的逻辑关系等。其中“取值范围”与其他数据的逻辑关系（如该数据项等于另外几个数据项之和，该数据项值与其他数据项值的关系等）定义了数据的完整性约束条件，是设计数据检验功能的依据。

② 数据项描述 = {数据项名，数据项含义说明，别名，数据类型，长度，取值范围，取值含义，与其他数据项的逻辑关系}

③ 数据结构。包括数据结构名、含义说明、组成（数据项名）等。

④ 数据结构描述 = {数据结构名，含义说明，组成：{数据项或数据结构}}

⑤ 数据流。包括数据流名，数据流说明，流入、流出过程，组成（数据结构或数据项）等。其中“流出过程”说明该数据流的去向，“流入过程”说明该数据流的来源。

⑥ 数据流描述 = {数据流名，说明，数据流来源，数据流去向，组成：{数据结构}，平均流量，高峰期流量}

⑦ 数据存储。包括数据存储名、存储说明、输入数据流，输出数据流、组成（数据结构或数据项）、数据量、存取方式等。其中“数据量”说明每次存取多少数据，固定时间（如每小时、每周）存取的次数等信息；“存取方法”是指数据处理方式，如是批处理还是联机处理，是检索还是更新等，应尽可能地详细收集并加以说明。

数据存储描述 = {数据存储名，说明，编号，流入的数据流，流出的数据流组成：{数据结构}，数据量，存取方式}

⑧ 处理过程。包括处理过程名、处理说明、输入/出（数据流）、处理方法（简要说明）等。

“简要说明”主要说明该处理过程的功能，即“做什么”（不是怎么做）；处理频度要求（如：每小时或每分钟处理多少事务，多少数据量；相应时间要求等），这些处理要求是后面物理设计的输入/出及性能评价的标准。

处理过程描述 = {处理过程名，说明，输入：{数据流}，输出：{数据流}，处理：{简要说明}}

数据字典是在需求分析阶段建立的，在数据库设计阶段不断修改、补充和完善的。数据字典要求系统中的各个层次数据（从数据项到数据存储）和各个方面尽量精确、详尽地描述，并将数据和处理有机地结合起来，可以使概念模型的设计变得相对容易。

以学生学籍管理子系统为例，简要说明如何定义数据字典。

该子系统涉及很多数据项，其中“学号”数据项可以描述如下：

数据项：学号
含义说明：唯一标识每个学生
别名：学生编号
类型：字符型
长度：8
取值范围；00000000 至 99999999
取值含义：前 2 位表示该学生所在年级，后 6 位按顺序编号
与其他数据项的逻辑关系：

“学生”是该系统中的一个核心数据结构，它可以描述如下：

数据结构：学生
含义说明：是学籍管理子系统的主体数据结构，定义了一个学生的有关信息
组成：学号，姓名，性别，年龄，所在系，年级

数据流“成绩”可描述如下：

数据流：成绩
说明：学生参加考试后的结果
数据流来源：考试
数据流去向：成绩册
组成：……
平均流量：……
高峰期流量：……

数据存储“教师档案”可描述如下：

数据存储：教师档案
说明：记录教师的基本情况
流入数据流：……
流出数据流：……
组成：
数据量：每年 300 张
存取方式：随机存取

处理过程“选课”可描述如下：

处理过程：选课

说明；所有学生选择要上的课程

输入：任课教师介绍，课程介绍，填选课单，学生已选课程

输出：选课单、学生名单、同意／不同意选课，同意／不同意接收，核对选课单

处理：在学生选课时，现为学生提供“课程介绍”和“任课教师介绍”、“填选课单”及他“已选课程”等信息。每位学生填好的选课单要经过教师认可，然后反馈学生认可，再让教师核对，准确无误后，生成“学生名单”保存到“修课名单”文件，并把选课单传到“上课”处理过程。

5．需求分析阶段的主要工作

① 分析用户活动。一个单位往往包含许多职能部门（组织结构）。在收集和分析用户的各种业务活动的同时，要从数据管理角度出发，按部门查清数据的流向和处理过程。

② 确定系统边界。要区分哪些功能由计算机来完成，哪些功能由人工处理，确定系统的处理范围。

③ 系统数据分析。按照用户的每一项应用，弄清楚涉及的数据性质、流向和所需的处理，并深入到每一个数据项。在这一步结束时，要画出各个应用的“数据流图”和编制出“数据字典”，前者表明数据的流向与加工处理的过程，后者记载着数据的名称、类型、长度、取值范围及数据流，数据存储、数据处理等信息。数据流图和数据字典既是下一步概念设计的根据，也是以后编写应用程序的依据。

④ 编写需求分析说明书。编写需求分析说明书是对需求分析的总结，它包括最后形成的数据流图和数据字典；还包括整个系统的管理目标、范围、内容、功能、应用性质、安全可靠及完整一致性约束条件等；还应包括软、硬件支持环境的选择（如 DBMS、操作系统、计算机机型的选择等）。

对编写的需求分析说明要规范，进行审议时设计人员和用户要一起参加，审议通过后，要有设计者和用户双方签字，作为今后设计的依据。至此需求分析阶段的工作告一段落，接下来的是概念模型的设计。

4.3　概念结构设计

概念结构设计的目的就是根据需求分析的结果，将用户对数据的需求综合成一个统一的模型，其重点在于信息结构的设计，它是整个数据库系统设计的关键。在早期的数据库设计过程中，在系统需求分析之后，接着就进行逻辑设计。因此，在逻辑结构设计时既要考虑数据结构，又要考虑存取路径、存取效率等多方面的问题，使设计工作变得十分复杂。为了减轻逻辑结构设计负担，先进行一个概念模型设计，该模型是现实世界的客观反映，是从用户角度所看到的数据库。它为数据库提供了一个说明性的结构，为设计数据库的逻辑结构打下了基础，同时它也是独立于逻辑结构设计和 DBMS 的。概念模型用 E-R 图来描述和定义。概念模型的设计过程如图 4-6 所示。

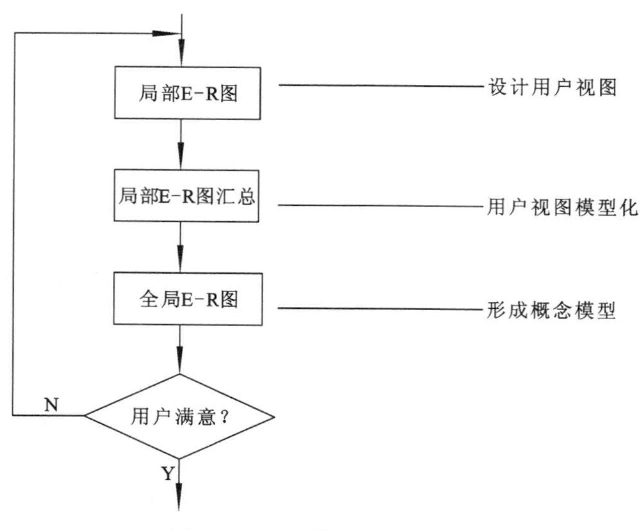

图 4-6 概念模型的设计过程

4.3.1 概念结构设计的特点和方法

概念结构设计就是将需求分析得到的用户需求抽象为信息结构及概念模型的过程。

数据流图描述了系统的逻辑结构，数据流图中的有关加工及数据流和文件的含义可用数据字典具体定义说明，但是对于比较复杂的数据及其之间的关系，用它们是难以描述的，所以在概念设计中一般采用实体联系图（E-R 图）进行描述。

概念结构独立于数据库逻辑结构和支持数据库的 DBMS，其主要特点是：

① 概念模型是对现实世界的一个真实模拟。它能充分反映现实世界中各种数据处理的要求，是现实世界的一个真实缩影。

② 概念模型应当易于理解。其表达自然、直观，容易理解，方便开发人员和用户进行交流，这是保证数据库设计取得成功的关键。

③ 概念模型应当易于更改，即易于修改与扩充。

④ 概念模型应易于向其他数据模型转换。能方便、快捷地向关系等数据模型转换。

概念模型是数据模型的基础。由于概念模型独立于 DBMS 和计算机硬件，因而转换后的数据模型也就更加稳定。

设计概念结构通常有 4 类方法。

① 自顶向上，即首先定义全局概念结构的框架，然后逐步细化。

② 自底向上，即首先定义各局部应用的概念结构，然后将它们集成起来，得到全局概念结构。

③ 逐步扩张，首先定义最重要的核心概念结构，然后再向外扩充，以滚雪球的方式逐步生成其他概念结构，直至总体概念结构。

④ 混合策略，即将自顶向下和自底向上相结合，用自顶向下策略设计一个全局概念结构的框架，以它为骨架集成有自底向上策略中设计的各局部概念结构。

现在采用较多的方法是：自顶向下分析需求与自底向上设计概念结构，即先自顶向下地进行需求分析，建立各局部应用的概念模型，然后再集成全局概念模型，如图 4-7 所示。

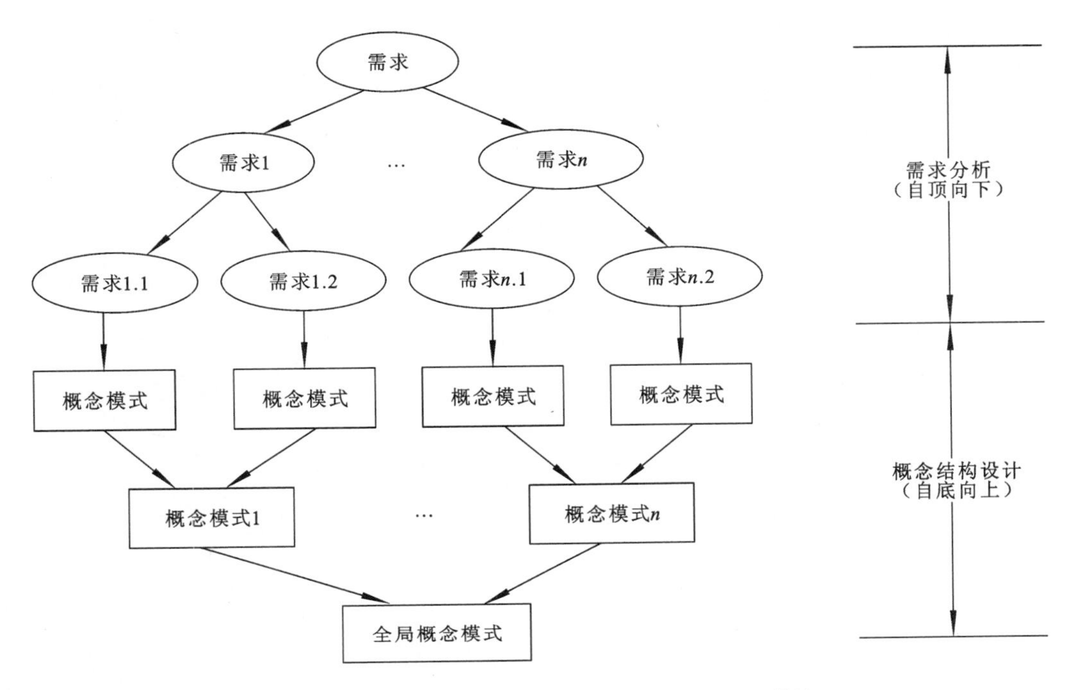

图 4-7　自顶向下分析需求与自底向上设计概念结构

4.3.2　概念结构设计的步骤

E-R 模型就是概念数据模型，又称实体-联系模型，它用简单的图形反映出现实世界存在着的数据及其之间的相互关系。它既不依赖于具体的硬件特性，也不依赖于具体的 DBMS 的性能，它仅仅对应于基本的事实。但无论采用哪种设计方法，一般都以 E-R 图作为工具来描述概念结构。设计 E-R 图的原则：

① 相对原则。实体、属性、联系等是对同一对象抽象过程的不同解释和理解，即建模过程。实际上是一个对对象的抽象过程。由于属性、联系在本质上都是实体，因此，不同的人或同一人在不同的情况下，抽象的结果可能不同。

② 一致原则。同一对象在建立系统的各子系统中的抽象结果要求保持一致。

③ 简单原则。为简化 E-R 模型，现实世界的事物能作为属性对待的，尽量归为属性处理。

现实世界中一组具有某些共同特性和行为的对象就可以抽象为一个实体。对象和实体之间是“is member of”的关系。例如在学校环境中，可以把张老师、王老师、李老师等对象抽象为教师实体。

对象类型的组成成分可以抽象为实体的属性，组成成分与对象类型之间是“is part of”的关系。例如，教师号、姓名、年龄等可以抽象为教师实体的属性，其中教师号为标识教师实体的候选码。

实际上，实体与属性是相对而言的，很难有截然划分的界限。同一事物，在一种应用环境中作为“属性”，在另一种应用环境中就必须作为“实体”。一般说来，在给定的应用环境中，如果一个事物满足以下两个条件之一的，一般可作为属性对待：

① 属性不再具有需要描述的性质。属性在涵义上必须是不可分的数据项。

② 属性不能再与其他实体集具有联系，即 E-R 模型指定联系只能是实体集之间的联系。

例如，考试是一个实体集，可以有考试号、考试级别、参考人数等属性，负责教师若没有需要进一步描述的特性，可以作为考试的一个属性。但若涉及负责教师的详细情况，如：教师号、姓名、职称、办公地点、联系电话等，则应把它单独作为一个实体集，如图 4-8 所示。

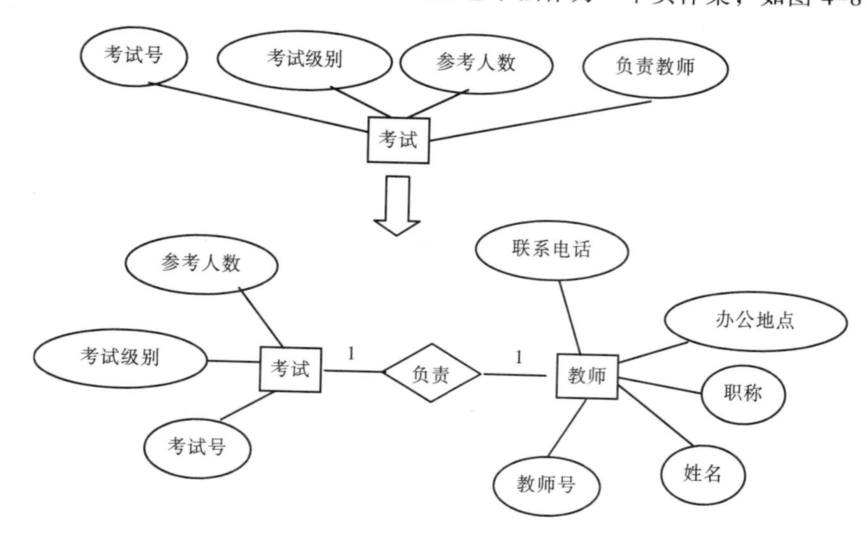

图 4-8 负责教师由属性变成实体

4.3.3 E-R 图的表示方法

以自底向上设计概念结构的方法为例，它通常分为 3 步。

1. 选择局部应用

概念结构设计是为了提供能够识别和理解系统要求的框架，因此，必须弄清各个应用的主要方面和各个应用之间的细小差别，否则就不会设计出使用的概念模型。所以要根据需求分析的结果（数据流图、数据字典等）对现实世界的数据进行抽象，确定该系统的应用范围。

2. 逐一设计局部 E-R 图

① 确定实体集。确定在该系统中包含的所有实体集。

② 确定实体集之间的联系集。判断所有实体集之间是否存在联系，确定实体之间的联系及其类型（1:1、1:n、m:n）。

③ 确定实体集的属性。标定实体的属性、标识实体的候选码。

④ 确定联系集的属性。

⑤ 画出局部 E-R 图。

3. 集成局部 E-R 图

综合各局部 E-R 图，就可以得到系统的总体 E-R 图。一般采用两种方式：一是多个局部 E-R 图一次集成；另一种是逐步集成，用累加的方式一次集成两个分 E-R 图。

每次集成局部 E-R 图的具体操作的步骤是：先合并，将各个局部 E-R 模型合并成一个初步的总体 E-R 模型，然后再优化，去掉初步总体 E-R 模型中冗余的联系，就可以得到总体的 E-R 模型了。

（1）合并

由于各个局部应用所面对的问题不同，且通常由不同的设计人员进行局部 E-R 图设计，因此各个局部 E–R 图之间必定会存在许多不一致的地方，称为冲突。所以在合并各局部 E–R 图时，首先要合理地消除各局部 E–R 图之间的冲突。冲突主要有 3 类：

① 命名冲突：包括实体集名、联系集名、属性名之间的同名异义和同义异名等命名冲突。

例如，“教师”和“学生”实体中分别有“姓名”属性，如果需要对它们合并，则属于同名异义。

② 属性冲突：包括属性值类型、取值范围或取值集合及取值单位的冲突。

例如，学号在一个局部 E–R 图中定义为整型数值，在另一个局部 E–R 图中定义为字符串。

③ 结构冲突：包括 3 种情况：一是同一对象在不同应用中具有的抽象不同；二是同一实体在各局部应用中包含的属性个数和属性排列次序不完全相同；三是实体之间的联系在不同局部视图中呈现不同的类型。

例如，“课程”在某一局部应用中被当作实体，而在另一局部应用中则被当作属性。再如，“教师”和“学生”在日常教学中，一位教师教多名学生，同时，一名学生上多位教师的课，因此教师和学生是 m:n 的联系；但是在日常管理中，“班主任”就是教师，而一位班主任管理一个班级，即多名学生，而学生只能由一名班主任负责，因此教师和学生是 1:n 的联系。

（2）优化（修改与重构）

一个理想的全局 E–R 图，除了能反映用户功能需求外，还应该满足：实体联系尽可能少；实体集所含属性尽可能少；实体集之间联系无冗余等条件。但简单合并所得到的 E–R 图往往仅是初步的总体 E–R 图，在这种初步的 E–R 模型中还可能存在冗余的数据和冗余的联系。所谓冗余的数据是指可由基本数据导出来的数据。冗余的联系是指可由基本联系导出的联系。冗余的数据和联系的存在会破坏数据库的完整性和一致性，增加数据库管理的困难。因此，对不必要的冗余应加以消除。消除冗余后的 E–R 模型，又称为基本 E–R 模型。但并不是所有的冗余数据都必须消除。有时为了提高效率，不得不以冗余数据为代价。

【例 4-1】 E–R 图设计。

下面来分析一个具体实例，设计一个简单的学校管理系统，其中系统的功能有：

① 对学校的人员进行管理，一方面是教师管理，学校有多个教研室，每个教师属于不同的教研室；另一方面是学生管理，学校有多个班级，每个学生属于某一个班级。

② 对日常教学进行管理，安排课程时需要考虑，一名教师可以教多门课程，一门课程也可由多位教师来教，一个学生可以选学多门课程，同时一门课程有可能安排在多个教室上课。

③ 对考试进行管理，每门课程都有一次考试，每次考试由一名教师负责，一名教师可以负责多门考试，一次考试安排多间考场，学生需要参加多门考试。

第一步：确定局部应用范围。在本例中按照管理的领域和发生时间不同，分为 3 个子系统：学校人员管理、课程管理和考试管理。

第二步：局部 E–R 图设计。设计学校人员管理系统 E–R 图，其中包括教师管理和学生管理。由于一个班级往往有若干名学生，而一个学生只能属于某一个班级，因此班级与学生之间是一对多的联系。由于一个教研室一般有多名教师，而一名教师只能属于一个教研室，因此教研室与教师之间也是一对多的联系。由于一个学校往往有若干个班级，而一个班级属于某一固定的学校，所以学校和班级之间是一对多的联系。由于一个学校往往有若干个教研室，而一个教研室属于某一固定的学校，所以学校和教研室之间是一对多的联系。由于一个学校肯定有多间教室，而一间教室属于某一固定的学校，所以学校和教室之间是一对多的联系。

这样，得到学校人员管理子系统的局部 E–R 图，如图 4–9 所示。为节省篇幅，该 E–R 图中省略了各个实体的属性描述。这些实体的属性分别为：

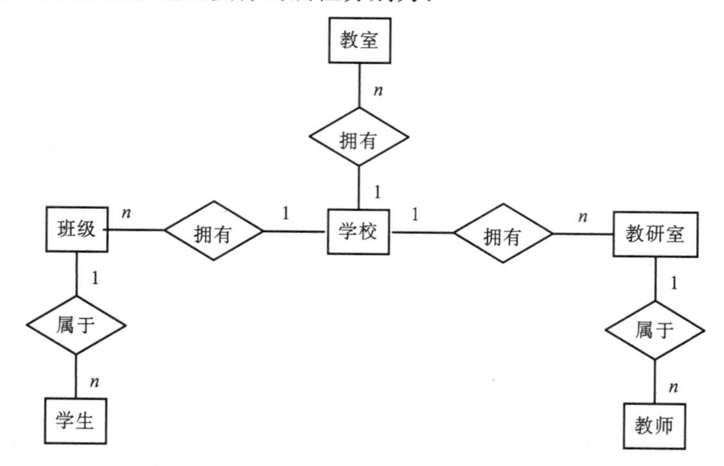

图 4–9 学校人员管理子系统的局部 E–R 图

教室（教室号，教室地点，……），其中教室号为候选码。

学校（学校号，学校名称，学校地点，校长，……），其中学校号为候选码。

班级（班号，班级名称，班级人数，……），其中班号为候选码。

学生（学号，姓名，年龄，……），其中学号为候选码。

教研室（教研室号，教研室名称，教研室人数，……），其中教研室号为候选码。

教师（教师号，姓名，年龄，职称，……），其中教师号为候选码。

同样方法，可以得到课程管理子系统的局部 E–R 图，如图 4–10 所示。其中实体的属性为：

课程（课号，课程名，学分……），其中课号是候选码。

其余实体的属性同上。

同样方法，可以得到考试管理子系统的局部 E–R 图，如图 4–11 所示。其中实体属性为：

考试（考试号，考试名称，负责教师，参考人数，……），其中考试号是候选码。

其余实体的属性同上。

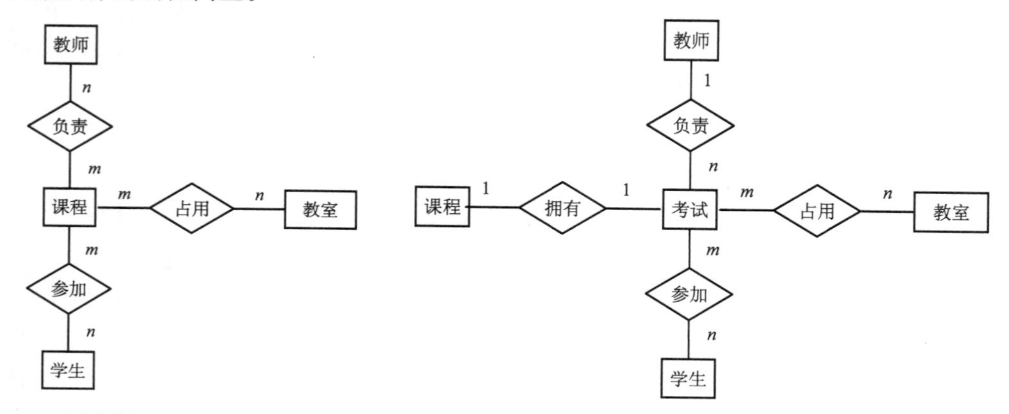

图 4–10 课程管理子系统的局部 E–R 图　　图 4–11 考试管理子系统的局部 E–R 图

第三步：集成各局部 E–R 图。把上述 3 个局部 E–R 图，进行合并，解决冲突，消除冗余，生成学校管理系统的初步 E–R 图，如图 4–12 所示。

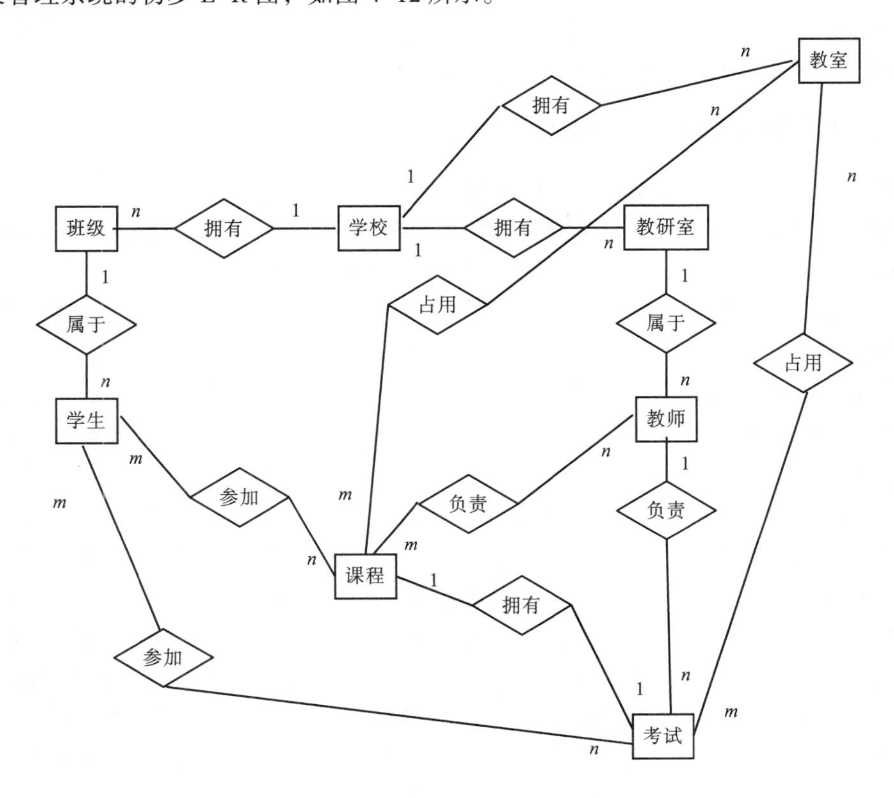

图 4–12　学校管理系统的 E–R 图

综合后得到的基本 E–R 模型是一个概念模型，它表示了用户的要求，是沟通用户的“要求”与数据库设计人员的“设计”之间的桥梁。用户确认这一模型正确无误后，才能进入“逻辑结构设计阶段”的设计工作。

4.4　逻辑结构设计

概念结构设计是各种数据模型的共同基础，E–R 模型表示的是用户需求的概念模型，是用户数据要求的形式化。它独立于任何一种数据模型，独立于任何一个 DBMS 系统所支持。为了能够用某一数据库管理系统实现用户需求，还必须将概念结构进一步转化为相应的数据模型。数据库的逻辑结构设计就是在概念结构设计的基础上，将与数据库管理系统无关的 E–R 图转化成某个具体的 DBMS 所支持的数据模型，这些模型在功能、完整性上和一致性约束及数据库的可扩充性等方面均应满足用户的各种要求。这是为按用户要求建立数据库所必需的。

数据库逻辑结构的设计，应选择最适于用户的概念结构的数据模型，并从支持这种数据模型的多个 DBMS 中选出最佳 DBMS，再根据选定的 DBMS 的特点和限制对数据模型做适当的修整。实际上设计人员往往并无选择计算机和 DBMS 的余地，一般的 DBMS 都支持关系数据模型。对于同一个数据模型，不同的 DBMS 有不同的限制，提供不同的环境和工具。

逻辑结构设计的步骤如下：

① 将概念结构转换为一般的对象，即关系数据模型。

② 将转换来的关系模型向特定数据库管理系统支持下的数据模型转换。

③ 运用规范化理论对逻辑数据模型进行优化。

4.4.1 E-R 模型转换为关系模型的方法

关系模型的逻辑结构是一组关系模式的集合，而 E-R 图则是由实体、实体的属性和实体之间的联系 3 个要素组成的。所以将 E-R 图转换为关系模型实际上就是要将实体、实体的属性和实体之间的联系转化为一组关系模式，这种转换一般遵循如下原则：

① 一个实体型转换为一个关系模式。实体名作为关系名，实体的属性就是关系的属性，实体的候选码就是关系的候选码。候选码的作用是实现不同关系之间的联系。

② 一个 m:n 联系转换为一个关系模式。联系名作为对应的关系名，与该联系相连的各实体的候选码及联系本身的属性均转换为关系的属性，而关系的候选码是各实体候选码的组合。

③ 一个 1:n 联系可以转换为一个独立的关系模式，也可以与 n 端对应的关系模式合并，联系名作为对应的关系名。如果转换为一个独立的关系模式，则与该联系相连的各实体的候选码及联系本身的属性均转换为关系的属性，而关系的候选码是 n 端实体的候选码。

④ 一个 1:1 联系可以转换为一个独立的关系模式，也可以与任意一端对应的关系模式合并，联系名作为对应的关系名。如果转换为一个独立的关系模式，则与该联系相连的各实体的候选码及联系本身的属性均转换为关系的属性，每个实体的候选码均是该关系的候选码。如果与某一端对应的关系模式合并，则需要在该关系模式的属性中加入另一个关系模式的候选码和联系本身的属性。

⑤ 具有相同候选码的关系模式可合并。

4.4.2 E-R 模型转换为关系模型举例

【例 4-2】 E-R 图转换为关系模式。

设有 E-R 图，如图 4-13 所示。

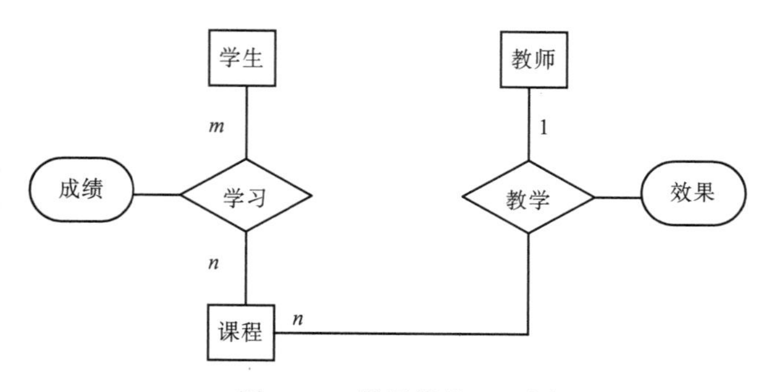

图 4-13　课程管理 E-R 图

根据上面那些原则，图 4-13 所示的实体和联系就很容易转换成了下述对应的关系数据模型：

① 学生（学号，姓名，性别，出生日期，籍贯），候选码：学号。

② 课程（课程编号，课程名，学时，学分，教材名称），候选码：课程编号。

③ 教师（教师编号，教师姓名，性别，出生日期，职称，学历，工作时间），候选码：教师编号。

④ 学习（学号，课程编号，成绩），候选码：组合码学号和课程编号。

⑤ 教学（教师编号，课程编号，效果），候选码：组合码教师编号和课程编号

下面再按照上述转换原则，将图 4-12 所示的学校管理 E-R 图转换成一组初始关系模式。

步骤一：图中共有 8 个实体，将每个实体转换成为一个关系。

① 学校（学校号，校名，地点，……），候选码：学校号。

② 教研室（教研室号，教研室名，办公室，……），候选码：教研室号。

③ 教师（教师号，姓名，职称，……），候选码：教师号。

④ 班级（班号，班级名称，……），候选码：班号。

⑤ 学生（学号，姓名，年龄，……），候选码：学号。

⑥ 教室（教室号，所在教学楼，……），候选码：教室号。

⑦ 课程（课程号，课程名称，学分，……），候选码：课程号。

⑧ 考试（考试号，考试名称，日期，……），候选码：考试号。

步骤二：图中有联系，将每个联系转换为一个关系。

1:1 的联系只有一个，可以转换成一个独立的关系模式，与该联系相连的各实体的候选码及联系本身的属性均转换为关系的属性。

① 课程—考试（课程号，考试号，……），有 2 个候选码：课程号，考试号

提示：

1:n 的联系有 6 个，可以转换为一个独立的关系模式，与该联系相连的各实体的候选码及联系本身的属性均转换为关系的属性。

② 班级—学生（学号，班级号，名次，……），有 1 个候选码：学号。

③ 学校—班级（班级号，学校号，……），有 1 个候选码：班级号。

④ 学校—教研室（教研室号，学校号，……），有 1 个候选码：教研室号。

⑤ 学校—教室（教室号，学校号，……），有 1 个候选码：教室号。

⑥ 教师—考试（考试号，教师号，出题水平，……），有 1 个候选码：考试号。

⑦ 教研室—教师（教师号，教研室号，……），有 1 个候选码：教师号。

提示：

m:n 的联系有 5 个，当两个实体间的联系是 m:n 联系时，要为这个联系单独建立一个关系，用来联系两个实体。由联系转换的关系的属性，包括被它所联系的双方实体的候选码，如果联系有属性，也要放入这个关系中。

⑧ 教师—课程（教师号，课程号，教学水平，……），有 1 个组合候选码：教师号和课程号。

⑨ 教室—课程（教室号，课程号，上课周数，……），有 1 个组合候选码：教室号和课程号。

⑩ 教室—考试（教室号，考试号，时间，……），有 1 个组合候选码：教室号和考试号。

⑪ 学生—考试（学号，考试号，成绩，……），有 1 个组合候选码：学号和考试号。

⑫ 学生—课程（学号，课程号，等级，……），有 1 个组合候选码：学号和课程号。

步骤三：合并具有相同候选码的关系模式。

由 1:n 联系转换过来的关系模式与相关实体转换的关系模式具有相同的候选码，所以它们不必单独存在，可以合并到由实体转换的关系模式中去，合并时带入了外码。值得注意的是，合并时一定要遵循相同候选码原则，而不是指相同属性。

经过合并后共 13 有个初始关系模式：

① 学校（学校号，校名，地点，……），候选码：学校号。

② 教研室（教研室号，教研室名，办公室，学校号，……），候选码：教研室号。

③ 教师（教师号，姓名，职称，教研室号，……），候选码：教师号。

④ 班级（班号，班级名称，学校号，……），候选码：班号。

⑤ 学生（学号，姓名，年龄，班级号，名次，……），候选码：学号。

⑥ 教室（教室号，所在教学楼，……），候选码：教室号。

⑦ 课程（课程号，课程名称，学分，考试号，……），候选码：课程号。

⑧ 考试（考试号，考试名称，日期，教室号，出题水平，……），候选码：考试号。

⑨ 教师—课程（教师号，课程号，教学水平，……），有 1 个组合候选码：教师号和课程号。

⑩ 教室—课程（教室号，课程号，上课周数，学校号，……），有 1 个组合候选码：教室号和课程号。

⑪ 教室—考试（教室号，考试号，时间，……），有 1 个组合候选码：教室号和考试号。

⑫ 学生—考试（学号，考试号，成绩，……），有 1 个组合候选码：学号和考试号。

⑬ 学生—课程（学号，课程号，等级，……），有 1 个组合候选码：学号和课程号。

4.4.3 数据模型的优化

要提高数据库应用系统的性能，特别是要提高对数据的访问效率，必须对已产生的关系模式进行优化，即对关系模式进行修改、调整和重构。经过反复多次的尝试和比较，最后得到最优的关系模式。最常用和最重要的优化方法，是根据应用的要求对关系模式进行垂直或水平分解。

数据库逻辑设计的结果不是唯一的。为了进一步提高数据库应用系统的性能而进行的数据模型优化，通常以规范化理论为指导。规范化理论是数据库逻辑设计的指南和工具，用规范化理论对上述产生的逻辑模型进行初步优化，是关系规范化理论的具体应用。优化时主要考虑以下 3 个方面:

① 在数据分析阶段用数据依赖的概念分析和表示各数据项之间的联系。

② 在设计概念结构阶段，用关系规范化去消除 E-R 模型中的冗余联系。

③ 在 E-R 模型向数据模型转换的过程中，用模式分解的概念和方法指导设计，充分运用规范化理论的成果优化关系数据库模式的设计。

关系数据模型的优化通常以规范化理论为指导，具体方法为：

① 确定数据之间的函数依赖关系。将 E-R 图中每个实体的各个属性按数据分析阶段所得的语义写出其数据依赖，实体之间的联系用其主码之间的联系来表示。例如，学校与学生实体的联系可以表示为学号→学校号。

② 对于各个关系模式之间的函数依赖进行极小化处理，消除冗余的联系。还应仔细考虑不同实体的属性之间是否存在着某种函数依赖，如有，要将它们一一列出，得到一组函数依赖，记为 F，

这组函数依赖 F 和各实体所包含的全部属性 U 就是关系模式设计的输入。

③ 按照数据依赖的理论对关系模式逐一进行分析，考查是否存在部分函数依赖和传递函数依赖等，确定各关系模式分别属于第几范式。

每个联系对应一个关系模式 Ri(Ui,Fi)。Ui 是由相互联系的各个实体的主码属性及描述该联系的性质的属性组成。Fi 就是 F 在 Ui 上的投影。对于不同实体的非主码属性之间的联系也会形成一个关系模式。这样就有了一组关系模式。根据数据依赖的理论，分析这组关系模式是否存在着函数依赖和传递依赖等，确定它们分别属于第几范式。

④ 按照需求分析阶段得到的信息要求和处理要求，分析这些模式是否满足这些要求，确定是否要对某些模式进行合并或分解。

例如，对于有相同候选码的关系模式，一般可以合并；对非 BCNF 的关系模式，虽然从理论上分析会存在不同程度的更新异常或冗余，但这些问题如果在实际应用中不会有实际的影响，就可以不必对模型进行规范化；对于那些只用于查询而不执行更新操作的关系模式，分解带来的消除更新异常的好处与经常查询而要进行自然连接所带来的效率降低相比是得不偿失的，在这种情况就可以不必进行分解。并不是规范化程度越高的关系模式就越好。

⑤ 对关系模式进行必要的分解，以提高数据操作的效率和存储空间的利用率。

需要进行分解的关系模式可以用相应的算法进行分解，对分解后产生的各种模式进行评价，选出较适合应用要求的模式。对于经常进行大量数据分类的条件查询，可按条件进行分解，这样可减少应用系统每次查询需要访问的记录数，提高查询性能。

例如，设有教师关系模式 T（编号，姓名，性别，年龄，职务，职称，工资，工龄，住址，电话），若经常进行人事查询操作时，应怎样进行优化?

因为人事查询只对职工的“编号，姓名，性别，年龄，职务，工资”感兴趣，所以对关系模式 T“垂直分解”为 T1、T2 两个关系模式，这样做既减少了每次查询所传递的数据量，又提高了查询的速度。

T1（编号，姓名，性别，年龄，职务，工资）

T2（编号，职称，工龄，住址，电话）

在同一个关系模式中，存在经常查询的属性和非经常查询的属性时，可采用垂直分解的方法得到优化的关系模式。

再如，某学校的学籍记录登记着学生的情况，其中包括大专生、本科生和研究生三类学生。假设每次数查询只涉及其中的一类大学生，应当怎样对学籍关系进行优化?

如果每次数查询只涉及其中一类学生，就应把整个学籍关系“水平分割”为大专生、本科生和研究生三个关系。

大专生（学号，姓名，……）

本科生（学号，姓名，……）

研究生（学号，姓名，……）

4.4.4 设计外模式

前面根据用户需求设计了局部应用视图，这种局部应用视图只是概念模型，用 E-R 图表示。在将概念模型转换为逻辑模型后，即生成了整个应用系统的模式后，还应该根据局部应用需求，结合具体 DBMS 的特点，设计用户的外模式。

目前关系数据库管理系统一般都提供了视图概念，支持用户的虚拟视图。可以利用这一功能设计出更符合局部用户需要的用户外模式。

定义数据库模式主要是从系统的时间效率、空间效率、易维护等角度出发。由于用户外模式与模式是独立的，因此在定义用户外模式时应该更注重考虑用户的习惯与方便。包括：使用更符合用户习惯的别名；针对不同级别的用户定义不同的外模式，以满足系统对安全性的要求；简化用户对系统的使用。

4.5　数据库物理设计

数据库物理设计是在逻辑设计的基础之上，为一个确定的数据库逻辑结构设计一个最符合应用环境的物理结构的过程，包括存储结构、存取方法及为实现数据高效访问而建立的索引和任何完整性约束、安全策略等。其主要目标是通过对数据库内部物理结构作调整并选择合理的存取路径，提高数据库访问速度及有效利用存储空间。物理设计过程通常是分阶段反复进行的，要经历设计、评价、修改、再评价的过程。经过多次反复，最后得到一个性能较好的存储模式。数据库的物理设计完全依赖于选定的 DBMS，设计的结果是将逻辑模型变成目标模型，即产生由 DBMS 可以直接处理的存储模式。物理设计还要考虑数据的安全性、完整性约束，提高访问效率等问题。

4.5.1　物理设计主要的目标与要解决的问题

数据库物理设计的主要目标是：

① 提高数据库的性能，特别是满足主要应用的性能要求。

② 节省存储空间，有效地利用存储空间。

在数据库物理设计中要解决的问题是：

① 文件的组织方式和存取方法。

② 索引项的选择，对哪些数据项建立索引，才有利于提高处理效率。

③ 哪些数据存放在一起，有利于性能的提高。

④ 数据的压缩、分块技术。

⑤ 缓冲区的大小及其管理方式。

⑥ 文件在存储介质上的分配形式。

总之，数据库物理设计考虑的主要因素，就是提高数据库系统的数据处理效率，减少系统的开销。

在进行物理设计时，不同数据模型的 DBMS 所提供的物理环境、存取方法和存储结构差异很大，供设计人员使用的设计变量、参数范围也不相同，因此物理设计没有通用的方法可以遵循，只能给出一般的设计原则，希望设计人员能够通过优化物理数据库的设计使得数据库系统运行的响应时间短、存储空间利用率高、数据吞吐率大。

现在流行的 DBMS，几乎都是关系型的，关系型的 DBMS，对于数据库文件的存取方法、记录的存放位置、缓冲区的大小设置及管理方式等均由操作系统管理，DBMS 无法控制。因此关系模型的 DBMS 为数据库设计人员提供的物理设计因素都是关键性的，使得关系数据库系统的效率在很大程度上取决于 DBMS。

4.5.2　物理设计的步骤

数据库在物理设备上的存储结构与存取方法称为数据库的物理结构，它依赖于给定的计算机系统。为一个给定的逻辑数据模型选取一个最合适应用环境的物理结构的过程，就是数据库的物理设计。

数据库的物理设计通常分为两步：

① 确定数据库的物理结构。

② 对物理结构进行评价，重点是时间和空间效率。

如果评价结果满足原设计要求，则可进入物理实施阶段，否则，就需要重新设计或修改物理结构，有时甚至要返回逻辑设计阶段，修改数据模型。

4.5.3　物理设计的内容

数据库设计人员必须深入了解以下 3 个方面的内容，才能设计好数据库的物理结构：

① 全面了解数据库系统的功能、物理环境和工具，特别是存储结构和存取方法。

② 了解应用环境。对不同的应用要求按其重要程度和使用方式进行分类。事物处理的频率、响应时间的要求，都是对时间和空间效率进行平衡和优化的重要依据。

③ 了解外存设备的特性。

数据库的物理结构依赖所选用的 DBMS 和计算机硬件环境，设计人员进行设计时主要需要考虑以下几个方面：

1. 确定数据存储结构

设计数据库物理结构要求设计人员首先必须充分了解所用 DBMS 的内部特征，特别是存储结构和存取方法；充分了解应用环境，特别是应用的处理频率和响应时间要求，以及充分了解外存设备的特性。

数据库的物理结构主要是指数据的存放位置和存储结构，包括关系、索引、备份等的存储安排和存储结构，确定系统分配等。确定数据的存取位置和存储结构要综合考虑，主要因素有存储时间、存储效率和维护代价 3 个方面，它们常常是相互矛盾的，设计者要对这些因素进行利弊权衡，选择一个折中方案。例如，引入冗余数据，可以减少 I/O 次数，提高检索效率；节约存储空间，就会增加检索数据的代价。应当尽量寻找优化的方案，使这 3 方面的性能都处于较好的状态。

2. 设计数据存取索引与入口

在关系数据库中，选择存取路径主要是指确定如何建立索引。例如，应把哪些域作为次码建立次索引，建立单码索引还是组合索引，建立多少个为合适，是否建立聚集索引等。

数据库必须支持多用户的使用，提供对数据库的多个接口，即对同一数据的存取要提供多种方式。例如，对哪些数据项建立索引，建立单索引还是复合索引，建立多少个索引合适，对于涉及不同数据文件的查询是否建立链接结构等。值得注意的是，建立索引应适度，索引是以空间代价换取时间效率，而且索引过多还会影响更新的效率。

3. 确定数据存放位置

为了提高系统性能，数据应该根据应用情况将数据中易变部分与稳定部分、经常存取部分和存取频率较低部分分开存放。

例如，数据库备份、日志文件备份等，由于只在故障恢复时才使用，而且数据量较大，可以考虑存放在磁盘上。目前许多计算机都有多个磁盘，因此进行物理设计时可以考虑将表和索引分别放在不同的磁盘上，在查询时，由于两个磁盘驱动器分别在工作，因而可以保证物理读写速度比较快。也可以将比较大的表分别放在两个磁盘上，以加快存取速度，这在多用户环境下特别有效。此外还可以将日志文件与数据库对象（表、索引等）放在不同的磁盘以改进系统的性能。

由于各个系统所能提供的对数据进行物理安排的手段、方法差异很大，因此设计人员必须仔细了解给定的 DBMS 在这方面提供了什么方法，再针对应用环境的要求，对数据进行适当的物理安排。

4. 确定系统配置

DBMS 产品一般都提供了一些存储分配参数，供设计人员和 DBA 对数据库进行物理优化使用，例如，数据的溢区和缓冲空间的大小、个数多少，分布参数，数据的长度和个数等。初始情况下，系统都为这些变量赋了合理的默认值，但是这些值不一定适合每一种应用环境。在进行物理设计时，需要重新对这些变量赋值，以改善系统的性能。

系统配置参数很多，例如：可同时使用数据库的用户数；同时打开数据库对象数；使用的缓冲区长度、个数、大小分配参数，内存分配参数，物理块的大小；时间片大小；数据库的大小；装填因子；锁的数目等，这些参数值直接影响存取时间和存储空间的分配，在物理设计时要根据应用环境确定这些参数值，以使系统性能最优。

在物理设计时对系统配置变量的调整只是初步的，在系统运行时还要根据系统实际运行情况做进一步的调整，以期切实改进系统性能。

5. 确定数据存放形式

一般先按数据的使用情况分为不同组，再确定其存放的形式。一般将数据要经常改变的部分与不经常改变的部分分开，将经常存取和不常存取的数据分开。将经常存取和存取时间要求高的数据存放在高速存储器上，存取频率小和存取时间要求低的存放在低速存储器上。对于同一数据文件也可根据上述情况进行水平划分或垂直划分。例如，将数据库的数据划分成若干部分，以便装入不同设备和存储区中，以提高访问效率。将经常访问的数据要尽量放在一起，以减少 I/O 时间。许多 DBMS 还提供聚簇功能，允许设计者使用数据项组合方式或压缩存储的方式存放数据。

6. 确保数据的安全性、完整性和一致性

有关安全性、完整性和一致性等方面的设计要在物理设计中最后确定，这需要在时间、空间和功能等方面进行权衡。

4.5.4 评价物理结构

数据库物理设计过程中需要对时间效率、空间效率、维护代价和各种用户要求进行权衡，其结果可以产生多种方案，数据库设计人员必须在实施数据库之前对这些方案进行细致的评价，从中选择一个较优的方案作为数据库的物理结构。

评价物理数据库的方法完全依赖于所选用的 DBMS，主要是从定量估算各种方案的存储空间、存取时间和维护代价入手，对估算结果进行权衡、比较，选择出一个较优的合理的物理结构。如果该结构不符合用户需求，则需要修改设计；反之，则可转向物理实施阶段。

4.6　数据库实施、运行与维护

经过数据库设计者的逻辑设计和物理设计后，得到了建立数据库的逻辑结构与物理结构，这样就可以用选定的 DBMS 实现所有设计的数据库了。一般的实现方法是：利用 DBMS 提供的数据描述语言，严格地定义数据的逻辑结构，写出数据库的各级源模式，经过编译调试产生各级目标模式。

实际的数据库结构设计完毕，就要组织数据入库，对设计好的数据库进行测试和试运行，以检验数据库的各种性能，这个阶段就是数据库的实现阶段。

对数据库的物理设计初步评价完后就可以开始建立数据库了。数据库实施主要包括以下工作：

① 用 DDL 定义数据库结构。

② 组织数据入库。

③ 编制与调试应用程序。

④ 数据库试运行。

4.6.1　定义数据库结构

确定了数据库的逻辑结构与物理结构后，就可以用所选用的 DBMS 提供的数据定义语言（DDL）来严格描述数据库结构。

4.6.2　数据装载

数据库结构建立好后，就可以向数据库中装载数据了。组织数据入库是数据库实施阶段最主要的工作。对于数据量不是很大的小型系统，可以用人工方法完成数据的入库，其步骤为：

① 筛选数据。需要装入数据库中的数据通常都分散在各个部门的数据文件或原始凭证中，所以首先必须把需要入库的数据筛选出来。

② 转换数据格式。筛选出来的需要入库的数据，其格式往往不符合数据库要求，还需要进行转换。这种转换有时可能很复杂。

③ 输入数据。将转换好的数据输入计算机中。

④ 校验数据。检查输入的数据是否有误。

但对于中大型系统，由于数据量非常大，因此，组织数据入库的工作是非常繁重的，用人工方式组织数据入库将会耗费大量人力物力，而且很难保证数据的正确性。由于数据库系统的数据来源于一个单位的各个部门，并且分散在各种数据表格和原始凭证中，这些数据的结构和格式要经过转换才能输入到数据库中。组织数据入库因应用环境千差万别，原始数据数量也不相同，使得这些转换没有规则可循。因此应该设计一个数据输入子系统由计算机辅助数据的入库工作。这个系统的主要功能是：对原始数据进行输入、校检、分类，并最终转换成符合数据库结构的形式，然后将数据存入数据库中。

数据的检验工作对保证进入数据库的数据正确无误是非常重要的。在数据输入系统的设计中应考虑设计多种数据检验方法，在数据转换过程中要进行多次检验，并且每次使用不同方法检验，确定输入的数据正确无误后才允许入库。

4.6.3　编制与调试应用程序

数据库应用程序的设计应该与数据设计并行进行。在数据库实施阶段，当数据库结构建立好后，就可以开始编制与调试数据库的应用程序，也就是说，编制与调试应用程序是与组织数据入库同步进行的。调试应用程序时由于数据入库尚未完成，可先使用模拟数据。

4.6.4 数据库试运行

应用程序调试完成，并且已有一小部分数据入库后，就可以开始数据库的试运行。数据库试运行也称为联合调试，其主要工作包括：

① 功能测试。即实际运行应用程序，执行对数据库的各种操作，测试应用程序的各种功能。

② 性能测试。即测量系统的性能指标，分析是否符合设计目标。

数据库系统的试运行，对于数据库的性能检验和评价是非常重要的。要通过应用程序的试运行，执行对数据库的各种操作，来检验数据库的时、空性能是否符合设计要求。有些参数的最佳值只有经过试运行才能找到。如果实际检索结果不符合设计要求，则需返回到物理设计阶段，甚至要返回到逻辑设计阶段，进行修改存储结构，或调整逻辑模式。

数据库的实现与调试，不是在短时间内完成，需要很长的时间，在此期间随时可能发生软件、硬件故障，数据库系统的运行也很容易发生错误。这些故障和错误很有可能破坏数据库中的数据，甚至破坏整个数据库。因此必须做好数据库的备份和恢复工作。因此应该做好以下工作：

① 注意检测能够引起数据库破坏的错误，包括发生错误的时间、原因和位置，破坏的部位、发生错误的性质等。

② 跟踪对数据库进行操作的所有活动，记录发生错误前、后的数值。

将数据库恢复到没有发生错误的最近阶段。

这就要求数据设计人员运用 DBMS 提供的转储和恢复功能，根据调试方式和特点加以实施，尽量减少破坏数据库的事件发生，并简化故障恢复的方式。

4.6.5 数据库的运行与维护

数据库在经过调试运行的检查和测试基本符合数据库设计要求后，就可投入正式使用，这标志着数据库设计工作告一段落。数据库投入运行标着开发任务的基本完成和维护工作的开始，但这并不意味着整个数据库设计过程的终结。由于应用环境在不断变化，数据库运行过程中物理存储也会不断变化，对数据库设计进行评价、调整、修改等维护工作是一个长期的任务，也是设计工作的继续和提高。

在数据库运行阶段，对数据库经常性的维护工作主要是由 DBA 完成的，它包括：

1. 数据库的转储和恢复

定期对数据库和日志文件进行备份，以保证一旦发生故障，能利用数据库备份及日志文件备份，尽快将数据库恢复到某种一致性状态，并尽可能减少对数据库的破坏。

2. 数据库的安全性、完整性控制

DBA 必须对数据库安全性和完整性控制负起责任。根据用户的实际需要授予不同的操作权限。另外，由于应用环境的变化，数据库的完整性约束条件也会变化，也需要 DBA 不断修正，以满足用户要求。

按照数据设计阶段提供的安全规范和故障恢复规范，核查数据库的安全性是否受到侵犯，及时调整授权和密码，实施数据库转储，发生故障后及时恢复数据库转储，即恢复数据库到可用状态。

3．数据库性能的监督、分析和改进

目前许多 DBMS 产品都提供了监测系统性能参数的工具，DBA 可以利用这些工具方便地得到系统运行过程中一系列性能参数的值。DBA 应该仔细分析这些数据，通过调整某些参数来进一步改进数据库性能。

利用系统提供的性能分析工具，经常分析数据库的存储空间状况及响应时间，及时进行评价，并采取改进措施。

4．数据库的重组织和重构造

数据库运行一段时间后，由于记录的不断增、删、改，会使数据库的物理存储变坏，从而降低数据库存储空间的利用率和数据的存取效率，使数据库的性能下降。这时 DBA 就要对数据库进行重组织，或部分重组织（只对频繁增、删的表进行重组织）。DBMS 一般都提供重组数据库的程序。在重组过程中，要按原设计要求重新安排记录的存储位置，调整数据的存储区，回收存储碎片，减少指针链等。数据库的重组一般不改变原设计的逻辑结构和物理结构。

数据库的重构造要部分改变原数据库的逻辑结构和物理结构。由于数据库应用的环境发生了变化，例如数据库描述的事物发生了变化，增加了新的应用或新的实体，取消或改变了某些应用等，使原设计不能很好地满足新的需要，这时就要适当调整数据库的逻辑结构和物理结构。例如，改变数据项的类型，增加新的数据项或数据库的容量，增加或删除索引，修改完整性约束条件等。DBMS 一般都提供修改数据库结构的功能。当然数据库重构造只能做有限的修改和调整。

5．增加新功能

对数据库现有功能进行扩充时，要注意增加新功能不能破坏原有的功能和性能。

6．修正错误

及时更正数据库系统运行中发现的错误，这些错误多数由于应用程序设计缺陷造成，也有的是因为需求描述不清所致。

知 识 小 结

本章主要介绍了数据库的设计过程，数据库设计是进行数据库系统开发的主要内容。它是指对于一个给定的应用环境，构造最适合的数据库模型，建立数据库系统，使之能够有效地存储数据、满足各种应用的需要。数据库设计一般分为 6 个阶段，要从客观分析和抽象入手，综合使用各种工具，分阶段完成。每个阶段完成后都要进行设计分析，评价一些重要的设计指标，将设计阶段产生的文档进行评审并与用户交流，对用户不满意之处必须进行修改。

数据库规划是数据库设计的准备阶段，该阶段的主要任务是进行建立数据库的必要性和可行性分析；需求分析，包括分析需要完成的任务、建立数据字典的方法等，必须确切而无遗漏地弄清楚用户对系统的要求；概念结构设计，包括局部视图的设计和视图集成等，是整个数据库设计的关键所在，用简单的图形反映出现实世界中存在的数据及其之间的相互关系，它不依赖于具体的硬件特性；逻辑结构设计，主要包括 E-R 图向关系模型的转换、数据模型的优化方法，以及用户子模式的设计等，应该选择最适合于用户概念结构的数据模型，再根据选定的 DBMS 的特点和限制对数据模型进行适当的修改；数据库的物理设计，是在逻辑设计的基础上，为一个确定的逻

辑结构设计一个最符合应用环境的物理结构，包括确定数据库在物理设备上的存储结构和访问方法，以及如何分配存储空间等问题；数据库的实施；数据库的运行和维护，对数据库的维护应与数据本身的价值相匹配。

思考与练习

一、填空题

1. E-R 数据模型一般在数据库设计的________阶段使用。
2. 数据模型是用来描述数据库的结构和语义的，数据模型有概念数据模型和结构数据模型两类，E-R 模型是________模型。
3. 数据库设计的几个步骤是____________________。
4. 在数据库________设计阶段完成“为哪些表，在哪些字段上，建立什么样的索引”这一设计内容。
5. 在数据库设计中，把数据需求写成文档，它是各类数据描述的集合，包括数据项、数据结构、数据流、数据存储和数据加工过程等的描述，通常称为________。
6. 数据库应用系统的设计应该具有对于数据进行收集、存储、加工、抽取和传输等功能，即包括数据设计和处理设计，而________是系统设计的基础和核心。
7. 数据库实施阶段包括两项重要的工作，一项是数据的________，另一项是应用程序的编码和调试。
8. 在设计分 E-R 图时，由于各个子系统分别有不同的应用，而且往往是由不同的设计人员设计的，所以各个分 E-R 图之间难免有不一致的地方，这些冲突主要有__________、________和________三类。
9. E-R 图向关系模型转化要解决的问题是如何将实体和实体之间的联系转换成关系模式，如何确定这些关系模式的________。
10. 在数据库领域里，统称使用数据库的各类系统为________系统。
11. 数据库逻辑设计中进行模型转换时，首先将概念模型转换为________________，然后将转换为________。

二、选择题

1. 数据流程图（DFD）是用于数据库设计中（　　）阶段的工具。
   A. 可行性分析　　B. 需求分析　　C. 概要设计　　D. 程序编码
2. 概念结构设计是整个数据库设计的关键，它通过对用户需求进行综合、归纳与抽象，形成一个独立于具体 DBMS 的（　　）。
   A. 数据模型　　B. 概念模型　　C. 层次模型　　D. 关系模型
3. 数据库设计中，概念模型（　　）。
   A. 独立于 DBMS　　B. 依赖于 DBMS
   C. 依赖于计算机硬件　　D. 独立于计算机硬件和 DBMS
4. 数据库设计的概念设计阶段，表示概念结构的常用方法和描述工具是（　　）。
   A. 实体联系方法　　B. 层次分析法和层次结构图
   C. 结构分析法和模块结构图　　D. 数据流程分析法和数据流图

5. 在数据库的概念设计中，最常用的数据模型是（　　）。

A. 形象模型　　B. 物理模型　　C. 逻辑模型　　D. 实体联系模型

6. 概念模型独立于（　　）。

A. E-R 模型　　B. 硬件设备和 DBMS

C. DBMS　　D. 操作系统和 DBMS

7. 在数据库设计中，将 E-R 图转换成关系数据模型的过程属于（　　）。

A. 需求分析阶段　　B. 逻辑设计阶段

C. 概念设计阶段　　D. 物理设计阶段

8. 在数据库设计中，在概念设计阶段可用 E-R 方法，其设计出的图称为（　　）。

A. 实物示意图　　B. 实用概念图　　C. 实体表示图　　D. 实体联系图

9. 在数据库设计中，用 E-R 图来描述信息结构但不涉及信息在计算机中的表示，它是数据库设计的（　　）阶段。

A. 需求分析　　B. 概念设计　　C. 逻辑设计　　D. 物理设计

10. E-R 图是数据库设计的工具之一，它适用于建立数据库的（　　）。

A. 概念模型　　B. 逻辑模　　C. 结构模型　　D. 物理模型

11. 数据库概念设计的 E-R 方法中，用属性描述实体的特征，属性在 E-R 图中，用（　　）表示。

A. 矩形　　B. 四边形　　C. 菱形　　D. 椭圆形

12. E-R 图是表示概念模型的有效工具之一，E-R 图中的菱形框"表示"的是（　　）。

A. 联系　　B. 实体　　C. 实体的属性　　D. 联系的属性

13. E-R 图中的主要元素是（　　）、（　　）和属性。

A. 记录型　　B. 结点　　C. 实体型　　D. 表

E. 文件　　F. 联系　　G. 有向边

14. E-R 图中的联系可以与（　　）实体有关。

A. 0 个　　B. 1 个　　C. 多个　　D. 1 个或多个

15. 从 E-R 模型关系向关系模型转换时，一个 $M{:}N$ 联系转换为关系模型时，该关系模式的码是（　　）。

A. M 端实体的码　　B. N 端实体的码

C. M 端实体码与 N 端实体码组合　　D. 重新选取其他属性

16. 如果两个实体之间的联系是 $m{:}n$，则（　　）引入第三个交叉关系。

A. 需要　　B. 不需要　　C. 可有可无　　D. 合并两个实体

17. 从 E-R 图导出关系模型时，若实体间的联系是 $M{:}N$ 的，下列说法中正确的是（　　）。

A. 将 N 方码和联系的属性纳入 M 方的属性中

B. 将 M 方码和联系的属性纳入 N 方的属性中

C. 增加一个关系表示联系，其中纳入 M 方和 N 方的码

D. 在 M 方属性和 N 方属性中均增加一个表示级别的属性

18. 当同一个实体集内部实体之间存在着一个 $M{:}N$ 的关系时，根据 E-R 模型转换成关系模型的规则，转换成关系的数目为（　　）。

A. 1　　B. 2　　C. 3　　D. 4

19. 假设在一个 E–R 模型中，存在 10 个不同的实体集和 12 个不同的二元联系（二元联系是指两个实体集之间的联系），其中 3 个 1:1 联系、4 个 1:*N*、5 个 *M*:*N* 联系，则这个 E–R 模型转换成关系的数目可能是（　　）。

A. 14　　B. 15　　C. 19　　D. 22

20. 在 E–R 模型中，如果有 3 个不同的实体型，3 个 *M*:*N* 联系，根据 E–R 模型转换为关系模型的规则，转换为关系的数目是（　　）。

A. 4　　B. 5　　C. 6　　D. 7

21. 下列有关 E–R 模型向关系模型转换的叙述中，不正确的是（　　）。

A. 一个实体模型转换为一个关系模式

B. 一个 *m*:*n* 联系转换为一个关系模式

C. 一个 1:1 联系可以转换为一个独立的关系模式，也可以与联系的任意一端实体所对应的关系模式合并

D. 一个 1:*n* 联系可以转换为一个独立的关系模式，也可以与联系的任意一端实体所对应的关系模式合并

22. 在 E–R 模型转换成关系模型的过程中，下列不正确的做法是（　　）。

A. 所有联系转换成一个关系　　B. 所有实体集转换成一个关系

C. 1:*N* 联系不必转换成关系　　D. *M*:*N* 联系转换成一个关系

23. 图 4–14 所示的 E–R 图转换成关系模型，可以转换为（　　）关系模式。

A. 1 个　　B. 2 个　　C. 3 个　　D. 4 个

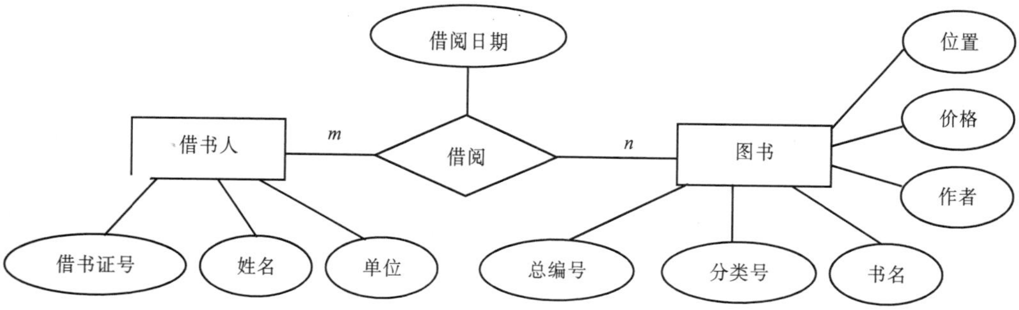

图 4–14

24. 当局部 E–R 图合并成全局 E–R 图时可能出现冲突，不属于合并冲突的是（　　）。

A. 属性冲突　　B. 语法冲突　　C. 结构冲突　　D. 命名冲突

25. 数据库设计可划分为 6 个阶段，每个阶段都有自己的设计内容，“为哪些关系，在哪些属性上建什么样的索引”这一设计内容应该属于（　　）设计阶段。

A. 概念设计　　B. 逻辑设计　　C. 物理设计　　D. 全局设计

26. 如何构造出一个合适的数据逻辑结构是（　　）主要解决的问题。

A. 数据字典　　B. 物理结构设计

C. 逻辑结构设计　　D. 关系数据库查询

27. 在关系数据库设计中，设计关系模式是数据库设计中（　　）阶段的任务。

A. 逻辑设计　　B. 概念设计　　C. 物理设计　　D. 需求分析

28. 在关系数据库设计中，对关系进行规范化处理，使关系达到一定的范式，例如达到 3NF，这是（　　）阶段的任务。
　A. 需求分析　　B. 概念设计　　C. 物理设计　　D. 逻辑设计
29. 关系数据库的规范化理论主要解决的问题是（　　）。
　A. 如何构造合适的数据逻辑结构　　B. 如何构造合适的数据物理结构
　C. 如何构造合适的应用程序界面　　D. 如何控制不同用户的数据操作权限
30. 数据库逻辑设计的主要任务是（　　）。
　A. 建立 E-R 图和说明书　　B. 创建数据库说明
　C. 建立数据流图　　D. 把数据送入数据库
31. 数据库设计中，确定数据库存储结构，即确定关系、索引、聚簇、日志、备份等数据的存储安排和存储结构，这是数据库设计的（　　）。
　A. 需求分析阶段　　B. 逻辑设计阶段
　C. 概念设计阶段　　D. 物理设计阶段
32. 数据库物理设计完成后，进入数据库实施阶段，下述工作中，（　　）一般不属于实施阶段的工作。
　A. 建立库结构　　B. 系统调试　　C. 加载数据　　D. 扩充功能
33. 数据库物理设计完成后，进入数据库实施阶段，下列各项中不属于实施阶段的工作是（　　）。
　A. 建立库结构　　B. 扩充功能　　C. 加载数据　　D. 系统调试
34. 子模式 DDL 是用来描述（　　）。
　A. 数据库的总体逻辑结构　　B. 数据库的局部逻辑结构
　C. 数据库的物理存储结构　　D. 数据库的概念结构

三、判断题

1. 数据库开发的需求分析阶段必须要有用户参与。（　　）
2. 数据库设计的每个阶段完成后都要进行设计分析，评价一些重要的设计指标，将设计阶段产生的文档进行评审并与用户交流，对用户不满意之处必须进行修改。（　　）
3. 对于十分复杂的、大规模的、要求较高的数据库应用系统，应当采用规范设计的方法。（　　）
4. 数据库的设计是在计算机的支持之下进行的，主要包括系统静态特性设计和动态特性设计。（　　）
5. 概念模型是整个组织中所有用户使用的信息结构，对整个数据库设计具有深远的影响。（　　）
6. 数据流图不能表达数据和处理过程的关系。（　　）
7. 数据字典是对系统中数据类型的详细描述，是各类数据属性的清单。（　　）
8. 数据字典是在需求分析阶段建立，在数据库设计阶段修改、补充和完善的。（　　）
9. 设计数据库的概念模型或概念结构是数据库设计的第一步。（　　）
10. 利用需求分析阶段得到的数据流图就可建立对应各部门的局部 E-R 模型。（　　）
11. 数据库逻辑结构设计应当选择最适合用户的概念结构的数据模型。（　　）
12. 规范化理论给出了判断关系模式优劣的理论标准。（　　）
13. 物理设计是在逻辑设计基础之上，为一个确定的逻辑结构设计最符合应用环境的物理结构。（　　）

14. 数据库物理设计不依赖于选定的 DBMS，设计的结果是将逻辑模型变成目标模型，即产生由 DBMS 可直接处理的存储模式。（ ）
15. 在进行物理设计时，不同数据模型的 DBMS 所提供的物理环境、存取方法和存储结构差异不大。（ ）
16. 数据库系统的试运行对于数据库的性能检验和评价是非常重要的。（ ）

四、简答题

1. 简述数据库设计过程分为哪些阶段。
2. 简述数据库设计应注意的问题。
3. 简述数据库设计人员应该具备的知识和技术。
4. 简述需求分析的必要性。
5. 简述需求分析的调查过程和方法。
6. 简述数据字典的内容。
7. 简述概念模型的作用。
8. 简述设计 E-R 模型的方法。
9. 简述 E-R 模型转换为数据模型的原则。
10. 简述数据库逻辑设计的步骤和内容。
11. 简述关系规范化优化时应主要考虑的问题。
12. 简述数据库物理设计中要解决的主要问题。
13. 简述数据库物理设计的主要内容。
14. 简述数据库运行与维护阶段的主要工作。
15. 试着分析一下数据库设计与软件工程的区别和联系。
16. 选择一个自己熟悉的业务领域，完成其相应管理信息系统中数据库系统设计。
17. 图 4-15 是一张反映旅客通过旅行社订机票的业务的 E-R 图，请把它转化为相应的关系模式，并对所有关系模式进行合并和优化，最后判断所得到的关系模式是属于什么范式的。

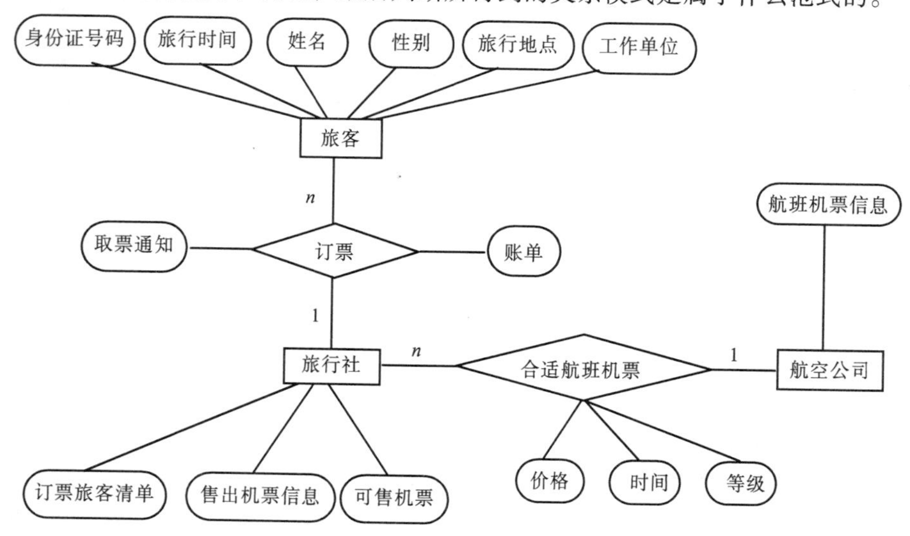

图 4-15

18. 请设计一个图书馆数据库，此数据库对每个借阅者保存读者记录，包括：读者号、姓名、性别、年龄、单位。对每本书存有：书号、书名、作者、出版社。对每本被借出的书存读者号、借出日期和应还日期。要求：给出 E-R 图，并将其转换为关系模型。
19. 将图 4-16 所示的 E-R 图转换为关系模式，菱形框中的属性自己确定。

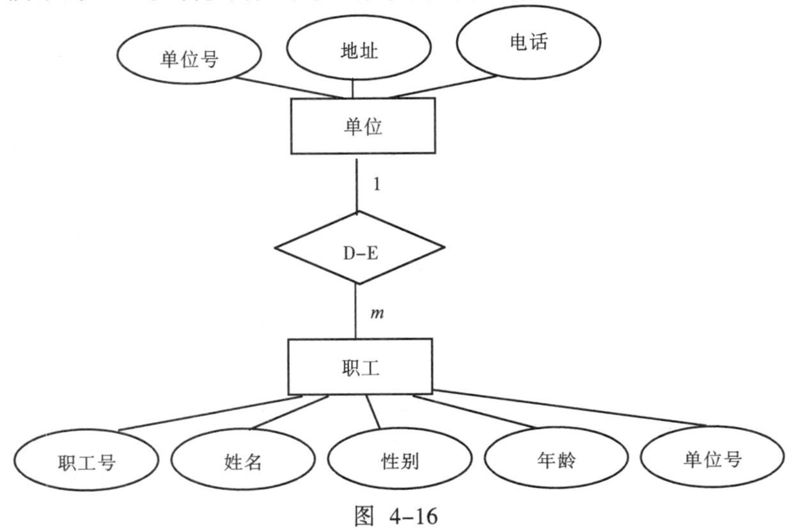

图 4-16

20. 某医院病房计算机管理中需要如下信息：

科室：科名，科地址，科电话，医生姓名。

病房：病房号，床位号，所属科室名。

医生：姓名，职称，所属科室名，年龄，工作证号。

病人：病历号，姓名，性别，诊断，主管医生，病房号。

其中，一个科室有多个病房、多个医生，一个病房只能属于一个科室，一个医生只属于一个科室，但可负责多个病人的诊治，一个病人的主管医生只有一个。

完成如下设计：

① 设计该计算机管理系统的 E-R 图。

② 将该 E-R 图转换为关系模型结构。

③ 指出转换结果中每个关系模式的候选码。

21. 一个图书借阅管理数据库要求提供下述服务：

① 可随时查询书库中现有书籍的品种、数量与存放位置。所有各类书籍均可由书号唯一标识。

② 可随时查询书籍借还情况。包括借书人单位、姓名、借书证号、借书日期和还书日期。同时约定：任何人可借多种书，任何一种书可为多个人所借，借书证号具有唯一性。

③ 当需要时，可通过数据库中保存的出版社的电报编号、电话、邮编及地址等信息向有关书籍的出版社增购有关书籍。同时约定，一个出版社可出版多种书籍，同一本书仅为一个出版社出版，出版社名具有唯一性。

根据以上情况和假设，试作如下设计：

① 构造满足需求的 E-R 图。

② 转换为等价的关系模型结构。

22. 图 4–17 给出（a）、（b）和（c）三个不同的局部模型，将其合并成一个全局信息结构，并设置联系实体中的属性（允许增加认为必要的属性，也可将有关基本实体的属性选作联系实体的属性）。

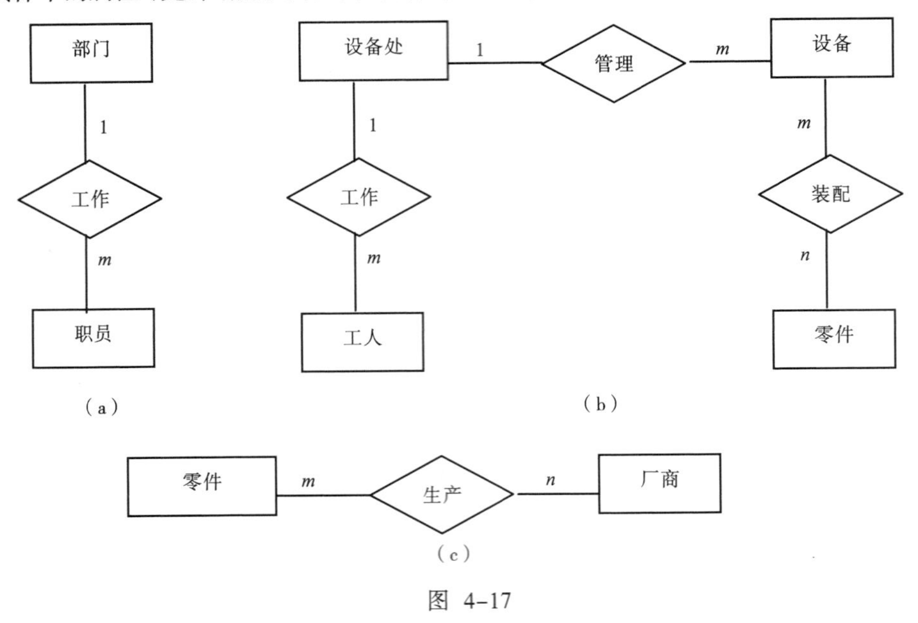

图 4–17

各实体构成如下：

部门：部门号，部门名，电话，地址。

职员：职员号，职员名，职务（干部/工人），年龄，性别。

设备处：单位号，电话，地址。

工人：工人编号，姓名，年龄，性别。

设备：设备号，名称，位置，价格。

零件：零件号，名称，规格，价格。

厂商：单位号，名称，电话，地址。

23. 设有如下实体：

学生：学号、单位、姓名、性别、年龄、选修课程名。

课程：编号、课程名、开课单位、任课教师号。

教师：教师号、姓名、性别、职称、讲授课程编号。

单位：单位名称、电话、教师号、教师名。

上述实体中存在如下联系：

① 一个学生可选修多门课程，一门课程可为多个学生选修。

② 一个教师可讲授多门课程，一门课程可为多个教师讲授。

③ 一个单位可有多个教师，一个教师只能属于一个单位。

试完成如下工作：

① 分别设计学生选课和教师任课两个局部信息的结构 E–R 图。

② 将上述设计完成的 E–R 图合并成一个全局 E–R 图。

③ 将该全局 E–R 图转换为等价的关系模型表示的数据库逻辑结构。

第 5 章　数据库的安全与保护

学习目标：

- 了解 DBMS 的一些常用安全措施：用户标识、用户权限、强制存取控制、视图和查询修改、跟踪审计以及数据加密等。
- 掌握数据完整性机制的概念，能够在设计数据库时正确利用完整性机制。
- 理解事务的定义和特性。
- 掌握在并发控制中排它锁和保护锁的应用。
- 掌握数据库的备份和恢复的常用方法。

在国防、科技、情报等方面，数据库的使用越来越广泛，越来越深入。尤其是对大型企业、国家机构的事务管理和控制，都使用数据库来存储大量的、重要的、机密的信息。若数据库保护不利或遭到破坏、泄密，将造成不可挽回的损失。因此，对数据库的保护已成为重要而不可忽视的问题，必须保护数据库的数据正确有效。由于数据库的特殊性，必须要有一套独自的、完整的保护体系，用以防止一切的物理破坏和逻辑破坏，并能以最快速度使数据库恢复工作。

为了保证数据库中的数据的安全可靠和正确有效，DBMS 必须提供一套有效的数据安全保护功能。数据保护包括数据的并发控制、完整性、安全性、数据备份和恢复。

对数据库进行的保护是需要付出一定代价的，因此保护的代价应与被保护的数据自身的价值成正比，保护代价的极限是数据本身的价值。如果超出数据的价值，那么，这种保护就失去了意义。对数据自身的价值评价，可以由利用数据能获取的利益与数据遭受破坏、泄露后所蒙受的损失来权衡。从而确定其机密的等级，以决定所采取的保护措施和等级。

DBMS 用一组语句或程序来完成这种安全保护功能。DBMS 要对数据库进行监控，保护数据库，防止对数据库的各种干扰和破坏，确保数据的安全、可靠，以及当数据遭受破坏后能迅速地恢复正常使用，保证整个系统的正常运转。用户进行数据库应用系统设计和开发时，应充分利用 DBMS 提供的安全保护功能。

数据库的破坏一般来自下列 4 个方面：

① 系统故障。

② 并发所引起的数据不一致。

③ 人为的破坏，例如数据被不该知道的人访问，甚至被篡改或破坏。

④ 输入或更新数据库的数据有误，更新事务未遵守保持数据库一致性的原则。

5.1 数据库的安全性

数据库的安全性是指保护数据库，防止非法使用，以避免对其进行泄密数据、篡改数据、删除数据和破坏库结构等的操作。数据库安全性控制就是要尽可能地杜绝所有可能的数据库非法访问，而不管它们是有意的还是无意的。数据库安全性控制目标是在不过分影响用户的前提下，通过节约成本的方式将由预期事件导致的损失最小化。

数据库的安全性包括许多方面，从数据库角度而言，为保障安全性所采取的措施有：用户认证和鉴定、访问控制、视图和数据加密等。这里只介绍 DBMS 中常用的一些安全措施。

5.1.1 用户标识和鉴别

用户标识和鉴别（Identification &Authentication）是系统提供的最外层安全保护措施。数据库系统是不允许一个不明身份的用户对数据库进行操作的。每次用户在访问数据库之前，必须先标识自己的名字和身份，由 DBMS 进行核对，之后还要通过口令进行验证，以防止非法用户盗用他人的用户名进行登录。这个方法简单易行并且可重复使用，但用户名和口令容易被人窃取，通常需采用较复杂的用户身份鉴别及口令识别。

用户标识包括用户名（User Name）和口令（Password）两部分。DBMS 有一张用户口令表，每个用户有一条记录，其中记录着用户名和口令两项数据。用户在访问数据库前，必须先在 DBMS 中进行登记备案，即标识自己（输入代号和口令）。在数据库使用过程中，DBMS 根据用户输入的信息来识别用户的身份是否合法，这种标识鉴别可以重复多次，采用的方法也可以多种多样。鉴别用户身份，常用的方法有以下 3 种：

1. 用只有用户掌握的特定信息鉴别用户

最广泛使用的就是口令。用户在终端输入口令，且口令信息隐藏显示，若口令正确则允许用户进入数据库系统，否则不能使用该系统。

口令是在用户注册时系统和用户约定好的，可以是一个别人不易猜出的字符串，也可以是由被鉴别的用户回答系统的提问，问题答对了也就证实了用户的身份。

在实际应用中，系统还可以采用更复杂的方法来核实用户，即设计比较复杂的变换表达式，甚至可以加进与环境有关的参数，如年龄、日期和时间等。例如，系统给出一个随机数 X，然后用户对 X 完成某种变换表达式 T，把结果 Y（等于 $T(X)$）输入系统，此时系统也根据相同的转换来验证 Y 值是否相等，假设用户注册一个变换表达式 $T(2X+8)$，当系统给出随机数为 5，如果用户回答为 18，就证明该用户身份是合法的。这种方式与口令相比其优点就是不怕别人偷看。系统每次提供不同的随机数，即使用户的回答被他人看到了也没关系，要猜出用户的变换表达式是困难的。

2. 用只有用户具有的物品鉴别用户

磁卡就属于这种鉴别物之一，其使用较为广泛。磁卡上记录有用户的用户标识符，使用时，数据库系统通过阅读磁卡装置，读入信息与数据库内的存档信息进行比较来鉴别用户的身份。但应注意磁卡有丢失或被盗的危险。

3. 用用户的个人特征鉴别用户

利用用户的个人特征（指纹、签名、声音等），对用户身份加以鉴别，这种方式因为需要昂贵、特殊的鉴别装置，影响其的推广和使用。

5.1.2　访问控制

用户标识和鉴别解决了用户是否合法的问题，但合法用户的权力也应有所控制，即任何用户只能访问被授权的数据。访问控制（Access Control）是杜绝对数据库非法访问的基本手段之一，其控制的是合法用户对数据库的资源（包括基本表、视图及实用程序等）的各种操作（创建、编辑、查询、撤销、增加、删除和执行等）权力。访问控制包括授权和访问权限控制两方面。

授权（Authorization）就是给予用户的访问权限，这是对用户访问权力的规定和限制。授权有两种：一种是授予某类用户使用数据库的权力，只有得到这种授权的用户才能访问数据库中的数据；另一种是授予某类用户对某些数据库的数据对象进行某些操作的权力。

DBMS 为每个数据库设置一张授权表（Authorization Table），此表的内容主要有 3 个：用户标识、访问对象和访问权限。用户标识符可以是用户名、团体名或终端；访问对象可以是基本表、视图等；访问权力一般有对数据库表的创建、撤销、查询、增加、删除、修改等。

数据库用户按其访问权限大小，一般可分为具有 DBA 特权的数据库和一般数据库用户（即不具有 DBA 特权的数据库用户），其中具有 DBA 特权的数据库用户拥有最大限度的权力，能够支配整个数据库的资源。一般数据库用户要由 DBA 去创建，并授予他们一定的使用权限。DBMS 是按照数据库用户的访问权限来控制其访问的，数据库用户可以在这些权限规定的范围内对数据库进行操作。

访问权限控制检查是当用户请求存取数据库时，DBMS 先查找数据字典进行合法权限检查，看用户的请求是否在其权限范围之内。

一个数据库系统可以建立多个数据库，在数据库之间的访问控制是相互独立的，一个用户所获得的访问一个数据库的权力不能用于对其他数据的访问，例如，一个用户可能对一个数据库的权力访问享有 DBA 特权，而对另一个数据库可能只有一般的用户访问权。

5.1.3　视图机制

视图（Views）是从一个或几个基本表或视图导出的表。视图是数据库中不实际存在的虚拟关系，它基于某个用户的请求产生，只在请求时存在。

视图机制是为不同的用户定义不同的视图，将数据对象限制在一定的范围内。它通过向某些用户隐藏数据库部分信息的方式提供了强大而灵活的安全机制。用户不知道视图中没有出现的任何属性或元组是否存在。例如，为保护学生自尊心，可创建一个不包含考试成绩属性的视图，供一般学生情况查询使用。

视图可定义在多个关系上，用户可被授予使用视图但不能使用基本表的权限。通过这种方式，使用视图比授予用户多个关系上的特权还要严格。

5.1.4　跟踪审计

跟踪审计（Follow and Audit Trail）是一种监视措施，对指定的保密数据，进行数据的访问跟踪，把用户对数据库的所有操作自动记录下来。发现潜在的窃密或破坏的企图，自动发出警报或记载，事后可以根据这些记载进行分析和调查，跟踪审计的结果，记录在一个特殊的文件上，称为跟踪审计日志。跟踪审计记录包括的内容有：操作类型；访问者与访问端口标识；访问日期和时间；访问的数据及其访问前、后的值。最后一项在数据库的恢复中也要用到。DBA 可以通过检查审计跟踪的信息，重现导致数据库现有状况的一系列事件，找出可疑的查询活动、非法存取数据库的用户、时间和内容。

跟踪审计一般由 DBA 控制，或由数据的所有者控制，DBMS 提供相应的功能供用户选择使用。审计功能很浪费时间、空间，一般在 DBMS 中是可选项。审计功能常用于安全性要求较高的部门。

5.1.5 数据加密

为了防止采用窃取磁盘、磁带或窃听（通信线路）等手段得到数据的窃密活动，较好的办法就是对数据加密。数据加密（Data Encryption）是在存储数据时对数据进行加密转换，在查询时需经解密转换才能使用。具体过程是：原始的数据（Plain Text）在加密密钥（Encryption Key）的作用下，通过加密系统加密成密文（Cipher Text）。需要查询时，密文只有在解密密钥（Decryption Key）的帮助下，才能通过解密系统解密成明文。明文的失窃后果严重，而单单获取密文是毫无用处的。

由于数据加密、解密增加了开销，降低了数据库系统的性能，数据加密功能往往是可选特征，只有那些保密要求特别高的数据，才值得采用这种方法。

5.2 数据库的完整性控制

数据库的完整性是为了防止数据库中存在不符合语义规定的数据、防止系统输入/输出无效信息，同时还要使存储在不同副本中的同一个数据保持一致而提出的。数据的完整性和安全性是两个不同的概念，完整性是为了防止数据库中存在不符合语义的数据，防止错误信息的输入和输出，即所谓垃圾进和垃圾出（Garbage In，Garbage Out）所造成的无效操作和错误结果；而安全性是保护数据库防止恶意的破坏和非法的存取。也就是说，安全性措施的防范对象是非法用户和非法操作，完整性措施的防范对象是不符合语义的数据。

5.2.1 完整性控制的含义

数据库的完整性包括数据的正确性、有效性和一致性。其中，正确性是指输入数据的合法性，例如，一个数值型数据只能有 0，1，…，9，不能含有字母和特殊字符，有了就是不正确，就失去了完整性；有效性是指所定义数据的有效范围，例如，人的性别不能有“男、女”之外的值，人的一天最多工作时间不能超过 24 小时，工龄不能大于年龄等；一致性是指描述同一事实的两个数据应相同，例如，一个人不能有两个不同的性别、年龄等。

数据库完整性控制对数据库系统是非常重要的。其作用主要体现在：

① 数据库完整性约束能够防止合法用户使用数据库时向数据库中添加不合语义的数据。

② 利用基于 DBMS 的完整性控制机制来实现业务规划，易于定义，容易理解，而且可降低应用程序的复杂性，提高应用程序的运行效率。

③ 基于 DBMS 的完整性控制机制是集中管理的，因此比应用程序更容易实现数据库的完整性。

④ 合理的数据库完整性设计，能够同时兼顾数据库的完整性和系统的效能。

⑤ 在应用软件的功能测试中，完善的数据库完整性有助于尽早发现应用软件的错误。

通常情况下，对数据库完整性的破坏来自以下几个方面：

① 操作人员或终端用户的错误或疏忽。

② 应用程序的（操作数据）错误。

③ 数据库中并发操作控制不当。

④ 由于数据冗余，引起某些数据在不同副本中的不一致。

⑤ DBMS 或者操作系统出错。

⑥ 系统中任何硬件（如 CPU、磁盘、通道、I/O 设备等）出错。

数据库的数据完整性随时都有可能遭到破坏，应尽量减少被破坏的可能性，以及在数据遭到破坏后能尽快地恢复到原样。因此，完整性控制是一种预防性的策略。完整性控制是保证各个操作的结果能得到正确的数据，即只要能确保数据输入的正确，就能够保证正确的操作产生正确的数据输出。

5.2.2　完整性规则

为了实现对数据库完整性的控制，DAB 应向 DBMS 提出一组适当的完整性规则，这组规则规定用户在对数据库进行更新操作时，对数据检查什么，检查出错误后怎样处理等。

完整性规则规定了触发程序条件、完整性约束、违反规则的响应，即：规则的触发条件，什么时候使用完整性规则进行检查；规则的约束条件，规定系统要检查什么样的错误；规则的违约响应，查出错误后应该怎样处理。

在实际的系统中常常会省去某些部分。完整性规则是由 DBMS 提供，由系统加以编译并存放在系统数据字典中。进入数据库系统后，就开始执行这条规则。这种方法的主要优点是违约响应由系统来处理，而不是让用户的应用程序来处理。另外，规则集中存放在数据字典中，而不是散布在各个应用程序中，这样容易从整体上理解和修改。

5.2.3　完整性约束条件

完整性约束条件是指为维护数据库的完整性而加在数据库数据之上的语义约束条件。它作用的对象可以是属性列、元组或关系。

（1）属性列的约束

主要是列的类型、取值范围、精度和排序等约束条件，具体包括：

① 对数据类型的约束，包括对数据类型、长度、精度等的约束，例如，规定职工名必须是字符型。

② 对数据格式的约束，例如，学号的前两位表示学生入学年份，第三、四位表示系的编号，第五位表示专业，第六位表示班号等。

③ 对取值范围或取值集合的约束，例如，月份必须是 1 ~ 12 之间的整数，日期必须是 1 ~ 31 之间的整数，职工年龄必须在 18 ~ 60 岁之间。

④ 对空值的约束，有些列允许为空（如成绩），有些列则不允许为空（如姓名），在定义列时应指明其是否允许取空值。

（2）元组的约束

是元组中各个字段间联系的约束。例如，职工的福利金不得超过其工资的 20%。

（3）关系的约束

是若干元组间、关系集合上及关系之间联系的约束。即数据库中同一关系的不同属性之间，应当满足一定的约束条件；同时，不同关系的属性之间也会有联系，也应满足一定的约束条件。

① 函数依赖说明了同一关系中不同属性之间应满足的约束条件。例如，当学号和课程号确定时，成绩列的值也就确定了。

② 实体完整性约束说明了关系的码属性列必须唯一，其值不能为空。例如，学号取值不能重复也不能取空值。

③ 参照完整性约束说明了不同的关系属性之间的约束条件，即外部码的值应在参照关系的主码值中找到。例如，学生选课表中的学号的取值受到学生信息表中的学号取值的约束。

上述约束都隐含在关系模型的定义中，是数据结构化的约束要求。

完整性约束条件涉及的三类对象（属性列、元组和关系），其状态可能是静态的，也可能是动态的。静态约束是对数据库的每一个确定状态所应满足的约束条件，它是反映数据库状态合理性的约束；动态约束是指数据库从一种状态转变到另一种状态时，对新、旧值之间转换所应满足的约束条件，它是反映数据库状态变迁的约束，例如，更新职工的工资时，要求新的工资值不应低于原来的工资值就属于动态约束。

完整性约束条件从时间上可分为立即执行约束和延迟执行约束。立即执行约束是指用户执行完某一更新数据操作后，系统立即对该数据进完整性约束条件检查，结果正确再进行下一句的执行；延迟执行约束是指在整个执行操作完毕后，再对数据进行完整性约束条件的检查，只有结果正确整个操作才被确认。

5.3 数据库的并发控制技术

数据库是一个多用户的共享资源，因此在多个用户同时执行某些操作时，由于操作间的互相干扰有可能产生错误的结果。即使这些操作在单独执行时都是正确的，但是在并发执行时有可能造成数据的不一致，破坏数据的完整性。保证数据的正确性是并发控制要解决的问题。

5.3.1 事务概述

1. 事务（Transaction）

所谓事务是用户定义的一个数据操作序列，这些操作是数据库运行的最小的、不可分割的工作单位，即要么全做要么全不做。也就是说，所有对数据库的操作都要以事务作为一个整体单位来执行或者撤销，同时事务也是保证数据一致性的基本手段。无论发生什么事情，DBMS 都应该保证事务能正确、完整地进行。

事务的开始与结束可以由用户显式控制。如果用户没有显式地定义事务，则由 DBMS 按默认规定自动划分事务。在 SQL 语言中，事务通常是以 BEGIN TRANSACTION 开始，以 COMMIT 或 ROLLBACK 结束。COMMIT 表示提交，即提交事务的所有操作，具体地说就是将事务中所有对数据库的更新写回到磁盘上的物理数据库中去，事务正常结束。ROLLBACK 表示回滚，即在事务运行的过程中发生了某种故障，事务不能继续执行，系统将事务中对数据库的所有已完成的操作全部撤销，回滚到事务开始时的状态。这里的操作指对数据库的更新操作。

2. 事务的特性

事务具有 4 个特性：原子性（Atomicity）、一致性（Consistency）、隔离性（Isolation）和持续性（Durability）。这 4 个特性也简称为 ACID 特性。

① 原子性。事务是数据库的逻辑工作单位，事务中包括的所有操作要么都做，要么都不做。

② 一致性。事务执行的结果必须是使数据库从一个一致性状态变到另一个一致性状态。因此当数据库只包含成功事务提交的结果时，就说数据库处于一致性状态。如果数据库系统运行中发生故障，有些事务尚未完成就被迫中断，系统将事务中对数据库的所有已完成的操作全部撤销，回滚到事务开始时的一致状态。

③ 隔离性。一个事务的执行不能被其他事务干扰，即一个事务内部的操作及使用的数据对其他并发事务是隔离的，并发执行的各个事务之间不能互相干扰。

④ 持续性。也称永久性（Permanence），指一个事务一旦提交，它对数据库中数据的改变就应该是永久性的，其后接下来的其他操作或故障不应该对其执行结果有任何影响。

事务是恢复和并发控制的基本单位。保证事务 ACID 特性是事务处理的重要任务。事务 ACID 特性可能遭到破坏的因素一般有两种：第一种，多个事务并行运行时，不同事务的操作交叉执行，此时 DBMS 必须保证多个事务的交叉运行不影响这些事务的原子性；第二种，事务在运行过程中被强行停止，此时 DBMS 必须保证被强行终止的事务对数据库和其他事务没有任何影响。

3. SQL 事务处理模型

事务有两种：一种是显式事务，是指有显式的开始和结束标记的事务；另一种是隐式事务，是指每一条数据操作语句都自动地成为一个事务。不同的数据库管理系统有不同的显式事务模型。例如，ISO 事务处理模型，事务的开始是隐式的，事务的结束有明确的标记；Transact _SQL 事务处理模型，每个事务都有显式的开始和结束标记。后面第 11 章将有进一步介绍。

5.3.2 并发控制

数据库系统的一个明显特点是多个用户共享数据库资源，尤其是多个用户可以同时存取相同数据。系统中，如果事务是顺序执行的，即一个事务完成之后，再开始另一个事务，则称为串行操作；如果 DBMS 可以同时接受多个事务，并且这些事务在时间上可以重叠执行，则称为并行操作。并发操作有显而易见的优点，例如，提高系统资源的利用率，改善事务的响应时间等。但并发操作也有可能会破坏事务的 ACID 特性。例如，对于联网发售的火车票系统，假设某次列车只剩下一张卧铺票，如果甲乙两个旅客在同一地点顺序购买这张卧铺票，只可能卖给排在前面的那一人；但如果甲乙两个旅客同时在不同的售票点读取该车票余额，同时购买这张卧铺票，会有可能甲旅客在 A 售票点、乙旅客在 B 售票点分别购买了同一张卧铺票，即发生了一张卧铺票同时卖给两个旅客的错误现象。这种数据库的不一致性是由并发操作引起的。

【例 5-1】设有 3 个事务 T1、T2 和 T3，所包含的动作为：

T1：A = A+2

T2：A = A*2

T3：A = A**2

假定这 3 个事务允许并行操作，试讨论它们可能实施的调度。

按照排列组合的方法，T1、T2 和 T3 的调度顺序有以下 6 种可能。假设 A 初值为 1，则 A 的

最后结果也会由于调度的顺序而不同，具体如下

编号	调度顺序	A 的结果
1	T1–T2–T3	36
2	T1–T3–T2	18
3	T2–T3–T1	6
4	T2–T1–T3	16
5	T3–T1–T2	6
6	T3–T2–T1	4

可见，并发操作如果不加控制，可能引起：丢失数据修改、读“脏”数据和不可重复读等问题。

1. 丢失数据修改

当两个或多个事务选择同一值，然后基于最初选定的值更新时，会发生丢失更新问题。例如，如图 5–1（a）所示，T1、T2 两个操作同时读取 A 数据并进行更新，T2 操作的修改结果破坏了 T1 的更新结果。这是由于每个事务都不知道其他事务的存在，最后的更新将重写由其他事务所做的更新，这将导致数据丢失（Lost Update）。

2. 读“脏”数据

读“脏”数据（Dirty Read）是指事务 T1 修改某一数据，并将其写回磁盘，事务 T2 读取同一数据后，T1 由于某种原因被除撤销，那么 T1 就会已修改过的数据恢复成为原值，T2 读到的数据与数据库的数据不一致，则 T2 读到的数据就为“脏”数据，即不正确的数据，如图 5–1（b）所示。

3. 不可重复读

不可重复读（No-reread）是指事务 T1 读取数据后，事务 T2 执行更新操作，使 T1 无法读取前一次结果，如图 5–1（c）所示。

T1	T2	A 值
①读 A=100		100
②	读 A=100	
③A=A+100		
写回 A=200		200
④	A=A+100	
	写回 A=200	200

（a）丢失数据修改

T1	T2	B 值
①读 B=200		200
B=B+200		
写回 B=400		400
②	读 B=400	
③ROLLBACK		200

（b）读脏数据

T1	T2	C 值
①读 C=300		300
②	读 C=300	
	C=C+300	
	写回 C=600	600
③读 C=600		

（c）不可重复读

图 5–1 并发操作可能引起的问题

产生上述这些数据的不致性的主要原因是并发操作破坏了事务的隔离性。

并发控制就是根据 DBMS 提供并发控制功能来合理调度并发操作，避免同时进行的操作之间产生相互干扰，造成数据的不一致。关系数据库的 DBMS 采用的是一种以封锁技术为基础的并发控制机制，保护数据库中的数据在用户并发时的一致性。

5.3.3　并发控制方法

并发控制是用正确方式调度并发操作，使一个用户事务的执行不受其他事务的干扰，从而避免造成数据的不一致性。并发控制的主要技术是封锁（Locking），事务 T 在对某个数据对象如表、记录等操作之前，先向系统发出请求，对其加锁。加锁后 T 对数据对象有一定的控制（具体的控制由封锁类型决定），在事务 T 释放前，其他事务不能更新此数据对象。例如在图 5-1（a）例子中，T1 事务要修改 A，若在读出 A 前先锁住 A，其他事务不能再读取和修改 A，直到 T1 修改并写回 A 后解除了对 A 的封锁为止，这样 T1 就不会丢失修改。

封锁的基本类型有两种：一种是排他式的，另一种是保护式的。

（1）排他式封锁（X 锁、写锁）

排他式封锁采用的方法是禁止并发操作。其原理是：当事务 T 检索和更新数据对象 A 时，为 A 加上 X 锁，即将数据 A 封锁起来，只允许 T 读取和修改 A，其他任何事务不能对数据 A 进行任何操作，直到 T 使用完毕释放 A 上的锁，即系统解除对这个数据的封锁后再使用。从而保证其他事务在 T 释放数据 A 上的锁之前不能再读取和修改 A。

（2）保护式封锁（S 锁、读锁）

保护式封锁采用的方法是对并发操作进行某些限制，即允许多事务同时对同一数据进行检索操作，但不能同时对同一数据进行更新操作。例如，事务 T 对数据对象 A 加上 S 锁，则 T 可以读 A 但不能修改 A，其他事务只能再对 A 加 S 锁，而不能加 X 锁，直到 T 释放 A 上的 S 锁。从而保证了在 T 对 A 加 S 锁过程中其他事务对 A 只能读，不能修改。保护式封锁又称共享性封锁。当操作完成后，用户要通知系统解除封锁。

【例 5-2】假设存款余额 x=1 000 元，甲事务取走存款 300 元，乙事务取走存款 200 元，其执行时间如表 5-1 所示，那么如果直接按时间顺序执行甲乙两个事务，则最后的 x 为 800，而不是正确的 500。为此，要采用封锁的方法，对甲事务与乙事务加上适当的 X 锁。

将甲事务修改为：

```
WHILE（x 已建立排他锁）
    {  等待  }
    对 x 建立排他锁
    读 x
    更新 x=x-300
    释放排他锁
```

表 5-1　事务处理举例

甲　事　务	时　　间	乙　事　务
读 x	T1	
	T2	读 x
更新 $x=x-300$	T3	
	T4	更新 $x=x-200$

将乙事务修改为：

```
WHILE(x 已建立排他锁)
{ 等待  }
```

```
对 x 建立排他锁
读 x
更新 x = x-200
释放排他锁
```

【例 5-3】在一个实际的数据库管理系统中，有关事务的各种命令如下：

```
BEGIN TRANSACTION          /*一个事务开始*/
END TRANSACTION            /*一个事务结束，将该事务的结果保存起来*/
ROLLBACK                   /*撤回一个事务，消除当前事务所作的改动*/
```

分析以下事务执行完毕后，student 数据库表中包含哪些记录。

BEGNIN TRANSACTION

打开数据库表 student（现在为空表）。

添加 1 号记录：

BEGIN TRANSACTION

添加 2 号记录：

ROLLBACK

BEGIN TRANSACTION

添加 3 号记录：

BEGIN TRANSACTION

添加 4 号记录：

ROLLBACK

ROLLBACK

关闭数据库表 student：

END TRANSACTION

分析在该事务执行完毕后，student 数据库表中只包含 1 号记录。因为后面的事务都被 ROLLBACK 命令撤回了。

还要考虑的问题就是封锁尺度，封锁尺度是指封锁的数据大小。封锁的数据单位是数据的逻辑单元，如数据库、数据表、记录和字段等。封锁尺度小、并发度高、但封锁机制复杂，系统开销大。反之，封锁尺度大，并发度小，封锁机制简单，系统开销小。因此，编制程序时需要同时靠虑封锁机制和并发度两个因素，适当选择封锁尺度以求最优的效果。

5.3.4 并发调度的可串行性

在并发执行若干事务时，这些事务交叉执行的顺序不同，最后各事务所得结果也不会相同，因此，并发执行的事务具有不可再现行。那么，这些结果中，哪些是正确的，哪些是错误的？人们提出了一个判断准则——可串行性(Serializability)准则，即多个事务并发执行的结果是正确的，当且仅当其结果与按某一次序串行地执行各事务所得结果相同。这种调度策略被称为可串行化的调度，它是并发控制的正确性准则。

5.4 数据备份与恢复技术

任何系统都不可能保证永远不出现故障，因此数据库系统对付故障一般采取两种措施：一是尽可能提高系统的可靠性；二是在系统发生故障后，把数据恢复到正确状态。数据库管理系统的备份和恢复机制就是保证数据库系统出现故障时，能够将数据库系统还原到正确状态。

5.4.1　数据库的故障种类

数据库故障是指导致数据库中信息出现错误描述状态的情况。数据库系统中可能发生的故障大致可以分为以下几种：

1. 事务内部故障

事务内部的故障有些是可预见的，这样的故障可以通过事务过程来发现。例如，在仓库提取货物过程中，当商店 A 打算从仓库 B 提取一批货物时，如果仓库 B 中的货物量不足，则不能提取，否则进行提取。这个对货物量的判断就可以在事务的程序代码中完成。若发现不能提取，则对事务进行回滚即可。这种事务内部的故障属于可预见的。

但事务内部更多的故障是非预期的，是不能由应用程序处理的，例如，运算溢出、并发事务发生死锁而被选中撤销、违反了某些完整性限制的事务等。后面讨论的事务故障仅指这类非预期的故障。

事务故障意味着事务没有达到预期的终点（COMMIT 或者显式的 ROLLBACK），因此，数据库可能处于不正确状态。数据库恢复程序要在不影响其他事务运行的情况下，强行回滚（ROLLBACK）该事务，即撤销该事务中的全部操作，使得该事务好像根本没有启动一样。这类恢复操作称为事务撤销（UNDO）。

2. 系统故障

系统故障，也称软故障（Soft Crash），是指造成系统停止运转、重新启动的任何事件，例如，硬件错误（CPU 故障）、操作系统故障、应用程序错误、DBMS 代码错误、突然停电等。这类故障会影响正在运行的所有事务，但不破坏数据库。此时内存中的数据，尤其是内存中数据库缓冲区的内容全部丢失，所有运行事务都非正常终止。那么可能出现两种情况：一种是发生系统故障时，一些尚未完成的事务的结果可能已送入物理数据库，从而造成数据库可能处于不正确的状态；另一种是有些已完成的事务可能有一部分或全部结果还保留在缓冲区中，尚未写回到磁盘上的物理数据库中，会丢失这些事务对数据的修改，同样使数据库处于不一致状态。为保证数据一致性，恢复子系统必须在系统重新启动时让所有非正常终止的事务回滚，强行撤销所有未完成事务，并重做（Redo）所有已提交的事务，以保证数据库真正恢复到一致状态。

3. 介质故障

介质故障，也称硬故障（Hard Crash），是指外存故障，如硬盘设备、磁盘损坏、磁头碰撞，瞬时强磁场干扰等。这类故障将破坏数据库或部分数据库，并影响正在存取这部分数据的所有事务。这类故障比前两类故障发生的可能性小得多，但破坏性最大。

4. 计算机病毒

计算机病毒是具有破坏性、可以自我复制的计算机程序。计算机病毒已成为计算机系统的主要威胁，也是数据库系统的主要威胁之一。这种故障属于人为故障，轻则部分数据错误，重则整个数据库遭到破坏。因此数据库一旦被破坏仍要用恢复技术把数据库加以恢复。

无论哪类故障，对数据库的影响主要有两种可能性：一是数据库本身被破坏；二是数据库没有被破坏，但数据可能不正确，这是因为事务的运行被非正常终止造成的。

5.4.2 数据备份

为了保证数据库的正确性和一致性，就必须能进行数据库恢复，其基本原理十分简单，可以用一个词来概括：冗余。数据恢复机制主要涉及的两个关键问题是：一是如何建立冗余数据，即生成冗余——对可能发生故障的数据做备份；二是如何利用这些冗余数据实施数据库恢复，即利用冗余重建——故障发生后恢复数据库。

数据备份是指定期或不定期地对数据库数据进行复制，可以将数据复制到本地机器或其他机器上。数据备份是保证系统安全的一项重要措施。数据备份最常用的技术是数据转储和登录日志文件。通常在一个数据库系统中，这两种方法是一起使用的。

1. 数据转储

所谓数据转储是指 DBA 定期地将整个数据库复制到磁带或另一个磁盘上保存起来的过程。这些备用的数据文本称为后备副本或后援副本。当数据库遭到破坏后可以将后备副本重新装入，但重装后备副本只能将数据库恢复到转储时的状态，要想恢复到故障发生时的状态，必须重新运行数据转储之后的所有更新事务。

数据转储是十分耗费时间和资源的，不能频繁进行。DBA 应该根据数据库使用情况确定适当转储的内容和转储周期。

从转储内容上划分，有海量转储和增量转储两种方式。海量转储是指每次转储全部数据库；增量转储则指每次只转储上一次转储后更新过的数据。从恢复角度看，使用海量转储得到的后备副本进行恢复一般说来会更方便些。但如果数据库很大，事务处理又十分频繁，则增量转储方式更实用更有效。

从转储周期上划分，有静态转储和动态转储。静态转储是在系统中无运行事务时进行的转储操作，即转储操作开始的时刻，数据库处于一致性状态，而转储期间不允许（或不存在）对数据库的任何存取、修改活动。显然，静态转储得到的一定是一个数据一致性的副本。静态转储简单，但转储必须等待正运行的用户事务结束才能进行，同样，新的事务必须等待转储结束才能执行。这会降低数据库的可用性。动态转储是指转储期间允许对数据库进行存取或修改，即转储和用户事务可以并发执行。动态转储可克服静态转储的缺点，它不用等待正在运行的用户事务结束，也不会影响新事务的运行。但是，转储结束时后援副本上的数据并不能保证正确有效，例如：在转储期间的某个时刻 Tc，系统把数据 A=100 转储到磁带上，而在下一时刻 Td，某一事务将 A 改为 200，那么转储结束后，后备副本上的 A 已是过时的数据了。

2. 登录日志文件

日志文件（Log File）是用来记录事务对数据库的更新操作的文件，也就是把转储期间各事务对数据库的修改活动登记下来。这样，后援副本加上日志文件就能把数据库恢复到某一时刻的正确状态。

不同数据库系统采用的日志文件格式并不完全一样。概括起来日志文件主要有两种格式：以记录为单位的日志文件和以数据块为单位的日志文件。

为保证数据库是可恢复的，登记日志文件（Logging）时必须遵循两条原则：一是登记的次序严格按并发事务执行的时间次序；二是必须先写日志文件，后写数据库。

日志文件在数据库恢复中起着非常重要的作用。可以用来进行事务故障恢复和系统故障恢复，并协助后备副本进行介质故障恢复。具体地讲：事务故障恢复和系统故障必须用日志文件。

5.4.3　数据库的恢复

数据库系统必须具有诊断故障的功能，并能将数据从错误状态中恢复到某一正确的状态，这就是数据库的恢复。也就是说，恢复数据库是指将数据库从错误描述状态恢复到正确的描述状态。

1．恢复策略

（1）事务故障的恢复

事务故障是指事务在运行至正常终止点前被中止，这时恢复子系统应利用日志文件撤销此事务已对数据库进行的修改。事务故障的恢复是由系统自动完成的，对用户是透明的。

系统恢复的过程是：反向扫描文件日志（即从最后向前扫描日志文件），查找该事务的更新操作；对该事务的更新操作执行逆操作，例如，记录中是插入操作，则当前做删除操作；继续反向扫描日志文件，查找该事务的其他更新操作，并做同样处理。

（2）系统故障的恢复

系统故障造成数据库不一致状态的原因有两个：一是未完成事务对数据库的更新可能已写入数据库；二是已提交事务对数据库的更新可能还留在缓冲区没来得及写入数据库。

因此恢复操作就是要撤销故障发生时未完成的事务，重做已完成的事务。系统故障的恢复是由系统在重新启动时自动完成的，不需要用户干预。

（3）介质故障的恢复

发生介质故障后，磁盘上的物理数据和日志文件被破坏，这是最严重的一种故障，恢复方法是重装数据库，然后重做已完成的事务。

系统恢复的过程是：装入最新的数据库后备副本，使数据库恢复到最近一次转储时的一致性状态；装入相应的日志文件副本（转储结束时刻的日志文件副本），重做已完成的事务。这样就可以将数据库恢复至故障前某一时刻的一致状态了。

介质故障的恢复需要 DBA 介入。但 DBA 只需要重装最近转储的数据库副本和有关的各日志文件副本，然后执行系统提供的恢复命令即可，具体的恢复操作仍由 DBMS 完成。

2．恢复方法

（1）利用备份文件

由 DBA 定期对数据库进行备份，生成数据库瞬时正确状态的副本（备份）。当错误发生之后，利用备份文件将数据库恢复到备份完成时的数据库状态。

（2）利用事务日志

事务日志记录了对数据库数据的全部更新操作（插入、修改、删除），日志内容包括事务标识、操作类型、操作前后的数值等。利用事务日志可以恢复非完整事务，即从非完整事务当前值按事务日志记录的顺序反做，直到事务开始时的数据库值为止。利用事务日志的恢复一般是系统自动完成。

（3）利用数据库镜像技术

随着磁盘容量越来越大，价格越来越便宜，为避免磁盘介质出现故障影响数据库的可用性，许多数据库管理系统提供了数据库镜像（Mirror）功能用于数据库恢复。

数据库镜像是指根据 DBA 的要求，自动把整个数据库或其中的关键数据复制到另一个磁盘上。每当主数据库更新时，DBMS 自动把更新后的数据复制过去，即 DBMS 自动保证镜像数据与主数据的一致性。这样，一旦出现介质故障，可由镜像磁盘继续提供使用，同时 DBMS 自动利用镜像磁盘数据进行数据库的恢复，不需要关闭系统和重装数据库副本。在没有出现故障时，数据库镜像还可以用于并发操作，即当一个用户对数据加排他锁修改数据时，其他用户可以读镜像数据库上的数据，而不必等待该用户释放锁。

由于数据库镜像是通过复制数据实现的，频繁地复制数据自然会降低系统运行效率，因此在实际应用中用户往往只选择对关键数据和日志文件镜像，而不是对整个数据库进行镜像。

知识小结

本章介绍数据库安全、数据库完整性、事务、并发控制和数据库的备份和恢复等概念。数据库安全的工作范围很广，本章仅介绍 DBMS 的一些常用安全措施：用户标识、用户权限、强制存取控制、视图和查询修改、跟踪审计及数据加密等；数据库的完整性是为了保证数据库中的数据是正确的，本章主要介绍数据完整性机制；事务在数据库中是非常重要的概念，它有助于保证数据的并发性，其操作是一个完整的工作单元，这些操作或者全部成功，或者全部失败；并发控制是指当同时执行多个事务时，为了保证一个事务的执行不受其他事务的干扰所采取的措施，其主要方法是加锁，根据对数据操作的不同，锁分为排他锁和保护锁两种；数据库的备份和恢复是保证数据库出现故障时能够将数据库尽可能地恢复到正确状态的技术，备份数据库时不仅备份数据，而且备份与数据库有关的所有对象、用户和权限。

思考与练习

一、填空题

1. 数据库保护包含数据的________。
2. 保护数据安全性的一般方法是________。
3. 数据的安全性是指________。
4. 安全性控制的一般方法有________、________、________、________和视图的保护五级安全措施。
5. 存取权限包括两方面的内容，一个是________，另一个是________。
6. ________和________一起组成了安全性系统。
7. ________是 DBMS 的基本单位，它是用户定义的一组逻辑一致的程序序列。
8. DBMS 的基本工作单位是事务，它是用户定义的一组逻辑一致的程序序列；并发控制的主要方法是________机制。
9. 有两种基本类型的锁，它们是________和________。
10. 如果数据库中只包含成功事务提交的结果，就说数据库处于________状态。

11. 对并发操作若不加以控制，可能带来的不一致性有________、________和________。
12. 并发控制是对用户的________加以控制和协调。
13. 并发控制的主要方法是采用________机制，其类型有________和________两种。
14. 若事务 T 对数据对象 A 加了 S 锁，则其他事务只能对数据 A 再加________，不能加________，直到事务 T 释放 A 上的锁。
15. 若事务在运行过程中，由于种种原因，使事务未运行到正常终止点之间就被撤销，这种情况就称为________。
16. 数据库恢复是将数据库从________状态恢复到________的功能。
17. 系统在运行过程中，由于某种原因，造成系统停止运行，致使事务在执行过程中以非控制方式终止，这时内存中的信息丢失，而存储在外存上的数据不受影响，这种情况称为________。
18. 系统在运行运程中，由于某种硬件故障，使存储在外存上的数据部分损失或全部损失，这种情况称为________。
19. 数据库系统在运行过程中，可能会发生故障。故障主要有________、________、介质故障和________四类。
20. 数据库系统在运行过程中，可能会发生各种故障，其故障对数据库的影响总结起来有两类：________和________。
21. 数据库系统是利用存储在外存上其他地方的________来重建被破坏的数据库。它主要有两种：________和________。
22. 制作后援副本的过程称为________。它又分为________和________。
23. 事务故障、系统故障的恢复是由______完成的，介质故障是由________完成的。
24. 数据库的完整性是指数据的________和________。
25. 实体完整性是指在基本表中，________。
26. 参照完整性是指在基本表中，________。
27. 为了保护数据库的实体完整性，当用户程序对主码进行更新使主码值不唯一时，DBMS 就________。
28. 在数据库系统中对存取权限的定义称为________。

二、选择题

1. 下面不属于数据库系统必须提供的数据控制功能是（　　）。
   A. 安全性　　B. 可移植性　　C. 完整性　　D. 并发控制
2. 用标识方式鉴别用户时，标识可以是（　　）。
   A. 磁卡　　B. 光卡　　C. 指纹　　D. 声音
3. 用户标识与鉴别是（　　）。
   A. 数据库系统提供的最内层保护措施
   B. 数据库系统提供的最外层保护措施
   C. 数据库系统提供的中间层保护措施
   D. 既可用于外层又可用于内层的保护措施
4. 保护数据库，防止未经授权的或不合法的使用造成的数据泄露、更改破坏。这是指数据的（　　）。

A. 安全性 B. 完整性 C. 并发控制 D. 恢复

5. 在数据系统中，对存取权限的定义称为（　　）。

A. 命令 B. 授权 C. 定义 D. 审计

6. 数据库管理系统通常提供授权功能来控制不同用户访问数据的权限，这主要是为了实现数据库的（　　）。

A. 可靠性 B. 一致性 C. 完整性 D. 安全性

7. 授权编译系统和合法性检查机制一起组成了（　　）子系统。

A. 安全性 B. 完整性 C. 并发控制 D. 恢复

8. 在数据库的安全性控制中，为了保证用户只能存取他有权存取的数据。在授权的定义中，数据对象的（　　），授权子系统就越灵活。

A. 范围越小 B. 范围越大 C. 约束越细致 D. 范围越适中

9. 数据库的（　　）是指数据的正确性和相容性。

A. 安全性 B. 完整性 C. 并发控制 D. 恢复

10. 在数据库操作过程中事务处理是一个操作序列，必须具有的特性有：原子性、隔离性、持久性和（　　）。

A. 继承性 B. 一致性 C. 封装性 D. 共享性

11. （　　）是 DBMS 的基本单位，它是用户定义的一组逻辑一致的程序序列。

A. 程序 B. 命令 C. 事务 D. 文件

12. 事务的原子性是指（　　）。

A. 事务中包括的所有操作要么都做，要么都不做

B. 事务一旦提交，对数据库的改变是永久的

C. 一个事务内部的操作及使用的数据对并发的其他事务是隔离的

D. 事务必须是使数据库从一个一致性状态变到另一个一致性状态

13. 事务是数据库进行的基本工作单位。如果一个事务执行成功，则全部更新提交；如果一个事务执行失败，则已做过的更新被恢复原状，好像整个事务从未有过这些更新，这样保持了数据库处于（　　）状态。

A. 安全性 B.一致性 C. 完整性 D. 可靠性

14. 事务的一致性是指（　　）。

A. 事务中包括的所有操作要么都做，要么都不做

B. 事务一旦提交，对数据为的改变是永久的

C. 一个事务内部的操作及使用的数据对并发的其他事务是隔离的

D. 事务必须是使数据库从一个一致性状态变到另一个一致性状态

15. 事务的隔离性是指（　　）。

A. 事务中包括的所有操作要么都做，要么都不做

B. 事务一旦提交，对数据库的改变是永久的

C. 一个事务内部的操作及使用的数据对并发的其他事务是隔离的

D. 事务必须是使数据库从一个一致性状态变到另一个一致性状态

16. 事务的持续性是指（　　）。

A. 事务中包括的所有操作要么都做，要么都不做
B. 事务一旦提交，对数据库的改变是永久的
C. 一个事务内部的操作及使用的数据对并发的其他事务是隔离的
D. 事务必须是使数据库从一个一致性状态变到另一个一致性状态

17. 数据经过处理之后由一种状态变为另一种状态，将（　　）。
A. 不会破坏事务的原子性　　B. 破坏事务的原子性
C. 可能破坏事务的原子性　　D. 不能确定

18. 数据库的并发操作可能带来的问题包括（　　）。
A. 丢失更新　　B. 非法用户使用
C. 数据独立性提高　　D. 增加数据冗余

19. 对数据加了排他锁之后还可以对数据（　　）。
A. 加排他锁　　B. 加共享锁
C. 加意向锁　　D. 不能加任何锁

20. 访问控制的粒度可以是（　　）。
A. 一个关系　　B. 整个数据库
C. 一个关系中的某些行　　D. 某些关系的集合

21. 多用户的数据库系统的目标之一是使它的每个用户好像面对着一个单用户的数据库一样使用它，为此数据库系统必须进行（　　）。
A. 安全性控制　　B. 完整性控制　　C. 并发控制　　D. 可靠性控制

22. 对并发操作若不加以控制，可能会带来（　　）问题。
A. 不安全　　B. 死锁　　C. 死机　　D. 不一致

23. 数据库系统的并发控制的主要方法是采用（　　）机制。
A. 拒绝　　B. 改为串行　　C. 封锁　　D. 不加任何控制

24. 若数据库中只包含成功事务提交的结果，则此数据库就称为处于（　　）状态。
A. 安全　　B. 一致　　C. 不安全　　D. 不一致

25. 设有两个事务 T1、T2，其并发操作如表 5-2 所示，下面评价正确的是（　　）。
A. 该操作不存在问题　　B. 该操作丢失修改
C. 该操作不能重复读　　D. 该操作读“脏”数据

表 5-2

T1	T2
①读 A=10	
②	读 A=10
③A=A-5 写回	
④	A=A-8 写回

26. 设有两个事务 T1、T2，其并发操作如表 5-3 所示，下面评价正确的是（　　）。
A. 该操作不存在问题　　B. 该操作丢失修改
C. 该操作不能重复读　　D. 该操作读“脏”数据

表 5-3

T1	T2
①读 A=10，B=5	
②	读 A=10
③读 A=20，B=5	A=A*2 写回
求和 25 验证错	

27. 设有两个事务 T1、T2，其并发操作如表 5-4 所示，下列评价正确的是（　　）。
    A. 该操作不存在问题　　B. 该操作丢失修改
    C. 该操作不能重复读　　D. 该操作读“脏”数据

表 5-4

T1	T2
①读 A=100	
A=A*2 写回	
②	读 A=10
③ROLLBACK	
恢复 A=100	

28. 设有两个事务 T1 和 T2，它们的并发操作如表 5-5 所示。

表 5-5

T1	T2
①读 X=48	
②	读 X=48
③X=X+10 写回 X	
④	X=X-2 写回 X

对于这个并发操作，下面评价正确的是（　　）。
    A. 该操作丢失了修改　　B. 该操作不存在问题
    C. 该操作读“脏”数据　　D. 该操作不能重复读

29. 设 T1 和 T2 为两个事务，它们对数据 A 的并发操作如表 5-6 所示。

表 5-6

T1	T2
①请求	
S LOCK A	
读 A=18	
②	请求
③A=A+10 写回	S LOCK A
A=28	读 A=18
COMMIT	写回 A=18
UNLOCK A	COMMIT
④	UNLOCK

30. 对上面的并发操作，下面 5 个评价中（　　）和（　　）两条评价是正确的。
    A. 该操作不能重复读
    B. 该操作丢失修改
    C. 该操作符合完整性要求
    D. 该操作的第①步中，事务 T1 应申请 X 锁
    E. 该操作的第②步中，事务 T2 不可能得到对 A 的锁
31. 解决并发操作带来的数据不一致性总是普遍采用（　　）。
    A. 封锁　B. 恢复　C. 存取控制　D. 协商
32. 若事务 T 对数据 R 已经加 X 锁，则其他事务对数据 R（　　）。
    A. 可以加 S 锁不能加 X 锁　B. 不能加 S 锁可以加 X 锁
    C. 可以加 S 锁也可以加 X 锁　D. 不能加任何锁
33. 不允许任何其他事务对这个锁定目标再加任何类型的锁是（　　）。
    A. 共享锁　B. 排他锁　C. 共享锁或排他锁　D. 以上都不是
34. 数据库中的封锁机制是（　　）的主要方法。
    A. 完整性　B. 安全性　C. 并发控制　D. 恢复
35. 关于“死锁”，下列说法中正确的是（　　）。
    A. 死锁是操作系统中的问题，数据库操作中不存在
    B. 在数据库操作中防止死锁的方法是禁止两个用户同时操作数据库
    C. 当两个用户竞争相同资源时不会发生死锁
    D. 只有出现并发操作时，才有可能出现死锁
36. 若系统在运行过程中，由于某种原因，造成系统停止运行，致使事务在执行过程中以非控制方式终止，这时内存中的信息丢失，而存储在外存上的数据未受影响，这种情况称为（　　）。
    A. 事务故障　B. 系统故障　C. 介质故障　D. 运行故障
37. 若系统在运行过程中，由于某种硬件故障，使存储在外存上的数据部分损失或全部损失，这种情况称为（　　）。
    A. 事务故障　B. 系统故障　C. 介质故障　D. 运行故障
38. （　　）用来记录对数据库中数据进行的每一次更新操作。
    A. 后援副本　B. 日志文件　C. 数据库　D. 缓冲区
39. 后援副本的用途是（　　）。
    A. 安全性保障　B. 一致性控制　C. 故障后的恢复　D. 数据的转储
40. 用于数据库恢复的重要文件是（　　）。
    A. 数据库文件　B. 索引文件　C. 日志文件　D. 备注文件
41. 日志文件是用于记录（　　）。
    A. 程序运行过程　B. 数据操作
    C. 对数据的所有更新操作　D. 程序执行的结果
42. 并发操作会带来哪些数据不一致性。（　　）
    A. 丢失修改、不可重复读、脏读、死锁　B. 不可重复读、脏读、死锁
    C. 丢失修改、脏读、死锁　D. 丢失修改、不可重复读、脏读

43. 数据库恢复的基础是利用转储的冗余数据。这些转储的冗余数据包括（　　）。
   A. 数据字典、应用程序、审计档案、数据库后备副本
   B. 数据字典、应用程序、日志文件、审计档案
   C. 日志文件、数据库后备副本
   D. 数据字典、应用程序、数据库后备副本

44. 数据库恢复通常可采取如下方法：
   ① 定期将数据库做成（　　）。
   ② 在进行事务处理过程中将数据库更新的全部内容写入（　　）。
   ③ 在数据库系统运行正确的情况下，系统按一定时间间隙设立（　　），新的建立后意味着旧的（　　）去掉，即在内存缓冲区中的内容还没有写入到磁盘中去的有关状态（　　）记录都写入到磁盘文件中去，这种文件称为（　　）。
   ④ 发生故障时，用当时数据内容和（　　）的更新前的映像，将文件恢复到最近的（　　）状态。
   ⑤ 用（　　）不能恢复数据时，可用最新的（　　）和（　　）的更新映像将文件恢复到最新的（　　）状态。
   A. 副本文件　　B. 日志文件　　C. 检查点文件　　D. 死锁文件
   E. 两套文件　　F. 主文件　　G. 库文件

三、判断题

1. 对数据库进行的保护是需要付出一定代价的，因此保护的代价应与被保护的数据自身的价值成正比，保护代价的极限是数据本身的价值。（　　）
2. 数据库系统允许任何身份的用户对数据库进行操作。（　　）
3. 用户在访问数据库前必须先在 DBMS 中进行登记备案。（　　）

四、简答题

1. 什么是事务？
2. 简述事务的概念和四个特性。
3. 事务中的提交和回滚是什么意思？
4. 有如下两个事务及其执行时间如表 5-7 所示：

表 5-7

事务 A	时间	事务 B
打开 stud 数据库	t1	
读取最后一条记录	t2	打开 stud 数据库
添加一条新记录	t3	读取最后一条记录
关闭 stud 数据库	t4	添加一条新记录
	t5	关闭 stud 数据库

如何实现这两个事务的并发控制？

5. 在一个实际的数据库管理系统中，有关事务的各种命令如下：

```
BEGIN TRANSACTION        /*一个事务开始*/
```

```
END TRANSACTION         /*一个事务结束，将该事务的结果保存起来*/
ROLLBACK                /*撤回一个事务，消除当前事务所作的改动*/
```

分析以下事务执行完毕后，student 数据库表中包含哪些记录。

```
ROLLBACK
BEGIN TRANSACTION
添加 3 号记录：
BEGIN TRANSACTION
添加 4 号记录：
ROLLBACK
ROLLBACK
关闭数据库表 student：
END TRANSACTION
```

6. 简述在数据库中要有并发控制的原因。
7. 并发控制的措施有哪些?
8. 并发操作会产生几种不一致情况?用什么方法避免各种不一致的情况?
9. 数据库的保护主要涉及哪些内容?
10. 简述 DBMS 中常用的安全措施。
11. 简述数据库的完整性。
12. 叙述数据库实现完整性检查的方法。
13. DBMS 的完整性控制机制具有哪些功能?
14. 叙述数据库中数据的一致性问题。
15. 叙述封锁的概念。
16. 叙述数据库中死锁产生的原因和解决死锁的方法。
17. 基本的封锁类型有几种?试叙述它们的含义。
18. 数据库中为什么要有恢复子系统?它的功能是什么?
19. 简述数据库备份的作用。
20. 简述日志文件的概念及其作用。
21. 什么是数据库的转储?转储的意义是什么?
22. 数据库的故障大致分为几类?
23. 怎样进行系统故障的恢复?
24. 怎样进行介质故障的恢复?
25. 在数据库的保护中有数据的安全性、完整性，并发控制和数据库的恢复。其中的安全性和完整性有何区别?

第 6 章　SQL Server 2005 基础

学习目标：

- 掌握 SQL Server 2005 各个版本的特点及对系统的软硬件需求。
- 掌握 SQL Server 2005 的安装方法。
- 掌握 SQL Server 2005 常用工具的基本使用方法。
- 掌握 SQL Server 2005 数据库的物理结构。
- 掌握 SQL Server 2005 数据库定义与管理的基本方法。

Microsoft SQL Server 是微软公司开发的一款具有客户机/服务器体系结构的关系型数据库管理系统，是目前市场上主流的数据库管理系统产品之一。

6.1　SQL Server 2005 简介

1. SQL Server 的发展简史

SQL Server 经历了长期发展，现在已经成为市场上主要的数据库管理系统产品之一。该数据库产品的发展过程如下：

1988 年，微软公司和 Sybase 公司合作开发了 SQL Server 的一个版本，该版本运行于 OS/2 平台。

1993 年，SQL Server 4.2 版诞生。该版本属于桌面数据库系统，包含的功能较少。它与 Windows 操作系统进行了集成，并提供了易于使用的操作界面。

1995 年，微软公司重写了 SQL Server 数据库系统，发布了 SQL Server 6.0 版本。该版本首次内嵌了复制功能，同时还增加了集中管理方式。

1998 年，微软公司在 SQL Server 7.0 版本中做了巨大的改动，从而确定了 SQL Server 在数据库管理工具中的主导地位。

2000 年，SQL Server 2000 版本正式面世，该版本在数据性能、数据可靠性、易用性方面做了重大改进，提供了丰富的实用和开发工具，还提供了对 XML 的支持，从而在互联网领域得到广泛应用。

2005 年，微软公司发布了 SQL Server 2005 版本，该产品不仅可以有效地执行大规模的联机事务处理，而且可以完成数据仓库、电子商务应用等许多具有挑战性的工作。

2008 年 8 月，微软公司发布了 SQL Server 2008 系统，该系统在安全性、可用性、易管理性、可扩展性、商业智能等方面有了更多的改进和提高，对企业的数据存储和应用需求提供了更强大的支持和便利。2008 年 7 月，微软公司发布了 SQL Server 2008 R2 版本，该版本增强了开发能力，提高了可管理性，强化了商业智能及数据仓库。

2012 年 3 月，微软公司发布了 SQL Server 2012 版本。微软此次版本发布的口号是“大数据”来替代“云”的概念，微软对 SQL Server 2012 的定位是帮助企业处理每年大量的数据增长。

在 SQL Server 发展历史中，SQL Server 2005 是具有突破性的版本，该版本奠定了 SQL Server 发展的基础。

2．SQL Server 2005 的特点

SQL Server 2005 最突出的三个特点分别体现在商务智能（Business Intelligence，BI）、可编程性和安全性方面。

（1）商务智能

① SQL Server 2005 集成数据整合、分析和报表功能，能够提供更好的决策支持。

② 提供了一种新的数据模型，用于简化异源数据间的连通性。

③ 提供对 SML/A（一种 OLE DB 的可选方案）的集成支持。

④ 提供的数据挖掘工具更成熟。

（2）可编程性

SQL Server 2005 更好地实现了与 Visual Studio .NET 的集成，它将 CLR 直接移入数据库引擎，使开发人员能够使用 Visual Basic .NET 或 C#之类的语言直接为 SQL Server 编写程序，从而实现了与微软.NET 应用程序架构的紧密协作。

（3）安全性

它固有的数据加密、默认安全设置及强制口令策略功能，足以让开发人员以更高的性能、更高的可用性和更高的安全性运行任何应用。

3．SQL Server 2005 的体系结构

SQL Server 2005 由 4 个部分组成，这 4 个部分分别是：数据库引擎、Analysis Services（分析服务）、Reporting Services（报表服务）和 Integration Services（集成服务）。这 4 种服务之间的关系如图 6-1 所示。

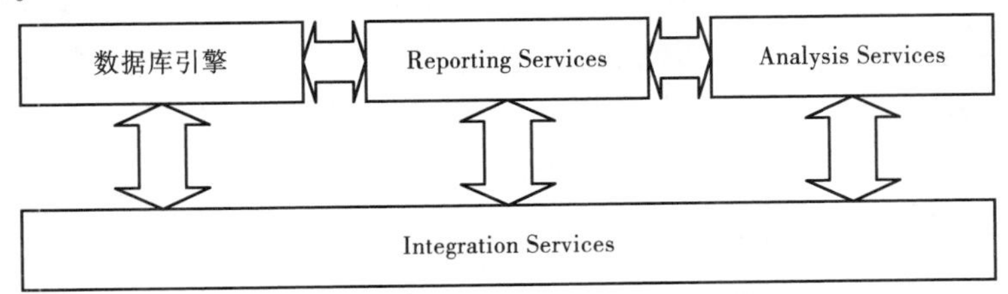

图 6-1　Microsoft SQL Server 2005 系统的体系结构

数据库引擎是 SQL Server 2005 系统的核心服务。数据库引擎是一个复杂的系统，它本身包含了很多功能组件，如复制、全文搜索、Service Broker 等。数据库引擎负责完成数据的存储、处理和安全管理。例如创建数据库、创建表、执行数据查询操作、访问各个数据库对象等操作都是由数据库引擎完成的。

Analysis Services 的主要作用是提供联机分析处理（OnLine Analytical Processing，OLAP）和数据挖掘功能。使用 Analysis Services，用户可以设计、创建和管理包含来自其他数据源的数据的多维结构，通过对多维数据进行多角度分析，可以使业务人员对业务数据有更全面的理解。另外，通过 Analysis Services，用户可以完成数据挖掘模型的构造和应用，实现知识的发现、表示和管理。

Reporting Services 为用户提供了支持 Web 方式的企业级报表功能。通过使用 Reporting Services，用户可以方便地定义和发布满足自己需求的报表。无论是报表的布局格式，还是报表的数据源，用户都可以借助工具轻松地实现。这种服务极大地方便了企业的管理工作，满足了管理人员对高效、规范管理的需求。

Integration Services 是一个数据集成平台，负责完成有关数据的提取、转换和加载等操作。例如，对于 Analysis Services 来说，数据库引擎是一个重要的数据源，而如何将数据源中的数据经过适当的处理加载到 Analysis Services 中以便进行各种分析处理，这正是 Integration Services 所要解决的问题。更重要的是，Integration Services 可以高效地处理各种各样的数据源，如 SQL Server、Oracle、Excel、XML 文档、文本文件等。

6.2 SQL Server 2005 的安装

SQL Server 2005 包含多个版本，主要安装在 Windows 服务器系统上，部分版本也可以安装在 Windows 个人系统上。

6.2.1 SQL Server 2005 的版本特点

SQL Server 2005 提供了多种版本供用户选择使用,下面对常用的 5 个版本的特点进行简要介绍。

1. SQL Server 2005 企业版（Enterprise Edition）

Enterprise Edition 达到了支持超大型企业进行联机事务处理（OLTP）、高度复杂的数据分析、数据仓库系统和网站所需的性能水平。Enterprise Edition 的全面商业智能和分析能力及其高可用性功能（如故障转移群集），使它可以处理大多数关键业务的企业工作负荷。Enterprise Edition 是最全面的 SQL Server 版本，是超大型企业的理想选择，能够满足最复杂的要求。

2. SQL Server 2005 标准版（Standard Edition）

Standard Edition 是适合中小型企业的数据管理和分析平台。它包括电子商务、数据仓库和业务流解决方案所需的基本功能。Standard Edition 的集成商业智能和高可用性功能可以为企业提供支持其运营所需的基本功能。Standard Edition 是需要全面的数据管理和分析平台的中小型企业的理想选择。

3. SQL Server 2005 工作组版（Workgroup Edition）

对于那些需要在大小和用户数量上没有限制的数据库的小型企业，Workgroup Edition 是理想的数据管理解决方案。Workgroup Edition 可以用作前端 Web 服务器，也可以用于部门或分支机构的运营。它包括 SQL Server 产品系列的核心数据库功能，并且可以轻松地升级至标准版或企业版。Workgroup Edition 是理想的入门级数据库，具有可靠、功能强大且易于管理的特点。

4. SQL Server 2005 开发人员版（Developer Edition）

Developer Edition 使开发人员可以在 SQL Server 上生成任何类型的应用程序。它包括 SQL Server 2005 Enterprise Edition 的所有功能，但有许可限制，只能用于开发和测试系统，而不能用作生产服务器。Developer Edition 是独立软件供应商（ISV）、咨询人员、系统集成商、解决方案供应商及创建和测试应用程序的企业开发人员的理想选择。Developer Edition 可以根据生产需要升级至企业版。

5. SQL Server 2005 速成版（Express Edition）

SQL Server Express 是一个免费、易用且便于管理的数据库。SQL Server Express 与 Microsoft Visual Studio 2005 集成在一起，可以轻松开发功能丰富、存储安全、可快速部署的数据驱动应用程序。SQL Server Express 是免费的，可以再分发（受制于协议），还可以起到客户端数据库及基本服务器数据库的作用。SQL Server Express 是低端 ISV、低端服务器用户、创建 Web 应用程序的非专业开发人员及创建客户端应用程序的编程爱好者的理想选择。

从上面的介绍可以看出，对于所有用户来说，企业版、标准版和工作组版是 3 种可以选择的数据库产品，其他版本的数据库产品只适用于部分特殊的用户。

6.2.2 SQL Server 2005 的系统需求

1. 硬件要求

对硬件的要求包括对处理器类型、处理器速度、内存、硬盘空间的要求。这些要求的详细信息如表 6-1 所示。

表 6-1　安装 SQL Server 2005 的硬件要求

硬件名称		要求
处理器	类型	Pentium III 兼容处理器或更高速度的处理器
	速度	最低：600 MHz；建议：1 GHz 或更高
内存		最低：512 MB；建议：1 GB 或更大 对于 Express 版，最低：192 MB；建议：512 MB 或更大
硬盘		数据库引擎和数据文件、复制以及全文搜索：150 MB Analysis Services 和数据文件：35 KB Reporting Services 和报表管理器：40 MB Notification Services 引擎组件、客户端组件和规则组件：5 MB Integration Services：9 MB 客户端组件：12 MB 管理工具：70 MB 开发工具：20 MB SQL Server 联机丛书和 SQL Server Mobile 联机丛书：15 MB 示例和示例数据库：390 MB

2. 操作系统要求

表 6-2 详细列出了 SQL Server2005 系统对 32 位处理器上操作系统的要求。

表 6-2　安装 SQL Server 2005 对操作系统的要求

操作系统	企业版	开发人员版	标准版	工作组版	速成版
Windows 2000 Professional Edition SP4	否	是	是	是	是
Windows 2000 Server SP4	是	是	是	是	是
Windows 2000 Advanced Server SP4	是	是	是	是	是

续表

操作系统	企业版	开发人员版	标准版	工作组版	速成版
Windows 2000 Datacenter Edition SP4	是	是	是	是	是
Windows XP Home Edition SP2	否	是	否	否	是
Windows XP Professional Edition SP2	否	是	是	是	是
Windows 2003 Server SP1	是	是	是	是	是
Windows 2003 Enterprise Edition SP1	是	是	是	是	是
Windows 2003 Datacenter Edition SP1	是	是	是	是	是
Windows 2003 Web Edition SP1	否	否	否	否	是

3. 联网要求

SQL Server 2005 系统对 Internet 的要求包括对 Internet Explorer、IIS、ASP.NET 的要求，具体要求如表 6-3 所示。

表 6-3 安装 SQL Server 2005 对联网软件的要求

组件	要求
Internet Explorer	Microsoft Internet Explorer 6.0 SP1 或更高版本。如果只是安装客户端组件且不需要连接到要求加密的服务器，则 Internet Explorer 4.01 SP2 也可以满足要求
IIS	Microsoft SQL Server 2005 Reporting Services 需要 IIS 5.0 或更高版本
ASP.NET	Microsoft SQL Server 2005 Reporting Services 需要 ASP.NET 2.0

6.2.3 SQL Server 2005 安装与配置

如果用户的系统是 Windows XP 专业版，那么最合理的选择是安装 SQL Server 2005 标准版，安装过程如下：

① 启动 SQL Server 2005 安装盘上的 Servers\setup.exe 文件。启动安装程序后，将出现“最终用户许可协议”对话框，选中“接受许可条款和条件”单选按钮。单击“下一步”按钮弹出“安装必备组件”对话框，在该对话框中列出系统需要安装的组件，单击“安装”按钮开始安装相应组件。当安装完必备的组件后，如图 6-2 所示。

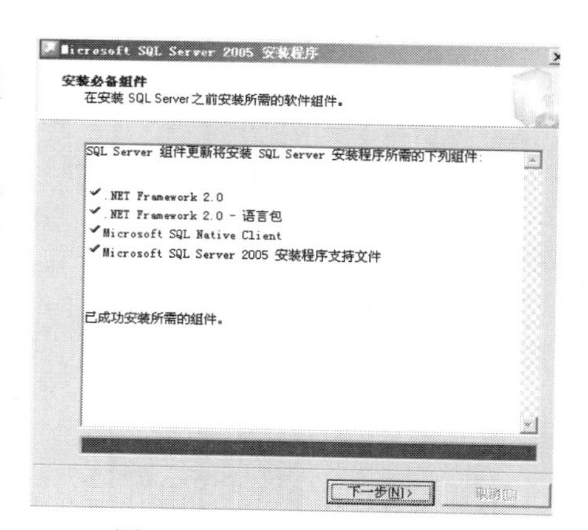

图 6-2 成功安装必备组件

② 在“安装必备组件”对话框中单击“下一步”按钮，打开“欢迎使用 Microsoft SQL Server 安装向导”对话框。单击“下一步”按钮，打开“系统配置检查”对话框，如图 6-3 所示。

③ 如果系统检查无误，单击“下一步”按钮，打开“检查空间”对话框，检查结束后打开“注册信息”对话框，在“姓名”和“公司”文本框中输入相应的信息，如图 6-4 所示。

④ 在“注册信息”对话框中单击“下一步”按钮，出现“要安装的组件”对话框，如图 6-5 所示。

⑤ 单击“高级”按钮，出现“功能选择”对话框，如图 6-6 所示，通过该对话框可以自定义安装的组件和路径，在这里选择安装全部组件，包括示例数据库。

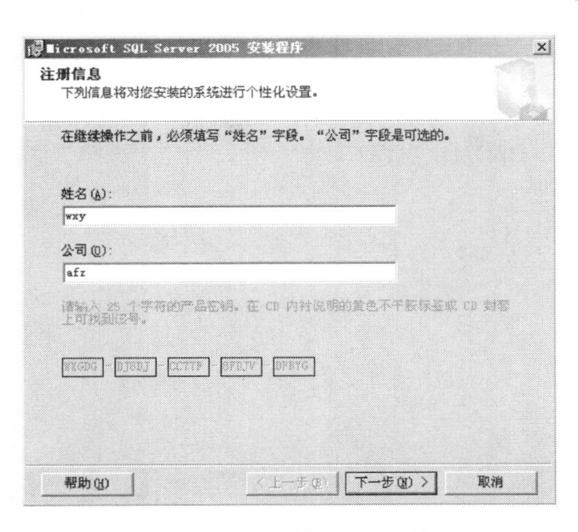

图 6-3　“系统配置检查”对话框　　　　图 6-4　“注册信息”对话框

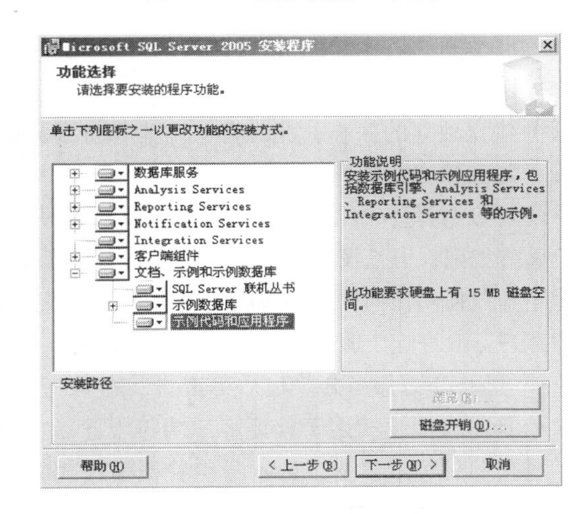

图 6-5　“要安装的组件”对话框　　　　图 6-6　“功能选择”对话框

提示：

如果在“要安装的组件”对话框中没有单击“高级”按钮并进行相应的选择，系统默认不会安装样例数据库 AdventureWorks。

⑥ 在“功能选择”对话框中单击“下一步”按钮，打开“实例名”对话框，如图 6-7 所示。

SQL Server 支持在同一个服务器上安装多个实例。这样一来，不仅可以在同一个服务器上安装多个 SQL Server 2005 的实例，还可以同时安装 SQL Server 2005 和 SQL Server 以前的版本，从而能够在同一台计算机上测试 SQL Server 的多个版本。SQL Server 的实例分为“默认实例”和“命名实例”。“默认实例”的名称与服务器的名称相同，“命名实例”是指安装过程中为实例指定一个名称，所以同一个服务器上只能有一个“默认实例”。当第一次安装 SQL Server 时可以使用“默认实例”。

⑦ 在“实例名”对话框中单击“下一步”按钮，打开“现有组件”对话框。单击“下一步”按钮打开“服务账户”对话框，如图 6-8 所示。

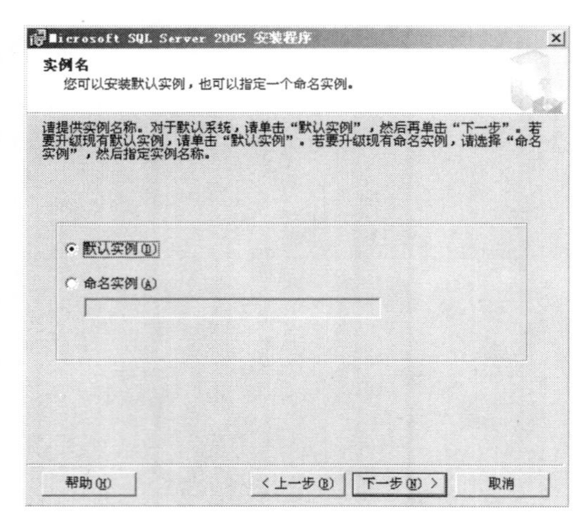

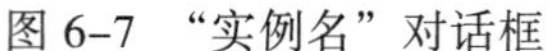

图 6-7 “实例名”对话框

图 6-8 “服务账户”对话框

在 SQL Server 2005 中，SQL Server 服务和 SQL Server Agent 服务可以使用相同的账户，也可以使用不同的账户。如果 SQL Server Agent 服务必须与不同的服务器交互，则需要为 SQL Server Agent 服务建立独立的账户，此时选中“为每个服务账户进行自定义”复选框，并为 SQL Server Agent 服务建立独立的账户。在这里，SQL Server 服务和 SQL Server Agent 服务使用相同的账户。

可以选择使用“本地系统”账户，该账户是一个 Windows 操作系统账户，它对本地计算机具有完全管理权限，但是没有网络访问权限。该账户可以用于开发或测试，不需要与其他服务器应用交互，也不需要使用任何网络资源的服务器。在大多数生产环境中，应该使用“域用户账户”。使用“域用户账户”允许这个服务与其他 SQL Server 通信、访问网络资源及与其他 Windows 应用交互。

⑧ 设置好服务账户以后单击“下一步”按钮，打开“身份验证模式”对话框，如图 6-9 所示。

身份验证模式用于验证客户端与服务器之间的连接。Microsoft SQL Server 2005 系统提供了两种身份验证模式：“Windows 身份验证模式”和“混合模式”。“Windows 身份验证模式”通过 Windows 操作系统对用户进行身份验证。在多数情况下应该使用“Windows 身份验证模式”，因为它提供了最高的安全级别。在“混合模式”中，用户既可以通过 Windows 用户账户连接，也可以使用 SQL Server 2005 的账户连接。这里选择“混合模式”，需要输入并确认 sa 的登录密码。

⑨ 设置好身份验证模式后单击“下一步”按钮，打开“排序规则设置”对话框，如图 6-10 所示。

SQL Server 2005 使用排序规则设置确定如何存储非 Unicode 字符及如何排序和比较 Unicode 和非 Unicode 数据。如果正在安装的 SQL Server 2005 实例所支持的语言与计算机上的 Windows 区域设置中的语言相同，那么应该让 SQL Server 2005 安装向导根据 Windows 操作系统的区域设置确定默认的排序规则。

⑩ 在“排序规则设置”对话框中保持默认的设置。单击“下一步”按钮，打开“报表服务器安装选项”对话框，在这里保持默认设置。单击“下一步”按钮，打开“错误和使用情况报告设置”对话框，在这里保持默认设置。单击“下一步”按钮，打开“准备安装”对话框，其中显示安装前的设置信息，如图 6-11 所示。

⑪ 单击“安装”按钮开始安装，当所有组件安装完成后，如图 6-12 所示。单击“下一步”按钮，打开“完成 Microsoft SQL Server 2005 安装”对话框，在该对话框中单击“完成”按钮即可。

Microsoft SQL Server 2005 安装程序

身份验证模式

身份验证模式指定了连接 SQL Server 时使用的安全设置。

选择此系统要使用的身份验证模式。

Windows 身份验证模式(W)

混合模式(Windows 身份验证和 SQL Server 身份验证)(M)

在下面指定 sa 登录密码:

输入密码(E):

确认密码(P):

帮助(H) < 上一步(B) 下一步(N) > 取消

图 6-9 “身份验证模式”对话框

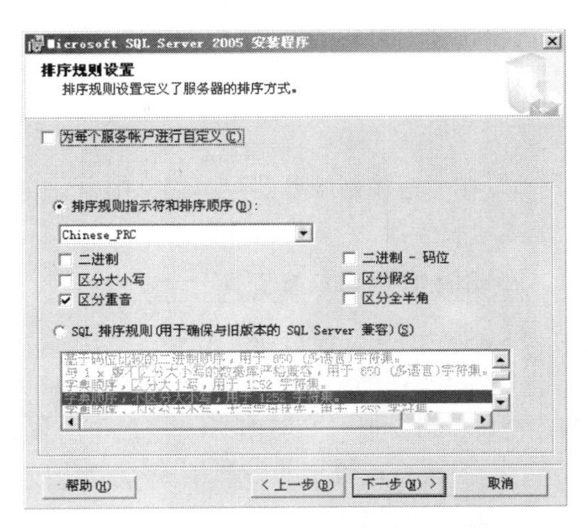

图 6-10 “排序规则设置”对话框

Microsoft SQL Server 2005 安装程序

准备安装

安装程序已就绪，可以开始安装。

安装程序具有足够的信息，可以开始复制程序文件。若要继续，请单击“安装”。若要更改您的安装设置，请单击“上一步”。若要退出安装程序，请单击“取消”。

将安装以下组件：

- SQL Server Database Services
(数据库服务，复制，全文搜索)
- Analysis Services
- Reporting Services
(Reporting Services，报表管理器)
- Notification Services
- Integration Services
- 客户端组件
(连接组件，管理工具，Business Intelligence Development Studio，SQL Server 联机丛书)

帮助(H) < 上一步(B) 安装(I) 取消

图 6-11 “准备安装”对话框

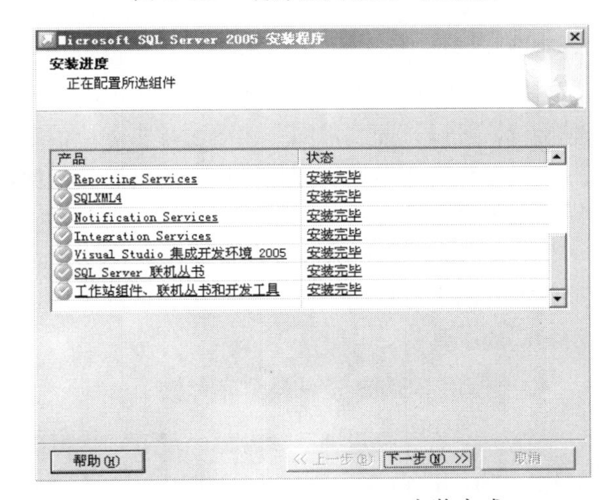

图 6-12 SQL Server 2005 安装完成

提示：

需要注意，如果安装程序存储在两张光盘上，系统会提示插入第 2 张光盘，根据系统提示插入第 2 张光盘后安装程序继续进行。

6.3 SQL Server 2005 常用工具

SQL Server 2005 提供了多种工具，例如 SQL Server Management Studio、SQL Server Configuration Manager、SQL Server 外围配置管理器等。在这里主要介绍 SQL Server Management Studio 和 SQL Server Configuration Manager 的简单使用方法。

6.3.1 SQL Server Management Studio

Microsoft SQL Server Management Studio（SSMS）是一个集成的环境，用于访问、配置和管理所有 SQL Server 组件。SSMS 组合了大量图形工具和丰富的脚本编辑器，使各种技术水平的开发人员和管理员都能访问 SQL Server。

1. 启动 SSMS

① 单击“开始”|“所有程序”|“Microsoft SQL Server 2005”|“SQL Server Management Studio”命令。

② 在“连接到服务器”对话框中，“服务器类型”选择“数据库引擎”，“服务器名称”选择一个本地服务器，“身份验证”选择“Windows 身份验证”，单击“连接”按钮。

2. SSMS 的窗口及工具

SSMS 中的 3 个窗口如下所示：

①“已注册的服务器”窗口列出的是经常管理的服务器。如果当前没有显示“已注册的服务器”窗口，可以通过“视图”|“已注册的服务器”菜单命令调出该窗口。

②“对象资源管理器”窗口以树状视图的形式显示服务器中所有数据库对象。“对象资源管理器”包括与其连接的所有服务器的信息。

③“文档”窗口是 SSMS 中的最大的部分，该窗口显示成选项页的形式，可以包含查询编辑器和浏览器窗口。

另外，SSMS 还包括“模板资源管理器”、“解决方案资源管理器”等组件窗口。如果要显示这些窗口，可以打开“视图”菜单，单击相应的菜单命令即可。

当窗口的布局发生变化以后，还可以随时使窗口布局恢复原貌。使用“窗口”|“重置窗口布局”菜单命令即可。

SSMS 提供了“标准”、“表设计器”、“查询设计器”等工具栏。在“视图”|“工具栏”的子菜单中列出了可用的工具栏，单击相应的工具栏菜单命令，使其前面“打钩”就可以在窗口中显示相应的工具栏。

3. 使用 SSMS 查看数据库对象

在“对象资源管理器”窗口中展开“数据库”结点，其中列出了实例中的系统数据库和用户数据库。展开 AdventureWorks 数据库，单击“表”结点，在“文档”窗口的“摘要”选项页中将列出 AdventureWorks 数据库中的表。其中系统表被组织在文件夹中，用户表直接显示在“摘要”选项页中，如图 6-13 所示。

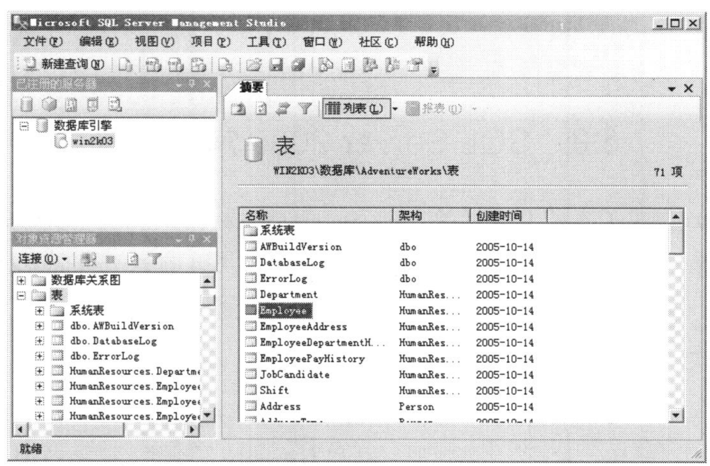

图 6-13 “摘要”选项页

在“摘要”选项页中右击 Employee 表，在弹出的快捷菜单中选择“打开表”命令，在“文档”窗口中将展开一个新的选项页显示 Employee 表中的数据，如图 6-14 所示。

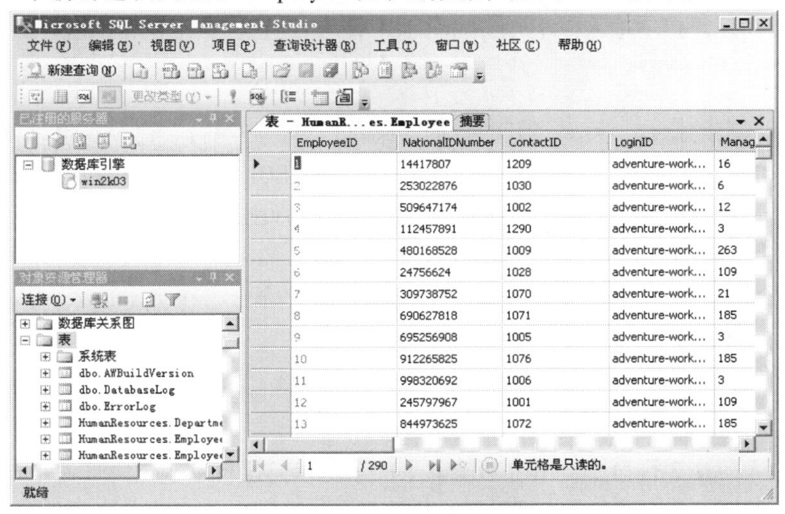

图 6-14　Employee 表中的数据

在“文档”窗口中切换回“摘要”页，右击 Employee 表，在弹出的快捷菜单中选择“修改”命令，这时在文档窗口中新展开一页显示 Employee 表的定义信息，如图 6-15 所示，在这里可以修改 Employee 表的定义。

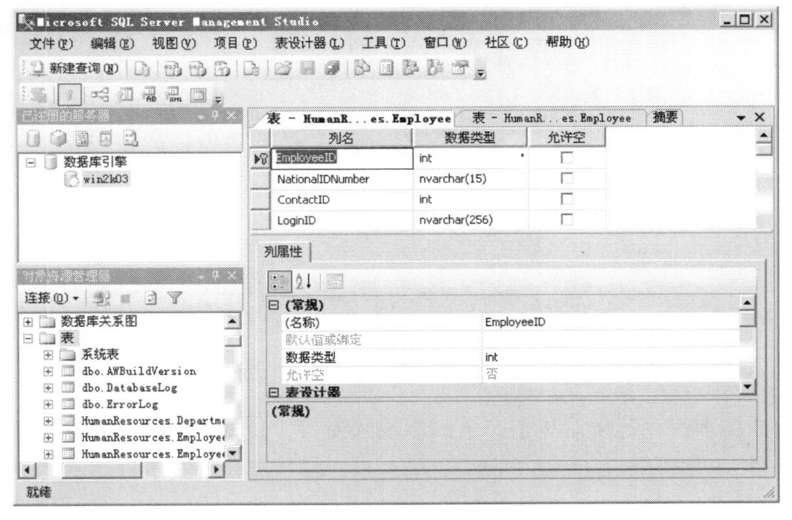

图 6-15　Employee 表的定义

4．使用 SSMS 编写 Transact-SQL 命令

SSMS 提供的“查询编辑器”可以编写和运行 Transact-SQL 脚本。“查询编辑器”既可以工作在连接模式下，也可以工作在断开模式下。另外“查询编辑器”还支持彩色代码关键字、可视化地显示语法错误、允许开发人员运行和诊断代码等功能。

在“标准”工具栏中单击“新建查询”按钮，打开“查询编辑器”窗口。如果当前窗口中没

有显示“标准”工具栏，可以通过“视图”|“工具栏”|“标准”菜单命令调出“标准”工具栏。

可以看到，在 SSMS 的文档窗口中新增加一个选项页。正在编辑的脚本文件的默认文件名为 SQLQuery1.sql。在该窗口中输入以下 Transact-SQL 命令来打开 AdventureWorks 数据库。

```
USE AdventureWorks
GO
```

如果要执行以上的命令，可以打开“查询”菜单，单击“执行”命令。也可以单击“SQL 编辑器”工具栏中的“执行”命令按钮来执行以上 Transact-SQL 命令。更快捷的方式是使用功能键【F5】来执行 Transact-SQL 命令。使用功能键【F5】来执行刚刚输入的 Transact-SQL 命令以打开 AdventureWorks 数据库。

在“查询编辑器”窗口中继续输入以下 Transact-SQL 命令，在 Employee 表中查询并显示排在前 3 位的员工的编号和职务。

```
SELECT TOP 3 EmployeeID,Title
FROM HumanResources.Employee
GO
```

选中刚刚输入的这 3 行命令，单击功能键【F5】可以只执行刚刚选中的命令，而不是“查询编辑器”窗口中的全部命令。结果如图 6-16 所示。

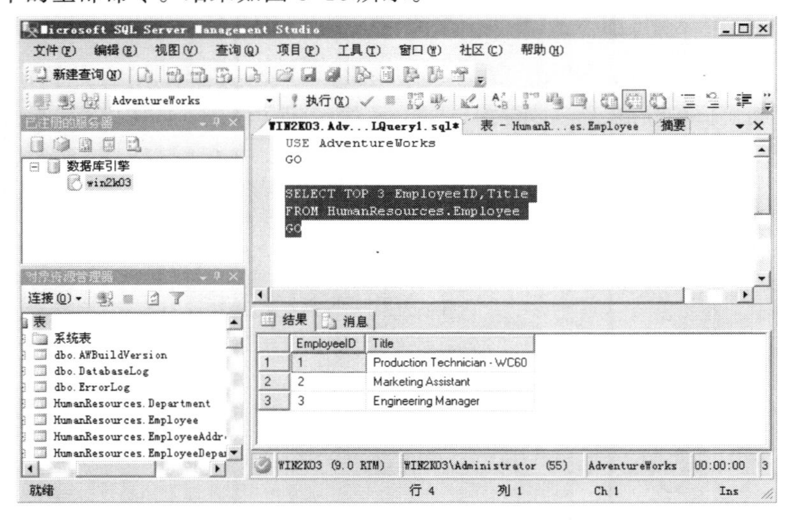

图 6-16 查询 Employee 表中的数据

可以将编辑的脚本保存起来。单击一下脚本输入窗口（这样可以保证默认保存的内容是脚本命令），打开“文件”|“保存 SQLQuery1.sql”菜单命令，在 C 盘根目录下创建文件夹 Chap01Script，将脚本文件保存在这个文件夹下，默认的文件名是 SQLQuery1.sql，也可以为该脚本文件更换其他的文件名，但尽量不要改变文件的扩展名。可以使用“文件”|“打开”菜单命令重新打开该脚本文件。

6.3.2 SQL Server 配置管理器

SQL Server Configuration Manager 是一个 Microsoft 管理控制台应用程序，允许用户配置 SQL Server 2005 的已安装的服务、网络配置及网络协议。可以执行的任务包括启动、暂停和停止服务，以及定义 SQL Server 和 SQL Native Client 网络配置。

打开 Windows 中的“开始”|“所有程序”|“Microsoft SQL Server 2005”|“配置工具”|“SQL Server Configuration Manager”，启动 SQL Server 配置管理器。

在左侧的树状视图中单击“QL Server 2005 服务”结点，在右侧窗口中将显示当前安装的服务名称、状态等信息。通过右击某一服务，可以在弹出的快捷菜单中对该服务进行暂停、停止、启动等操作，也可以查看该服务的属性，如图 6-17 所示。

在左侧的树状视图中展开“SQL Server 2005 网络配置”结点，单击一个 SQL Server 实例，在右侧的窗口中将显示该实例所使用的网络协议名称及状态。右击某一协议，可以启用或禁用该协议，如图 6-18 所示。

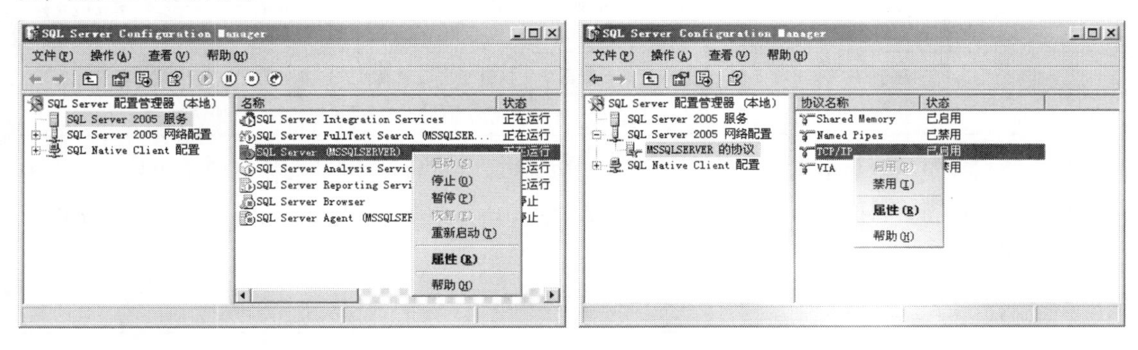

图 6-17　管理服务窗口　　　　图 6-18　管理协议窗口

6.4　数据库的定义与管理

数据库是 SQL Server 存放企业应用数据和各种数据库对象，如表、视图、存储过程等的容器，正确理解 SQL Server 数据库的特点，正确规划数据库文件的存储可以提高数据库的可用性和效率。安装 SQL Server 2005 以后，系统会自动创建一些数据库，用户也可以创建自己的数据库。

1. 数据库的类型和特点

SQL Server 2005 提供两种类型的数据库，即系统数据库和用户数据库，如图 6-19 所示。

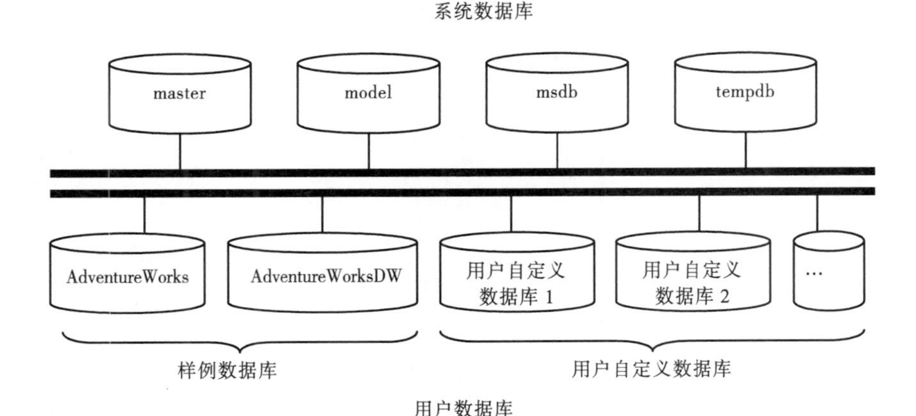

图 6-19　SQL Server 2005 的数据库

当 SQL Server 2005 安装成功以后，系统将自动创建 4 个系统数据库。这些系统数据库用于存放系统级信息，如系统配置、登录账户信息、数据库文件信息、警报、作业等。SQL Server 2005 使用这些系统级信息管理和控制整个数据库服务器系统，具体描述如表 6-4 所示。

表 6-4　系统数据库的作用

数据库	描述
master	记录所有 SQL Server 系统级信息，这些系统级信息包括登录账户信息、服务器配置信息、数据库文件信息及 SQL Server 初始化信息等
model	这是一个模板数据库。当创建用户数据库时，系统自动把该数据库的所有信息复制到用户新建的数据库中
msdb	这是与 SQL Server Agent 服务有关的数据库。该数据库记录着有关作业、警报、操作员、调度等信息
tempdb	这是一个临时数据库，用于存储查询过程中使用的中间数据或结果等信息

用户数据库包括示例数据库和用户自定义的数据库。用户自定义的数据库就是用户根据自身需求建立的数据库，示例数据库为用户提供学习 SQL Server 2005 的实例。表 6-5 中描述的是两个示例数据库。

表 6-5　示例数据库

数据库	描述
AdventureWorks	这是一个示例 OLTP 数据库，存储了某公司的业务数据。用户可以利用该数据库来学习 SQL Server 的操作，也可以模仿该数据库的结构设计用户自己的数据库
AdventureWorksDW	这是一个示例 OLAP 数据库，用于在线事务分析。用户可利用该数据库来学习 SQL Server 的 OLAP 操作，也可以模仿该数据库的机构设计用户自己的 OLAP 数据库

2. 数据库对象

在 SQL Server 2005 数据库系统中，主要的数据库对象包括数据库关系图、表、视图、同义词、存储过程、触发器、函数、类型、规则、默认值等。可以说设计和实现数据库的过程实际上就是设计和实现数据库对象的过程。

在“对象资源管理器”对话框中展开 SQL Server 2005 的样例数据库 AdventureWorks，如图 6-20 所示，可以看到该数据库中包含的数据库对象。

图 6-20　数据库对象

6.4.1　数据库文件

SQL Server 2005 归根到底是运行在 Windows 操作系统上的程序，它所管理的数据库最终也会体现为操作系统中的一些文件。SQL Server 2005 数据库包括两种类型的操作系统文件：数据文件和日志文件。数据文件用于存储数据和数据库对象，如表和索引等。日志文件存储用于还原数据库的事务日志信息。数据文件可以通过文件组进行进一步的组织管理，这样可以大大提高数据库系统的性能。

1．数据文件

数据文件是用来存放数据库中数据和数据库对象的文件。在一个 SQL Server 2005 数据库中，可以建立两种数据文件：主数据文件和次数据文件。

（1）主数据文件

在一个 SQL Server 2005 数据库中，有且仅有一个主数据文件，它包含数据库目录信息，并指向其他数据库文件。主数据文件也可以包含用户数据和数据库对象。主数据文件的默认扩展名为.mdf。

（2）次数据文件

次数据文件是可选的，并且由用户来定义。在次数据文件中存储用户数据和数据库对象。次数据文件的默认扩展名为.ndf。

在一个最简单的数据库中，可以只包含一个主数据文件，不包含任何的次数据文件。在主数据文件中，既存储目录信息，也存储表、视图、存储过程等数据库对象和用户数据。对于一个大型的数据库，可以包含一个主数据文件和若干个次数据文件，在主数据文件中存放数据库目录，而将用户数据和数据库对象存放在次数据文件中。可以将主数据文件和次数据文件存储在不同的磁盘驱动器上，这样配置有助于减小磁盘访问竞争。

2．日志文件

日志文件存储用于还原数据库的事务日志信息。每个数据库至少拥有一个日志文件，为了使还原速度更快，可以为每个数据库创建多个日志文件。SQL Server 遵循先写日志，后对数据库进行操作的原则。当一个日志文件被填满以后，可以继续在其他日志文件中填写要执行的操作。

在一个大型的数据库系统中，通常将日志文件与数据文件分开存储在不同的磁盘驱动器中，这样配置有助于较小磁盘访问竞争，提高系统访问效率。

3．文件组

为了更好地组织数据库文件，SQL Server 从 7.0 版本开始引入了文件组的概念。文件组是一种逻辑结构，可以实现对数据文件的组织和管理。有了文件组以后，可以以文件组为单位进行备份和还原操作。一个文件组可以包含多个数据文件，但一个数据文件只能存放在一个文件组里。日志文件不属于任何文件组。SQL Server 支持两种类型的文件组：主文件组和用户自定义文件组。

（1）主文件组

主文件组包含主数据文件和任何没有被包含到其他文件组中的次数据文件。在 SQL Server 2005 数据库中，主文件组是必不可少的，所有的系统表都被分配给主文件组。

（2）用户自定义文件组

用户自定义文件组用于对次数据文件进行分组。一个 SQL Server 2005 数据库可以包含 0 个或多个用户自定义文件组。

用户自定义文件组可以被配置成只读的，所以可以将不能修改的数据库对象分配给某个用户自定义文件组，再将该文件组配置成只读的属性。

每一个数据库都有一个默认文件组。创建一个数据库对象并且没有指定一个文件组时，SQL Server 就会把这个数据库对象分配给这个默认文件组。在默认情况下，主文件组被配置为默认文件组。也可以通过修改文件组属性，指定某个用户自定义文件组为默认文件组。在创建数据库时，通常至少要创建一个用户自定义文件组，并将该文件组配置成默认文件组，这样用户创建的数据库对象就会自动存放在这个文件组中。

当用户创建一个数据库对象并将其分配给一个文件组时，这个数据库对象会存储在这个文件组里的多个数据文件上。所以，可以为数据库创建多个次数据文件，将这些文件存储在不同的磁盘驱动器上，但是把它们组织在一个文件组中。对于一个经常被访问的数据库对象，可以将其分配到刚才介绍的文件组里，这样这个数据库对象就可以存储到多个驱动器的多个数据文件中，访问该对象时可以实现跨磁盘访问。

6.4.2 数据库的定义

用户通过创建和删除数据库来创建和删除数据库文件，通过对数据库对象的操作来对数据库文件的内容进行访问，不能在操作系统上直接定义和访问 SQL Server 数据库文件。这样一来，可以保证数据的安全性。

每个数据库文件（包括数据文件和日志文件）都包含如下属性：

① 逻辑文件名：实际磁盘文件名的别名，用于在 SQL Server 数据库管理系统中引用相应的文件。

② 物理文件名：操作系统文件的实际名称，包括文件的路径和在操作系统中使用的文件名。

③ 大小：文件的初始大小。通常应估计数据库将包含的最大数据量，并据此创建尽可能大的数据库文件，以适应未来的增长需要。通过创建大文件，可以避免文件碎片，得到更好的数据库性能。该值可以用 KB、MB、GB 或 TB 指定单位（默认为 MB）。

④ 最大值：文件能够增长到的最大大小。可以设置为 UNLIMITED，表示文件可以增长到驱动器被填满为止。通常，需要指定一个最大的增长大小来限制文件的自动增长，以便在磁盘上留下一些空间。

⑤ 增长速度：表示文件每次增长的大小。也可以使用实际文件大小的百分比表示。如果指定该值为 0，则文件不会增大。

在图 6-21 中指定数据库文件的初始大小为 2 MB，增长速度为每次增长 1 MB，文件可以增长到的最大值为 10 MB。

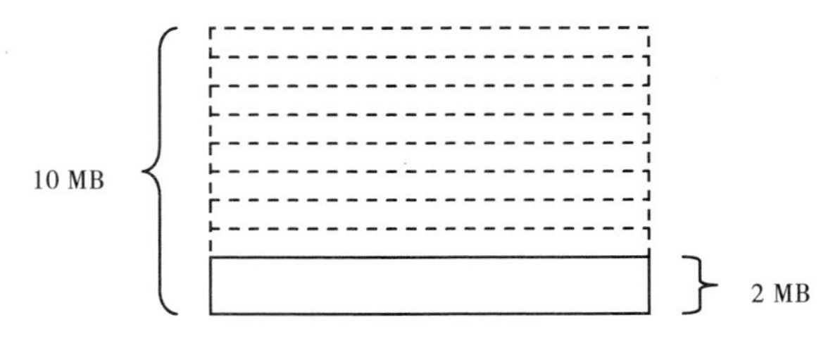

图 6-21 数据库文件的使用方式

1. 数据库的创建

【例 6-1】 创建数据库 eduDB。

数据库 eduDB 包含两个文件组：主文件组和用户自定义文件组。主文件组中只存放一个主数据文件；用户自定义文件组中存放 1 个次数据文件，该文件组为默认文件组。系统包含 1 个日志文件。每个文件的配置如表 6-6 所示。

表 6-6　数据库 eduDB 中文件的属性

文　件　组	逻辑文件名	存储路径和物理文件名	初始大小/MB	最大值/MB	增长速度/MB
PRIMARY	eduPrimaryFile	C:\edu\eduPrimaryFile.mdf	4	50	1
UserGroup1（默认）	eduUserFile1	C:\edu\eduUserFile1.ndf	2	50	1
（日志文件）	eduLogFile1	C:\edu\eduLogFile1.ldf	2	50	1

提示：

在创建数据库之前，首先在 C 盘根目录下创建文件夹 edu，用于存放数据库文件。在条件允许的情况下，应该尽量将数据库文件存储在不同的磁盘驱动器上以提高数据库性能。

① 启动 SQL Server Management Studio，在“对象资源管理器”窗口中展开相应的数据库服务器。在“数据库”结点上右击，在弹出的快捷菜单中选择“新建数据库”命令，弹出“新建数据库”对话框。

② 在“选择页”列表框中选择“常规”页，在“数据库名称”后的文本框中输入数据库名称 eduDB。

在“数据库文件”处可以看到系统自动创建了两个文件：一个是位于主文件组中的主数据文件，其文件逻辑名称与数据库同名，初始大小为 3 MB，每次增长 1 MB，增长到磁盘满为止。SQL Server 为该文件定义了默认的存储路径，通常是 SQL Server 的安装目录。该主数据文件的物理文件名与逻辑文件名相同，扩展名为.mdf；另一个文件是日志文件，它不属于任何文件组，默认逻辑文件名是在数据库名后面加上_log，即 eduDB_log，文件的初始大小为 1 MB，每次增长 10%，增长到磁盘满为止，其存储路径与主数据文件相同，物理文件名与逻辑文件名相同，扩展名为.ldf。显然，这两个文件与题目中要求的配置不符，下面对其进行修改。

③ 修改主文件组中的主数据文件。首先在“逻辑名称”处输入文件的逻辑名称 eduPrimaryFile；“文件类型”处为“数据”；“文件组”为 PRIMARY；在“初始大小”处输入 4，表示该文件的初始大小为 4 MB；单击“自动增长”后面的按钮，在弹出的对话框中进行相应设置，如图 6-22 所示，单击“确定”按钮完成文件自动增长的设置；单击“路径”后面的按钮，选择文件存储路径为 C:\edu，如图 6-23 所示。

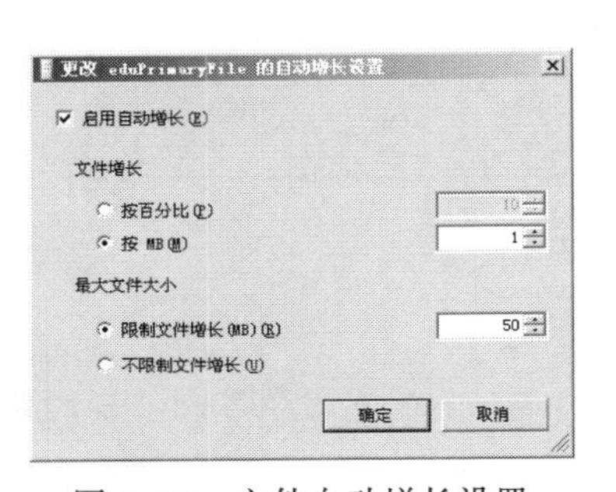

图 6-22　文件自动增长设置

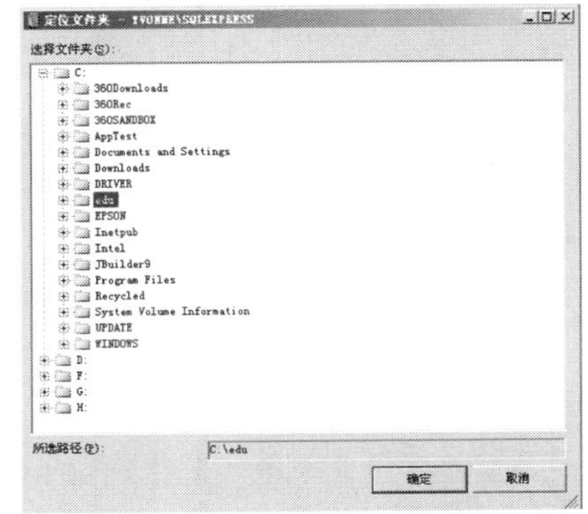

图 6-23　定位文件存储路径

④ 修改日志文件。首先在“逻辑名称”处输入文件的逻辑名称 eduLogFile1；“文件类型”处为“日志”；“文件组”处为“不适用”；在“初始大小”处输入 2；单击“自动增长”后面的按钮，在弹出的对话框中设置文件增长的速度为每次长 1 MB，文件的最大大小为 50 MB；单击“路径”后面的按钮，选择文件存储路径为 C:\edu。

⑤ 创建用户自定义文件组 UserGroup 中的次数据文件 eduUserFile1。首先单击“添加”按钮添加一个数据库文件；在“逻辑名称”处输入文件的逻辑名称 eduUserFile1；在“文件类型”处选择“数据”；在“文件组”处选择“新文件组”，弹出的对话框设置如图 6-24 所示，单击“确定”按钮完成设置；在“初始大小”处输入 2；单击“自动增长”后面的按钮，在弹出的对话框中设置文件增长的速度为每次增长 1 MB，文件的最大大小为 50 MB；单击“路径”后面的按钮，选择文件存储路径为 C:\edu。

⑥ 数据库文件的设置结果如图 6-25 所示，在“新建数据库”对话框中单击“确定”按钮，数据库将被创建起来。

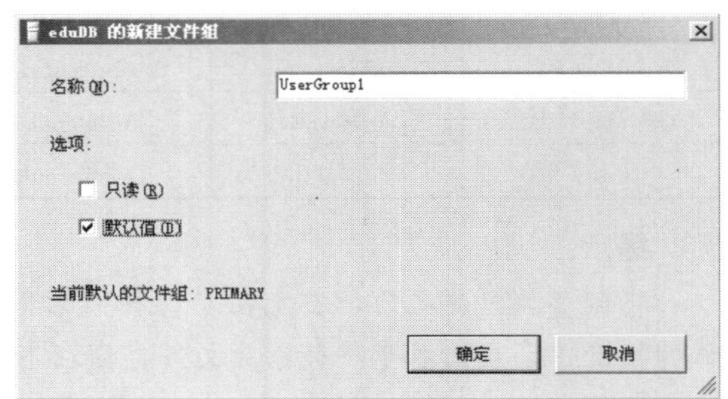

图 6-24 创建新文件组

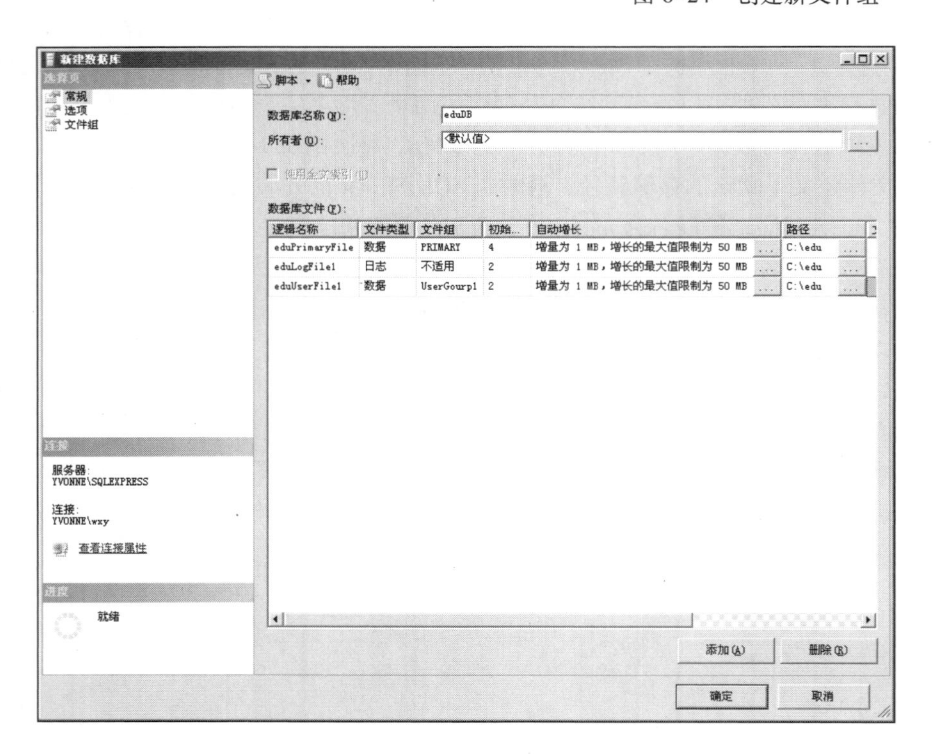

图 6-25 创建数据库 eduDB

提示：

在“对象资源管理器”窗口中可以看到刚刚创建的数据库，如果不能看到 eduDB 的数据库，则需要刷新“数据库”结点。

打开 C 盘根目录下的文件夹 edu，如图 6-26 所示是该数据库中包含的全部数据库文件。

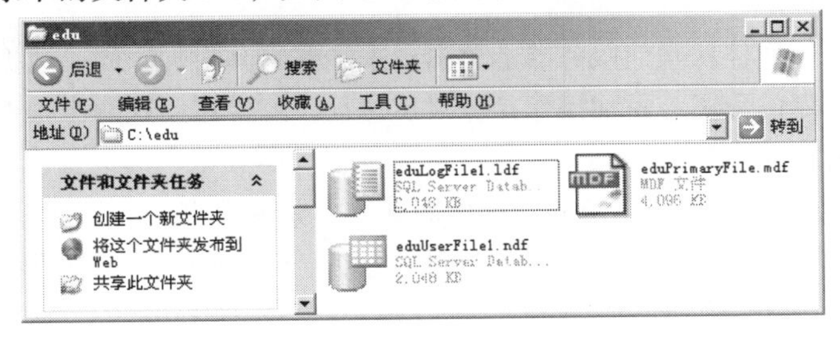

图 6-26　数据库 eduDB 的数据库文件

2．数据库的修改

数据库创建好以后，可以进行修改。在“对象资源管理器”窗口中右击要修改的数据库，在弹出的快捷菜单中选择“属性”命令，弹出“数据库属性”窗口。在“选择页”窗格中单击打开“文件”页，可以修改已经存在的文件的属性，也可以添件新文件或删除已有文件。单击打开“文件组”页，可以修改已经存在的文件组，也可以添加新文件组或删除已经存在的文件组，如图 6-27 所示。

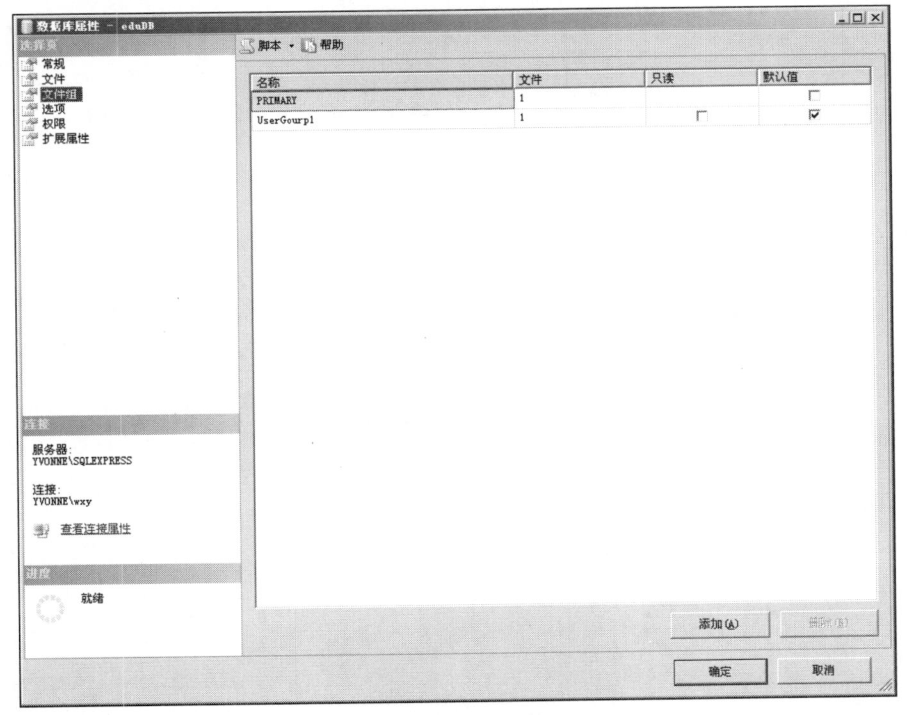

图 6-27　修改文件组属性

3．数据库的删除

如果要删除数据库，在“对象资源管理器”中展开“数据库”结点，右击数据库 eduDB，在弹出的快捷菜单中选择“删除”命令，在弹出“删除对象”对话框中单击“确定”按钮，数据库将被删除。删除数据库以后，操作系统中与该数据库对应的数据库文件也将被删除。

6.4.3 数据库的分离与附加

用户可以将数据库文件从当前服务器上分离出来，并将其附加于同一数据库服务器或其他数据库服务器上。数据库的分离与附加操作是一对反过程，经常利用这两个操作实现数据库在不同数据库服务器之间的移动。

【例 6-2】将数据库 eduDB 从当前的数据库服务器中分离出去。

① 在“对象资源管理器”中展开“数据库”结点，右击 eduDB 数据库结点，在弹出的快捷菜单中选择“任务”|“分离”命令。

② 弹出“分离数据库”对话框，单击“确定”按钮关闭“分离数据库”对话框，在“对象资源管理器”窗口中已经看不到数据库 eduDB 了。

【例 6-3】将数据库 eduDB 附加到当前的数据库服务器中。

① 将 C 盘的 edu 文件夹中的数据库文件全部复制（或剪切）到其他文件夹中。

② 在“对象资源管理器”中，右击“数据库”结点，在弹出的快捷菜单中选择“附加”命令，弹出“附加数据库”窗口。在“要附加的数据库”区域单击“添加”按钮，在弹出的“定位数据库文件”对话框中选择数据库的主数据文件，单击“确定”按钮返回“附加数据库”窗口，如图 6-28 所示。单击“确定”按钮，完成数据库附加操作。

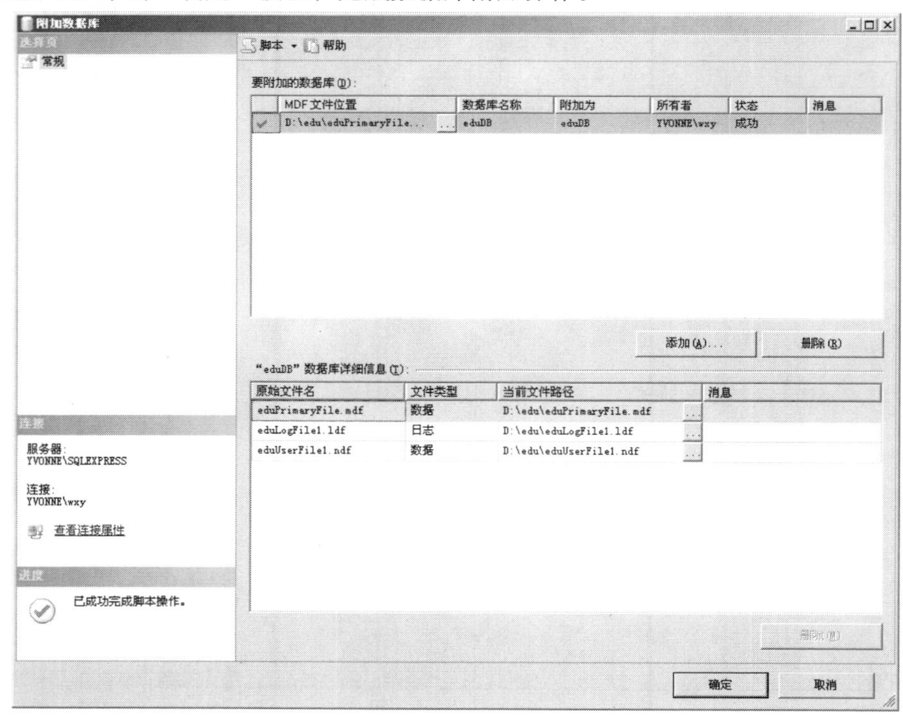

图 6-28 “附加数据库”窗口

下面对 SQL 语句进行分析：

1. 通过 Transact-SQL 语句创建数据库

创建数据库的基本语法如下所示：

```
CREATE DATABASE DatabaseName
```

```
ON [ PRIMARY ]
  <FileSpec > [ ,…n ]
  [ , < FileGroup > [ ,…n ] ]
  LOG ON < FileSpec > [ ,…n ]
< FileSpec > :: =
( [ NAME=LogicalFileName] ,
  FILENAME=' OSFileName' ,
  [ SIZE=Size ] ,
  [ MAXSIZE={ MaxSize | UNLIMITED } ] ,
  [ FILEGROWTH=GrowthIncrement ] )
< FileGroup >::=FILEGROUP FileGroupName < FileSpec > [ ,…n ]
```

提示：

用“[ ]”括起来的内容是可以省略的选项。用“{ }”扩起来的内容是必须设置的选项。“[,…n]”表示同样的选项可以重复 *n* 遍。用“<>”括起来的内容是可替代的选项，在实际编写语句时，应该用相应的选项来代替。类似“A|B”的内容表示可以选择 A，也可以选择 B，但不能同时选择 A 和 B。如果在 A 或 B 的下面添加下画线，则表示该选项是默认选项。

（1）创建最简单的数据库

【例 6-4】创建数据库 myDB，定义该数据库时不声明数据库文件的属性。

```
CREATE DATABASE myDB
GO
```

分析：因为没有指定数据库文件的属性，所以所创建的数据库保持模板数据库 model 的特性。例如，数据库只包含一个主数据文件和一个日志文件，保存在 SQL Server 默认的数据库文件保存目录中。数据库文件的初始大小与增长情况等与 model 数据库文件相同。

（2）创建包含用户自定义文件组的数据库

【例 6-5】创建数据库 eduDB，该数据库的文件属性与例 6-1 中所创建的数据库文件属性相同。

```
CREATE DATABASE eduDB
ON PRIMARY
(NAME=eduPrimaryFile,
 FILENAME='C:\edu\eduPrimaryFile.mdf',
 SIZE=4MB,
 MAXSIZE=50MB,
 FILEGROWTH=1MB),

FILEGROUP UserGroup1
(NAME=eduUserFile1,
 FILENAME='C:\edu\UserFile1.ndf',
 SIZE=2MB,
 MAXSIZE=50MB,
 FILEGROWTH=1MB)

LOG ON
(NAME=eduLogFile1,
 FILENAME='C:\edu\eduLogFile1.ldf',
 SIZE=2MB,
 MAXSIZE=50MB,
```

```
 FILEGROWTH=1MB)
GO
```

2．通过 Transact-SQL 语句修改数据库

修改数据库的基本语法如下所示：

```
ALTER DATABASE DatabaseName…
```

（1）增加文件组

```
ALTER DATABASE DatabaseName
    ADD FILEGROUP FilegroupName
```

【例 6-6】在 eduDB 数据库中新增一个文件组 UserGroup2。

```
USE master
GO
ALTER DATABASE eduDB
    ADD FILEGROUP UserGroup2
GO
```

提示：

在修改当前数据库之前，首先要切换到其他数据库。

（2）修改文件组属性

文件组的属性包括。

① DEFAULT：默认文件组。在数据库的文件组中，在某一时刻只能有一个文件组是默认文件组。创建数据库对象时，如果没有指定存储在哪个文件组中，则自动存储在默认文件组中。在默认情况下，主文件组是默认文件组。

② READONLY：只读文件组。顾名思义，如果将一个文件组设置为只读属性，则该文件组中的数据只能被读取，不能被修改。

③ READWRITE：读写属性。既可以对文件组中的数据执行读操作，也可以执行写操作。

修改文件组属性的基本语法如下所示：

```
ALTER DATABASE DatabaseName
    MODIFY FILEGROUP FilegroupName FilegroupProperty
```

【例 6-7】将 eduDB 数据库中文件组 UserGroup1 配置为默认文件组。

```
ALTER DATABASE eduDB
    MODIFY FILEGROUP UserGroup1 DEFAULT
GO
```

提示：

将 UserGroup1 配置为默认文件组以后，在数据库 eduDB 中创建数据库对象时，如果没有指定文件组，该数据库对象将自动保存到文件组 UserGroup1 中。

（3）增加数据库文件

```
ALTER DATABASE DatabaseName
{ ADD FILE <FileSpec> [1,…,n][TO FILEGROUP FileGroupName]
 |ADD LOG FILE <FileSpec> [1,…,n]
}
```

【例 6-8】在数据库 eduDB 的文件组 UserGroup2 中增加一个次数据文件。

```
ALTER DATABASE eduDB
```

```
    ADD FILE
    (NAME=eduUserFile2,
  FILENAME='C:\edu\eduUserFile2.ndf',
  SIZE=2MB,
  MAXSIZE=50MB,
  FILEGROWTH=1MB)
TO FILEGROUP UserGroup2
GO
```

（4）修改数据库文件属性

```
ALTER DATABASE DatabaseName
   MODIFY FILE
   (NAME=LogicalFileName,
   Property=Value)
```

【例 6-9】 将数据库 eduDB 中的次数据文件 eduUserFile2 的大小修改为 10 MB。

```
ALTER DATABASE eduDB
   MODIFY FILE
   (NAME=eduUserFile2,
   SIZE=10)
GO
```

提示：

通过以上方式也可以修改数据库文件的其他属性，包括物理文件名 FILENAME（包括文件存储路径）、文件大小 SIZE、文件能够自动增长到的最大值 MAXSIZE 及文件增长速度 FILEGROWTH。但是，数据库文件只能增大，不能缩小。

（5）移除数据库文件

```
ALTER DATABASE DatabaseName
   REMOVE FILE LogicalFileName
```

提示：

被移除的数据库文件必须为空，否则无法移除。

【例 6-10】 移除数据库 eduDB 的文件组 UserGroup2 中的数据文件 eduUserFile2。

```
ALTER DATABASE eduDB
    REMOVE FILE eduUserFile2
GO
```

（6）移除文件组

如果文件组不再需要了，可以将该文件组删除。需要注意的是，只有当文件组中不包含数据文件时才可以删除文件组。如果文件组中包含数据文件，在将这些数据文件移动到其他文件组之前不能删除该文件组。

移除文件组的基本语法如下所示：

```
ALTER DATABASE DatabaseName
   REMOVE FILEGROUP FilegroupName
```

【例 6-11】 移除数据库 eduDB 中的文件组 UserGroup2。

```
ALTER DATABASE eduDB
   REMOVE FILEGROUP UserGroup2
GO
```

3．通过 Transact-SQL 语句删除数据库

删除数据库的语法如下所示：

```
DROP DATABASE DatabaseName
```

【例 6-12】删除数据库 eduDB。

```
USE master
GO
DROP DATABASE eduDB
GO
```

思考与练习

一、填空题

1. ________是 SQL Server 2005 系统的核心服务，负责完成数据的存储、处理和安全管理。
2. SQL Server 2005 提供了________和________两种身份验证模式，其中________的安全级别更高。
3. SQL Server 2005 支持在同一服务器上安装多个实例。实例可以分为两种，分别是________和________。
4. 在 SQL Server 2005 系统中，系统数据库________用来保存系统级信息。
5. SQL Server 2005 系统管理两种类型的文件，分别是________和________。
6. 如果数据库的名字是 MyDB，那么默认情况下主数据文件和日志文件的逻辑文件名分别是________和________。

二、选择题

1. 作为一名数据库开发人员，需要创建一个可以从 Internet 下载的应用程序。应用程序需要使用一个数据库来存储数据，该应用程序应该使用（　　），使应用程序用户不用购买 SQL Server 2005 许可。

   A. SQL Server Express 版本　　B. SQL Server Workgroup 版本
   C. SQL Server Developer 版本　　D. SQL Server Standard 版本
2. 以下（　　）是功能最全面的版本。

   A. SQL Server Express 版本　　B. SQL Server Workgroup 版本
   C. SQL Server Developer 版本　　D. SQL Server Enterprise 版本
3. 如果想要在个人计算机上安装 SQL Server 数据库服务器，你则（　　）是需要考虑的最主要的硬件要素。

   A. CPU　　B. 内存　　C. 硬盘　　D. 电源
4. 如果想要配置 SQL Server 2005 已经安全的服务及网络协议，则可以使用（　　）。

   A. SQL Server Configuration Manager　　B. SQL Server Management Studio
   C. SQL Server 外围配置管理器　　D. SQL Server Profiler
5. 在一个 SQL Server 服务器上可以安装（　　）默认实例。

   A. 1 个　　B. 2 个　　C. 3 个　　D. 无限制
6. 如果在 Windows 2000 Server 操作系统上安装 SQL Server 2005，则需要(　　)级别的 Service Pack。

A. SP1　　B. SP2　　C. SP3　　D. SP4

7. 哪种身份验证模式同时允许使用 SQL Server 登录和 Windows 登录？（　　）

A. Kerebos 身份验证　　B. Windows 身份验证

C. 混合身份验证　　D. Network Service 身份验证

8. 在创建数据库时，自动将（　　）系统数据库中的数据库对象复制到新的数据库中。

A. master　　B. msdb　　C. model　　D. tempdb

9. 关于文件和文件组的叙述中正确的是（　　）。

A. 一个文件组中可以管理多个数据文件，一个数据文件也可以包含在多个文件组中

B. 主数据文件保存在主文件组中

C. 主文件组中不能包含次数据文件

D. 日志文件包含在主文件组中

三、判断题

1. SQL Server 2005 是目前 SQL Server 数据库管理系统的最新版本。（　　）
2. 所有版本的安装都需要至少 512 MB 内存空间。（　　）
3. SQL Server 2005 的开发人员版的功能与企业版的功能相同，只是不能用在生产场合。（　　）
4. 在默认情况下，不会自动安装样例数据库 AdventureWork。（　　）
5. 如果系统中存在一个应用程序，在访问 SQL Server 数据库时通过用户名和密码连接到服务器，这时安装 SQL Server 2005 时选择的身份验证模式应该是混合模式。（　　）
6. 系统数据库 tempdb 中存储的是临时信息，当数据库连接断开以后，这些临时信息将丢失。（　　）
7. 可以使用文件组对数据文件和日志文件进行逻辑分组。（　　）
8. 一个 SQL Server 2005 数据库中至少包含一个主数据文件、一个次数据文件和一个日志文件。（　　）
9. 在同一时刻只能有一个文件组是默认文件组。（　　）
10. 只有分离数据库以后才可以移动数据库的文件。（　　）

四、名词术语辨析

1. SQL Server 2005 的体系结构主要包括以下 4 个服务，请根据功能选择服务。

A. 数据库引擎　　B. Analysis Services

C. Reporting Services　　D. Integration Services

（　　）是一个数据集成平台，负责完成有关数据的提取、转换和加载等操作。

（　　）的主要作用是提供联机分析处理（OnLine Analytical Processing，OLAP）和数据挖掘功能。

（　　）是 SQL Server 2005 系统的核心服务，负责完成数据的存储、处理和安全管理。

（　　）为用户提供了支持 Web 方式的企业级报表功能。

2. SQL Server 2005 包含 4 个系统数据库，请根据功能选择系统数据库。

A. master　　B. model　　C. msdb　　D. tempdb

（　　）是一个模板数据库。当创建用户数据库时，系统自动把该数据库的所有信息复制到用户新建的数据库中。

(　　) 是与 SQL Server Agent 服务有关的数据库。该数据库记录着有关作业、警报、操作员、调度等信息。

(　　) 记录所有 SQL Server 系统级信息，这些系统级信息包括登录账户信息、服务器配置信息、数据库文件信息及 SQL Server 初始化信息等。

(　　) 是一个临时数据库，用于存储查询过程中使用的中间数据或结果等信息。

3. 下面是 SQL Server 数据库文件默认文件扩展名，请根据文件类型选择默认扩展名。

A. mdf　　B. ndf　　C. ldf

(　　) 是日志文件的默认文件扩展名。

(　　) 是次数据文件的默认文件扩展名。

(　　) 是主数据文件的默认文件扩展名。

五、简答题

1. 请简述主数据文件、次数据文件和日志文件的作用。
2. 可以将文件组设置为默认文件组，这样做有什么作用呢？应该把哪个文件组设置为默认文件组更合理呢？

六、论述题

对于一个大型的数据库系统，应该怎样部署数据库文件才更加合理？

实践练习

1. 安装 SQL Server 2005

SQL Server 2005 支持多实例安装，在本章中已经引导大家完成的 SQL Server 2005 标准版的安装，在这个练习中需要下载 SQL Server 2005 的免费版本 Express Edition（也可以安装 SQL Server 2005 的其他版本），并完成多实例的安装任务。安装成功后再注册服务器。

① 在微软的官方网站找到 SQL Server 2005 Express Edition，如图 6-29 所示。

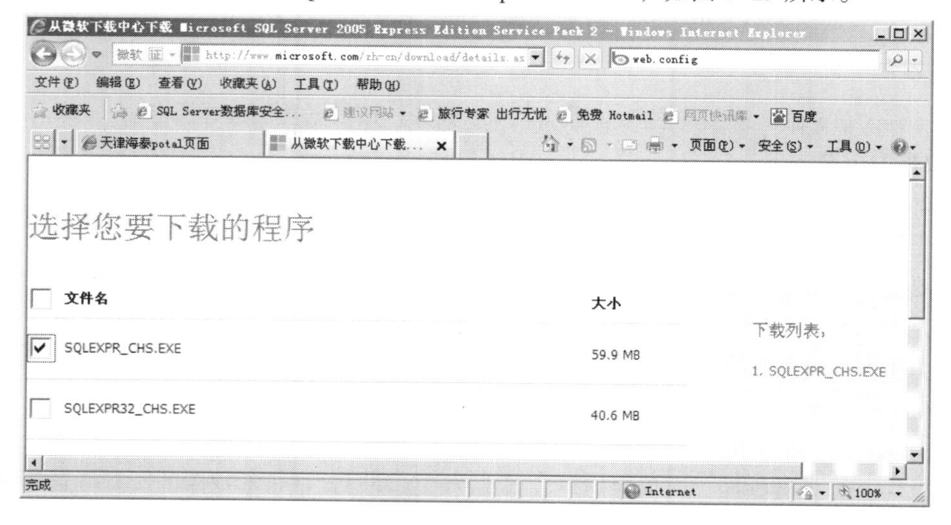

图 6-29　下载文件 SQLEXPR_CHS.EXE

② 安装 SQL Server 2005 Express Edition。下载完成后双击文件 SQLEXPR_CHS.EXE 启动安装过程。在安装过程中，选择安装全部功能，如图 6-30 所示。

因为系统中已经存在一个默认实例，当前的 SQL Server 2005 Express 只能安装成命名实例，为该实例起一个名字，如图 6-31 所示。

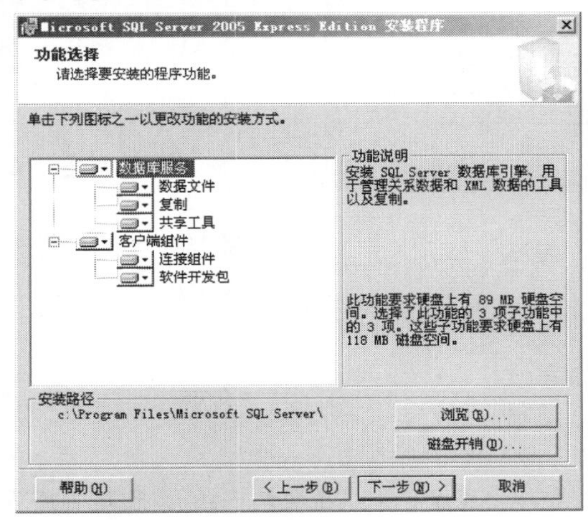

图 6-30　“选择功能”对话框

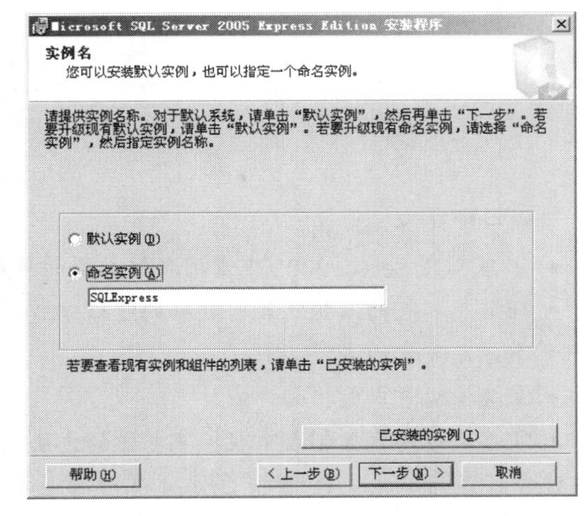

图 6-31　“实例名”对话框

③ 在 SSMS 中注册 SQL Server 2005 Express 服务器，并将该服务器与“对象资源管理器”连接。

2．数据库定义与管理

① 根据要求创建数据库 BookSale，如表 6-7 所示（如果计算机上没有足够的驱动器，请使用 C 驱动器存放全部数据库文件）。

表 6-7

文　件　组	文　　件	逻辑文件名	存储路径	初始大小	最大值	增长速度
PRIMARY	主数据文件	PFile1	D:\Book\	5 MB	100 MB	5 MB
UG1	次数据文件 1	UG1File1	D:\Book\	5 MB	100 MB	5 MB
	次数据文件 2	UG1File2	E:\Book\	5 MB	100 MB	5 MB
日志文件		LogFile1	E:\Book\	5 MB	Unlimited	20%

② 添加一个新文件组 UG2，在其中存放一个初始大小为 5 MB 的数据文件 UG2File1，该文件存在 E:\Book\目录中。

③ 将文件组 UG1 设置为默认文件组；将文件组 UG2 设置为只读文件组。

④ 将数据库 BookSale 从服务器上分离下来。将所有数据库文件移动到 SQL Server 数据库文件默认存储目录中（通常为 C: \ Program Files\Microsoft SQL Server \ MSSQL.1 \ MSSQL \ Data），然后重新附加数据库 BookSale。

第 7 章　表的创建与管理

学习目标：

- 掌握 SQL Server 2005 中常用数据类型的特点。
- 理解基本表的结构及表中数据的组织方式。
- 掌握定义表的方法。
- 掌握操纵表中数据的方法。
- 掌握通过约束控制表中数据完整性的方法。

注意，运行脚本文件“章前脚本 1-第 7 章表的创建与管理.sql”（可在网站下载），创建数据库 eduDB。

表是数据库中最重要的数据库对象之一，是实际存储数据的地方。其他的数据库对象，如索引、视图等都是依赖于表对象而存在的。创建表的操作是创建数据库的基础操作之一，表质量的优劣是直接影响数据库性能的重要因素之一。

7.1　数 据 类 型

数据类型是 Transact-SQL 的重要组成部分，表中的每个列、局部变量、参数等都离不开数据类型的支持。以表中的列为例，数据类型是列的属性，决定了列中可以存放的数据的类型，甚至决定了列的取值范围。为列选择数据类型是创建表的关键步骤之一，所以理解数据类型对创建表非常重要。

在 SQL Server 2005 的表中，使用最多的是字符数据类型和数值数据类型。另外，还有一些数据类型，如二进制数据类型、bit 数据类型等应用在特殊场合。除了系统提供的数据类型以外，用户也可以根据需要自定义数据类型。

7.1.1　数值数据类型

数值数据类型以“数”的形式存储数据，主要包括整型、精确数字和近似数字数据类型。另外，由于货币数据类型和日期时间数据类型的数据实际上也是以“数”的形式进行存储，所以也被包括在数值数据类型的范围内。

1．整数数据类型

整数数据类型用于存储整数，根据所存储数据的范围不同，具体又可分为 4 种数据类型，如表 7-1 所示。

表 7-1　整数数据类型

数据类型	存储空间/B	值　域	作　用
bigint	8	-2^{63}~$2^{63}-1$	存储非常大的正负整数
int	4	-2^{31}~$2^{31}-1$	存储正负整数
smallint	2	-32 768~32 767	存储正负整数
tinyint	1	0~255	存储小范围的非负整数

2. 精确数字数据类型

精确数字数据类型不仅可以存放整数，也可以存放小数，并且每位数字都是精确的，如表 7-2 所示。

表 7-2　精确数字数据类型

数据类型	存储空间	值　域	作　用
decimal(p,s)	依据不同的精度，需要 5~17 字节	$-10^{38}+1$~$10^{38}-1$	最大可存储 38 位（包括整数和小数）十进制数
numeric(p,s)	依据不同的精度，需要 5~17 字节	$-10^{38}+1$~$10^{38}-1$	功能上等价于 decimal，并可以与 decimal 交换使用

定义 decimal 和 numeric 数据类型时需要提供两个参数，第 1 个参数说明数据类型的精度，即数字的位数，第 2 个参数说明数据类型的小数位数。例如 decimal(12,4)，定义一个数据类型，可以存放 12 位数字，其中小数点后面有 4 位数字。当第 2 个参数 s 的值取 0 时，表示这两种数据类型中存放的是整数。

3. 近似数字数据类型

在近似数字数据类型中存储的数据只能精确到类型定义中指定的精度，不能保证小数点后面所有数字都能正确存储。在 SQL Server 2005 中，可以使用两种近似数字数据类型，如表 7-3 所示。

表 7-3　近似数字数据类型

数据类型	存储空间/B	作　用
float(p)	4 或 8	存储大型浮点数
real	4	存储浮点数

定义 float 类型数据时需要提供 1 个参数，该参数决定了精确存储的位数，例如 float(8)类型可精确存储 7 位数字，任何超过该数的位数都会被四舍五入。

提示：

由于近似数字数据类型是不精确的，所以很少使用它们，只有在精确数字数据类型不够大时才考虑使用近似数字数据类型。

为了满足 SQL-92 标准，在 SQL Server 2005 中使用 float 数据类型取代 real 数据类型，但目前 real 数据类型仍能使用。

4. 货币数据类型

货币数据类型可用于存储精确到小数点后4位小数的货币值。表7-4中列出了SQL Server 2005中支持的货币数据类型。

表7-4 货币数据类型

数据类型	存储/B	值域	作用
money	8	–922 337 203 685 477.508 8~922 337 203 685 477.508 7	存储大型货币值
smallmoney	4	–214 748.364 8~214 748.364 7	存储小型货币值

提示：

货币数据类型的特点是小数点后存储4位小数，这使它的使用受到一定的限制。通常使用decimal数据类型代替货币数据类型，因为使用decimal数据类型可以更灵活地指定小数点后多位数字。

5. 日期时间数据类型

在SQL Server 2005中，日期和时间必须同时存储，也就是说没有哪种数据类型能够单独存储日期，也没有哪种数据类型能够单独存储时间。表7-5中列出了SQL Server 2005中可以使用的日期时间数据类型。

表7-5 日期时间数据类型

数据类型	存储空间/B	值域	作用
datetime	8	1753年1月1日~9999年12月31日，精度3.33 ms	存储大型日期时间值
smalldatetime	4	1900年1月1日~2079年6月6日，精度1 min	存储小型日期时间值

在计算机内部，datetime和smalldatetime数据类型作为整数存储。datetime数据类型存储为1对4字节整数，前4字节存储日期值，后4字节存储时间值。smalldatetime数据类型存储为1对2字节整数，前两个字节存储日期值，后两个字节存储时间值。

7.1.2 字符数据类型

字符数据类型是设计数据库表时经常会使用到的数据类型。SQL Server 2005提供了8种字符数据类型，如表7-6所示。

表7-6 字符数据类型

数据类型	存储空间/B	值域	作用
char(n)	1~8 000	最多8 000个字符	固定宽度的ANSI数据类型
nchar(n)	2~8 000	最多4 000个字符	固定宽度的Unicode数据类型
varchar(n)	1~8 000	最多8 000个字符	可变宽度的ANSI数据类型
varchar(max)	最大2G	最多1 073 741 824个字符	可变宽度的ANSI数据类型
nvarchar(n)	2~8 000	最多4 000个字符	可变宽度的Unicode数据类型
nvarchar(max)	最大2G	最多536 870 912个字符	可变宽度的Unicode数据类型
text	最大2G	最多1 073 741 824个字符	可变宽度的ANSI数据类型
ntext	最大2G	最多536 870 912个字符	可变宽度的Unicode数据类型

1. ANSI 编码和 Unicode 编码

从表 7-6 中可以看到，每种字符数据类型要么存储 ANSI 编码的数据，要么存储 Unicode 编码的数据，凡是以字符 n 开头的数据类型都用来存储 Unicode 编码的数据。

2. 固定宽度和可变宽度

每一种 SQL Server 2005 的字符数据类型要么存储固定宽度的数据，要么存储可变宽度的数据。text 和 ntext 数据类型存放可变宽度的数据，除了它们两个以外，凡是数据类型名称中包含 var 的数据类型都存放可变宽度的数据。例如在表 7-7 中定义了两个变量。

表 7-7　固定宽度和可变宽度数据类型的区别

类　型	数 据 类 型	含　义	实际存储的数据	实际占用的空间/B
固定宽度	char(4)	最多存放 4 个 ANSI 字符	'OK'	4
可变宽度	varchar(4)	最多存放 4 个 ANSI 字符	'OK'	2

从表 7-7 中可以看出，对于固定宽度的数据类型，无论实际存储数据的宽度是多少，都将占用同样宽度的存储空间。对于可变宽度的数据类型，可以根据实际存储数据的宽度调整所占用的存储空间的大小。一般来说，使用可变宽度的数据类型可以节省存储空间，但使用固定宽度的数据类型可以提高数据访问的效率。

3. 存储大文本块的数据类型

text 和 ntext 可以用来存储大量基于字符的数据，最大存储量可以达到 2 GB，但是很多数据操作都不能应用在这两种数据类型上，例如某些比较运算和连接运算等，很多的系统函数也不能使用这两种数据类型的数据。由于这些原因，SQL Server 2005 引入了 varchar(max)和 nvarchar(max)数据类型。这两种数据类型同时具备 text、ntext 数据类型和 varchar、nvarchar 数据类型的功能，不但可以存储 2 GB 的数据，而且任何操作和函数都可以应用在这两种类型的数据上。

7.1.3　其他数据类型

1. 二进制数据类型

有很多时候需要存储二进制数据。SQL Server 2005 提供了 3 种二进制数据类型，如表 7-8 所示。

表 7-8　二进制数据类型

数 据 类 型	存储/B	作　用
binary(n)	1~8 000	固定大小的二进制数据类型
varbinary(n)	1~8 000	可变大小的二进制数据类型
varbinary(max)	最大 2G	可变大小的二进制数据类型
image	最大 2G	可变大小的二进制数据类型

二进制数据类型用于存储 SQL Server 中的文件，如 Word、Excel、PDF、Visi 及图像等文件。

image 数据类型除了可以存储图像文件以外，也可以存储其他二进制文件。varbinary(max)数据类型是 SQL Server 2005 新增的一种数据类型，它可以存储与 image 数据类型相同大小的数据，并且所有能够在 binary、varbinary 数据类型上执行的操作和函数都可以在 varbinary(max)数据类型上使用，这是 image 数据类型做不到的。

2．专用数据类型

除了标准数据类型外，SQL Server 2005 还提供了另外 7 种专用数据类型，如表 7-9 所示。

表 7-9　专用数据类型

数据类型	作　　用
bit	用户存储逻辑值，TRUE 被转换为 1，FALSE 被转换为 0
timestamp	一个自动生成的值。每个数据库都包含一个内部计数器，指定一个不与实际时钟关联的相对时间计数器。一个表只能有一个 timestamp 列，并在插入或修改行时被设置到数据库的时间戳
uniqueidentifier	一个 16 字节的全局唯一标识符代码（Global Unique Identifier，GUI），用来全局标识数据库、实例和服务器中的一行
sql_variant	可以根据其中存储的数据改变数据类型。最多存储 8 000 B
cursor	该数据类型供声明游标的应用程序使用，它包含一个可用于操作的游标的引用。该数据类型不能在表中使用
table	用于存储一个数据集。该数据类型不能用于列，通常在触发器、存储过程或函数声明表变量时使用
xml	用于存储 XML 文档，最大大小为 2 GB

以下几种专用数据类型需要特别关注。

① bit：在创建表的时候，如果某个列中存放逻辑值，例如 Books 表中如果有一个列 recommended 表示某本图书是否被推荐给用户时，该列可以定义为 bit 类型，如果被推荐，该列中存放 1，如果没有被推荐，该列中存储 0。

② uniqueidentifier：这种数据类型中存放的值称为 GUID（Global Unique Identifier，全局唯一标识符代码），是一个 16 字节的代码。如果表中的某个列定义为 uniqueidentifier 类型，那么可以使用函数 NEWID( )生成一个 GUID 插入到该列中，使得这个值具有全局唯一性。

③ xml 数据类型：XML 是可扩展标记语言，是一种平台独立的数据表示格式。虽然 XML 文档可以存储在文本列（如 char、nvarchar 等类型的列）中，但使用 xml 类型列存储 XML 文档有很多优势，例如可以进行结点级的选择、插入、更新等操作，可以提高 XML 数据检索的效率等。

3．用户自定义数据类型

除了系统提供的数据类型以外，用户也可以根据实际需要定义自己的数据类型。用户自定义数据类型可以实现数据库表定义的一致性，例如数据库的多个表的列使用同一种数据类型，这时就可以定义一种用户自定义数据类型并应用到这些表的列上，从而确保数据类型是一致的。

创建用户自定义数据类型的基本语法格式为：

```
CREATE TYPE TypeName
{
   ROM BaseType [(precision[,scale])]
```

```
    [NULL|NOT NULL]
}
```

语法说明：

① BaseType 用来指定该数据类型基于哪一个基本数据类型。每个用户自定义数据类型都基于一种基本数据类型。

③ 如果基本数据类型是 decimal 或 numeric，则 precision 用于指定数据总位数，scale 用于指定小数点后的位数。

③ NOT NULL 用于指定该数据类型不允许有空值。默认值是 NULL，即允许有空值。

【例 7-1】 创建一个数据类型，用于存放学生的成绩。

```
USE eduDB
GO
CREATE TYPE score
    FROM decimal(5,2)
GO
```

如果要修改一个用户自定义的数据类型则必须先删除它然后再重新创建。需要注意的是，正在被使用的用户自定义数据类型无法删除。数据删除一个用户自定义数据类型的语法格式为：

```
DROP TYPE TypeName
```

7.2　表 的 定 义

在 SQL Server 2005 中，可以将表分为 4 种类型，即普通表、已分区表、临时表和系统表，每一种类型的表都有其自身的作用和特点。

① 普通表：普通表又称标准表，简称表，它是通常提到的作为数据库中存储用户数据的表，也是最重要、最基本的表。接下来将要介绍的表定义就是指对普通表的定义。

② 已分区表：已分区表是将数据水平划分成多个单元的表，这些单元可以分散到数据库中的多个文件组里面，实现对单元中数据的并行访问。如果表中的数据量庞大，并且这些数据经常以不同的方式来访问，那么建立已分区表是一个有效的选择。已分区表的优点在于可以方便地管理大型表，提高对这些表中数据的使用效率。

③ 临时表：临时表是临时创建的、不能永久生存的表。临时表又可以分为本地临时表和全局临时表，本地临时表只对创建者是可见的，全局临时表在创建之后对所有的用户和连接都是可见的。临时表被创建以后可以一直存储到 SQL Server 实例断开为止。

④ 系统表：系统表与普通表的主要区别在于系统表中存储了有关 SQL Server 服务器配置、数据库设置、用户和表对象的描述等系统信息，一般来说只有数据库系统管理员可以使用系统表。

7.2.1　表的设计

在创建表之前需要对表进行精心的设计，因为表的质量影响着整个数据库的性能，另外表一经创建就不能再随意修改，所以设计表是非常重要的一项工作。图 7–1 所示是 SQL Server 2005 中存放的一个表。

表 - dbo.Students | 摘要

	stdID	stdName	DOB	gender	classCode	dptCode
▸	01001	张艺	1990-10-15 0:00:00	女	IF08	IFRM
	01002	王尔	1991-1-9 0:00:00	男	IF08	IFRM
	01003	张志民	1991-12-27 0:00:00	女	IF09	IFRM
	01004	李想	1991-11-3 0:00:00	女	IF09	IFRM
	01005	韩鹏	1992-3-5 0:00:00	男	IF09	IFRM
	01006	李利	1991-5-20 0:00:00	男	SF08	IFRM
	01007	王小悦	1990-9-29 0:00:00	女	SF08	IFRM
	02001	李散	1990-11-11 0:00:00	男	EL08	ELTR
	02002	李想	1991-3-19 0:00:00	男	EL08	ELTR
	03001	赵斯	1990-12-12 0:00:00	女	NULL	MCHN
*	NULL	NULL	NULL	NULL	NULL	NULL

图 7-1 表 Students 中的数据

1. 表的结构

表的结构也称为“型”（Type），用于描述存储于表中的数据的逻辑结构和属性。定义表就是指定义表的结构，使用 DDL 来实现。在定义表时首先需要注意以下几点：

① 表名：在数据库的一个架构中，每一个表都应该有一个唯一的表名。表名和数据库的名字一样，都应该满足 Transact-SQL 的标识符的命名规则。

② 列名：从图 7-1 中可以看出，每个表由若干个列组成，在同一个表中每个列的名字应该是唯一的，列的名字应该符合标识符命名规则。一个表中最多可以定义 1 024 个列，并且列的顺序是不重要的。

③ 列的数据类型：表中的每个列都要定义一个数据类型。定义数据类型时需要慎重考虑，如果定义的范围太小，可能会造成无法存放某些数据的问题。定义的范围太大，可能会造成存储空间的浪费的问题。存储空间的增加将增加系统的 I/O 操作量，从而降低系统的使用效率。

④ 列中是否允许有空值：表中的某些列中可能严格禁止出现空值，而某些列中可能允许存在空值。空值反映的是“不知道”或“不确定”的状态，和空字符串及 0 是不同的，空字符串和 0 都是具体的值，而“空”是一种“未知”的状态。

2. 表中的数据

表中的数据也称为“值”（Value），是型的具体赋值。操作表中的数据通过 DML 实现。

（1）数据行

一个数据行也被称为一个元组或一条记录，是现实世界中一个物理或逻辑实体的数据描述形式。行是数据操纵的单位，例如插入和删除数据是指对整个行的插入和删除，而更新数据也是指更新行的某个分量值。

（2）数据列

一个数据列是同一类型的所有实体在某个属性上的值的集合。列是表定义的基本对象，定义一个表主要就是定义这个表的各个列。在列中输入数据时需要注意满足列定义的数据类型，并注意这个列中是否允许包含空值。

（3）标识列

在 SQL Server 的数据库表中，经常需要在某个列中存储一个整数序列，这可以通过将某个列定义为标识列来实现。如果表的某个列被定义为标识列，那么在表中存储数据时，系统根据用户对标识列的定义，在这个列中生成自动编号值。

标识列的定义形式是 IDENTITY(seed, increment)，其中 seed 称为种子，它是一个整数，是标识列中的第一个值；increment 称为增量，它也是一个整数，表示标识列的值的增长步长。如果 increment 是一个负数，则标识列中的值不是增大而是减小。种子和增量的默认值都是 1，即在默认情况下标识列中的值从 1 开始，每次增长 1。

标识列中的值是系统自动生成的，在向表中插入数据时，无须向标识列中插入值，系统会自动维护标识列中的值。用户不能更新标识列中的值。当用户删除表中的数据行时，在标识列中会出现不连续的值的情况。

一个表中只能有一个标识列，标识列不能被设置为允许空值，而且只有具有整数性质的列才可以定义成标识列，例如以下数据类型的列可以定义成标识列：

bigint、int、smallint、tinyint、decimal(x,0)或 numeric(x,0)

7.2.2　表的创建

创建表的基本语法格式如下所示：

```
CREATE TABLE TableName
(
 { <ColumnDef> | <ComputedColumnDefinition> }
)
[ ON {FileGroup | "DEFAULT" } ]
[ TEXTIMAGE_ON { FileGroup | "DEFAULT" } ]
< ColumnDef >::=
 ColumnName DataType
  [ NULL | NOT NULL ]
  [ IDENTITY [ ( Seed ,Increment ) ] ]
< ComputedColumnDefinition > ::=
ColumnName AS ComputedColumnExpression [ PERSISTED ]
```

语法说明：

① TableName 是所定义的表的名字，表的名字要符合标识符命名规则的要求。

② ColumnDef 表示定义表中的列。

- ColumnName 是列的名字，列的名字要符合标识符命名规则的要求。DataType 是该列的数据类型，可以使用基本数据类型，也可以使用用户自定义的数据类型。
- NOT NULL 表示该列中不允许有空值，NULL 表示该列中允许有空值，NULL 是默认选项。
- IDENTITY 表示将该列定义成标识列，Seed 是标识列的种子，Increment 是增量，种子和增量的默认值都是 1。

③ ComputedColumnDefinition 表示定义计算列。计算列由同一个表中的其他列的计算表达式计算得来。

- ColumnName 表示计算列的名称。ComputedCloumnExpression 是定义计算列的表达式。
- 计算列中的数据是由表中其他列计算得来的，通常不会实际存储在表中，但是如果在定义计算列时使用了命令关键词 PERSISED，将强制在表中存储计算列中的数据。将计算列标记为 PERSISED 后就可以在计算列上创建索引了。

④ 第 5 行的 ON 用于指定表定义在数据库的哪个文件组中。可以使用文件组的名字来表示将表定义在特定的文件组中。如果使用“DEFAULT”，表示将表定义在默认文件组中。如果没有使

用 ON 指定表所属的文件组，则表被定义在默认文件组中。

⑤ 如果表中定义了 text、ntext、image、xml、varchar(max)、nvarchar(max)、varbinary(max)这样的较大类型的列时，可以通过 TEXTIMAGE_ON 指定这些列里的数据存储在指定的文件组中。如果使用“DEFAULT”或者根本没有使用 TEXTIMAGE_ON，则这些较大数据类型的数据存储在默认文件组里。

【例 7-2】定义学生表 Students，该表的结构见附录 A 中的表 A-3。这里只定义表中包含的列，不定义约束。

```
USE eduDB
GO
CREATE TABLE Students
(
 stdID       nchar(5)        NOT NULL,
 stdName     nchar(4)        NOT NULL,
 DOB         datetime        NOT NULL,
 gender      nchar(2)        NOT NULL,
 classCode   nchar(4),
 dptCode     nchar(4)
)
GO
```

【例 7-3】定义课程表 Courses，该表的结构见附录 A 中的表 A-5。除了表中的 3 列以外，再增加一个列 hours 表示课时，该列是一个计算列。另外，表中的列 crsID 是一个标识列。

```
USE eduDB
GO
CREATE TABLE Courses
(
 crsID       int              IDENTITY(1,1),
 crsName     nvarchar(50)     NOT NULL,
 credit      tinyint          NOT NULL,
 hours       AS               credit*15
)
GO
```

7.2.3 表的修改

表创建好以后，可以根据需要使用 ALTER TABLE 语句来修改表的结构，包括在表中增加新列、修改列的定义以及删除列等。

1. 增加新列

增加新列的基本语法如下所示：

```
ALTER TABLE TableName
    ADD ColumnName DataType [NULL|NOT NULL]
```

【例 7-4】在课程表 Courses 中增加一列 type 表示课程类型。

```
USE eduDB
GO
ALTER TABLE Courses
   ADD type nvarchar(2)      NULL
GO
```

提示：

如果表中已经存有数据，那么在表中增加一个新列时，新列中是没有数据的，所以如果将增加的新列设置成不允许有空值，必然产生错误。可以有两种方法解决这个问题：一种是首先将新列定义成允许有空值，然后向新列中输入数据后再将这个列修改为不允许有空值；或者在添加新列时为该列定义一个默认值。

2．修改列

修改列的基本语法如下所示：

```
ALTER TABLE TableName
   ALTER COLUMN ColumnName NewDataType [NULL|NOT NULL]
```

【例 7-5】修改课程表 Courses 中 type 列的数据类型和为空性。

```
USE eduDB
GO
ALTER TABLE Courses
   ALTER COLUMN type nvarchar(4) NOT NULL
GO
```

3．删除列

删除列的基本语法如下所示：

```
ALTER TABLE TableName
    DROP COLUMN ColumnName
```

【例 7-6】删除课程表 Courses 中的 type 列。

```
USE eduDB
GO
ALTER TABLE Courses
   DROP COLUMN type
GO
```

7.2.4　表的清空

清空表也被称为截断表，通过清空表的操作不仅可以极其快速地删除表中的全部数据，而且还可以重置标识列，即重新向表中插入第 1 行数据时，标识列中的值可以重新从种子值开始。清空表的基本语法格式如下所示：

```
TRUNCATE TABLE TableName
```

【例 7-7】清空课程表 Courses。

```
USE eduDB
GO
TRUNCATE TABLE Courses
GO
```

7.2.5　表的删除

删除表是指删除表的结构，当然表中的数据也将被同时删除。删除表的基本语法如下所示：

```
DROP TABEL TableName
```

【例 7-8】删除课程表 Courses。

```
USE eduDB
GO
DROP TABLE Courses
GO
```

7.3 数据的操纵

创建表只是创建表的结构，其中并不包含数据。可以通过 INSERT 语句向表中插入数据，如果数据有错误，还可以使用 UPDATE 语句更新数据，如果某些数据行是多余的，可以通过 DELETE 语句删除它们。

7.3.1 数据插入

在 SQL 语句中，使用 INSERT 语句向表中插入数据。INSERT 语句的基本语法格式如下所示：

```
INSERT [ INTO ] TableName [ ( ColumnList ) ]
   VALUES ( ExpressionList )
```

语法说明：

① INSERT INTO 是插入语句的命令关键词，其中 INTO 关键词可以省略。TableName 指定要向其中插入数据的表的名称。ColumnList 是列的列表，用来指定要向其中插入数据的列，列与列之间用逗号分开。

② VALUES 用于引出要插入的数据，ExpressionList 是数据表达式列表，数据项之间用逗号分开。

向表中插入数据时需要注意以下几点：

① 数据表达式列表 ExpressionList 中的数据值应该与列表 ColumnList 中的列一一对应，并且数据类型也应该兼容。

② 必须为表中所有定义为 NOT NULL 的列提供值，对于定义为 NULL 的列既可以提供值也可以不提供值。

③ 如果表中存在标识列，则不能向标识列中插入数据，因为标识列中的数据由系统自动维护。

④ 如果表中有计算列，则不能向计算列中插入值。

【例 7-9】向学生表 Students 中插入第 1 条记录。数据见附录 A 中的表 A-9。

```
USE eduDB
GO
INSERT INTO Students(stdID, stdName, DOB, gender, classCode, dptCode)
   VALUES('01001', '张艺', '1990-10-15', '女', 'IF08', 'IFRM')
GO
```

在向表中插入数据时，如果数据的类型是字符型或日期型，则需要将数据用单引号括起来。如果是数值型数据则不必用单引号括起来。

【例 7-10】向学生表 Students 中插入第 2 条记录。

```
USE eduDB
GO
INSERT INTO Students
   VALUES('01002', '王尔', '1991-1-9', '男', 'IF08', 'IFRM')
GO
```

在这个例子中，由于向表中的所有列中都插入了值，所以省略了列的列表，从而简化了插入语句。

【例 7-11】向学生表 Students 中插入最后一条记录。注意该学生没有班级代号。

```
USE eduDB
GO
INSERT INTO Students
    VALUES('03001', '赵斯', '1990-12-12', '女', NULL, 'MCHN')
GO
```

因为这名学生没有班级代号，所以在对应的列中通过提供 NULL 表示没有班级代号。

【例 7-12】向课程表 Courses 中插入一条记录。数据见附录 A 中的表 A-11。

提示：

如果课程表 Courses 已经被删除，请执行相应的脚本重新创建该表。

```
USE eduDB
GO
INSERT INTO Courses
   VALUES('软件工程', 3)
GO
```

注意：表中的第一列 crsID 是标识列，所以不要向该列中插入数据，系统会自动维护这个列中的值；表中最后一列 hours 是计算列，所以也不要向该列插入数据，系统能够自动计算出这个列中的数据。

【例 7-13】创建一个表 Admins，用于管理系统管理员登录信息。表中各个列的定义如表 7-10 所示。在该表中插入一条记录。

表 7-10　表 Admins 的结构

列　　名	数 据 类 型	允　许　空	说　　明
admID	uniqueidentifier	×	管理员代号
admName	nvarchar(50)	√	管理员名称
Password	nvarchar(50)	√	登录密码

```
USE eduDB
GO
CREATE TABLE Admins
(
 admID       uniqueidentifier    NOT NULL,
 admName     nvarchar(50),
 password    nvarchar(50)
)
GO
INSERT INTO Admins
   VALUES(NEWID(), 'user1', '248268')
GO
```

表中的第 1 列的数据类型是 uniqueidentifier，即该列中存储的是全局唯一标识符代码 GUID。GUID 是 16 字节的数据，使用十六进制表示。用户可以向该列中手工输入一个 GUID 值，但是通常使用 NEWID()函数为该列生成一个 GUID 值，因为这样生成的 GUID 值具有全局唯一性。图 7-2 中显示的是向 Admins 表中插入数据后的结果。

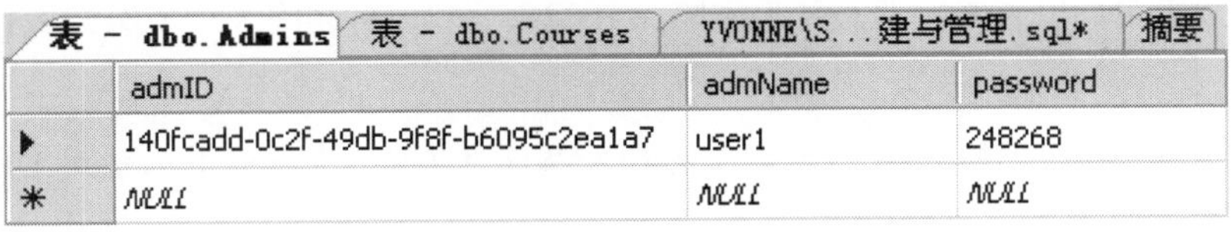

表 - dbo.Admins　表 - dbo.Courses　YVONNE\S...建与管理.sql*　摘要

	admID	admName	password
▶	140fcadd-0c2f-49db-9f8f-b6095c2ea1a7	user1	248268
*	NULL	NULL	NULL

图 7-2　Admins 表中的 GUID 值

7.3.2 数据更新

可以使用 UPDATE 语句更新表中的数据。UPDATE 语句的基本语法格式如下所示：

```
UPDATE TableName
   SET ColumnName={ Expression | NULL } [ ,...n ]
   [ WHERE SearchCondition ]
```

语法说明：

① UPDATE 是更新语句的命令关键词。TableName 指定更新哪个表中的数据。

② SET 子句中的 ColumnName 指定要更新哪个列中的数据。Expression 是指将表达式的值更新到该列中。NULL 是指将该列设置为空值，或者说是删除该列中的值。另外，在一个 UPDATE 语句中，可以同时更新多个列中的值。

③ WHERE 子句中的 SearchCondition 是一个对行进行筛选的表达式，指定要更新哪些行中的数据。WHERE 子句可以省略，但是如果省略 WHERE 子句，将更新表中所有的数据行。

【例 7-14】 将课程表 Courses 中 1 号课程的学分修改为 4。

```
USE eduDB
GO
UPDATE Courses
   SET credit=4
   WHERE crsID=1
GO
```

打开课程表 Courses 浏览其中数据时会发现，1 号课程不仅学分 credit 的值被修改为 4，计算列 hours 的值也被更新为 60。

【例 7-15】 将学生表 Students 中所有学生的班级代号设置为空。

```
USE eduDB
GO
UPDATE Students
   SET classCode=NULL
GO
```

由于 UPDATE 语句中没有使用 WHERE 子句，所以学生表 Students 中所有行都被更新了。

7.3.3 数据删除

可以使用 DELETE 语句删除表中的数据行。DELETE 语句的基本语法格式如下所示：

```
DELETE FROM TableName
    [ WHERE SearchCondition ]
```

语法说明：

① DELETE FROM 是删除语句的命令关键词。TableName 指定删除哪个表中的数据。

② WHERE 子句中的 SearchCondition 是一个对行进行筛选的表达式，指定要删除哪些行中的数据。WHERE 子句可以省略，但是如果省略 WHERE 子句，将删除表中所有的数据行。

提示：

需要特别注意的是，DELETE 语句删除的对象以行为单位，也就是如果使用 DELETE 语句删除数据，则一次至少删除一行数据。

【例 7-16】在学生表 Students 中删除机械系 depCode 为 MCHN 的学生记录。

```
USE eduDB
GO
DELETE FROM Students
    WHERE dptCode='MCHN'
GO
```

【例 7-17】删除学生表 Students 中所有学生的记录。

```
USE eduDB
GO
DELETE FROM Students
GO
```

在例 7–17 的 DELETE 语句中，没有使用 WHERE 子句，所以表中所有的记录都被删除了。

7.4　数据的完整性控制

数据完整性用于确保存储在数据库中的所有数据都处于正确的状态，是现代数据库系统的一个重要的特征。数据完整性的设计是评估数据库设计好坏的一项重要指标。分析图 7–3 中哪些数据存在错误。

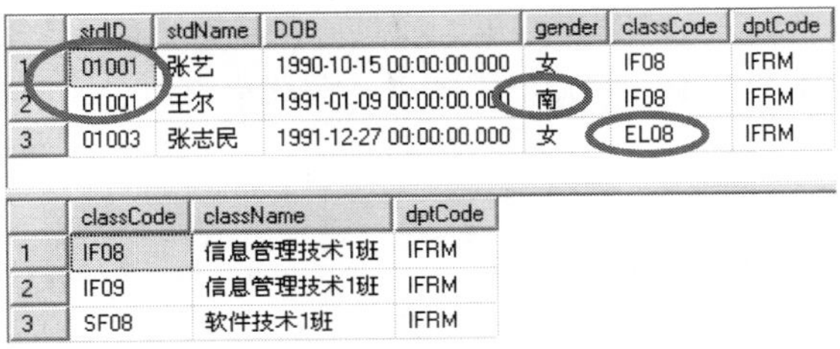

	stdID	stdName	DOB	gender	classCode	dptCode
1	01001	张艺	1990-10-15 00:00:00.000	女	IF08	IFRM
2	01001	王尔	1991-01-09 00:00:00.000	南	IF08	IFRM
3	01003	张志民	1991-12-27 00:00:00.000	女	EL08	IFRM

	classCode	className	dptCode
1	IF08	信息管理技术1班	IFRM
2	IF09	信息管理技术1班	IFRM
3	SF08	软件技术1班	IFRM

图 7–3　错误数据分析

图 7–3 显示了学生表 Students 和班级表 Classes 中的全部数据，这些数据中存在着以下几项错误：

① 有两名学生的学号重复了。

② 一名学生的性别“男”错误的输入了“南”。

③ 一名学生的班级代号 EL08 在班级表 Classes 中根本不存在。

在 SQL Server 中可以通过约束（CONSTRAINT）、检查对象、默认值对象等手段控制数据的完整性，其中约束是完整性控制的主要手段。

如果按照约束所实现的完整性控制功能来分类，可以将约束分为以下 3 类。

① 实体完整性控制：主键约束（PRIMARY KEY）、唯一性约束（UNIQUE）。

② 参照完整性控制：外键约束（FOREIGN KEY）。

③ 用户定义的完整性控制：检查约束（CHECK）、默认值约束（DEFAULT），这两种约束所完成的完整性控制有时又称为域完整性控制。

如果按照约束定义的范围分类，可以将约束分为以下两类：

① 列级约束：约束被定义在表的某个列上。如果约束中只涉及表中的某个列，则可以使用列级约束，也可以使用表级约束。

② 表级约束：约束被定义在表上，而不是表的某个列上。如果约束中使用了表的两个或更多个列，则只能使用表级约束。

用户既可以在创建表的同时定义约束，也可以通过修改表的方式来定义约束。用户在创建约束时可以为约束命名。为了能够更好地识别约束，为约束命名时最好符合一定的规范。推荐使用的规范为 type_table_column，其中 type 表示约束的类型，table 为表名，column 为列名，例如 PK_Students_stdID 表示在学生表 Students 的学号列 stdID 上创建一个主键约束。如果用户在创建约束时没有为约束命名，系统会为约束定义名称，其形式为 type__table__number，例如 PK__Student__7F602D99。

7.4.1 实体完整性控制

实体完整性也称为行完整性。实体完整性将行定义为特定表的唯一实体，要求表中不能有重复的行存在。强制实体完整性可以通过设置表的标识列属性（IDENTITY）、主键约束、唯一性约束、唯一索引（UNIQUE INDEX）等多种方法加以实现。下面主要介绍主键约束和唯一性约束。

1. 主键约束

主键约束（PRIMARY KEY）是在表中定义一个主键来唯一确定表中的每一行记录。主键可以定义在单列上，也可以定义在多列上。

主键约束具有以下特点：

① 每个表通常都应该定义一个主键约束，而且最多只能定义一个主键约束。

② 主键约束所在列不允许输入重复值。如果主键约束由两个或两个以上的列组成，则该组合的取值不允许重复。

③ 主键约束所在列不允许取空值。

定义主键约束的基本语法如下所示：

```
[CONSTRAINT ContraintName] PRIMARY KEY [(Column [ , …n ]) ]
```

语法说明：

ContraintName 是约束的名称。如果用户没有提供约束名称，系统将会自动生成一个约束名称。如果是列级主键约束，则不需要指定 Column；如果是表级主键约束，则需要指定主键所在列。

【例 7-18】为学生表 Students 添加主键约束。

```
USE eduDB
GO
ALTER TABLE Students
   ADD CONSTRAINT PK_Students_stdID PRIMARY KEY(stdID)
GO
```

【例 7-19】创建教师表 Teachers 的同时创建主键约束。该表的主键只包含教师编号 tchID 列，所以可以将这个主键约束定义为列级主键约束。

```
USE eduDB
GO
CREATE TABLE Teachers
(
 tchID int IDENTITY(1,1) PRIMARY KEY,
 tchNamenvarchar(50) NOT NULL,
 proTitle nvarchar(50),
 dptCodenchar(4)
)
GO
```

在例 7-19 中，因为定义列级主键约束，所以不需要指定主键所包含的列。另外，没有为该主键约束命名，系统将自动为这个约束命名，如图 7-4 所示。

eduDB
数据库关系图
表
系统表
dbo.Admins
dbo.Courses
dbo.Students
dbo.Teachers
列
键
PK__Teachers__00551192
约束
触发器
索引
统计信息

图 7-4　系统为约束定义的名称

【例 7-20】创建选修表 Studying 的同时创建主键约束，因为该表的主键包括两列（stdID 和 crsID），所以必须定义表级主键约束。

```
USE eduDB
GO
CREATE TABLE Studying
(
 stdID       nchar(5)     NOT NULL,
 crsID       int          NOT NULL,
 tchID       int          NOT NULL,
 semester    nchar(12)    NOT NULL,
 score       decimal(5,2),
 mark        nchar(2),
 CONSTRAINT PK_Studying_stdID_crsID PRIMARY KEY(stdID, crsID)
)
GO
```

如果约束的定义有错误，则必须先删除该约束然后再重新创建约束。

【例 7-21】删除选修表 Studying 中的主键约束。

```
USE eduDB
GO
ALTER TABLE Studying
   DROP CONSTRAINT PK_Studying_stdID_crsID
GO
```

2. 唯一性约束

唯一性约束（UNIQUE）定义表中的某一列或多列不能有相同的数据存在。当表中已经存在主键约束时，如果需要在其他列上实现实体完整性控制，由于一个表中只能有一个主键约束，因此可以通过创建唯一性约束来实现。

唯一性约束具有以下特点：

① 每个表可以定义多个唯一性约束。

② 唯一性约束所在列不允许输入重复值。如果唯一性约束由两个或两个以上的列组成，则该组合的取值不允许重复。

③ 唯一性约束所在列允许有空值。

④ 唯一性约束所在列不能是主键约束所在列。

提示：

主键约束和唯一性约束的相同点是：两种约束的关键字值是不允许重复的。主键约束和唯一性约束的不同点是：主键约束的关键列不允许取空值，而唯一性约束的关键列允许取空值。一个表只允许建立一个主键约束，而唯一性约束可以建立多个。

定义唯一性约束的基本语法如下所示：

```
[CONSTRAINT ConstraintName] UNIQUE [(column[,…n])]
```

【例 7-22】在课程表 Courses 中添加唯一性约束，使得课程名称 crsName 不重复。

```
USE eduDB
GO
ALTER TABLE Courses
   ADD CONSTRAINT UQ_Courses_crsName UNIQUE(crsName)
GO
```

【例 7-23】删除课程表 Courses 中针对课程名称列 crsName 创建的唯一性约束。

```
USE eduDB
GO
ALTER TABLE Courses
   DROP CONSTRAINT UQ_Courses_crsName
GO
```

7.4.2 参照完整性控制

参照完整性也称为引用完整性，用于保证相关数据表中数据的一致性，即保证父表（关键字被引用的表）和子表（引用父表中关键字的表）之间的关系能够得到维护。

强制参照完整性可以通过设置外键约束（FOREIGN KEY）等方法实现。外键约束是指在子表的某一列或多列的组合上定义外键约束，这些列值参考某个表中的主键约束列或唯一性约束列中的值。

外键约束具有以下特点：

① 每个表可以定义多个外键约束。

② 子表中被外键约束的列必须和父表中被引用的列数量一致、数据类型一致。

定义外键约束的基本语法如下所示：

```
[CONSTRAINT ConstraintName]
   FOREIGN KEY (column[,…n]) REFERENCES RefTalbe(RefColumn[,…n])
```

语法说明：

REFERENCES 用于指定该外键引用哪个父表中的哪个主键或唯一性约束列。

【例 7-24】选修表 Studying 中有 3 个外键，参见附录 A 中的表 A-6。其中学号列 stdID 引用学生表 Students 中的主键列学号 stdID；学号列 crsID 引用课程表 Courses 中的主键列课程号 crsID；教师列 tchID 引用教师表 Teachers 中的主键列教师号 tchID。下面为选修表 Studying 创建上述 3 个外键约束。

需要注意的是，课程表 Courses 中被引用的列 crsID 还没有被设置为主键，所以首先为课程表创建主键，然后才能创建引用该主键的外键。

```
USE eduDB
GO
ALTER TABLE Studying
   ADD CONSTRAINT FK_Studying_stdID FOREIGN KEY(stdID) REFERENCES Students(stdID)
GO
ALTER TABLE Courses
   ADD CONSTRAINT PK_Courses_crsID PRIMARY KEY(crsID)
GO
ALTER TABLE Studying
   ADD CONSTRAINT FK_Studying_crsID FOREIGN KEY(crsID) REFERENCES Courses(crsID)
GO
```

```
ALTER TABLE Studying
   ADD CONSTRAINT FK_Studying_tchID FOREIGN KEY(tchID) REFERENCES Teachers(tchID)
GO
```

【例 7-25】删除选修表 Studying 中引用教师表 Teachers 中主键的外键约束。

```
ALTER TABLE Studying
   DROP CONSTRAINT FK_Studying_tchID
GO
```

7.4.3　用户定义的完整性控制

用户定义的完整性是指用户根据实际应用中的需求而自行定义的数据完整性。在用户定义的完整性约束中，有一类控制表中某个列中的数据的完整性，这类完整性控制又被称为域完整性控制，接下来介绍这类完整性控制的常见实现方法。

1. 检查约束

检查约束（CHECK）是用来验证用户输入某一列的数据的有效性。该约束通过列中的值来强制域的完整性，它用来指定某列可取值的集合或范围。

检查约束具有以下特点：

① 每个表可以定义多个检查约束。

② 检查约束可以参考本表中的其他列。

③ 检查约束不能放在 IDENTITY 属性的列上或者数据类型为 timestamp 的列上，因为这两种列都是自动插入数据的。

④ 当向设有检查约束的表中插入记录或更新记录时，该记录中的被约束列的值必须满足检查约束条件，否则无法录入。

定义检查约束的基本语法如下所示：

```
[CONSTRAINT ConstraintName] CHECK (LogicalExpression)
```

语法说明：

LogicalExpression 是一个逻辑表达式，是检查约束的检查规则。

【例 7-26】在学生表 Students 中添加检查约束，要求学生性别 gender 只能是“男”或“女”。

```
USE eduDB
GO
ALTER TABLE Students
   ADD CONSTRAINT CK_Students_gender CHECK (gender='男' OR gender='女')
GO
```

【例 7-27】删除学生表 Students 中对学生性别 gender 设置的检查约束。

```
USE eduDB
GO
ALTER TABLE Students
   DROP CONSTRAINT CK_Students_gender
GO
```

2. 默认值约束

默认值约束（DEFAULT）的作用是，如果在表中的某个列上定义了默认值，那么在没有显示提供该列中的值的情况下，使用默认值来为该列提供值。

默认值约束具有以下特点：

① 表中的每个列上只能定义一个默认值。

② 默认值可以是常量值、函数、NULL 等。

③ 默认值不能引用表中的其他列，也不能引用其他表、视图或存储过程等。

④ 不能对数据类型为 timestamp 的列或具有 IDENTITY 属性的列创建默认值。

定义默认值约束的基本语法如下所示：

```
[CONSTRAINT ConstraintName] DEFAULT ConstantExpression [FOR column]
```

ConstantExpression 是默认值的常量表达式。当向已有的表中添加默认值约束时，使用 FOR column 说明向哪个列中添加默认值。

【例 7-28】在课程表 Courses 的学分列 credit 上添加默认值约束，使该列中的默认值为 3。

```
USE eduDB
GO
ALTER TABLE Courses
    ADD CONSTRAINT DF_Courses_credit DEFAULT 3 FOR credit
GO
```

【例 7-29】删除课程表 Courses 的学分列 credit 上默认值约束。

```
USE eduDB
GO
ALTER TABLE Courses
   DROP CONSTRAINT DF_Courses_credit
GO
```

7.4.4 约束的管理

在表上定义约束以后，就可以通过约束来保证表中数据的完整性。但是在某些特殊的情况下，需要禁止在已有的数据上应用约束或者禁止在加载数据时应用约束。

1. 禁止在已有的数据上应用约束

通常，在一个已有数据的表上定义约束时，SQL Server 系统自动检查这些已有的数据是否满足约束条件。但是，在某些情况下，需要禁止检查已经存在的数据是否满足约束的定义，就是说这些约束对表中已有的数据不起作用。

当禁止在已有的数据上应用约束时，应该考虑下列一些规则：

① 只能禁止 CHECK 约束和外键约束应用到表中已有的数据上，其他类型的约束则不能禁止。

② 当在已有数据的表中增加 CHECK 约束或外键约束时，为了禁止这些约束检查已有的数据，应该在 ALTER TABLE 语句的约束定义中使用 WITH NOCHECK 选项。

【例 7-30】在选修表 Studying 的标志列 mark 上定义检查约束，要求该列的值只能是“缺考”或“缓考”，但是该约束并不检查表中已有的数据。

```
USE eduDB
GO
ALTER TABLE Studying
   WITH NOCHECK
   ADD CONSTRAINT CK_Studying_mark CHECK (mark='缺考' OR mark='缓考')
GO
```

2．禁止在加载数据时应用约束

对于 CHECK 约束和外键约束，可以在加载数据时禁用这些约束，也就是说在更新表中数据或向表中添加数据时，可以不判断这些数据是否与所定义的 CHECK 约束或外键约束冲突。

禁止约束应用到加载的数据上的基本语法如下所示：

```
NOCHECK CONSTRAINT {ALL | ConstraintName}
```

解禁以前禁止的约束，允许将约束应用到加载的数据上的基本语法如下所示：

```
CHECK CONSTRAINT {ALL | ConstraintName}
```

语法说明：

如果使用关键字 ALL，表示这种禁止或允许对该表上所有的 CHECK 约束和外键约束都起作用。如果明确指定了约束名称，表示这种禁止或允许只对该指定的约束起作用。

【例 7-31】 禁用选修表 Studying 上的外键约束 FK_Studying_crsID。

```
USE eduDB
GO
ALTER TABLE Studying
```

【例 7-32】 禁止数据库 BlueSkyDB 中表 Comments 上的 CHECK 约束 CK_Comments_rating 在加载数据时起作用。

```
USE BlueSkyDB
GO
ALTER TABLE Comments
NOCHECK CONSTRAINT CK_Comments_rating
GO
```

禁止该约束以后，向表中加载数据时 rating 列的数据值不受限制，直到该约束被解禁。

7.4.5　可视化操作指导

1．定义表

注意： 运行脚本文件“章前脚本 1-第 7 章表的创建与管理.sql”（可在网站下载），创建数据库 eduDB。

（1）创建系部表 Departments

该表的结构见附录 A 中表 A-1，这里重点定义表中的各个列。

① 启动 SSMS 并连接到本地服务器，在“对象资源管理器”中展开“数据库”|eduDB 数据库结点，右击其中的“表”结点，在弹出的快捷菜单中选择“新建表”命令。

② 分别输入系部表 Departments 中的各个列的列名称；输入或选择各个列的数据类型；选择各个列是否允许空，结果如图 7-5 所示。

③ 在“标准”工具栏中单击“保存”按钮，输入表的名称 Departments，如图 7-6 所示。单击“确定”按钮保存表。

提示：

如果要显示或关闭某个工具栏，可以打开“视图”菜单，指向“工具栏”命令，然后选择打开或关闭某个工具栏。

④ 单击“关闭”按钮关闭创建系部表 Departments 的工作页。

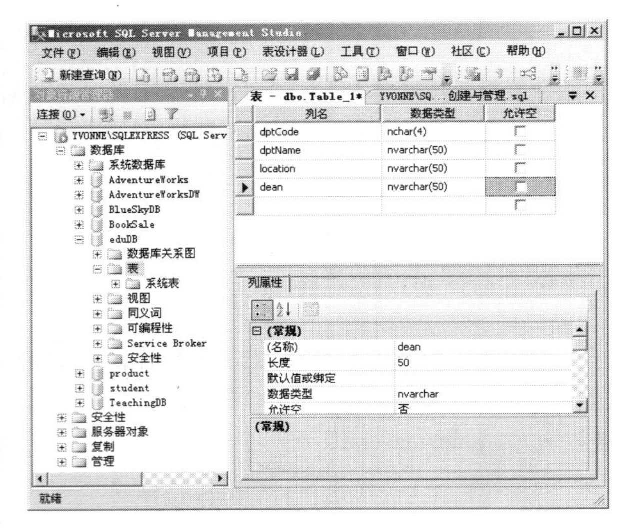

图 7-5　创建类别表 Departments

选择名称

输入表名称(E):

Departments

确定　取消

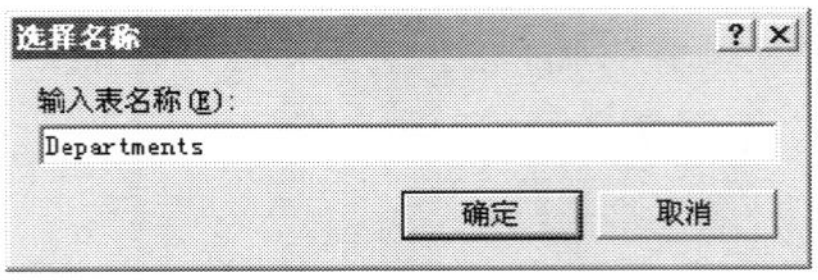

图 7-6　定义表的名称

（2）创建教师表 Teachers

该表的结构见附录 A 中表 A-4，这里重点定义表的标识列。

① 在 eduDB 数据库中右击“表”结点，在弹出的快捷菜单中选择“新建表”命令。

② 定义表中各个列的名称、数据类型和是否为空。

③ 选择教师编号列 tchID，在“列属性”列表中展开“标识规范”结点，在“(是标识)”的下拉列表中选择“是”，标识种子和增量为 1，如图 7-7 所示。

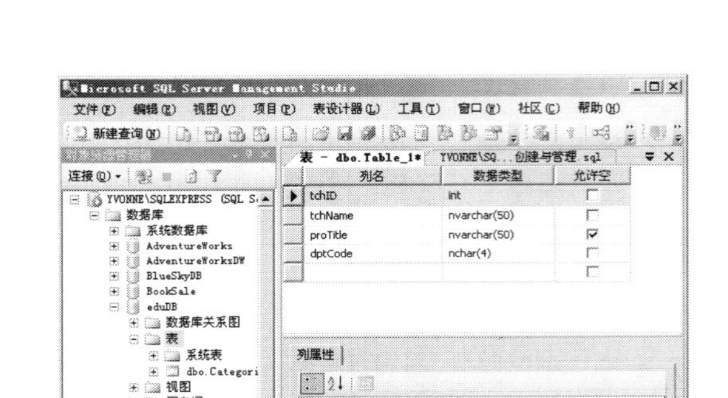

图 7-7　定义标识列

④ 在“标准”工具栏中单击“保存”按钮，输入表的名称 Teachers。单击“确定”按钮保存表。

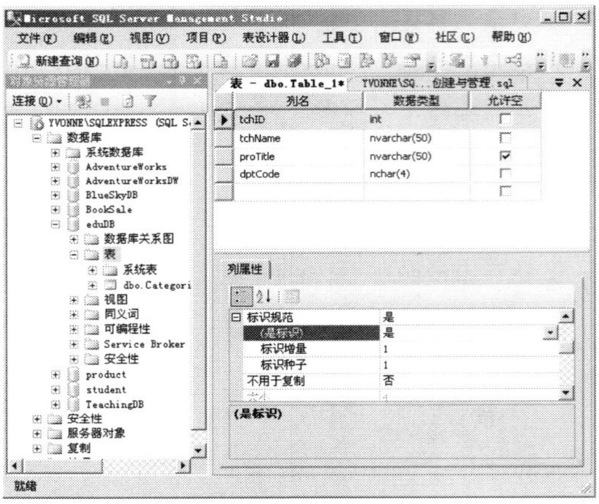

⑤ 单击“关闭”按钮关闭创建教师表 Teachers 的工作页。

（3）修改教师表 Teachers

在教师表 Teachers 中删除表示教师职称的列 proTitle。增加一列 DOB 表示教师的出生日期，将该列的数据类型定义为 datetime，允许空值。

① 在 eduDB 数据库中展开“表”结点，右击教师表 Teachers，在弹出的快捷菜单中选择“修改”命令打开修改教师表 Teachers 的工作页。

② 右击职称列 proTitle 的选择按钮，在弹出的快捷菜单中选择“删除列”命令，该列将被删除。

③ 为表定义出生日期列 DOB，数据类型为 datetime，允许空值。

提示：

如果要改变列的先后顺序，可以在某列的选择按钮上按住鼠标左键进行拖动。

④ 教师表 Teachers 修改后的结果如图 7-8 所示，单击“标准”工具栏中的“保存”按钮保存对教师表 Teachers 的修改。

⑤ 单击“关闭”按钮关闭修改教师表 Teachers 的工作页。

（4）创建课程表 Courses

该表的结构见附录 A 中表 A-5，这里为该表补充定义计算列 hours 表示课程的学时数（每学分 15 学时）。

① 在 eduDB 数据库中单击“表”结点，在弹出的快捷菜单中选择“新建表”命令。

② 定义表中前 3 个列的名称、数据类型和为空性。

③ 输入列名 hours，切换到“数据类型”字段，在“列属性”列表中展开“计算所得的列规范”结点，在“(公式)”处输入“credit*15”，结果如图 7-9 所示。

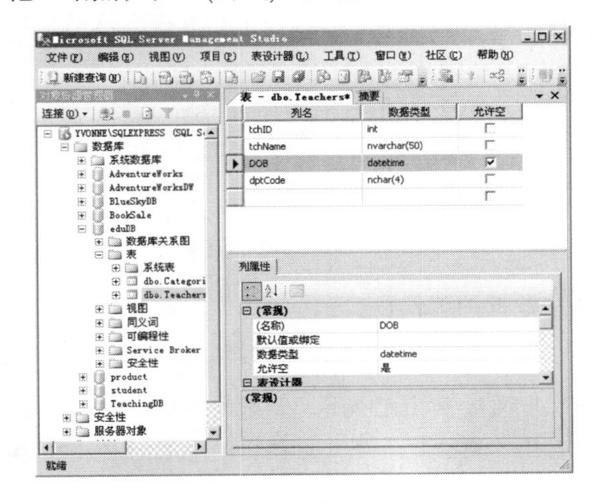

图 7-8　修改教师表 Teachers

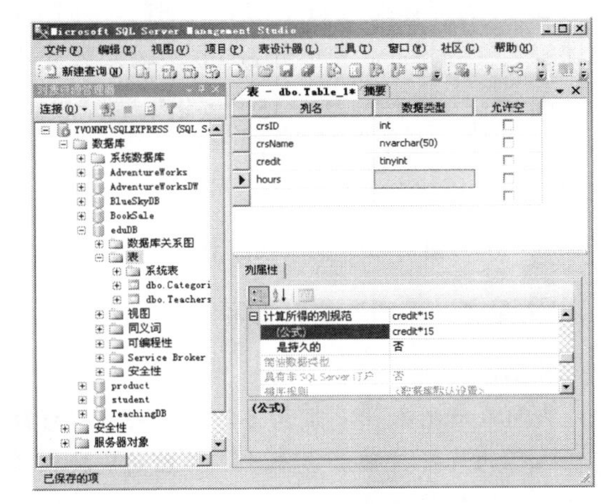

图 7-9　定义计算列

④ 在“标准”工具栏中单击“保存”按钮，输入表的名称 Courses。单击“确定”按钮保存表。

⑤ 单击“关闭”按钮关闭创建课程表 Courses 的工作页。

提示：

如果要删除表，可以在该表上右击，在弹出的快捷菜单中选择“删除”命令，然后在“删除对象”对话框中单击“确定”按钮。

2. 操作表中数据

注意：运行脚本文件“章前脚本 2-第 7 章表的创建与管理.sql”（可在网站下载），创建数据库 eduDB。

（1）向系部表 Departments 中插入数据行

该表的数据见附录 A 中表 A-7。

① 启动 SSMS 并连接到本地服务器，在“对象资源管理器”中依次展开“数据库”|eduDB|“表”结点，右击其中的系部表 Departments，在弹出的快捷菜单中选择“打开表”命令。

② 首先输入系编号 dptCode 的值 IFRM。通过按【Tab】键或直接单击系部名称列 dptName 的方式切换到下一列继续输入值“信息系”。此时发现每切换到下一列，前一列中都会出现红色高亮的感叹号，如图 7-10 所示，这表示该字段的数据还没有存储到磁盘上。当输入完一行数据切

换到下一行时红色高亮感叹号消失，表示这一行数据已经被保存到磁盘上。

提示：

在输入数据的过程中，如果想要删除当前行中某个字段的数据，可以按【Esc】键，该字段中显示 NULL，表示该字段的数据已经被删除。如果在显示 NULL 的字段中再次按【Esc】键则会取消整条记录的输入。

③ 输入完成后单击“关闭”按钮关闭显示系部表 Departments 中数据的工作页。

（2）向课程表 Courses 中插入数据行

该表的数据见附录 A 中表 A-11，这里重点关注标识列以及计算列中数据的处理方法。

① 右击课程表 Courses，在弹出的快捷菜单中选择“打开表”命令。

② 因为课程编号 crsID 是标识列，学时 hours 是计算列，所以在这两列中不要输入数据。只在课程名称 crsName 和学分 credit 中输入数据即可。结果如图 7-11 所示。

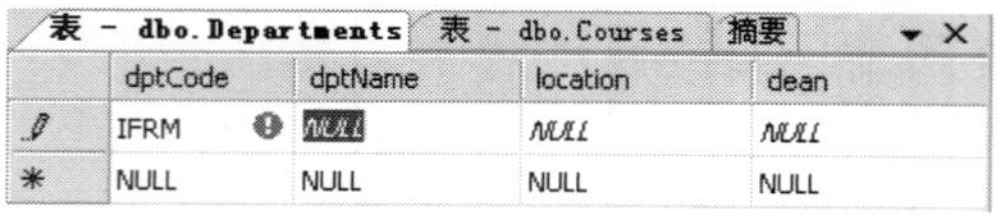

	dptCode	dptName	location	dean
	IFRM	NULL	NULL	NULL
*	NULL	NULL	NULL	NULL

图 7-10　插入系部记录

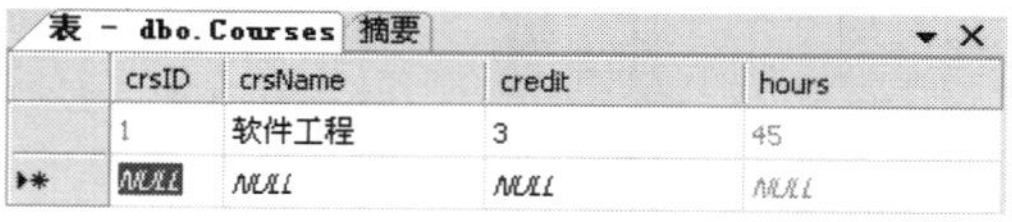

	crsID	crsName	credit	hours
	1	软件工程	3	45
*	NULL	NULL	NULL	NULL

图 7-11　插入课程记录

③ 单击“关闭”按钮关闭显示课程表 Courses 中数据的工作页。

提示：

更新表中的数据非常简单，只需要直接修改字段中的数据就可以了。如果要删除数据行，首先在该行的选择按钮上右击，在弹出的快捷菜单中选择“删除”命令，在弹出的警告对话框中单击“是”按钮将删除相应的数据行。

3．定义约束

注意：运行脚本文件“章前脚本 3-第 7 章表的创建与管理.sql”（可在网站下载），创建数据库 eduDB。

（1）在系部表 Departments 上添加约束

系部表 Departments 的结构见附录 A 表 A-1。在该表中，系代号列 dptCode 作为表的主键；另外，要求系名称列 dptName 中的值具有唯一性。

① 在系部表 Departments 上右击，在弹出的快捷菜单中选择“修改”命令打开表 Departments 的工作页。

② 单击系代号列 dptCode 前的选择按钮选中该列，在“表设计器”工具栏中单击“设置主键”命令按钮，在 dptCode 列前面出现金色钥匙的图标，表示该列已被设置为主键。

③ 在“表设计器”工具栏中单击“管理索引和键”命令按钮弹出“索引/键”对话框。单击“添加”按钮添加一个新的“索引或键”，接下来选择并编辑这个新的“索引或键”。展开“(常规)”组，在“类型”下拉列表中选择“唯一键”；在“列”后的文本框中选择使用系名称列 dptName。设置结果如图 7-12 所示。单击“关闭”按钮完成索引或键的设置。

④ 在“标准”工具栏中单击“保存”按钮保存对系部表的修改。在“对象资源管理器”

中展开 Departments 表的“键”结点，可以看到目前设置的主键约束和唯一性约束，如图 7-13 所示。

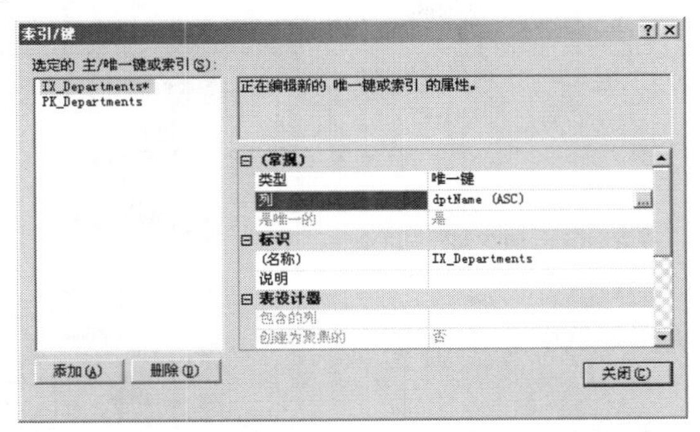

图 7-12　系部表 Departments 的唯一约束设置

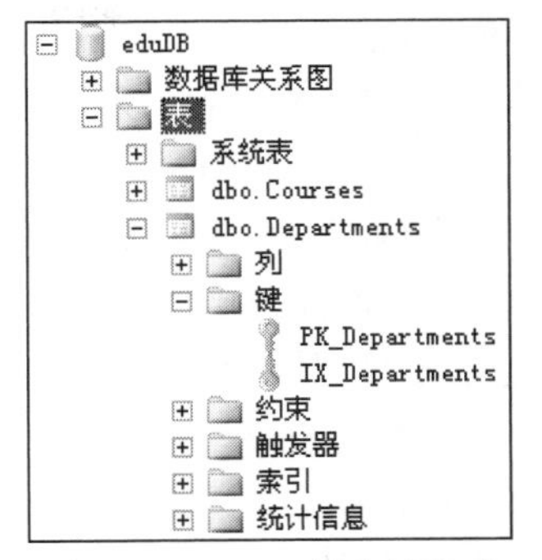

图 7-13　表 Departments 的主键和唯一性约束

⑤ 关闭系部表 Departments 的工作页。

（2）在学生表 Students 上添加约束

学生表 Students 的结构参见附录 A 表 A-3。该表中的学号列 stdID 作为表的主键；性别列 gender 的默认值是“男”；班级代号列 classCode 是一个外键，参照班级表 Classes 的主键列 ClassCode；系代号列 dptCode 是另一个外键，参照系部表 Departments 的主键列 dptCode。

① 在学生表 Students 上右击，在弹出的快捷菜单中选择“修改”命令打开表 Students 的工作页。

② 设置表的主键的方法与 Departments 表相同，这里不再重复介绍。

③ 选择表中的性别列 gender，在“列属性”列表中选择“默认值或绑定”，输入该列的默认值'男'完成该列中默认值的设置。

④ 在“表设计器”工具栏中单击“关系”命令按钮弹出“外键关系”对话框。单击“添加”按钮添加一个新的外键关系，接下来选择并编辑这个外键关系。在“(常规)”组中选中“表和列规范”项，单击其后的“打开”按钮打开“表和列”对话框，依据外键约束的规则设置该对话框如图 7-14 所示。单击“确定”按钮返回“外键关系”对话框。

⑤ 在“外键关系”对话框中再次单击“添加”按钮添加参照系部表 Departments 的外键约束，方法同上一步，这里不再重复介绍，添加两个外键约束后的效果如图 7-15 所示。单击“关闭”按钮完成外键约束的设置。

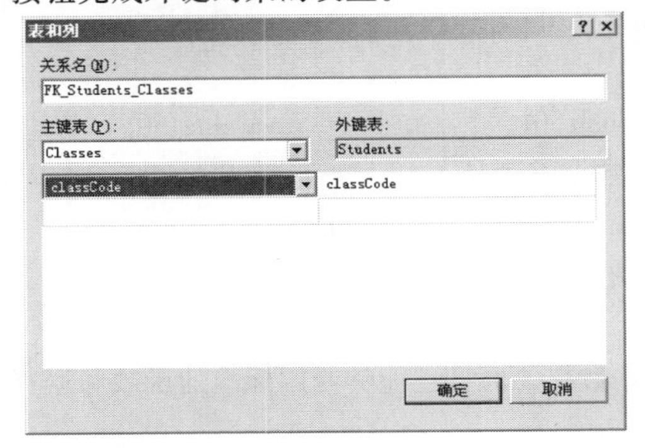

图 7-14　参照班级表 Classes 的外键约束设置

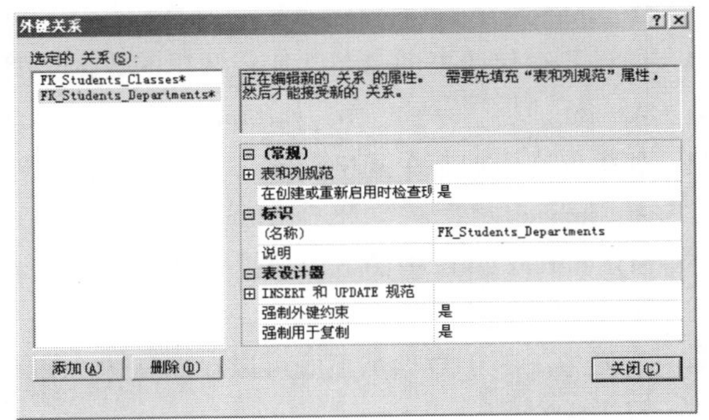

图 7-15　学生表 Students 中的两个外键约束

⑥ 在“标准”工具栏中单击“保存”按钮保存对学生表 Students 的修改，此时会弹出一个警告对话框提醒 3 个表会受到影响，单击“是”按钮确认修改。

⑦ 在“对象资源管理器”中展开学生表 Students 的“键”和“约束”结点，可以看到刚刚创建的主键、外键和默认值约束，如图 7-16 所示。

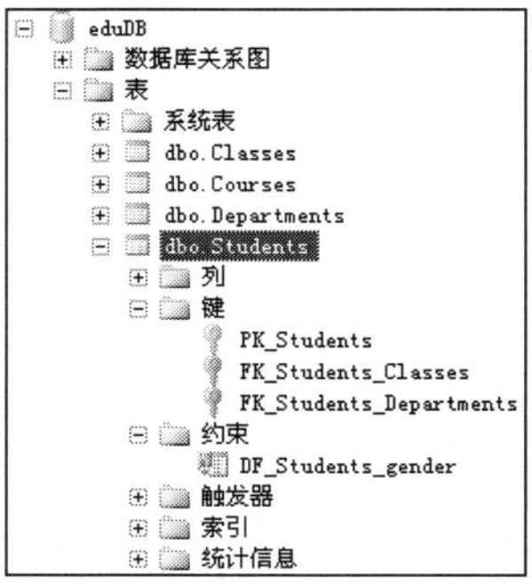

⑧ 关闭学生表 Students 的工作页。

（3）在选修表 Studying 上创建主键约束

选修表 Studying 的结构见附录 A 表 A-6。该表的主键约束比较特殊，包含学号列 stdID 和课号列 crsID 两列。

① 在选修表 Studying 上右击，在弹出的快捷菜单中选择“修改”命令打开表 Studying 的工作页。

② 选中学号列 stdID，然后按住【Ctrl】键的同时选则课号列 crsID，在两列被同时选中后单击“表设计器”工具栏中的“设置主键”命令按钮。两列前同时出现金色的钥匙图标表示主键约束中同时包含这两列。

③ 保存对表 Studying 的修改后关闭 Studying 表的工作页。

图 7-16 表 Students 的约束

思考与练习

一、填空题

1. 在 SQL Server 2005 中，近似数字数据类型包括________和________两种。
2. 在 SQL Server 2005 的字符数据类型中，凡是用于存放 Unicode 编码字符的数据类型的名称均以字符________开头，凡是存放可变宽字符串的数据类型名称中都包括________。
3. 如果要在表的某个列中存放一个逻辑值，则可以为该列选择________数据类型；如果要在表的某个列中存放具有全局唯一标识性质的值，则可以为该列选择________数据类型。
4. 定义标识列的命令关键词是________，标识列的种子和增量的默认值是________。

二、选择题

1. 如果要保存人的年龄，那么最节省存储空间的选择是使用（　　）数据类型。

   A. int　　B. bigint　　C. smallint　　D. tinyint

2. 如果要存储中国的邮政编码，比较理想的数据类型是（　　）。

   A. int　　B. bit　　C. nchar(6)　　D. nvarchar(6)

3. 如果要存储图书的书名，比较理想的数据类型是（　　）。

   A. int　　B. varbinary(50)　　C. nchar(50)　　D. nvarchar(50)

4. 如果要在表的某个列中存储一副图片，比较理想的数据类型是（　　）。

   A. image　　B. varbinary(50)　　C. binary(50)　　D. varbinary(max)

5. SQL Server 2005 中的货币数据类型 money 默认保留的小数位数是（　　）位。

   A. 2　　B. 4　　C. 6　　D. 8

6. 下列（　　）数据类型既可以存储高达 2GB 的文本数据，而且还能够使用标准的函数和运算符操纵它。

   A. text　　B. varbinary(max)　　C. varchar(max)　　D. varchar

7. 如果在表中的某个列中存储的数据包含两位整数和两位小数，则应该选择（　　）数据类型。

A. smallint　B. decimal(2,2)　C. numeric(4,2)　D. real

8. 如果将某个列定义成标识列，这列的数据类型不能是（　　）。

A. int　B. tinyint　C. decimal　D. float

9. 以下（　　）约束在创建时可以不检查表中已经存在的数据并且可以被禁用。

A. CHECK 和 DEFAULT　B. CHECK 和 FOREIGN KEY

C. FOREIGN KEY 和 PRIMARY KEY　D. PRIMARY KEY 和 UNIQUE

10. 列上的默认值不能是（　　）。

A. 常量　B. 表中其他列　C. 函数　D. NULL

三、判断题

1. 如果存储的整数的数值超出了 int 类型的表示范围，则可以使用数据类型 longint。（　　）
2. 数据类型 tinyint 所存储的整数的范围是-128～127。（　　）
3. 日期时间数据类型中不能单独存储日期，也不能单独存储时间。（　　）
4. 微软公司建议不再使用数据类型 image，取而代之的是数据类型 varbinary(max)。（　　）
5. 用户自定义的数据类型都是基于 SQL Server 基本数据类型创建的。（　　）
6. 数值数据类型列中的 NULL 表示 0 而字符数据类型列中的 NULL 表示空字符串。（　　）
7. 如果在 tinyint 数据类型的列上定义标识列，则表中最多只能存储 256 条记录。（　　）
8. 计算列中的数据不能实际存储在表中。（　　）
9. 表一旦创建好就不能再修改了。（　　）
10. 使用 INSERT...VALUES 语句一次只能向表中插入一条记录。（　　）
11. 全局唯一标识符列只能使用 NEWID()函数插入值，不能手动输入值。（　　）
12. 在更新和删除数据时，如果没有给出 WHERE 子句则任何数据都不会被更新。（　　）
13. 使用 DELETE 语句可以删除一条记录中的一个分量值。（　　）
14. 在 SQL Server 2005 中，表的外键所在列不能设计成允许有空值。（　　）
15. 一个表中只能有一个唯一性约束。（　　）

四、名词术语辨析

1. SQL Server 中包含多种类型的表，请根据描述进行选择。

A. 普通表　B. 已分区表　C. 临时表　D. 系统表

（　　）是不能永久生存的，当 SQL Server 实例断开后这些表中的数据就将丢失。

（　　）存储了有关 SQL Server 服务器配置、数据库设置、用户和表对象的描述等信息，一般来说只有数据库系统管理员可以使用。

（　　）用来存放用户的业务数据。

（　　）是将数据水平划分成多个单元的表，这些单元可以分散到数据库中的多个文件组里面，实现对单元中数据的并行访问。

2. SQL Server 中对表的定义包含以下几种语句，请根据描述进行选择。

A. DROP TABLE　B. ALTER TABLE

C. CREATE TABLE　D. TRUNCATE TABLE

(　　) 创建表。
(　　) 修改表的结构。
(　　) 清空表表中的数据。
(　　) 删除表。

五、简答题

1. 简述如何使用标识列。
2. 简述向表中插入数据时需要注意什么。
3. ALTER 和 UPDATE 语句都有“修改”的含义；DROP 和 DELETE 都有“删除”的含义，它们之间有什么不同呢？
4. 使用 TRUNCATE TABLE 和不包含 WHERE 子句的 DELETE 语句都可以删除表中所有数据，但是它们两者有什么不同呢？
5. 请简述表级主键约束和列级主键约束的区别。
6. 简述主键约束和唯一性约束的异同。
7. 简述在 SQL Server 中主要有哪些类型的约束，分别实现哪种类型的完整性控制。

六、论述题

请为“书店”表和“员工”表中的每个列选择合适的数据类型并说明为什么这样选择（见表 7-11 和表 7-12）。为这两个表设置合理的约束，并说明为什么这样设置。

表 7-11　表中的数据

书店号	地址	邮编	电话
1	天津市和平路 2 号	300001	02223676534
2	天津市迎水道 20 号	300073	02223699876

表 7-12　“员工”表中的数据

员工号	姓名	性别	出生日期	职位	工资	照片	书店号
1	李雨涵	女	1968-3-24	经理	4500.00		1
2	魏家宝	男	1970-12-27	主管	3300.00		2
3	郭薇	女	1985-4-30	助理	2000.00		2

实践练习

1. 定义表

注意：运行脚本文件“实践前脚本 1-第 7 章表的创建与管理.sql”（可在网站下载），创建数据库 BookSale。

① 在数据库 BookSale 中创建用户自定义数据类型 bookPrice，该数据类型使用的基本数据类型为 decimal，数据总位数为 8 位，其中小数占 2 位，允许有空值。

② 在数据库 BookSale 中定义类别表 Categories，该表的结构见附录 B 中表 B-1（此处不需要定义主键）。

③ 在数据库 BookSale 中定义图书表 Books，该表的结构见附录 B 中表 B–2（此处不需要定义主键，另外单价列 price 的数据类型选择用户自定义数据类型 bookPrice）。

④ 删除图书表 Books 中的出版社列 Publisher。

⑤ 在数据库 BookSale 中定义顾客表 Customers，该表的结构见附录 B 中表 B–3（此处不需要定义主键）。

⑥ 在数据库 BookSale 中定义评论表 Comments，该表的结构见附录 B 中表 B–6（此处不需要定义主键）。

⑦ 在评论表 Comments 中增加一列 stateOn 表示评论发表时间，该列数据类型为 datetime，允许有空值。

⑧ 将评论表 Comments 中的评论发表时间列 stateOn 修改为不允许有空值。

⑨ 在数据库 BookSale 中定义订单表 Orders，该表的结构见附录 B 中表 B–4（此处不需要定义主键）。

⑩ 在数据库 BookSale 中定义订单项目表 OrdersItems，该表的结构见附录 B 中表 B–5（此处不需要定义主键）。

2．操作表中数据

注意，运行脚本文件“实践前脚本 2-第 7 章表的创建与管理.sql”（可在网站下载），创建数据库 BookSale。

① 向类别表 Categories 中插入 3 行数据，表中数据见附录 B 中表 B–7。

② 向图书表 Books 中插入 9 行数据，表中的数据见附录 B 中表 B–8。

③ 将图书表 Books 中 9 号图书的价格修改为打 8 折以后的价格。

④ 删除图书表 Books 中 8 号图书的记录。

⑤ 向顾客表 Customers 中插入 3 行数据，表中的数据见附录 B 中表 B–9。

⑥ 向订单表 Orders 中插入 6 行数据，表中的数据见附录 B 中表 B–10。

⑦ 删除订单表 Orders 中 1 号顾客 2010 年 3 月 16 日的订单记录。

⑧ 向订单项目表 OrderItems 中插入 11 行数据，表中的数据见附录 B 中的表 B–11。

⑨ 向评论表 Comments 中插入两行数据，表中的数据见附录 B 中表 B–12。

⑩ 清空评论表 Comments，然后再向评论表中插入 1 行数据，观察这行数据在评论编号列 cmmID 列中的值的情况（清空表是数据定义语言的语句，而不是数据操纵语言的语句）。

3．定义约束

注意，运行脚本文件“实践前脚本 3-第 7 章表的创建与管理.sql”（可在网站下载），创建数据库 BookSale。

① 修改类别表 Categories 的结构，在该表中添加主键约束，表的结构见附录 B 中表 B–1。

② 修改图书表 Books 的结构，在该表中分别添加 1 个主键约束和 1 个外键约束，表的结构见附录 B 中表 B–2。

③ 创建顾客表 Customers 的同时创建该表的主键约束，表的结构见附录 B 中表 B–3。

④ 修改订单表 Orders 的结构，在该表中分别添加 1 个主键约束和 1 个默认值约束，表的结构见附录 B 中表 B–4。

⑤ 修改订单表 Orders 的结构，在该表中添加 1 个检查约束，要求发货日期 shipDate 要等于或晚于订购日期 orderDate。

⑥ 修改订单表 Orders 的结构，在该表中添加 1 个外键约束，表的结构见附录 B 中表 B-4。考虑添加外键约束的操作能否成功，为什么？请想办法解决这个问题。

⑦ 修改订单项目表 OrderItems 的结构，在该表中分别添加两个外键约束和 1 个默认值约束，表的结构见附录 B 中表 B-5。

⑧ 修改评论表 Comments 的结构，在该表中分别添加两个外键约束和 1 个默认值约束，表的结构见附录 B 中表 B-6。

⑨ 删除评论表 Comments 中参照顾客表 Customers 中顾客编号列 cstID 的外键约束。

⑩ 在评论表 Comments 中添加检查约束，要求评价等级 rating 的值不超过 5，该检查约束不应用在表中已有的数据上。

第 8 章 数据查询

学习目标：

- 了解 SQL Server 2005 中查询语句的语法结构。
- 掌握 SELECT 子句的用法。
- 掌握 WHERE 子句的用法。
- 掌握简单查询的方法。
- 掌握常见聚合函数的使用方法。
- 掌握复杂查询的方法。
- 理解外连接、左外连接、右外连接、全连接的作用。
- 掌握汇总查询方法。
- 掌握联合查询方法。
- 掌握 T_SQL 中变量的定义，常见的控制语句。
- 理解存储过程的作用。
- 能够定义并使用存储过程。

注意，运行脚本文件“章前脚本-第 8 章数据查询.sql”以创建数据库 eduDB。

数据库最常见的操作是数据查询，以数据库方式管理数据，提供的最大方便在于能够快速、简单、方便地获取数据。数据查询是对数据最频繁的操作。SQL Server 2005 提供了 SELECT 语句，SELECT 语句用于从数据库中进行数据检索，并将结果集以行和列的形式返回给用户。下面来了解 SELECT 语句的使用。

8.1 基本查询语句

SELECT 语句具有灵活的使用方式和丰富的操作功能。完整的 SELECT 语句的语法格式比较复杂，但是它由一些主要的子句构成。

```
SELECT select_list
[INTO new_table_name]
FROM table_list
[WHERE search_conditions]
[GROUP BY  group_by_list]
[HAVING  search_conditions]
[ORDER BY order_list[ASC|DESC]]
[COMPUTER computer_condition[BY column]]
```

语法说明：

① SELECT select_list 用于指定查询结果集的列。select_list 为结果集的列表达式列表，各表达式之间用逗号分隔。列表达式通常是要查询的表或视图中的列或列的表达式。

② INTO new_table_name 用于指定用查询的结果集创建一个新表。new_table_name 为新的表名。

③ WHERE search_conditions 用于指定查询的条件，只有符合条件的行才向结果集提供数据。search_conditions 为限制返回某些行数据所要满足的条件表达式。

④ GROUP BY group_by_list 用于指定查询的结果集进行分组汇总，只返回汇总数据。group_by_list 为执行分组的列表达式。

⑤ HAVING search_conditions 用于指定分组的查询条件。HAVING 子句通常与 GROUP BY 子句一起使用。

⑥ ORDER BY order_list [ASC|DESC]用于指定查询结果集的行排列顺序。Order_list 为执行排序的列表达式。ASC 关键字指明查询结果集按照升序排序，DESC 关键字指明查询结果集按照降序排序。

⑦ COMPUTE compute_condition [BY column]用于指定查询的结果集进行明细汇总，返回结果集的明细汇总和汇总数据。compute_condition 为执行汇总结果的聚合表达式。BY 关键字指明查询的结果进行分组明细汇总，column 为执行分组的列表达式。

提示：

"[]"为可选部分，所以查询语句必须包含 SELECT 和 FROM 子句。

8.1.1 SELECT 子句

SELECT 子句的功能是指定由查询结果返回的属性列或派生列。

```
SELECT [ ALL | DISTINCT ][ TOP n [ PERCENT ]]<select_list>
<select_list> ::={*| { table_name | view_name | table_alias}.*|{ column_name
| expression }[ [ AS ] column_alias ]}     [ ,...n ]
```

语法说明

① ALL 指定在结果集中可以显示重复行。ALL 是默认设置。

② DISTINCT 指定在结果集中只能显示唯一行。

③ TOP n [PERCENT]指定只从查询结果集中输出前 *n* 行。*n* 是介于 0～4 294 967 295 的整数。如果还指定了 PERCENT，则只从结果集中输出前 *n*%行。当指定 PERCENT 时，*n* 必须是介于 0～100 的整数。如果查询包含 ORDER BY 子句，将输出由 ORDER BY 子句排序的前 *n* 行（或前 *n*%行）。如果查询没有 ORDER BY 子句，行的顺序将任意。

④ <select_list>为结果集选择的列。选择列表是以逗号分隔的一系列表达式。

- * 所有列，即指定在 FROM 子句内返回所有表和视图内的所有列。列按 FROM 子句所指定的由表或视图返回，并按它们在表或视图中的顺序返回。

table_name | view_name | table_alias.*，将 * 的作用域限制为指定的表或视图。

- column_name 是要返回的列名。
- expression 表达式，即列名、常量、函数以及由运算符连接的列名、常量和函数的任意组合，或者是子查询。
- column_alias 是查询结果集内替换列名的可选名，即别名。

【例 8-1】查询 Students 表的所有学生的姓名。

分析：查询的结果是学生姓名，在表结构中学生姓名用 stdName 表示，查询的属性所在的表是 students。所以查询语句如下：

```
USE eduDB
GO
SELECT stdName FROM Students;
GO
```

运行结果如图 8-1 所示。

【例 8-2】查询所有学生的详细信息。

分析：选择表或视图的所有列时，即可以明确地指明各列的列名，也可以使用关键字星号（*）来代表所有的列名。查询学生表 students 的所有属性，所有列可以用*代替，把每个属性都列出来。

查询语句：

```
USE eduDB
GO
SELECT*FROM Students;
GO
--等价于
USE eduDB
GO
SELECT stdID,stdName,DOB,gender,classCode,dptCode FROM Students;
GO
```

运行结果如图 8-2 所示。

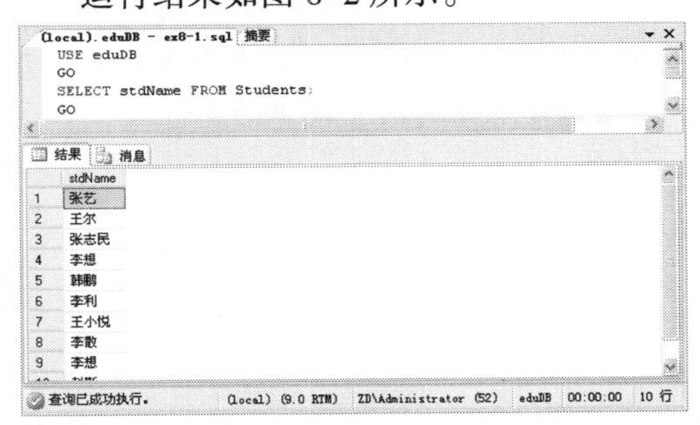

图 8-1　查询 Students 表的所有学生的姓名

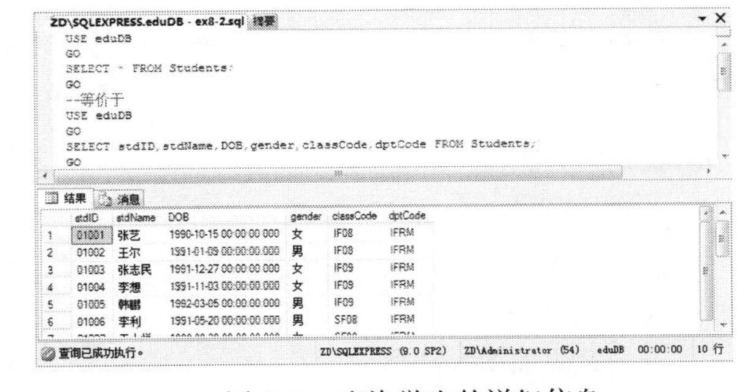

图 8-2　查询学生的详细信息

【例 8-3】查询学生的学号、姓名、出生日期并且在查询结果中的列名称使用上述中文。

分析：学号、姓名、出生日期分别是用英文表示的 3 个属性列，在 SELECT 语句后指定返回列的名称。用中文含义代替英文的属性名，可以使用别名来实现，可以自定义选择列的名称或为派生列指定名称。返回列的名称有 3 种方法：

① 列名　AS 别名

② 列名别名

③ 别名=列名

查询语句：

① 没有使用别名。

```
USE eduDB
GO
SELECT stdID,stdName,DOB FROM Students;
GO
```

② 使用别名，别名形式为：列名 AS 别名。

```
USE eduDB
GO
SELECT stdIDas 学号,stdName as 姓名,DOB as 出生日期 FROM Students;
GO
```

③ 使用别名，别名形式为：列名别名。

```
USE eduDB
GO
SELECT stdID 学号,stdName 姓名,DOB 出生日期 FROM Students;
GO
```

④ 使用别名，别名形式为：别名=列名

```
USE eduDB
GO
SELECT 学号=stdID,姓名=stdName,出生日期=DOB FROM Students;
GO
```

查询结果如图 8-3 所示。

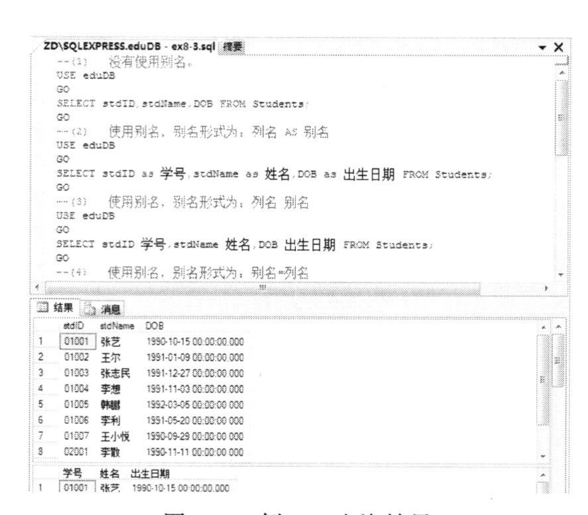

图 8-3 例 8-3 查询结果

【例 8-4】查询学生的学号，姓名，年龄并且在查询结果中的列名称使用上述中文。

分析：年龄在学生表中不存在，但可以通过运算得到，即年龄=当前年份-出生年份，通过计算产生的新列即派生列。YEAR()函数语法 YEAR(date)，功能是取出时间日期中的年份。

查询语句：

```
USE eduDB
GO
SELECT stdID as 学号,stdName 姓名,2013-year(DOB)年龄 FROM students;
GO
```

查询结果如图 8-4 所示。

【例 8-5】查询选修了课程的学生学号。

分析：选修了课程的学生，查询涉及的表是 studying，学生选修课程不止一门，所以学号有重复，在查询结果中消除重复行。

查询语句：

```
USE eduDB
GO
SELECTDISTINCT(stdID)FROM studying;--消除重复行
GO
SELECTALL(stdID)FROM studying;--所有行默认是ALL
GO
```

查询结果如图 8-5 所示。

```
USE eduDB
GO
SELECT stdID as 学号,stdName 姓名,2013-year(DOB)年龄 FROM students;
GO
```

	学号	姓名	年龄
1	01001	张艺	23
2	01002	王尔	22
3	01003	张志民	22
4	01004	李想	22
5	01005	鹏鹏	21
6	01006	李利	22
7	01007	王小悦	23
8	02001	李散	23
9	02002	李想	22
10	03001	赵斯	23

查询已成功执行。 (local) (9.0 RTM) ZD\Administrator (53) eduDB 00:00:00 10 行

图 8-4　例 8-4 查询结果

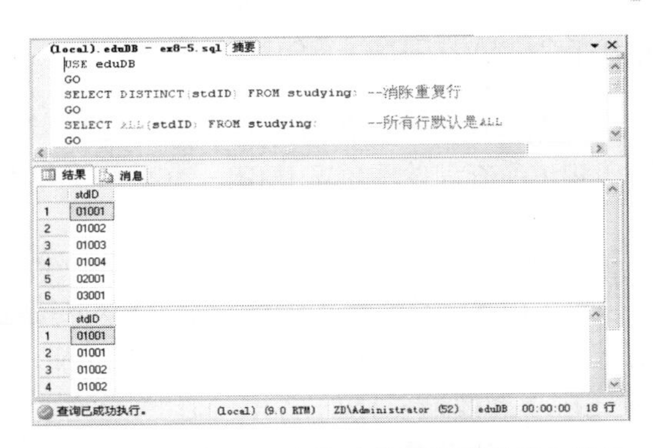

图 8-5　例 8-5 查询选修了课程的学生学号

【例 8-6】查询前 5 个学生的详细信息。

分析：SELECT 子句使用 TOP 关键字限制返回结果集中行的数量，即仅返回查询结果集的前一部分数据。TOP 的语法格式为 TOP n [PERCENT]。

查询语句：

```
USE eduDB
GO
SELECTTOP 5 *FROM students;
GO
```

运行结果如图 8-6 所示。

提示：

最简单的查询语句是由 SELECT 和 FROM 两个子句组成。一般把查询的结果放在 SELECT 语句后面，例如属性或属性列表，这些属性或属性列表来自哪一张表，把这个表名被放在 FROM 语句后面。表可以是实表也可以是虚表视图，选择表或视图的特定列，可以明确地指明查询的列名，如果查询结果包含多个列名，则列名之间用逗号分开。如果有常量需要输出，则将常量值等同于列名。

【例 8-7】查询前 50%学生的详细信息。

查询语句：

```
USE eduDB
GO
SELECTTOP 50 PERCENT*FROM students;
GO
```

查询结果如图 8-7 所示。

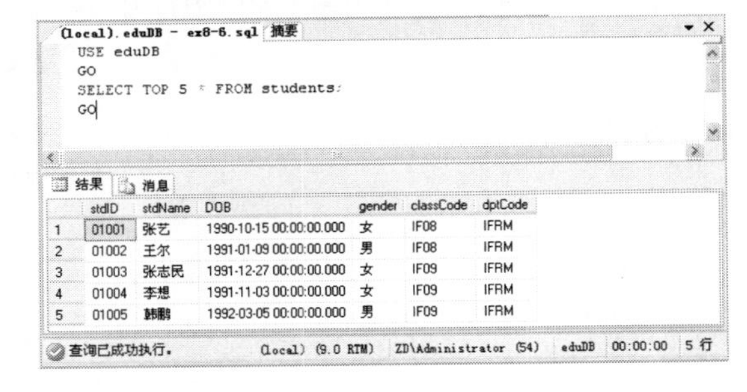

图 8-6　查询前 5 个学生的详细信息

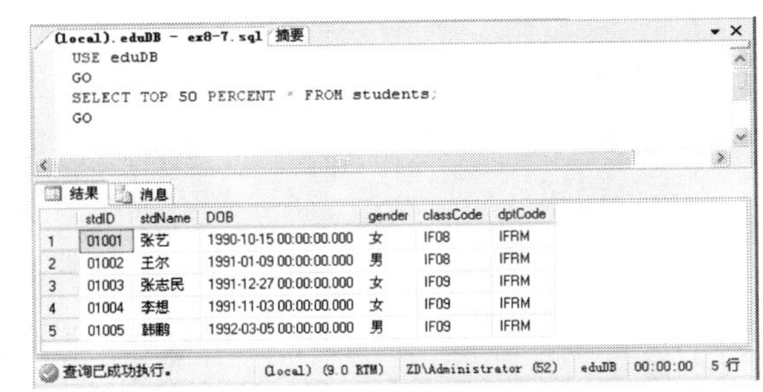

图 8-7　前 50%学生的详细信息

8.1.2 WHERE 子句

如果查询是有条件的查询，那么查询语句就不只是 SELECT，FROM 子句，还要加上 WHERE 子句说明查询条件。WHERE 子句的语法如下：

```
WHERE <search_condition>
```

语法说明：<search_condition>为查询条件。

WHERE 子句通过设定查询条件获取特定行。WHERE 子句的条件表达式通常是比较（= 、>、<、>=、<=、<>）、范围（BETWEEN... AND）、列表（IN）、模式匹配（LIKE）、空值判断（IS［NOT］NULL）和逻辑（AND、OR、NOT）运算表达式。

（1）比较查询

【例 8-8】查询学生表，查询女生的详细信息。

查询语句：

```
USE eduDB
GO
SELECT*FROM students WHERE gender='女'
GO
```

查询结果如图 8-8 所示。

（2）范围查询

【例 8-9】查询 1990 年出生的学生的详细信息。

查询语句：

```
USE eduDB
GO
SELECT*FROM Students WHERE DOB between'1990-1-1'AND'1990-12-31'
GO
```

查询结果如图 8-9 所示。

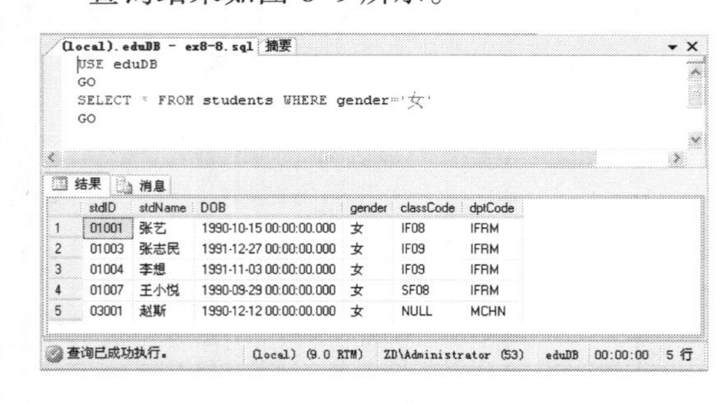

图 8-8 查询学生表，查询女生的详细信息

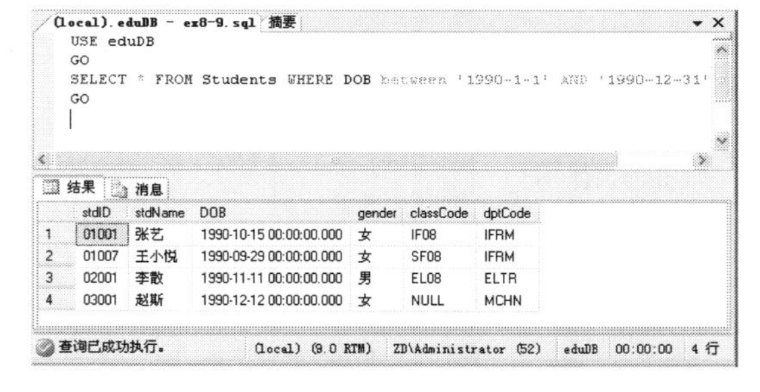

图 8-9 查询 1990 年出生的学生的详细信息

（3）集合查询

【例 8-10】查询班级号为 SF08 和班级号为 EL08 的学生的详细信息。

查询语句：

```
USE eduDB
GO
SELECT*FROM students WHERE classCode in('SF08','EL08')
GO
```

查询结果如图 8-10 所示。

（4）模糊匹配查询

LIKE 运算符用于将选择的列与字符串进行模式匹配运算，其语法格式如下：

```
match_expression[ NOT ] LIKE
pattern
```

语法说明：

① match_expression 为字符类型的任何有效表达式。

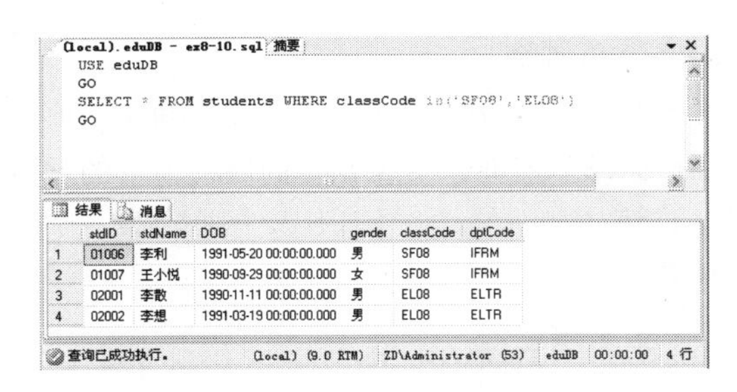

图 8-10　查询班级号为 SF08，EL08 班的学生的详细信息

② pattern 在 match_expression 中进行搜索的模式。它可以包括表 8-1 所示的有效的 SQL Server 通配符。

表 8-1　通　配　符

通　配　符	含　　义	示　　例
%	表示任意长度（0 个或多个）的字符串	a%表示以 a 开头的任意长度的字符串
_	表示任意单位字符	a_表示以 a 开头的长度为 2 的字符串
[-]	表示一定范围内的任意单个字符	[0–9]表示 0~9 之间的任意单个字符
[^]	表示指定范围外的任意单个字符	[0–9]表示 0~9 以外的任意单个字符

【例 8-11】查询学生表，查询姓“李”的学生的详细信息。

查询语句：

```
USE eduDB
GO
SELECT*FROM Students WHERE stdName LIKE 李%'
GO
```

查询结果如图 8-11 所示。

【例 8-12】查询学生表，查询出 1991—1992 年出生的学生的详细信息。

查询语句：

```
USE eduDB
GO
SELECT*FROM students WHEREYEAR(DOB)LIKE'199[1-2]'
GO
```

查询结果如图 8-12 所示。

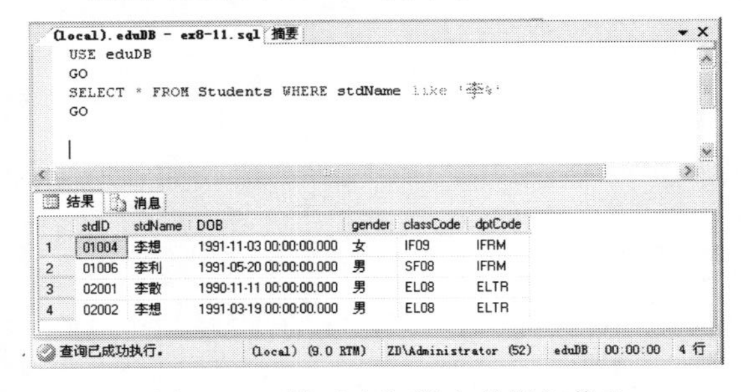

图 8-11　姓“李”学生的详细信息

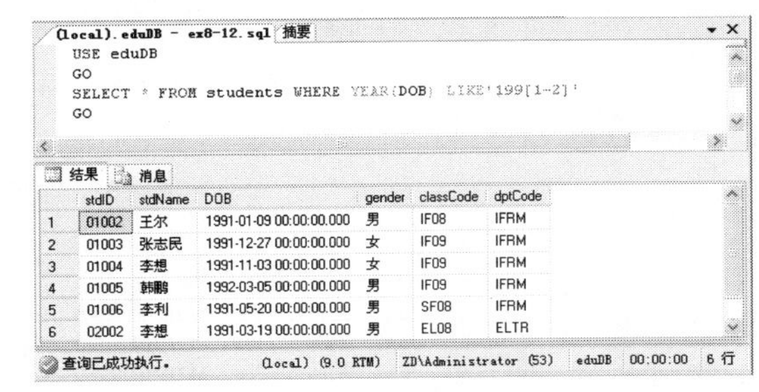

图 8-12　1991—1992 年出生的学生的详细信

（5）空值查询

T-SQL 使用 IS [NOT] NULL 运算符判断空值。

【例 8-13】查询学生表，查询成绩为空的学生的学号和课程号。

查询语句：

```
USE eduDB
GO
SELECT * FROM Studying WHERE score isNULL
GO
```

查询结果，如图 8-13 所示。

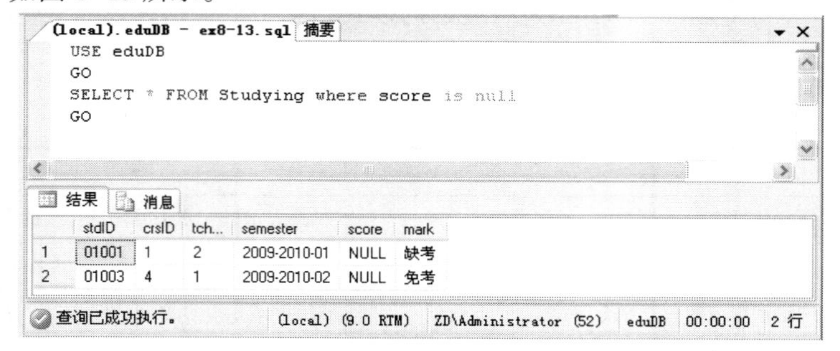

图 8-13　成绩为空的学生的学号和课程号

（6）逻辑条件查询

逻辑运算符 AND、OR 和 NOT 用来连接多个条件表达式。

① AND：用于两个条件表达式的与连接。

② OR：用于两个条件表达式的或连接。

③ NOT：用于一个条件表达式的非操作。

【例 8-14】查询学生表，查询 1990 年出生的学生，与例 8-9 查询代码等价。

查询语句：

```
USE eduDB
GO
SELECT * FROM Students WHERE DOB>='1990-1-1'AND DOB<='1990-12-31'
GO
```

查询结果如图 8-14 所示。

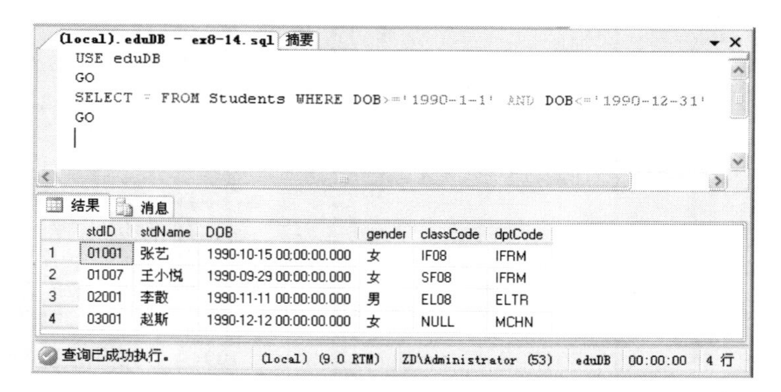

图 8-14　查询 1990 年出生的学生

8.1.3　ORDER BY 子句

ORDER BY 子句用于对指定结果集的排序。可以按照一个或多个属性列对结果进行生序（ASC）或是降序（DESC）排序，默认是生序。

```
[ ORDER BY { order_by_expression [ ASC | DESC ] }    [ ,...n ] ]
```

语法说明：

① order_by_expression 指定要排序的列。可指定多个排序列。ORDER BY 子句中的排序列定义排序结果集的结构。

② ASC 指定按递增顺序，从最低值到最高值对指定列中的值进行排序。

③ DESC 指定按递减顺序，从最高值到最低值对指定列中的值进行排序。

提示：

在 ORDER BY 子句中不能使用 ntext、text 和 image 列。

【例 8-15】 查询选修了课程号为“3”的学生的学号及成绩，并且按照成绩降序显示。

查询语句：

```
USE eduDB
GO
SELECT stdID,score FROM Studying WHERE crsID='3'ORDERBY score DESC
GO
```

查询结果如图 8-15 所示。

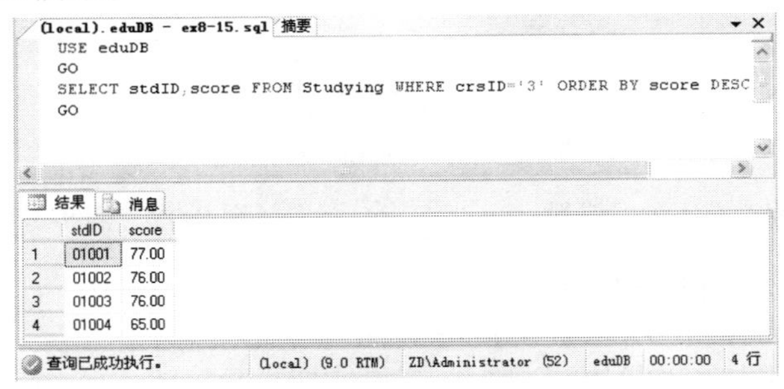

图 8-15　查询选修了课程号为“3”的学生的学号及成绩

8.1.4　聚合函数与 GROUP BY 分组统计

（1）聚合函数

聚合函数用于对结果集所有行进行数据统计，并在查询结果中生成汇总值。常见的聚合函数如表 8-2 所示。

表 8-2　集 合 函 数

集 合 函 数	功 能 描 述
COUNT([DISTINCT|ALL]列表达式|*)	计算一列中值的个数；COUNT(*)计算选定行的行数
SUM([DISTINCT|ALL])列表达式	计算一列中值的总和（此列为数值型）
AVG([DISTINCT|ALL])列表达式	计算一列的平均值（此列为数值型）
MAX([DISTINCT|ALL])列表达式	计算一列的最大值
MIN([DISTINCT|ALL])列表达式	计算一列最小值

【例 8-16】查询课程表有多少门课程。

查询语句：

```
USE eduDB
GO
SELECT COUNT(*)AS 记录数 FROM Courses
GO
```

查询结果如图 8-16 所示。

【例 8-17】查询成绩表，查询选修了课程号‘3’的学生人数，最高分，最低分，平均分，总分。

查询语句：

```
USE eduDB
GO
SELECT COUNT(stdID) AS 学生人数,MAX(score) 最高分,MIN(score) 最低分,
AVG(score)年均分,SUM(score)总分
FROM Studying
WHERE crsID='3'
GO
```

查询结果如图 8-17 所示。

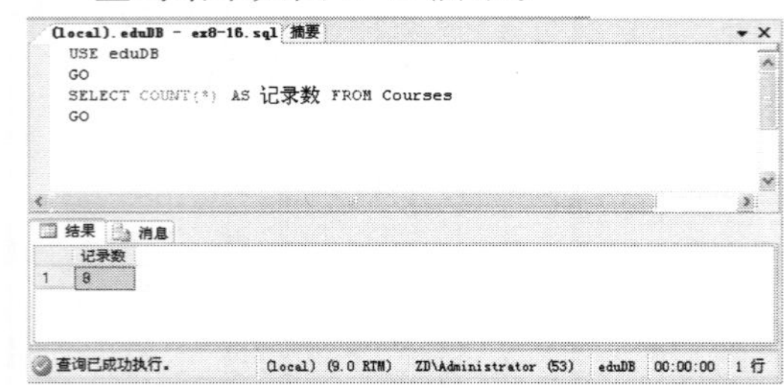

图 8-16 查询课程表有多少门课程

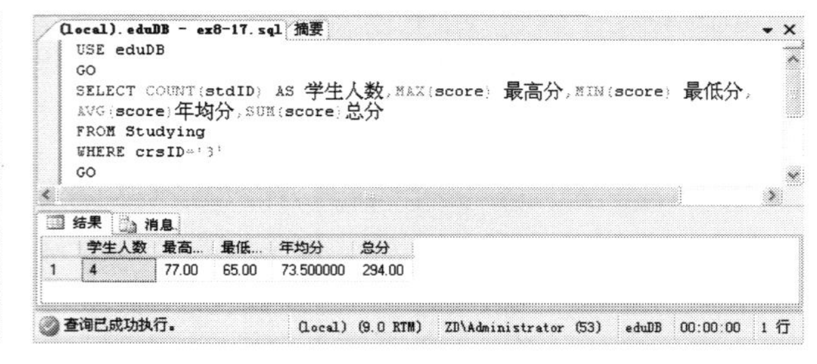

图 8-17 例 8-17 查询结果

（2）GROUP BY 子句进行分组汇总

```
[ GROUP BY [ ALL ] group_by_expression [ ,...n ]
    [ WITH { CUBE | ROLLUP } ]
]
```

语法说明：

① ALL 包含所有组和结果集，甚至包含那些其中任何行都不满足 WHERE 子句指定的搜索条件的组和结果集。如果指定了 ALL，将对组中不满足搜索条件的汇总列返回空值。不能用 CUBE 或 ROLLUP 运算符指定 ALL。

② group_by_expression：进行分组所依据的表达式。group_by_expression 也称为组合列。group_by expression 可以是列，也可以是引用由 FROM 子句返回的列的非聚合表达式。不能使用在选择列表中定义的列别名来指定组合列。

提示：

GROUP BY 子句用于对结果集中的行按照指定列进行分组，并且按组进行统计汇总。HAVING 子句一般用于对分组后的数据设定查询条件。

① 不能在 group_by_expression 中使用类型为 text、ntext 和 image 的列。

② 使用 GROUP BY 子句进行分组汇总时，SELECT 子句中的列表达式必须满足下列两个条件之一：

- 应用了集合函数。
- 未应用集合函数的列必须应用于 GROUP BY 子句中。

【例 8-18】查询课程表，按照课程号分组，查询各门课程的课程号、学生人数及平均成绩。

查询语句：

```
USE eduDB
GO
SELECT crsID AS 课程号,COUNT(stdID) AS 学生人数,AVG(score)AS 平均成绩
FROM Studying
GROUP BY crsID
GO
```

查询结果如图 8–18 所示。

【例 8-19】查询课程表，按照课程号分组，查询选课人数多于一个人的课程的课程号、学生人数及平均成绩。

查询语句：

```
USE eduDB
GO
SELECT crsID AS 课程号,COUNT(stdID) AS 学生人数,AVG(score) AS 平均成绩
FROM Studying
GROUP BY crsID HAVINGCOUNT(stdID)>1
GO
```

查询结果如图 8–19 所示。

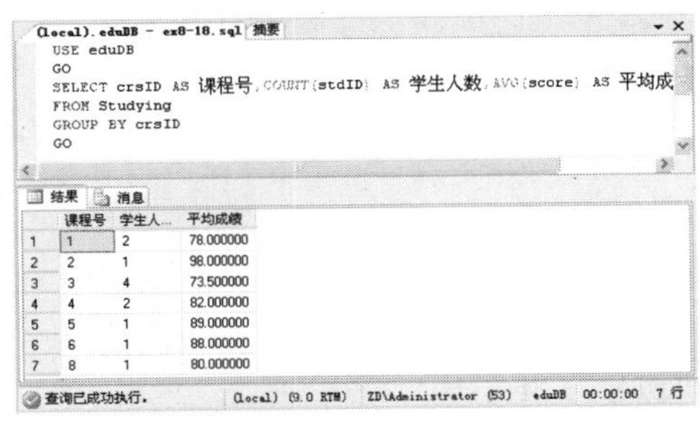

图 8–18　例 8–18 查询结果

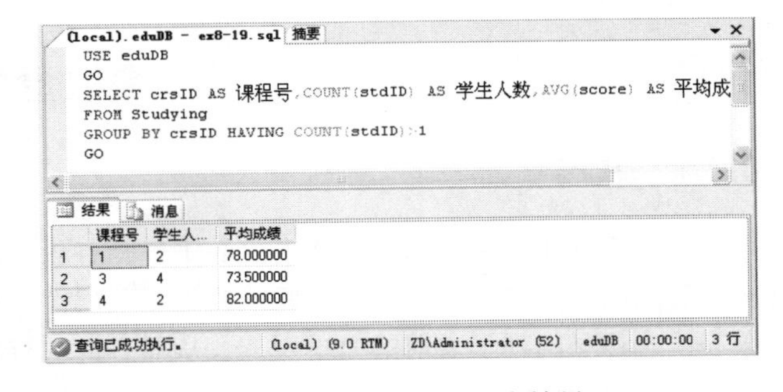

图 8–19　例 8–19 查询结果

提示：

HAVING 子句与 WHERE 子句的区别

① WHERE 子句设置的查询条件在 GROUP BY 子句之前发生作用，并且查询条件中不能包含集合函数。

② HAVING 子句设置的查询条件在 GROUP BY 子句之后发生作用，并且查询条件中允许使用集合函数。

8.1.5 COMPUTE 子句

```
[ COMPUTE
    { { AVG | COUNT | MAX | MIN | STDEV | STDEVP | VAR | VARP | SUM }
    ( expression ) } [ ,...n ]
    [ BY expression [ ,...n ] ]
]
```

语法说明：

① AVG | COUNT | MAX | MIN | STDEV | STDEVP | VAR | VARP | SUM 指定要执行的聚合。

② expression 必须出现在选择列表中，并且必须被指定为与选择列表中的某个表达式相同。不能在 expression 中使用选择列表中所指定的列别名。

③ BY expression：在结果集中生成控制中断和小计。expression 是关联 ORDER BY 子句中 order_by_expression 的相同副本。通常，这是列名或列别名。可以指定多个表达式。在 BY 之后列出多个表达式将把组划分为子组，并在每个组级别应用聚合函数。

【例 8-20】COMPUTE 实现分类汇总，查询课程号为“3”的学生学号和成绩，并汇总统计学生人数、总成绩及平均成绩。

查询语句：

```
USE eduDB
GO
SELECT stdID 学号,score 成绩 FROM Studying
WHERE crsID='3'
ORDER BY stdID
COMPUTE
COUNT(stdID),SUM(score),AVG(score)
```

查询结果如图 8-20 所示。

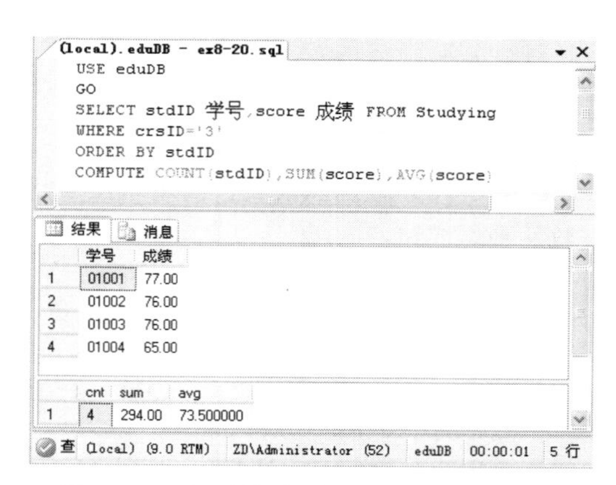

图 8-20 汇总统计课程号位“3”的学生信息和汇总信息

8.2 高级查询技术

8.2.1 联接查询

联接查询用于实现从两个或多个表中根据各表之间的逻辑关系来查询数据。一个数据库中的多个表之间一般存在着某种内在联系或是相关属性，用户通过联接运算就可以把多张表联接成一张表，这样又回到了之前的简单查询，从而查询的范围可以扩展到多表。

1. 联接的定义方法

T-SQL 提供了两种定义联接的方法，分别是：在 FROM 子句中定义联接、在 WHERE 子句中定义联接。

（1）在 FROM 子句中定义联接

FROM 子句定义联接的语法格式为：

```
SELECT select_list
FROM table JOIN_TYPE table2[ON join_condition]
[WHERE search_condition...]
```

语法说明：

① JOIN_TYPE：联接运算符用于指定连接类型，包括：内连接（INNER JOIN 或 JOIN）、外连接（OUTER JOIN）和交叉连接（CROSS JOIN）。

② join_condition：联接条件表达式。

（2）在 WHERE 子句中定义联接

WHERE 子句定义联接的语法格式为：

```
SELECT select_list
FROM table1,table2
[WHERE join_condition AND search_condition...]
```

提示：

使用 FROM 子句或 WHERE 子句定义联接时，应注意以下几点：

① FROM 子句可以定义各种类型的联接，WHERE 子句只能定义内联接。

② 由于联接查询涉及多个表，所以列的引用必须明确，重复的列名必须使用表名加以限定。为了增加程序的可读性，建议使用表名限定列名。

建议：两种联接方法都可以实现联接查询，第二种方法初学时易于掌握，但只能定义内联接，建议可以先使用第二种方法理解联接查询，熟练后过渡到第一种方法。

2．联接条件

联接条件是通过两张表的相关属性（一般情况是外键）来实现的，多表联接需要两两联接。从下面两个方面实现联接查询：

① 找到要联接的表中要用于联接的列。典型的联接条件是：找到两张表是否存在主外键关系，即一张表的主键，另外一张表存在与其存在参照关系的外键。

② 指定用于比较各列值的逻辑运算符（如 = 或<>），其中等值联接比较常见。

3．联接的类型

连接查询是关系数据库中多表查询的主要形式，分为 3 种类型：交叉连接、内联接和外联接。为了便于理解各种类型的联接运算，假设两个表 R 和 S，R 和 S 中存储的数据如图 8-21 所示。

交叉联接是指返回联接的两个表的笛卡儿积，即结果集中包含两个表中所有行的全部组合。交叉联接的结果集中行的数目等于第一个表的行数与第二个表的行数的乘积。

交叉联接的运算符是 CROSS JOIN。表 R 和表 S 进行交叉联接的结果集如图 8-22 所示。

R

A	B	C
1	2	3
4	5	6

S

A	D
1	2
3	4
5	6

图 8-21　示例表 R 和 S 的数据

R CROSS S

A	B	C	A	D
1	2	3	1	2
1	2	3	3	4
1	2	3	5	6
4	5	6	1	2
4	5	6	3	4
4	5	6	5	6

图 8-22　表 R 和表 S 交叉联接的结果集

内连接是指用比较运算符设置联接条件，返回符合联接条件的数据行。内连接包括 3 种类型：等值连接、自然连接和不等值连接。

① 等值连接：在联接条件中使用等号（=）比较联接的列，返回符合联接条件的行。结果集中包括重复列，显示两次联接列。

② 自然连接：与等值链接的运算规则相同。但结果集中不包括重复列，只显示一次联接列。自然连接的联接列符合典型的联接条件，是具有内在联系的主键和外键列。

③ 不等值连接：在联接条件中使用除去等号以外的其他运算符（>、<、>=、<=、! =）比较联接的列。

内连接运算符是 INNER JOIN 或 JOIN。表 R 和表 S 进行内连接的结果集如图 8-23 所示。

R JOIN S (R.A=S.A)

RA	B	C	S.A	D
1	2	3	1	2

R JOIN S

R.A	B	C	D
1	2	3	4

R JOIN S (R.A>S.A)

R.A	B	C	S.A	D
4	5	6	1	2
4	5	6	1	2

图 8-23 表 R 和表 S 内连接的结果集

4. 外连接

指返回的结果集除了包括符合联接条件的行以外，还返回至少一个联接表的其他行。外联接包括 3 种类型：左外连接、右外连接和全外连接。

① 左外连接：是指通过左向外连接返回左表的所有行，右表中不符合联接条件的行设置为 NULL。运算符是 LEFT OUTER JOIN 或 LEFT JOIN。

② 右外连接：是指通过右向外连接返回右表的所有行，左表中不符合联接条件的行设置为 NULL。运算符是 RIGHT OUTER JOIN 或 RIGHT JOIN。

③ 全外连接：是指返回两个表的所有行，两个表中不符合联接条件的行分别设置为 NULL。运算符是 FULL OUTER JOZN 或 FULL JOZN。表 R 和表 S 进行外连接的结果集如图 8-24 所示。

R LEFT JOIN S (R.A=S.A)

R.A	B	C	S.A	D
1	2	3	1	2
4	5	6	NULL	NULL

R RIGHT JOIN S (R.A=S.A)

R.A	B	C	S.A	D
1	2	3	1	2
NULL	NULL	NULL	NULL	NULL
NULL	NULL	NULL	NULL	NULL

R FULL.JOIN S (R.A=R.S)

R.A	B	C	S.A	D
1	2	3	1	21
4	5	6	NULL	NULL
NULL	NULL	NULL	3	4
NULL	NULL	NULL	5	6

图 8-24 表 R 和表 S 外连接的结果集

【例 8-21】查询学生信息和学生对应的班级的信息。

分析：查询内容涉及了两张表，对两张表进行内连接中的等值连接。

查询代码：

```
USE eduDB
GO
SELECT * FROM Classes JOIN Students
ON Classes.classCode=Students.classCode
GO
```

等价于：

```
USE eduDB
GO
SELECT * FROM Classes,Students
WHERE Classes.classCode=Students.classCode
GO
```

查询结果如图 8-25 所示。

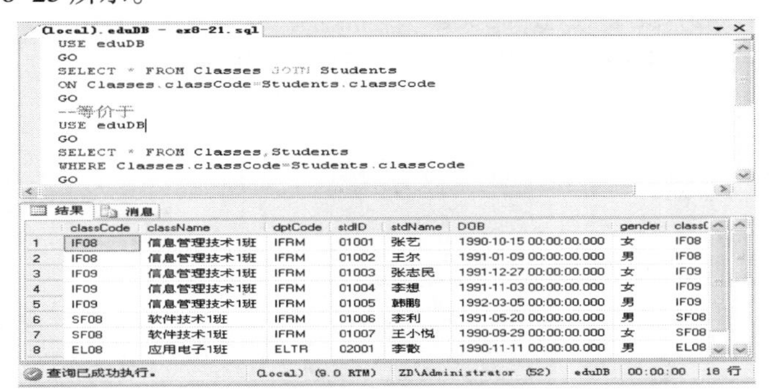

图 8-25　查询学生信息和学生对应的班级的信息

【例 8-22】查询学生信息和学生对应的班级的信息，保留所有的班级信息，即使该班级没有学生。

分析：等值连接是把符合等值连接条件的元组连接后显示输出，如果不满足等值连接条件，元组被忽略。如果一张主表的信息全部保留，使用外连接，主表的位置在连接的左侧使用左外连接（LEFT JOIN），主表的位置在连接的右侧使用右外连接（RIGHT JOIN），如果两张表的信息都要保留使用全连接（FULL JOIN）。

查询语句：

```
USE eduDB
GO
SELECT * FROM Classes LEFTJOIN Students
ON Classes.classCode=Students.classCode
GO
```

查询结果如图 8-26 所示。

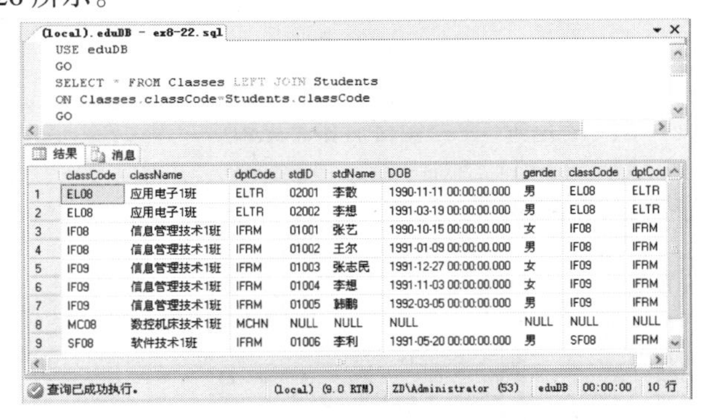

图 8-26　例 8-22 查询结果

【例 8-23】查询和学号为“01003”在同一个班级的学生。

分析：本例题是一个自连接的情况，查询的内容来自同一张表，需要连接的两张表是同一张表，需要为连接的表指定两个别名。

查询语句：

```
USE eduDB
GO
```

```
SELECT Stu2.stdID,Stu2.stdName FROM Students AS Stu1 JOIN Students AS Stu2
ON Stu1.classCode=Stu2.classCode
WHERE Stu1.stdID='01003' AND Stu2.stdID<>'01003'
GO
```

查询结果如图 8-27 所示。

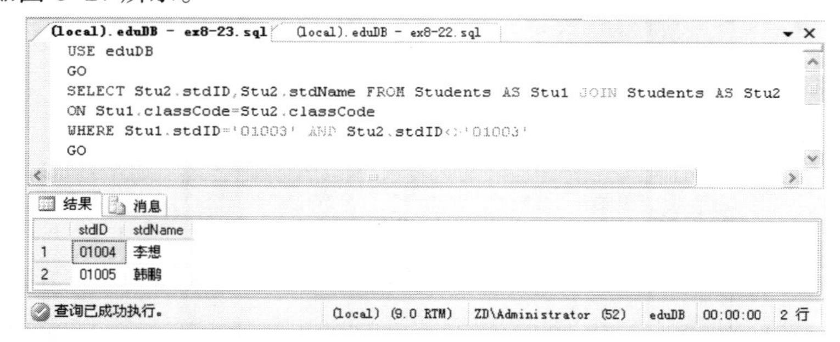

图 8-27 查询和学号为“01003”在同一个班级的学生

【例 8-24】查询选修了“数据库原理与应用”课程的学生的姓名、成绩。

分析：学生姓名在学生表中，成绩在 studying 表中，课程名字在课程表中，查询涉及到了 3 张表，根据 3 张表的关联关系，两两连接。

查询语句：

```
USE eduDB
GO
SELECT Students.stdName,score FROM Students,Studying,Courses
WHERE Studying.stdID=Students.stdID AND Studying.crsID=Courses.crsID
AND crsName='数据库原理与应用'
GO
```

等价于：

```
USE eduDB
GO
SELECT Students.stdName,score FROM Students JOIN Studying
ON Studying.stdID=Students.stdID JOIN Courses
ON Studying.crsID=Courses.crsID
WHERE crsName='数据库原理与应用'
GO
```

查询结果如图 8-28 所示。

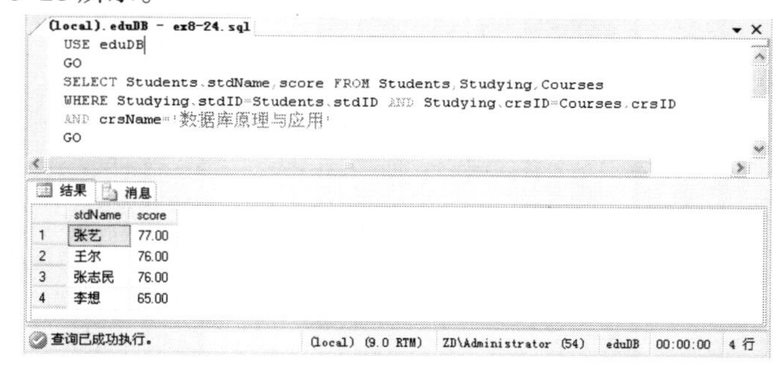

图 8-28 查询选修了“数据库原理与应用”课程的学生的姓名、成绩

8.2.2　子查询

SQL 语言是结构化查询语言，在子查询中，每一个查询块都是符合查询语句的基本结构 SELECT…FROM…WHERE…，使用子查询需要理解数据库的关系图，因为在关系图中体现出了表之间的关联关系，子查询是建立在看懂数据库关系图的基础上，一层一层的查询，每一层的查询结果将作为下一层查询的条件，以此类推。

子查询也称为内部查询，包含子查询的 SELECT 语句称为父查询或外部查询。SQL Server 2005 处理子查询的过程是由内向外，即每个子查询在其上一级父查询处理之前求解。子查询的结果用于建立其父查询的查询条件。

使用子查询时，应注意以下几点：

① 子查询的 SELECT 语句总是使用圆括号括起来。

② 子查询的返回值为单值时，子查询被允许应用于除 WHERE 子句和 HAVING 子句以外的任何表达式。

③ 子查询允许嵌套。

根据子查询的返回结果集不同，子查询分为 3 类：

① 比较子查询。

② IN 子查询。

③ EXISTS 查询。

1．比较子查询

比较子查询是指由一个比较运算符（=、<>、>、>=、<、!>、!<、或<=）引入子查询，且子查询返回的结果是一个一个的值，而不是值列表。

要使用比较子查询，必须对数据和问题的本质非常熟悉，以便了解该子查询实际是否只返回一个值。如果比较子查询返回多个值，Microsoft SQL Sever 2005 将显示错误信息。

【例 8-25】查询班级名“软件技术 1 班”的学生的详细信息。

查询语句：

```
USE eduDB
GO
SELECT * FROM Students
WHERE Students.classCode=
(SELECT classCode FROM Classes
WHERE className='软件技术班')
GO
```

查询结果如图 8-29 所示。

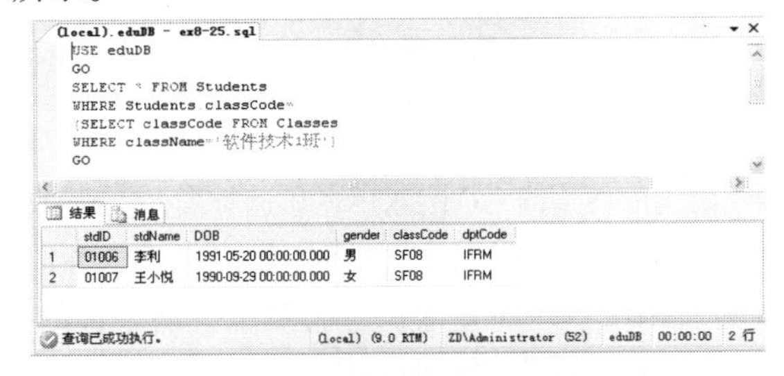

图 8-29　查询班级名“软件技术 1 班”的学生的详细信息

涉及多表的数据查询有时既可以使用连接查询，也可以使用子查询。使用何种查询可以参考以下原则：

① 如果一个查询语句的 SELECT 子句所包含的列来自于多个表时，一般用连接查询。

② 如果一个查询语句的 SELECT 子句所包含的列来自于一个表，而查询条件设计多个表时，一般使用子查询。

③ 如果一个查询语句的 SELECT 子句和 WHERE 子句都涉及一个表，但是 WHERE 子句的查询条件涉及应用集合函数进行数值比较时，一般使用子查询。

2．IN 子查询

IN 子查询是指由 IN（或 NOT IN）运算符引入子查询，且子查询返回的结果是包含零个值或多个值的一个集合。

【例 8-26】查询选修了“数据库原理与应用”课程的学生的详细信息。

分析：通过查询课程表找到“数据库原理与应用”课程的课程号，在选课表中找到课程号对应的学号（可能不止一个学生），查询学生的详细信息。

查询语句：

```
USE eduDB
GO
SELECT * FROM Students
WHERE Students.stdID IN
(   SELECT Studying.stdID FROM Studying
    WHERE crsID=
        (   SELECT crsID FROM Courses
          WHERE crsName='数据库原理与应用')
)
GO
```

查询结果如图 8-30 所示。

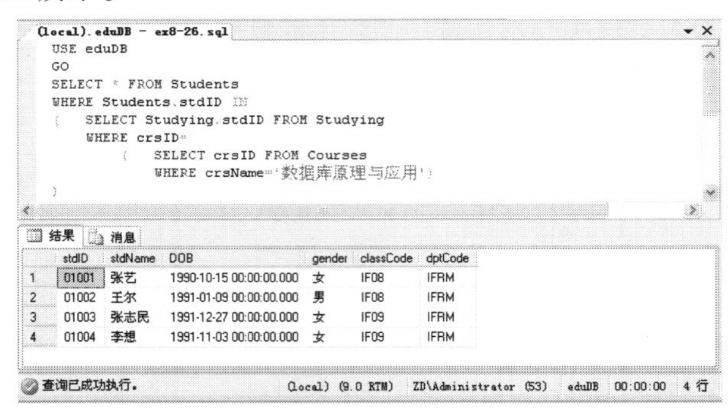

	stdID	stdName	DOB	gender	classCode	dptCode
1	01001	张艺	1990-10-15 00:00:00.000	女	IF08	IFRM
2	01002	王尔	1991-01-09 00:00:00.000	男	IF08	IFRM
3	01003	张志民	1991-12-27 00:00:00.000	女	IF09	IFRM
4	01004	李想	1991-11-03 00:00:00.000	女	IF09	IFRM

图 8-30 查询选修“数据库原理与应用”课程学生的详细信息

3．EXISTS 子查询

EXISTS 子查询是指使用 EXISTS（或 NOT EXISTS）运算符引入子查询，且子查询不返回任何数据，只返回 TRUE 或 FALSE 值。在使用 EXISTS 子查询时，外部查询的 WHERE 子句测试子查询的返回值，如果返回值为 TRUE，外部查询执行满足子查询条件的查询操作；如果返回值为 FALSE，外部查询执行不满足子查询条件的查询操作。

8.2.3 联合查询

联合查询是指将多个 SELECT 语句的结果集进行并运算，组合成为一个结果集。联合查询的运算符是 UNION。

使用 UNION 运算符进行联合查询，应该注意以下几点：

① 使用 UNION 运算符进行联合查询的结果集必须具有相同的结构、列数、兼容的数据类型、一致的列顺序。

② 联合查询返回的结果集中的列名是第一个 SELECT 语句中的列名。如果需要为返回值指定别名，则必须在第一个 SELECT 语句中指定。

模拟一种使用联合查询的情况，假设我们有一个学生管理数据库，数据库中每个年级一张学生表，要求取出 11 级学生的平均成绩前三名，取出 12 级学生平均成绩的前三名，把他们组成一个学生参赛队，这时可以分别对两张表做查询操作取出平均成绩前三名的学生，再把两个查询结果作 UNION 运算。

8.3 Transact-SQL 程序设计

T-SQL（Transact-SQL）是 Microsoft 对标准 SQL 的功能扩充，是 SQL Server 2005 进行数据交互的标准语言。T-SQL 是使用 SQL Server2005 的核心，它为系统处理大量数据提供了必要的结构化处理能力。掌握 T-SQL 是深入学习 SQL Server 2005 的前提。

8.3.1 常量与变量

1. 常量

常量也称为文字值或标量值，是表示一个特定数据值的符号。常量的格式取决于它所表示的值的数据类型。

（1）字符串常量

字符串常量括在单引号内，并包含字母、数字及特殊符号。如果单引号中的字符串包含一个嵌入的单引号，可以使用两个单引号表示嵌入的单引号。

（2）整数常量

整数常量以没有用引号括起来并且不包含小数点的数字字符串来表示。

（3）实数常量

实数常量由没有用引号括起来并且包含小数点的数字字符串来表示。

（4）货币常量

货币常量以前缀为可选的货币符号$的数字字符串来表示。

（5）日期时间常量

日期时间常量使用特定格式的字符日期值来表示，并被单引号括起来。

（6）逻辑常量

逻辑常量使用数字 0 表示 FALSE，使用数字 1 表示 TRUE。如果使用一个大于 1 的数字，则该数字将被转换为 1。

（7）二进制常量

二进制常量具有前缀 0x，并且是十六进制数字字符串。

【例 8-27】分析下列常量的类型：'SQL Server' ，'15 April,2010'，255.999，$20，0xaaa 。

答案：'SQL Server'—字符串常量，'15 April,2010'—时间日期常量，255.999—实数常量，$20 —货币常量， 0xaaa —二进制常量。

2．标识符

在 SQL Server 中，每个数据库对象都有一个名称，这个名称就是数据库对象的标识符。对象标识符是在定义对象时创建的，标识符随后用于引用该对象。通常，在创建数据库对象时需要为数据库对象指定标识符，但是创建某些数据库对象（例如约束）时可以不指定标识符，系统会为该对象指定一个标识符。

SQL Server 中的标识符分为常规标识符和分隔标识符，常规标识符的命名规则包括以下几点。

① 最多可以包含 128 个 Unicode 字符。

② 首字符可以是 Unicode 字符集中的一个字母、下画线或符号$。如果首字符是符号@，则该标识符表示一个局部变量；以两个@开头表示一种系统内置函数；以符号#开头，表示临时数据库对象；以两个#开头，表示全局临时对象。

③ 其余字符可以是 Unicode 字母或者符号@、$、#，如果包含其他字符，则该标识符不是常规标识符，而是分隔标识符。

④ 常规标识符不能是系统保留字，否则该标识符只能作为分隔标识符。分隔标识符需要放在一对中括号中，例如 myObject、_myObject、my_object 都是常规标识符，而[my object]和[FROM]也被认为是合法标识符，只不过它们是分隔标识符。

3．局部变量

和其他任何一种编程语言一样，Transact-SQL 允许用户在运行一批 SQL 语句时创建和使用局部变量作为临时存储器。

（1）声明局部变量

局部变量标识符必须以符号@开头，声明局部变量的语法格式如下所示：

```
DECLARE @localVariable dataType
```

其中，@localVariable 是局部变量的变量名称，dataType 是局部变量的数据类型。

（2）局部变量赋值

可以使用 SET 或 SELECT 语句为局部变量赋值，其语法格式如下所示：

```
SET|SELECT @localVariable=expression
```

其中，expression 可以是常量、函数和表达式。

（3）输出局部变量

使用 PRINT 语句显示输出，PRINT @localVariable

【例 8-28】声明局部变量 num 和 gender，‘男’赋值给 gender，查询学生表，把男生数量赋值给 num，并显示输出。

查询代码：

```
USE eduDB
GO
DECLARE @num int,@gender nchar(2)
SET @gender='男'
SELECT @num=count(*)FROM Students WHERE gender=@gender
```

```
PRINT'性别为'+@gender+'的人数为: '+convert(char(4),@num)
GO
```

查询结果如图 8-31 所示。

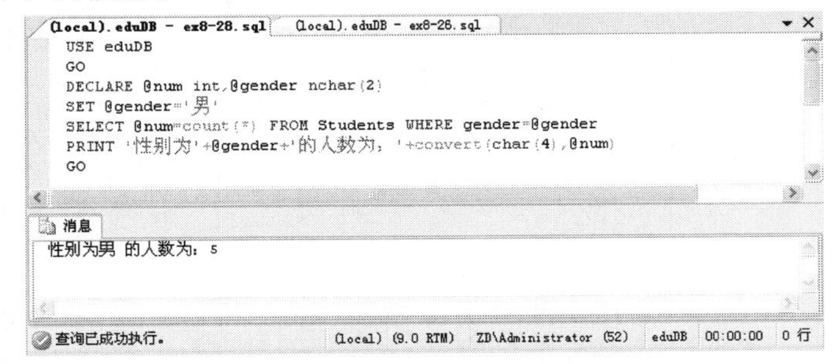

图 8-31　例 8-28 查询结果

4. 全局变量

全局变量是系统内部使用的变量，它以两个@符号开头。全局变量的作用范围是在任何程序内均可以使用。常用全局变量如表 8-3 所示。

表 8-3　全局变量函数

函　　数	功　　能
@@CONNECTIONS	返回 SQL Server 自上次启动以来尝试的连接数，无论连接是成功还是失败
@@NESTLEVEL	返回对本地服务器上执行的当前存储过程的嵌套级别
@@SERVERNAME	返回运行 SQL Server 的本地服务器的名称
@@TRANCOUNT	返回当前连接的活动事务数
@@VERSION	返回当前的 SQL Server 安装的版本、处理器体系结构、生成日期和操作系统

【例 8-29】返回当前的 SQL Server 安装版本信息。

```
SELECT @@VERSION
GO
```

可以将返回的信息复制到记事本等文本编辑工具中，方便查看完整的版本信息。

8.3.2　运算符

运算符是一些符号，它们能够被用来执行算术运算、字符串连接、赋值，以及在字段、常量和变量之间进行比较。SQL Server 2005 中的常用运算符如表 8-4 所示。

表 8-4　SQL Server 2005 的常用运算符

种　　类	运　算　符	说　　明	举　　例
算术运算符	+	加	6+5，结果为 11
	–	减	6–5，结果为 1
	*	乘	6*5，结果为 30
	/	除（取整）	6/5，结果为 1
	%	求余（取模）	6%5，结果为 1

续表

种　　类	运　算　符	说　　明	举　　例
赋值运算符	=	将右侧表达式的值指派给左侧变量，结果为被赋值变量的值	x=6，结果为 6 且变量 x 的值为 6
字符串连接运算符	+	将两个字符串连接起来	'SQL'+'Server'，结果为'SQLServer'
比较运算符	=	相等	6=5，结果为 FALSE
	<>，!=	不等	6<>5，结果为 TRUE
	<，<=	小于，小于等于	6<5，结果为 FALSE
	>，>=	大于，大于等于	6>=5，结果为 TRUE
逻辑运算符	NOT	非(取相反的逻辑值)	NOT(6=5)，结果为 TRUE
	AND	逻辑与运算	(6<5) AND (5<6)，结果为 FALSE
	OR	逻辑或运算	(6<5) OR (5<6)，结果为 TRUE

当构造一个比较复杂的表达式时，可能需要使用不同类型的多个运算符，这时就需要考虑运算符的优先级问题了。当运算符的优先级不同时，先对较高级别的运算符进行运算，然后对较低级别的运算符进行运算。当运算符的优先级别相同时，按照它们在表达式中出现的位置从左到右进行运算。应当注意的是，括号可以改变运算符的运算顺序，如果表达式中有括号，那么应该先计算括号内表达式的值。以上运算符的优先级如表 8-5 所示。

表 8-5　常用运算符的优先级

级　　别	运　算　符	级　　别	运　算　符	级　　别	运　算　符
1	*，/，%	4	NOT	7	=（赋值运算符）
2	+，−，+（字符串连接）	5	AND		
3	=，<>，!=，<，<=，>，>=	6	OR		

8.3.3　函数

函数的作用是帮助用户获取系统的有关信息、执行有关计算、实现数据转换以及统计等功能。表 8-6 列出了 SQL Server 提供的函数类别。

表 8-6　SQL Server 的函数类别

类　　别	内　　容	类　　别	内　　容
配置函数	返回服务器当前配置信息的函数	安全函数	与用户和角色有关的函数
游标函数	返回游标信息的函数	字符串函数	处理文本数据的函数
日期与时间函数	处理日期与时间的函数	系统函数	低级对象处理函数
数学函数	执行数据运算的函数	系统统计函数	返回服务器活动统计信息的函数
元数据函数	返回数据库对象信息的函数	文本与图形函数	处理大型列的函数

这里只介绍部分常用函数，欲了解其他函数，请参考相关图书。

1. 数学函数

表 8-7 列出了部分常用的数学函数。

表 8-7　常用数学函数

函　数	功　能
ABS(数值表达式)	返回表示式的绝对值
CEILING(数值表达式)	返回大于或等于数值表达式的最小整数
FLOOR(数值表达式)	返回小于或等于数值表达式的最大整数
POWER(数值表达式,幂)	返回数值表达式值的指定次幂的值
SQUARE(浮点表达式)	返回浮点表达式的平方值
SQRT(浮点表达式)	返回浮点表达式值的平方根
ROUND(数值表达式,整数表达式)	设置表达式四舍五入为整数表达式所指定的精度
RAND([整数表达式])	返回一个 0~1 之间的随机十进制数

【例 8-30】在课程编号 1~8 中随机查看一门课程的详细信息。

```
USE eduDB
GO
DECLARE @crsIDint
SET @crsID=CEILING(8*RAND())
SELECT *
FROM Courses
WHERE crsID=@crsID
GO
```

2. 字符串处理函数

表 8-8 列出了部分常用的字符串处理函数。

表 8-8　常用字符串处理函数

函　数	功　能
LOWER(字符表达式)	将字符表达式的字母转换为小写
UPPER(字符表达式)	将字符表达式的字母转换为大写
LEN(字符表达式)	返回字符表达式中的字符个数，不计算尾部的空格
LEFT(字符表达式,整数表达式)	从字符表达式的左边返回整数表达式指定个数的字符
RIGHT(字符表达式,整数表达式)	从字符表达式的右边返回整数表达式指定个数的字符
SUBSTRING(字符表达式,整数表达式 1,整数表达式 2)	从字符表达式中返回由整数表达式 1 指定位置开始并且由整数表达式 2 指定个数的字符
STUFF(字符表达式 1,整数表达式 1,整数表达式 2,字符表达式 2)	将字符表达式 1 中由整数表达式 1 指定位置开始并且由整数表达式 2 指定个数的子字符串替换为由字符表达式 2 指定的子字符串
REPLACE(字符表达式 1,字符表达式 2,字符表达式 3)	将字符表达式 1 中与字符表达式 2 相同的子字符串替换为字符表达式 3
REVERSE(字符表达式)	返回字符表达式的逆序
TRIM(字符表达式)	返回删除了前导空格和尾随空格的字符表达式
LTRIM(字符表达式)	返回删除了前导空格的字符表达式
RTRIM(字符表达式)	返回删除了尾随空格的字符表达式

3. 日期时间函数

处理日期和时间数据的函数如表 8-9 所示。

表 8-9 日期和时间处理函数

函　数	功　能
GETDATE()	返回服务器当前的系统日期和时间
GETUTCDATE()	返回当前 UTC（格林尼治）日期和时间
YEAR(日期)	返回“日期”中的年份（整数）
MONTH(日期)	返回“日期”中的月份（整数）
DAY(日期)	返回“日期”中的日子（整数）
DATENAME(日期时间元素,日期)	以字符串形式返回“日期”中由日期时间元素指定的部分
DATEPART(日期时间元素,日期)	以整数形式返回“日期”中由日期时间元素指定的部分
DATEDIFF(日期时间元素,开始日期,结束日期)	返回两个日期之间由日期时间元素指定部分的差值
DATEADD(日期时间元素,整数表达式,日期)	返回在“日期”的指定日期时间元素上加上整数表达式的值后所产生的新日期

日期时间元素及其缩写和取值范围如表 8-10 所示。

表 8-10 日期时间元素及其缩写和取值范围

日期时间元素	缩写	含义	取值范围	日期时间元素	缩写	含义	取值范围
year	yy	年	1753~9999	hour	hh	时	0~23
month	mm	月	1~12	minute	mi	分	1~4
day	dd	日	1~31	quarter	qq	季	0~59
day of year	dy	年日期	1~366	second	ss	秒	0~59
week	wk	周	0~52	millisecond	ms	毫秒	0~999
weekday	dw	周日期	1~7				

【例 8-31】测试日期时间函数。

SQL 语句：

```
DECLARE @now datetime
SET @now=GETDATE()
SELECT '系统当前日期时间'=@now, '月份'=DATENAME(mm,@now), '45 天以后的日期时间
'=DATEADD(dd,45,@now)
GO
```

查询结果如图 8-32 所示。

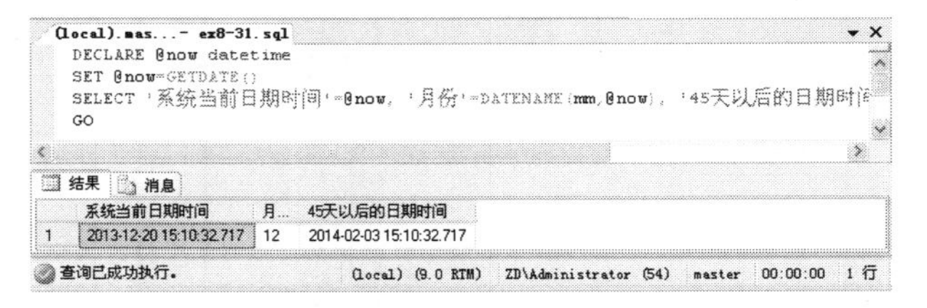

图 8-32 测试日期时间函数

8.3.4 控制语句

使用Transact-SQL语言编程时，经常需要按照指定的条件进行控制转移或重复执行某些操作，这类任务可以通过流程控制语句来实现。Transact-SQL 语言使用的流程控制命令与常见的程序设计语言类似，主要有以下几种：

1. BEGIN...END

BEGIN...END 用于将多个 Transact-SQL 语句组合成为一个程序块（相当于许多高级语言中的复合语句），位于 BEGIN 和 END 之间的所有语句被视为一个单元来执行。当控制语句中须执行两条或两条以上的语句时，需要用 BEGIN...END 将它们括起来。

BEGIN...END 经常在 IF...ELSE 语句、WHILE 语句、CASE 等语句中使用。在 BEGIN...END 中还可以嵌套其他的 BEGIN...END 来定义另一个程序块。

2. CASE

CASE 表达式用来简化 SQL 表达式，它可以用在任何允许使用表达式的地方，并根据条件的不同而返回不同的值。CASE 表达式有两个使用格式。

（1）简单 CASE 表达式

```
CASE <测试表达式>
    WHEN <简单表达式1> THEN <结果表达式1>
     [WHEN <简单表达式2> THEN <结果表达式2>
     [...]]
     [ELSE <结果表达式n>]
END
```

如果某个简单表达式的值与测试表达式的值相等，则返回相应结果表达式的值。

【例 8-32】根据教师的职称显示教师的级别。

SQL 语句：

```
USE eduDB
GO
SELECT '姓名'=tchName,'级别'=
    CASE proTitle
        WHEN '助教' THEN '初级'
        WHEN '讲师' THEN '中级'
        ELSE '高级'
END
FROM Teachers
GO
```

（2）搜索 CASE 表达式

```
CASE
    WHEN <布尔表达式1> THEN <结果表达式1>
    [WHEN <布尔表达式2> THEN <结果表达式2>
    [...]]
    [ELSE <结果表达式n>]
END
```

返回第一个取值为 TRUE 的布尔表达式所对应的结果表达式的值。

【例 8-33】根据学生所选修课程成绩的不同显示不同的成绩等级。

SQL 语句：

```
USE eduDB
GO
SELECT '学生'=s.stdName, '课程'=c.crsName, '等级'=
   CASE
      WHEN y.score>=90 THEN '优秀'
      WHEN y.score>=70 THEN '良好'
      WHEN y.score>=60 THEN '及格'
      WHEN y.score>=0 THEN '不及格'
      ELSE '无成绩'
   END
FROM Students s JOIN Studying y ON s.stdID=y.stdID
            JOIN Courses c ON y.crsID=c.crsID
GO
```

3. IF…ELSE

IF…ELSE 语句的语法结构如下所示：

```
IF <条件表达式>   <语句 1>
[ELSE  <语句 2>]
```

其中“条件表达式”的值必须是逻辑值。ELSE 子句是可选项。当条件表达式的值为真时，就执行“语句 1”，否则执行“语句 2”。其中“语句”可以是单条语句也可以是程序块。

4. WHILE

WHILE 语句通过布尔表达式来设置一个条件，当这个条件成立时，重复执行一个语句或语句块，直到条件不成立时退出循环，继续执行后面的语句。WHILE 语句的语法形式如下所示：

```
WHILE <条件表达式>
   BEGIN
      <语句 1>
   [BREAK]
      <语句 2>
       [CONTINUE]
      <语句 3>
   END
```

BREAK 命令可以使程序流程跳出当前循环；CONTINUE 命令可以使程序流程结束本次循环并进入下一次循环的判断。

【例 8-34】求出 150 到 180 之间的所有素数。

SQL 语句：

```
DECLARE @i int,@t int
SET @i=150
WHILE @i<=180
    BEGIN
       SET @t=2
       WHILE @t<@i
          BEGIN
              IF @i%@t=0
                 BREAK
              SET @t=@t+1
```

```
            END
        IF @t>=@i
            PRINT @i
        SET @i=@i+1
    END
```

运行结果如图 8-33 所示。

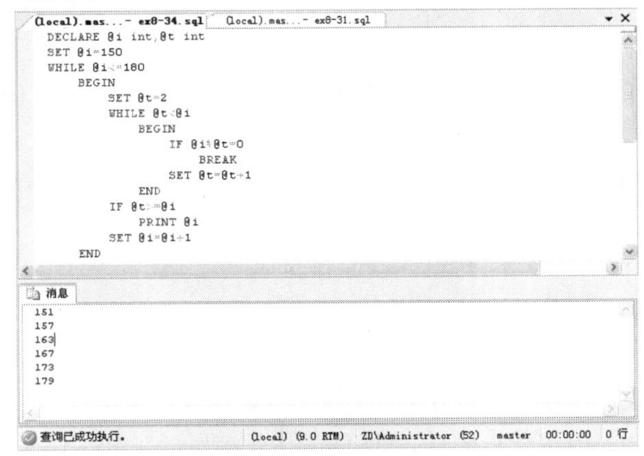

图 8-33 求出 150 到 180 之间的所有素数

5. RETURN

RETURN 语句无条件终止查询、存储过程或批处理。存储过程或批处理中 RETURN 语句后面的语句都不执行。当在存储过程中使用 RETURN 语句时，此语句可以指定返回给调用应用程序、批处理或过程的整数值。如果 RETURN 未指定，则存储过程返回 0。大多数存储过程按常规使用返回代码表示存储过程的成功或失败。没有发生错误时存储过程返回 0，任何非 0 值表示有错误发生。

使用 RETURN 语句的语法形式如下所示：

```
RETURN [整数表达式]
```

8.3.5 批处理与注释

1. 批处理

批处理是包含一个或多个 T-SQL 语句的组，它从应用程序一次性地发送到 SQL Server 2005 中执行。SQL Server 2005 将批理的语句编译成一个可执行单元，称为执行计划。T-SQL 使用 GO 语句表示批处理的结束，如果省略 GO 语句，则程序作为单个批处理执行。

批处理遵循以下原则：

① 大多数 CREATE 命令不能与其他语句组合成为同一个批处理中，包括 CREATE FUNCTION、CREATE PROCEDURE、CREATE TRIGGER 和 CREATE VIEW 语句。但 CREATE DATABASE、CREATE TABLE、 CREATE INDEX 语句例外。

② 如果执行存储过程的语句是批处理中的第一条语句，则不需要使用 EXECUTE 命令；否则，需要使用 EXECUTE 命令执行存储过程。

③ 不能在同一个批处理中修改表表结构，然后引用新例。

2. 注释

程序中起到提示作用并不被执行的部分，主要用于对程序代码中的说明或提示。在 SQL Server 2005 中，T-SQL 提供两类注释字符。

注释的两种方法：

① --：用于单行注释。

② /*…*/：用于多行注释。

写注释是一种很好的代码书写习惯，方便自己和他人阅读代码。学习使用注释可以帮助更好、更有效地写出 SQL 脚本。

8.3.6 数据库异常处理

1. TRY…CATCH 异常处理语句

可以使用 TRY...CATCH 语句捕获 Transact-SQL 代码中的错误。TRY…CATCH 语句包括两部分，一个 TRY 块和一个 CATCH 块。如果在 TRY 块所包含的 Transact-SQL 语句中检测到错误，控制将被传递到 CATCH 块。所以，可以在 CATCH 块中处理该错误。

TRY 块以 BEGIN TRY 语句开头，以 END TRY 语句结尾。在 BEGIN TRY 和 END TRY 语句之间可以指定一个或多个 Transact-SQL 语句。

CATCH 块必须紧跟 TRY 块。CATCH 块以 BEGIN CATCH 语句开头，以 END CATCH 语句结尾。在 Transact-SQL 中，每个 TRY 块仅与一个 CATCH 块相关联。

2. 错误函数

CATCH 块的作用域内使用系统提供的错误函数来检索错误信息，如表 8-11 所示。

表 8-11 系统的错误函数

函 数 名	说 明
ERROR_NUMBER()	表示返回错误号
ERROR_MESSAGE()	表示返回错误消息的完整文本
ERROR_SEVERITY()	表示返回错误严重性
ERROR_STATE()	表示返回错误状态号
ERROR_LINE()	表示返回错误所在程序的行号
ERROR_PROCEDURE()	表示返回出现错误的存储过程或触发器的名称

3. @@ERROR 全局变量

@@ERROR 全局变量是以以前版本的 SQL Server 检测 T-SQL 语句中错误的主要方式。

如果上一个 T-SQL 语句执行成功，@@ERROR 将返回 0；如果 T-SQL 语句执行错误，@@ERROR 将返回错误号。

因为每一个 T-SQL 语句完成时，@@ERROR 都会获得一个新值，可以采用以下两种方法之一处理@@ERROR：

① 在 T-SQL 语句完成后，立即测试或使用@@ERROR。

② 在 T-SQL 语句完成后，立即将@@ERROR 保存到整型变量中，此变量的值可供以后使用。

【例 8-35】捕获语句执行过程中出现的错误。

SQL 语句：

```
USE eduDB
GO
CREATE TABLE T1(col int)
GO
BEGIN TRY
   INSERT INTO T1 VALUES('First row')
END TRY
BEGIN CATCH
   SELECT   ERROR_NUMBER() AS 错误号,
            ERROR_SEVERITY() AS 错误严重性,
            ERROR_STATE() AS 错误状态号,
            ERROR_LINE() AS 错误行号,
            ERROR_MESSAGE() AS 错误消息
   ROLLBACK TRANSACTION
END CATCH
GO
```

运行结果如图 8-34 所示。

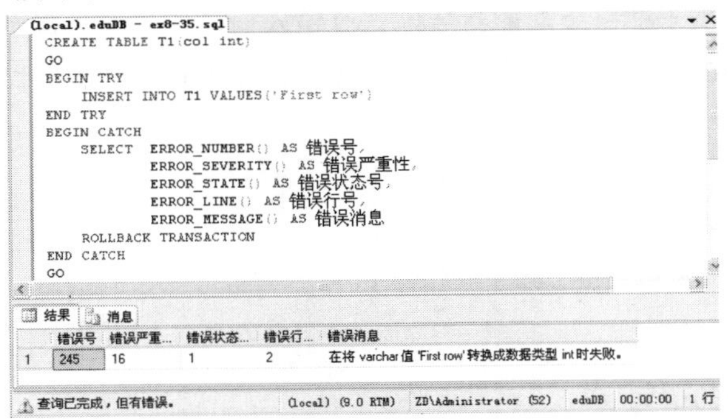

图 8-34　捕获错误

8.4　存 储 过 程

存储过程（Stored Procedure）是使用 SQL Server 2005 所提供的 T_SQL 语言编写的程序，SQL Server 不仅提供了用户自定义存储过程的功能，而且也提供了许多可作为工具使用的系统存储过程。

存储过程是数据库中常见的可编程对象。存储过程常用于应用程序访问数据库的接口，不仅提高访问数据库的速度和效率，还提高了应用程序访问数据库的安全性。

常见的存储过程分两类：系统提供的存储过程和用户自定义的存储过程。系统提供的存储过程是系统自动创建的，并以 sp_为前缀。在 SQL Server 2005 中，许多管理活动都可以使用系统存储过程来执行。用户自定义存储过程是由用户创建并完成某一项功能的存储过程，存储在所属的数据库中。

1. 存储过程的特点

使用存储过程而不使用存储在客户计算机本地的 T_SQL 程序的原因主要是存储过程具有以下特点。

（1）允许模块化程序设计

存储过程只需创建一次便可作为数据库中的对象之一存储在数据库中，以后各用户即可在程序中调用该过程任意次。

（2）执行速度更快

存储过程只在第一次执行时需要编译并且被存储在存储器内，其他次执行就可以不必由数据引擎一再翻译，从而提高了执行速度。

（3）提高应用程序安全性

应用程序代码中不会再出现大量的SQL语句，泄露数据库信息，同时对于没有直接执行存储过程中某个语句权限的用户，也可以授予他们执行该存储过程的权限。

（4）减少网络流量

如果SQL代码写在程序中，执行该操作时需要把该SQL带代码通过网络发送到数据库服务器，一个需要几十行甚至数百行的T_SQL代码的网络传输和仅传输一个存储过程名字及参数相比，网络传输量相差甚远，如果不使用存储过程，当并发数量增大时，网络的负担就变得越来越重了。

（5）模块化的设计思想，便于代码复用和移植。

定义存储过程就相当于把一个功能封装好，有输入输出参数作为接口，需要该功能时直接调用存储过程，传递参数即可，不需要重复大量的代码，作为独立的功能模块便于代码移植。

2．存储过程语句

（1）创建存储过程的语句

```
CREATE PROCEDURE [存储过程名]
    [{@参数名数据类型}[=默认值][OUTPUT]][,…n]
    AS
    程序行
```

（2）执行存储过程的语句

```
[[EXEC]UTE][@返回值=]
    {存储过程名的变量}
    [[@参数名=]{参数值}|@变量[OUTPUT]][,…n]
```

（3）修改存储过程

```
ALTER PROCEDURE [存储过程名]
    [{@参数名数据类型}[=默认值][OUTPUT]][,…n]
    AS
    程序行
```

（4）删除存储过程

```
DROP PROCEDURE [存储过程名]
```

8.4.1 定义和执行不带参数的存储过程

1．创建不带参数的存储过程

【例 8-36】创建存储过程proc_crs_insert。功能是对课程表进行插入一条新记录的操作。

数据为：课程名“数据挖掘”，学分：2。

SQL语句：

```
USE eduDB
```

```
GO
CREATE PROCEDURE proc_crs_insert
AS
   IF EXISTS(SELECT * FROM Courses WHERE crsName='数据挖掘')
       PRINT'错误！有重复数据录入！'
   ELSE
      INSERT INTO Courses(crsName,credit)VALUES('数据挖掘','2')
GO
```

2. 执行不带参数的存储过程

SQL 语句：

```
EXEC proc_crs_insert
```

等价于：

```
EXECUTE proc_crs_insert
```

提示：

执行存储过程可以用 EXECUTE，也可以使用缩写的 EXEC。

8.4.2　定义和执行带参数的存储过程

1. 创建带参数的存储过程

【例 8-37】创建存储过程 proc_crs_insert2。功能是对课程表进行插入一条新记录的操作。记录值由参数提供。

SQL 语句：

```
USE eduDB
GO
CREATE PROCEDURE proc_crs_insert2
@cName nvarchar(50),@ccredit tinyint
AS
   BEGIN TRY
      INSERT INTO Courses(crsName,credit)VALUES(@cName,@ccredit)
   END TRY
   BEGIN CATCH
      PRINT ERROR_MESSAGE()
   END CATCH
GO
```

2. 执行带参数的存储过程

SQL 语句：

```
EXEC proc_crs_insert2 '操作系统',2
```

8.4.3　定义和执行带输出参数的存储过程

1. 创建带输出参数的存储过程

【例 8-38】定义存储过程 proc_studying_select，输入参数为课程号，输出参数为该门课程的最高分、最低分、平均分。

SQL 语句：

```
USE eduDB
GO
CREATE PROCEDURE proc_Studying_select
```

```
@cID nvarchar(50),
@max decimal(4,1)OUTPUT,@min decimal(4,1)OUTPUT,@avg decimal(4,1)OUTPUT
AS
    IF NOT EXISTS(SELECT*FROM Studying WHERE crsID=@cID )
        BEGIN
            RAISERROR('输入的课程编号不存在！',16,1)
            RETURN
        END
    ELSE
        SELECT @max=MAX(score),@min=MIN(score),@avg=AVG(score)
        FROM Studying
        WHERE crsID=@cID
GO
```

2. 执行带输出参数的存储过程

SQL 语句：

```
DECLARE @e_max decimal(4,1),@e_min decimal(4,1),@e_avg decimal(4,1)
exec proc_Studying_select '1',@e_max OUTPUT,@e_min OUTPUT,@e_avg OUTPUT
PRINT'课程号：'+'最高分：'+convert(char(4),@e_max)+'最低分：'+convert(char(4),
@e_min)+'平均分：'+convert(char(4),@e_avg)
```

思考与练习

一、选择题

1. T-SQL 使用（　　）符号表示单行注释。

   A. /*　　B. ?　　C. --　　D. /

2. WHERER 子句用于指定（　　）。

   A. 查询结果的分组条件　　B. 组或聚合的搜索条件

   C. 限定返回行的搜索条件　　D. 结果集的排序方式

3. 要查询 XSH 数据库的 CP 表中“产品名称”列的值含有“冰箱”的产品情况，可用的命令(　　)。

   A. SELECT*FROM CP WHERE 产品名称 LIKE'冰箱'

   B. SELECT*FROM XSH WHERE 产品名称 LIKE'冰箱'

   C. SELECT*FROM CP WHERE 产品名称 LIKE'%冰箱%'

   D. SELECT*FROM CP WHERE 产品名称 LIKE='冰箱%'

4. 下列关于联合查询的描述中，错误的是（　　）。

   A. UNION 运算符可以将多个 SELECT 语句的结果集合成一个结果集

   B. 多个表进行联合的结果集必须具有相同的结构、列数和兼容的数据类型

   C. 联合查询的多个 SELCT 查询语句中都可以包含 ORDER BY 子句

   D. 联合查询后返回的列名是第一个查询语句中列的列名

5. 连接查询中的外联接只能对（　　）个表进行

   A. 两　　B. 三　　C. 四　　D. 任意

6. SELECTnumber=学号,name=姓名,mark=总学分 FROM XS WHERE 专业名='计算机',表示(　　)。

   A. 查询 XS 表中计算机系的学生的学号、姓名和总学分

   B. 查询 XS 表中计算机系的学生的 number、name 和 mark

C. 查询 XS 表中的学生的学号、姓名和总学分

D. 查询 XS 表中计算机系的学生的记录

7. 可以与通配符一起使用进行查询的运算符（ ）。

A. IN　　B. =　　C. LIKE　　D. IS

8. 下列关于批处理的描述中，错误的是（ ）。

A. 批处理包含一个或多个 T-SQL 语句

B. 批处理使用 GO 作为结束标志

C. 如果执行存储过程的语句是批处理中的第一条语句，则不需要使用 EXECUTE 命令

D. 批处理能够将 T-SQL 语句从一台计算机转移到另一台计算机

9. 字符串函数 substring('SQLServer2005',5,6)的返回值是（ ）。

A. SQL S　　B. SQL Se　　C. Server　　D. r2005

10. 下列用于将多个 T-SQL 语句定义为一个逻辑单元执行的语句是（ ）。

A. BEGIN… END　　B. IF… ELSE　　C. WHILE　　D. RETURN

11. 下列关于储存过程的描述中，错误的选项是（ ）。

A. 储存过程是 SQL Server 服务器上一组预编译的 T-SQL 语句

B. 如果储存过程是批处理的第一条语句，可以省略 EXECUPTE 命令

C. 以 sp_开头的系统储存过程储存在 master 数据库中

D. 储存过程只能接受参数，不能返回输出参数

12. 下列关于储存过程的描述中，正确的是（ ）。

A. 储存过程体只能由 SELECT 语句组成

B. 储存过程体能调用其他的储存过程

C. 储存过程不能够接受输入参数和输出参数

D. 储存过程只是语句的集合，不是数据库对象

二、简答题

1. 简述变量的类型及其作用范围。
2. SELECT 语句的作用。
3. WHERE 语句与 HAVING 子句的区别是什么?
4. 联接查询的类型有哪些?
5. 简述子查询的含义及其分类。
6. 简述子查询与联接查询的应用原则。
7. 储存过程具有什么特点?
8. 储存过程的作用是什么?
9. SQL Server 2005 中常用的处理数据库错误的方法有哪些?

实 践 练 习

1. 在数据库 books 中进行简单查询

目的：熟练使用 SELECT 子句、WHERE 子句和 ORDER 子句。

内容：

（1）查询顾客表 Customers，查询顾客编号 cstID、顾客名称 cstName 和顾客 E-Mail 地址。

（2）查询订单表 Orders，查询下单日期是 2013 年的订单详细信息。

（3）查询顾客表 Customers，查询顾客编号 cstID、顾客名称 cstName，并且分别以中文指定别名，且查询结果按照 cstID 降序排序。

（4）查询顾客表 Customers，查询顾客名称以“c”结尾的顾客的详细信息。

2. 在数据库 books 中进行汇总查询

目的：熟练使用集合函数、CROUP BY 子句、HAVING 子句和 COMPUTE 子句。

内容：

（1）查询图书表 Books，按照图书类别编号 ctgID 分组，检索每组对应的图书数量。

（2）查询订单表 Orders，按照图书编号 bookID 分组，统计订单数大于 2 的每个图书的图书编号及订单数。

（3）查询订单表 Orders，按照顾客编号 cstID 分组，明细汇总每个顾客的订单信息及订购图书的总数量。

3. 在数据库 books 中进行复杂查询

目的：能够灵活运用联合、联接和子查询。

内容：

（1）联合查询：查询表 Orders，把前三个记录和后两个记录显示出来。

（2）联接查询：检索表 Customers、Books、Orders，查询订单编号 OrderID、客户名称 cstName、图书名称 bookID、订单数量 quantity、订购日期 orderDate.

（3）子查询：检索表 Books、Orders，查询 2 号顾客的 E-Mail。

4. 使用存储过程

目的：熟悉存储过程的使用

（1）定义存储过程，sp_order 用于记录订单使用。

（2）定义存储过程，sp_updatepay 用于付款后，自动更新订单表，更新已付款信息。

第9章　视图与索引

学习目标

- 理解视图的概念及视图与表之间的关系。
- 掌握视图的创建和管理的方法。
- 掌握通过视图操纵数据的方法。
- 理解索引的概念和作用。
- 理解聚集索引和非聚集索引的区别。
- 掌握创建和管理索引的方法。
- 掌握索引的维护技术。

注意，首先运行脚本文件创建数据库 eduDB 及数据表。9.1 节运行“章前脚本-第 9 章视图与索引-1.sql”；9.2 节运行“章前脚本-第 9 章视图与索引-2.sql”（可在网站下载）

9.1　视图的定义与应用

视图是关系数据库系统提供给用户以多种角度观察数据库中数据的重要机制。在用户看来，视图是通过不同角度去看实际表中的数据，就像一个窗口，通过窗口去看外面的楼房，可以看到楼房的不同部分，而透过视图用户可以看到数据表中自己需要的内容。

9.1.1　视图概述

视图（View）是一种数据库对象，是从一个或多个数据表或视图中导出的虚拟表，视图并不存放任何物理数据，只是用来查看数据的窗口，用来显示一个查询结果。视图的结构和数据是对数据表进行查询的结果，为视图提供数据的表称为基表。图 9-1 所示为从 3 个表建立一个视图。

视图和数据表在使用时很类似，但二者之间还存在着区别：

① 数据表中存放的是物理存在的数据，而视图中存储的是查询语句，并不存储视图查询的结果集。

② 视图中的数据源于基表，是在视图被引用时动态生成的，当基表中的数据发生变化时，由视图查询出的数据也随之变化。

③ 通过视图更新数据时，实际上是对基表进行数据更新。

④ 视图可以是表的一部分，也可以是多个基表的联合。

视图对象经常被用户使用，因为它有许多优点：

① 视图数据针对性强。视图能将用户感兴趣的数据集中在一起，而不必担心存储空间问题。

② 视图可以简化数据操作。视图可将复杂的查询封装起来，每次执行相同查询时，不必重

写复杂的查询语句，只需一条简单的查询视图语句即可查询到想要的数据。

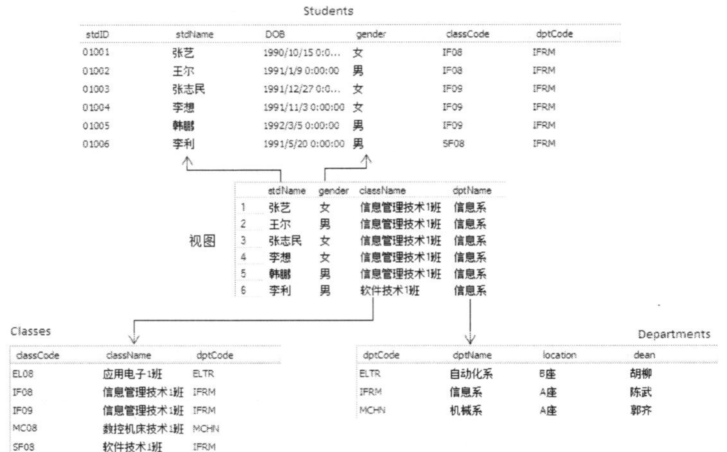

Students

stdID	stdName	DOB	gender	classCode	dptCode
01001	张艺	1990/10/15 0:0...	女	IF08	IFRM
01002	王尔	1991/1/9 0:00:00	男	IF08	IFRM
01003	张志民	1991/12/27 0:0...	女	IF09	IFRM
01004	李想	1991/11/3 0:00:00	女	IF09	IFRM
01005	韩鹏	1992/3/5 0:00:00	男	IF09	IFRM
01006	李利	1991/5/20 0:00:00	男	SF08	IFRM

视图

	stdName	gender	className	dptName
1	张艺	女	信息管理技术1班	信息系
2	王尔	男	信息管理技术1班	信息系
3	张志民	女	信息管理技术1班	信息系
4	李想	女	信息管理技术1班	信息系
5	韩鹏	男	信息管理技术1班	信息系
6	李利	男	软件技术1班	信息系

Classes

classCode	className	dptCode
EL08	应用电子1班	ELTR
IF08	信息管理技术1班	IFRM
IF09	信息管理技术1班	IFRM
MC08	数控机床技术1班	MCHN
SF08	软件技术1班	IFRM

Departments

dptCode	dptName	location	dean
ELTR	自动化系	B座	胡柳
IFRM	信息系	A座	陈武
MCHN	机械系	A座	郭齐

图 9-1　从 3 个表建立一个视图

③ 视图可以对机密数据提供安全保护。系统通过用户权限的设置，允许用户通过视图访问特定的数据，而不授予用户直接访问基表的权限，以便有效地保护其表中的数据。

④ 视图作为外模式，面向不同用户，非常灵活。

9.1.2　视图的定义

1. 创建视图

创建视图的语法格式如下所示：

```
CREATE VIEW [ schema_name. ] view_name [ (column [ ,...n ] ) ]
[ WITH <view_attribute> [ ,...n ] ]
AS select_statement [ ; ]
[ WITH CHECK OPTION ]

<view_attribute> ::= {  [ ENCRYPTION ]   [ SCHEMABINDING ] }
```

语法说明：

① schema_name 是视图在数据库中所属架构的名称，默认架构 dbo。

② view_name 是新建视图的名称。视图名称必须符合标识符命名规则。

③ column 是视图中的列名。当视图中的列是派生列，或者多个列具有相同名称时，必须指定该参数，或在 SELECT 语句中为列指定别名。如果没有指定列名，其列名由 SELECT 语句指派。一个视图最多只能引用 1024 个列。

④ ENCRYPTION 表示对视图的定义加密，使得任何人，包括视图创建者都不能看到视图的定义。

⑤ SCHEMABINDING 表示在删除该视图之前，不能删除该视图所应用的任何表、视图或函数。

⑥ SelectStatement 是定义视图的 SELECT 语句。该语句可以使用多个表或其他视图。

⑦ WITH CHECK OPTION 表示强制视图上执行的所有数据更新操作都必须符合由 Select Statement 中的 WHERE 子句中设置的条件。

提示：

视图定义中的 SELECT 语句可以进行任何复杂度的数据查询，但必须遵守以下几个原则：

不能使用 INTO 子句。

不能使用 COMPUTE...[BY]子句。

不能使用 ORDER BY 子句，除非 SELECT 子句使用了关键字 TOP。

不能引用临时表或表变量。

【例 9-1】 在 eduDB 数据库中创建一个名为 StuInfo 的加密视图。该视图包含学生的详细信息及班级和所属系部信息。

```
USE eduDB
GO
CREATE VIEW StuInfo
WITH ENCRYPTION
AS
SELECT S.*,C.ClassName,D.dptName
FROM students S INNER JOIN Classes C ON S.classCode=C.classCode
INNER JOIN Departments D ON S.DptCode=D.DptCode
GO
```

【例 9-2】 在 eduDB 数据库中创建一个名为 TeacherInfo 的视图。该视图包含所有职称为"副教授"的教师的详细信息和所属系部信息，要求强制检查选项。

```
USE eduDB
GO
CREATE VIEW TeacherInfo
AS
SELECT T.*,D.dptName
FROM Teachers T INNER JOIN Departments D ON T.DptCode=D.DptCode
WHERE proTitle='副教授'
WITH CHECK OPTION
GO
```

提示：

在对象资源管理器中查看视图，如图 9-2 所示。发现例 9-2 创建的视图 TeacherInfo 的图标不加锁，而例 9-1 创建的视图 StuInfo 的图标加锁，这是因为视图 StuInfo 为加密视图，加密视图不能在 SSMS 中进行修改，故而加锁以示提醒。

图 9-2　视图

【例 9-3】 在 eduDB 数据库中创建一个名为 Stugroup 的视图。该视图按班号对学生分组，查询各班学生人数。要求使用 SCHEMABINDING 选项，保证视图在被删除前，不可以删除或修改 Students 表。

```
USE eduDB
GO
CREATE VIEW Stugroup(ClassCode,Stucount)
WITH SCHEMABINDING
AS
SELECT ClassCode,count(*) FROM dbo.Students
Group BY ClassCode
GO
```

提示：

视图不是必须的数据库对象，如果创建视图的优势明显，才会创建视图，否则创建没用的视图只会浪费空间。

如果某用户只拥有视图的查询权限，而没拥有基表的查询权限，该用户无法进行视图查询。只有拥有基表及视图的查询权限的用户才能方便地使用视图查询数据。

2. 查看视图

创建视图时，视图的名称存储在 sysobjects 表中。有关视图中所定义的列的信息添加到 syscolumns 表中，而有关视图相关性的信息添加到 sysdepends 表中。另外，CREATE VIEW 语句的文本添加到 syscomments 表中。当首次执行视图时，只有其查询树存储在过程高速缓存中。每次访问视图时，都重新编译其执行计划。

检索视图中所定义的列的信息，其语法格式如下：

```
SELECT c.id, c.text
FROM syscomments c, sysobjects o
WHERE c.id = o.id and o.name='<视图名>'
```

【例 9-4】 查看视图 StuInfo 的定义信息。

```
USE eduDB
GO
SELECT c.id, c.text
FROM syscomments c, sysobjects o
WHERE c.id=o.id and o.name='StuInfo'
GO
```

提示：

Text 列显示的是视图的定义文本，如果为 Null，则表示该视图为加密视图。

也可使用系统存储过程 sp_helptext 查看视图定义。sp_helptext 的语法格式为：

```
sp_helptext [ @objname=] 'object_name'
```

语法说明

[@objname =] 'object_name'是要查看定义信息的视图名。

【例 9-5】 使用存储过程 sp_helptex 查看视图 StuInfo 和 TeacherInfo 的定义信息。执行结果如图 9-3 和图 9-4 所示。

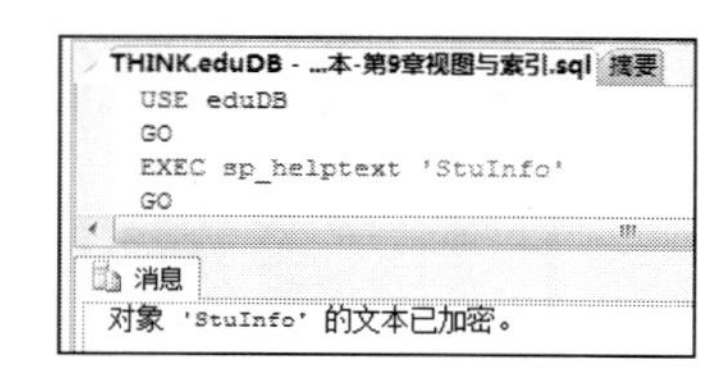

图 9-3 StuInfo 视图的定义信息

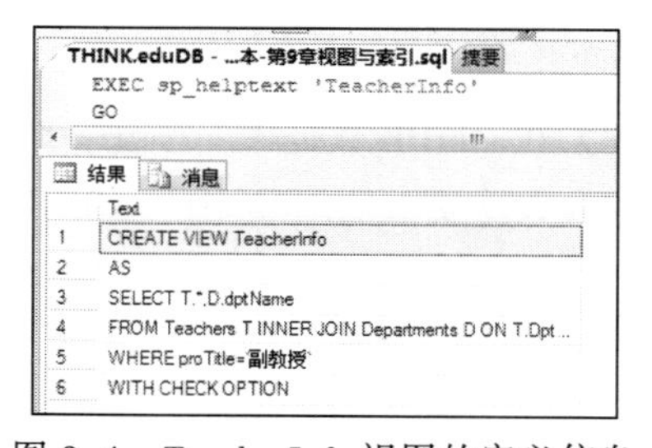

图 9-4 TeacherInfo 视图的定义信息

```
USE eduDB
GO
EXEC sp_helptext 'StuInfo'
GO
```

```
EXEC sp_helptext 'TeacherInfo'
GO
```

3. 修改视图

修改视图的语法格式如下所示：

```
ALTER VIEW  [ schema_name. ] view_name [ (column [ ,...n ] ) ]
[ WITH <view_attribute> [ ,...n ] ]
AS
select_statement
[ WITH CHECK OPTION ]
<view_attribute>::={[ ENCRYPTION ][ SCHEMABINDING ] }
```

【例 9-6】修改视图 StuInfo，取消加密。并使该视图只包括所有女生的详细信息及班级和所属系部信息。

```
USE eduDB
GO
ALTER VIEW StuInfo
AS
SELECT S.*,C.ClassName,D.dptName
FROM students S INNER JOIN Classes C ON S.classCode=C.classCode
INNER JOIN Departments D ON S.DptCode=D.DptCode
WHERE gender='女'
GO
```

4. 删除视图

不需要的视图，就可以删除。视图删除不会影响基表及其数据。

删除视图的语法格式如下所示：

```
DROP VIEW [ schema_name. ] view_name [ ...,n ]
```

【例 9-7】删除视图 Stugroup。

```
USE eduDB
GO
DROP VIEW Stugroup
GO
```

9.1.3　视图的应用

SQL Server 2005 允许用户采用操纵表的方法操纵视图，即对视图进行 SELECT、UPDATE、INSERT、DELETE 操作。但由于视图只是虚表，并不存储数据，因此通过视图操纵数据将被转换为对基表进行数据操纵。

1. 通过视图查询数据

通过视图进行数据查询不受任何限制。

【例 9-8】通过视图 StuInfo 查看所有女生的详细信息，以及班级和所属系部信息。

```
USE eduDB
GO
SELECT * FROM StuInfo
GO
```

运行结果如图 9-5 所示。

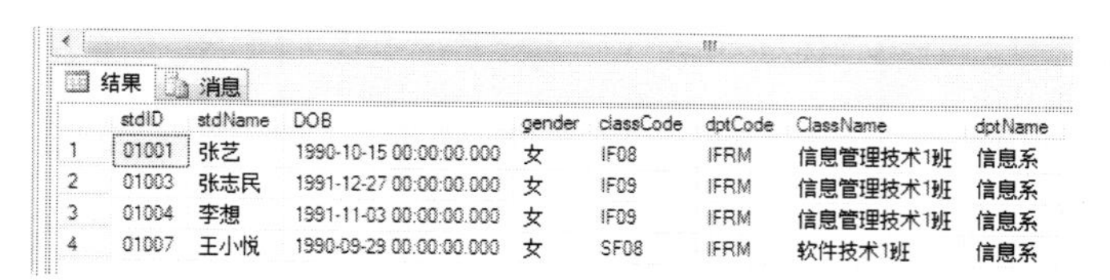

	stdID	stdName	DOB	gender	classCode	dptCode	ClassName	dptName
1	01001	张艺	1990-10-15 00:00:00.000	女	IF08	IFRM	信息管理技术1班	信息系
2	01003	张志民	1991-12-27 00:00:00.000	女	IF09	IFRM	信息管理技术1班	信息系
3	01004	李想	1991-11-03 00:00:00.000	女	IF09	IFRM	信息管理技术1班	信息系
4	01007	王小悦	1990-09-29 00:00:00.000	女	SF08	IFRM	软件技术1班	信息系

图 9-5　对视图 StuInfo 查询的结果

2．通过视图修改数据

通过视图修改数据，应遵循以下规则：

① 系统允许修改基于两个或多个基表得到的视图，但是每次修改只能涉及一个基表，否则操作失败。

② 系统不允许修改视图中的计算列、聚合列和 DISTINCT 关键字作用的列。

③ 如果视图定义中包含 GROUP BY 子句，则不能通过视图修改数据。

④ 通过视图修改基表中的数据时，必须满足基表上定义的完整性约束。

⑤ 如果视图定义中包含 WITH CHECK OPTION 选项，则 INSERT 操作必须符合视图定义中 WHERE 子句设定的查询条件；不满足 WHERE 子句查询条件的 UPDATE 和 DELETE 操作被允许，但对基表不起任何作用。

【例 9-9】 通过视图 TeacherInfo，插入一名教师的信息。

```
USE eduDB
GO
INSERT INTO TeacherInfo(tchName,proTitle,dptCode)
VALUES('李平','副教授','MCHN')
GO
```

提示：

视图 TeacherInfo 定义中包含 WITH CHECK OPTION 选项，插入的信息的 proTitle 字段若不是'副教授'，则视图的插入将失败。

【例 9-10】 通过视图 StuInfo，将学号是“01003”的学生的系部代码更新为“MCHN”。

```
USE eduDB
GO
UPDATE StuInfo
SET dptCode='MCHN'
WHERE stdID='01003'
GO
```

【例 9-11】 通过视图 TeacherInfo，将姓名是“李平”的教师删除。

```
USE eduDB
GO
DELETE FROM TeacherInfo
WHERE tchName='李平'
GO
```

提示：

该例的删除语句将失败，因为修改会影响多个基表，违反了基表的完整性约束。因此，只有当视图在其 FROM 子句中只引用一个表时，才能通过视图删除数据。

9.2 索引的定义与应用

数据库系统中的索引与图书的目录类似。用户通过目录可以快速查找到所需内容，如同数据库应用程序可以通过索引快速找到所需要的数据。图书中的目录是内容和相应页码的列表清单。数据库中的索引是表中的关键值和关键值映射到指定数据的存储位置的列表。合理地使用索引能够极大地提高数据的检索速度，改善数据库的性能。

9.2.1 索引概述

索引（Index）是加快数据查询速度的一种数据库对象。索引对数据库表中一列或多列的值（称为索引列）进行排序，并且记录了索引列在数据表中的物理存储位置，实现了表中数据的逻辑排序。

如图 9-6 所示，班级表 Class 中的 classCode 列上创建了索引。

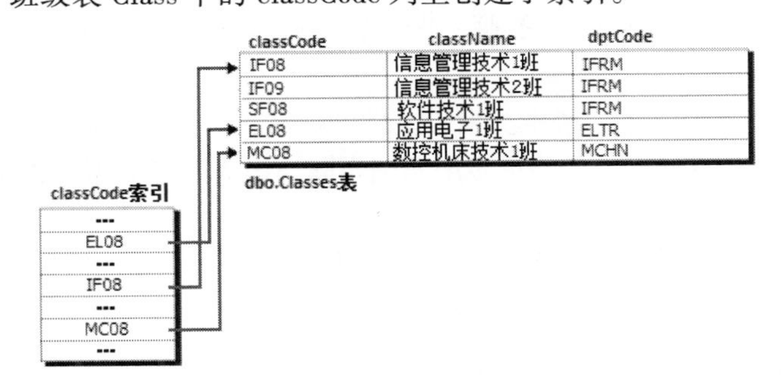

图 9-6 索引

1. 数据的存储方式

数据存储到数据表中，可以采用两种方式：堆存储方式和顺序存储方式。

（1）堆存储方式

在没有建立索引的表中，数据行存储在一个称为堆的无序结构中，即向数据库中存储数据时，数据是按照时间顺序将数据杂乱地堆放于数据页中。因此，数据的存储顺序与数据本身的逻辑关系之间不存在任何联系。

（2）顺序存储方式

顺序存储方式是指在建立索引（聚集索引）的表内，数据根据索引列，按照顺序存储。因此，数据的存储顺序与数据的逻辑关系存在相应的联系。

2. 数据的访问方式

系统访问表中数据时，可以采用两种方法：表扫描方式和索引查找方式。

（1）表扫描方式

在没有建立索引的表中，系统采用表扫描方式检索数据。表扫描方式是指系统从该表的表头所在的数据页开始，从前向后依次扫描该表的全部数据页，将符合查询条件的记录挑选出来，直至扫描完表中的全部记录为止。采用表扫描方式，系统耗费的检索时间同数据量成正比。

（2）索引查找方式

在建立索引的表中，系统采用索引查找方式检索数据。索引查找方式是指系统使用搜索值与索引值进行比较，查找到搜索值的存储位置，将符合查询条件的记录挑选出来。采用索引查找方式，可以加快系统的访问速度，减少访问时间。

3. 索引的意义

（1）优点

索引在数据库中具有十分重要的意义，具体表现如下：

① 索引可以大大提高数据的检索速度，这是创建索引的最主要的原因。

② 索引可以加快表与表之间的连接速度，特别是在实现数据的参照完整性方面有特别的意义。

③ 在使用 ORDER BY 或 GROUP BY 子句进行数据检索时，索引可以减少排序和分组的时间。

④ 唯一索引可以强制表中的行具有唯一性，从而确保表数据的实体完整性。

（2）缺点

虽然索引具有以上优点，但系统维护索引要付出一定的代价，具体表现如下：

① 具有索引的表在数据库中占用更多的物理空间，因为除了数据表占用空间之外，索引也需要一定的物理空间。

② 创建索引和维护索引需要耗费时间，这种时间会随着数据量的增加而增加。

③ 建立索引加快了数据检索速度，却减慢了数据更新（插入、修改、删除）速度。因为更新数据的同时，系统要对索引进行动态维护。

4. 索引的类型

根据索引的物理顺序与数据表的物理顺序是否相同，可以把索引分为两种类型：聚集索引（Clustered Index）和非聚集索引（Nonclustered Index）。

（1）聚集索引

聚集索引是指数据表中数据行的物理顺序和索引列的键值顺序完全相同的索引，也称为聚簇索引。具有聚集索引的表，称为聚集表。聚集索引根据表中的一列或多列值的组合对表和视图进行物理排序，所以这种索引对查询非常有效。但创建一个聚集索引，需要的磁盘空间大约是数据表实际数据量的 1.2 倍，所以使用聚集索引要考虑磁盘空间。

创建聚集索引的几个注意事项：

① 因为表中的数据行只能按照一种物理顺序存储，因此每个表只能有一个聚集索引。

② 由于聚集索引改变表的物理顺序，所以应先建聚集索引，后创建非聚集索引。

③ 可以在表的任何列或列的组合上建立聚集索引。在实际应用中，SQL Server 2005 在定义 PRIMARY KEY 约束的列或列组合上自动创建聚集索引。

提示：

唯一聚集索引：索引的唯一性确保索引列不包含重复的值，使得表或视图中的每一行在某种程序上是唯一的。

（2）非聚集索引

非聚集索引是指数据表中数据行的物理顺序和索引列的键值顺序不相同的索引，即表的数据并不是按照索引列排序的，也称为非聚簇索引。创建非聚集索引实际上是创建了一个表的逻辑顺序的对象，即索引表。索引表和数据表分开存储。索引表仅包含指向数据页上的行的指针，这些指针本身是有序的，用于在表中快速定位数据。而数据表中的数据是无序的。

创建非聚集索引的几个注意事项：

① 因为非聚集索引并不影响表中数据的物理顺序，因此每个表可以有多个非聚集索引。

② 一个表可以同时存在聚集索引和非聚集索引。

③ 一张表最多可以建立250个非聚集索引，或者1个聚集索引和249个非聚集索引。

④ 创建索引时，默认为非聚集索引。

提示：

唯一非聚集索引：如果对一个字段或多个字段建立了唯一索引，将不能向这个字段或多个字段的组合输入重复的值。

实际应用中经常用到唯一索引。因为在一个表中，可能会有很多列的列值需要保证其唯一性，如：身份证号、工号、学号等，可在这些列上创建唯一索引。

9.2.2　索引的定义

1. 设计索引

索引的合理使用能够提高整个数据库的性能，相反，不适宜的索引也会降低系统的性能。因此，在创建索引时，需要对索引进行设计。

① 定义有主键的数据列一定要建立索引，且应建立聚集索引。

② 定义有外键的数据列一定要建立索引。外键列通常用于表与表之间的连接，在其上创建索引可以加快表间的连接。

③ 对于经常查询的数据列最好建立索引。包括经常需要在指定范围内快速或频繁查询的数据列和经常用在WHERE子句中的数据列。

④ 很少或从来不在查询中引用的列不适宜建立索引。

⑤ 只有两个或很少几个值的列不适宜建立索引。

⑥ 定义为text、image和bit数据类型的列不适宜建立索引。

⑦ 数据行数很少的小表一般也没有必要创建索引。

2. 创建索引

在SQL Server 2005中，系统提供两种创建索引的方式：直接方式和间接方式。

① 直接方式是指使用命令或工具直接创建索引。应先创建聚集索引，然后再创建非聚集索引。若在建立了非聚集索引后才创建聚集索引，则聚集索引创建后应对非聚集索引重新生成。

② 间接方式是通过创建其他对象而附加创建了索引。例如，创建主键约束或唯一性约束时，系统自动创建索引。

创建视图的语法格式如下所示：

```
CREATE [UNIQUE] [CLUSTERED | NONCLUSTERED] INDEX index_name
ON {table_name | view_name } (column [ ASC | DESC ] [ ,...n ] )
[ WITH (< index_option > [ ,...n]) ][ON filegroup]
```

其中：

```
< index_option >::=
{
```

```
    PAD_INDEX={ ON | OFF }
  | FILLFACTOR=fillfactor
  | SORT_IN_TEMPDB={ ON | OFF }
  | IGNORE_DUP_KEY={ ON | OFF }
  | STATISTICS_NORECOMPUTE={ ON | OFF }
  | DROP_EXISTING={ ON | OFF }
}
```

语法说明：

① UNIQUE 是为表或视图创建唯一索引。

② CLUSTERED 是为表或视图创建聚集索引；NONCLUSTERED 是为表或视图创建非聚集索引。

③ index_name 是索引名称。

④ table_name 是索引所在的表名称；view_name 是索引所在的视图名称。

注意：只有使用 SCHEMABINDING 定义的视图才能在视图上创建索引，且在视图上必须创建了唯一聚集索引之后，才能在视图上创建非聚集索引。

⑤ column 是应用索引的列，可以是一列或多列。若索引列为多列称为复合索引；ASC | DESC 是确定具体某个索引列的升序或降序排序方向，默认设置为 ASC。

⑥ index_option 是索引属性。

- PAD_INDEX ={ ON | OFF }是指定索引填充。默认值为 OFF。PAD_INDEX 选项只有在指定了 FILLFACTOR 时才有用，因为 PAD_INDEX 使用由 FILLFACTOR 所指定的百分比。ON 表示 fillfactor 指定的可用空间百分比应用于索引的中间级页。OFF 或不指定 fillfactor 表示考虑到中间级页上的键集，将中间级页填充到接近其容量的程度，以留出足够的空间，使之至少能够容纳索引的最大的一行。
- FILLFACTOR = fillfactor 是填充因子。它指定在创建索引的过程中，各索引页叶级的填满程度，即数据占索引页大小的百分比。FILLFACTOR 的值为 1～100。例如，将填充因子值配置为 60，就意味着每个叶级页的 40%都是空的，以便在向基础表添加数据时为索引扩展提供空间。将填充因子值配置为 100，表示页将填满，所留出的存储空间量最小，只有当不会对数据进行更改时（例如，在只读表中）才会使用此设置。默认填充因子值为 0。填充因子的值 0 和 100 是相似的。
- SORT_IN_TEMPDB = { ON | OFF }是指定是否在 tempdb 中存储临时排序结果。默认值为 OFF。
- IGNORE_DUP_KEY = { ON | OFF }是指定对唯一聚集索引或唯一非聚集索引执行多行插入操作时出现重复键值的错误响应。默认值为 OFF。ON 表示发出一条警告信息，且只有违反了唯一索引的行才会失败。OFF 表示发出错误消息，并回滚整个 INSERT 事务。
- STATISTICS_NORECOMPUTE = { ON | OFF }是指定是否重新计算分发统计信息。默认值为 OFF。ON 表示不会自动重新计算过时的统计信息。OFF 表示已启用统计信息自动更新功能。
- DROP_EXISTING = { ON | OFF }是指定应删除并重新生成已命名的先前存在的聚集、非聚集索引或 XML 索引。默认值为 OFF。ON 表示删除并重新生成现有索引。OFF 表示如果指定的索引名已存在，则会显示一条错误。

⑦ ON filegroup 是将索引创建到指定文件组上。

【例 9-12】在数据库 eduDB 中，为 Teachers 表的 tchID 列创建一个名为 IX_Teachers_tchID 的唯一非聚集索引，要求索引列降序排列。

```
USE eduDB
GO
CREATE UNIQUE NONCLUSTERED INDEX IX_Teachers_tchID
    ON Teachers (tchID DESC)
GO
```

提示：

表 Teachers 中存在主键约束，则系统已经间接创建了聚集索引。由于一个表只能有一个聚集索引，所以本例只能创建非聚集索引。

【例 9-13】在数据库 eduDB 中，为 Studying 表的 StdID 列创建一个名为 IX_Studying 的聚集索引。

```
USE eduDB
GO
CREATE CLUSTERED INDEX IX_Studying
    ON Studying(StdID)
GO
```

【例 9-14】在数据库 eduDB 中，为 Studying 表的 StdID、crsID、tchID 三列的组合，创建一个名为 IX_Studying 的聚集索引。

```
USE eduDB
GO
CREATE CLUSTERED INDEX IX_Studying
    ON Studying(StdID,crsID,tchID)
    WITH (DROP_EXISTING = ON)
GO
```

提示：

表 Studying 中已经存在名为 IX_Studying 的索引（例 9-14 中创建的），则此例使用 DROP_EXISTING = ON 子句在创建索引的同时删除已经存在的同名索引。

【例 9-15】在数据库 eduDB 中，为 Students 表的 StdID 列创建一个名为 IX_Students_StdID 的非聚集索引，该索引的中间结点和叶级结点的填满度均为 70%，并将该索引创建在文件组 UGroup1 上。

```
USE eduDB
GO
CREATE CLUSTERED INDEX IX_Students_StdID
    ON Students (StdID)
    WITH (FILLFACTOR = 70,PAD_INDEX = ON)
    ON UGroup1
GO
```

3. 查看索引

使用系统存储过程 sp_helpindex 查看索引信息，其结果包括索引的名称、索引的类型和建立索引的列信息。sp_helpindex 的语法格式如下所示：

```
sp_helpindex [ @objname = ] 'object_name'
```

语法说明：

[@objname =] 'object_name'是指索引所在的数据表或者视图名。

【例 9-16】查看数据库 eduDB 中表 Teachers 的索引信息。

```
USE eduDB
GO
EXEC sp_helpindex Teachers
GO
```

运行结果如图 9-7 所示。

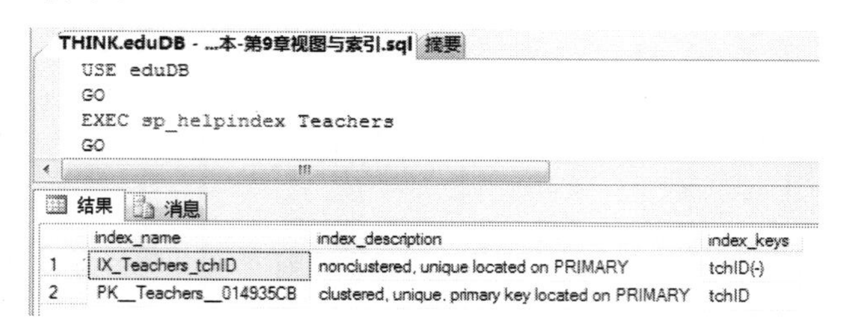

图 9-7　查看索引信息

提示：

索引名为 PK__Teachers__014935CB 的索引是创建主键约束时系统自动创建的聚集索引。

4. 修改索引

修改索引操作主要包括：重新生成索引、禁用索引、重新组织索引，以及设置索引的相关选项。

用 ALTER INDEX 命令修改索引，该命令的语法格式如下所示：

```
ALTER INDEX { index_name | ALL }
   ON <object>
   { REBUILD [ WITH ( <rebuild_index_option> [ ,...n ] ) ]
   | DISABLE}
```

其中：

```
< rebuild_index_option >::=
{
   PAD_INDEX={ ON | OFF }
  | FILLFACTOR=fillfactor
  | SORT_IN_TEMPDB={ ON | OFF }
  | IGNORE_DUP_KEY={ ON | OFF }
  | STATISTICS_NORECOMPUTE={ ON | OFF }
}
```

语法说明：

① index_name 是索引的名称；ALL 是指定与表或视图相关联的所有索引，而不考虑是什么索引类型。

② REBUILD [WITH (<rebuild_index_option> [,... n])]指定将使用相同的列、索引类型、唯一性属性和排序顺序重新生成索引；也可用于启用已禁用的索引。

③ < rebuild_index_option >子句的选项见 CREATE INDEX 命令的< index_option >子句。

④ DISABLE 是将索引标记为已禁用，从而不能由 SQL Server 2005 Database Engine 使用。任何索引均可被禁用。

【例 9-17】将数据库 eduDB 中 Teachers 表的所有索引文件重新生成。

```
USE eduDB
GO
```

```
ALTER INDEX ALL ON Teachers REBUILD
GO
```

【例 9-18】将数据库 eduDB 中 Studying 表的索引文件 IX_Studying 禁用。

```
USE eduDB
GO
ALTER INDEX IX_Studying ON Studying DISABLE
GO
```

【例 9-19】将数据库 eduDB 中 Studying 表的索引文件 IX_Studying 重新启用。

```
USE eduDB
GO
ALTER INDEX IX_Studying ON Studying REBUILD
GO
```

【例 9-20】将数据库 eduDB 中 Teachers 表的索引文件 IX_Teachers_tchID 重新生成引，该索引的叶级结点的填满度为 80%，不自动重新计算过时的统计信息，在 tempdb 中存储临时排序结果，当执行多行插入操作时出现重复键值只发出一条警告信息，且只忽略违反了唯一索引的行，其他行可以顺利添加成功。

```
USE eduDB
GO
ALTER INDEX IX_Teachers_tchID ON Teachers
    REBUILD WITH
     (FILLFACTOR=80,
      STATISTICS_NORECOMPUTE=ON,
      SORT_IN_TEMPDB=ON,
      IGNORE_DUP_KEY=ON )
GO
```

5. 删除索引

当不再需要某个索引时，可以将它从数据库中删除，删除索引可以收回索引所占用的存储空间，收回的存储空间可以给其他数据库对象使用。但如果删除的是聚集索引，表中所有非聚集索引将被重建。

与创建索引相对应，删除索引也分为两种方式：直接删除和间接删除。

① 直接删除方式用于删除直接方式创建的索引，通过 DROP INDEX 语句实现。

② 间接删除方式用于删除间接方式创建的索引，通过 ALTER TABLE 语句将 PRIMARY KEY 或 UNIQUE 约束删除，对应的索引自动删除。

用 DROP INDEX 命令删除索引，该命令的语法格式如下所示：

```
DROP INDEX <table_name>.<index_name>
```

语法说明：

① table _name 是索引所在的表名称。

② index_name 是要删除的索引的名称。

【例 9-21】在数据库 eduDB 中，删除 Teachers 表的索引文件 IX_Teachers_tchID 及 Studying 表的索引文件 IX_Studying。

```
USE eduDB
GO
DROP INDEX Teachers. IX_Teachers_tchID, Studying. IX_Studying
GO
```

【例 9-22】查看数据库 eduDB 中表 Orders 的索引文件信息，然后删除创建主键约束时自动创建的索引。

```
USE eduDB
GO
EXEC sp_helpindex Teachers
GO
DROP INDEX Teachers.PK__Teachers__014935CB
GO
```

运行结果如图 9-8 所示。

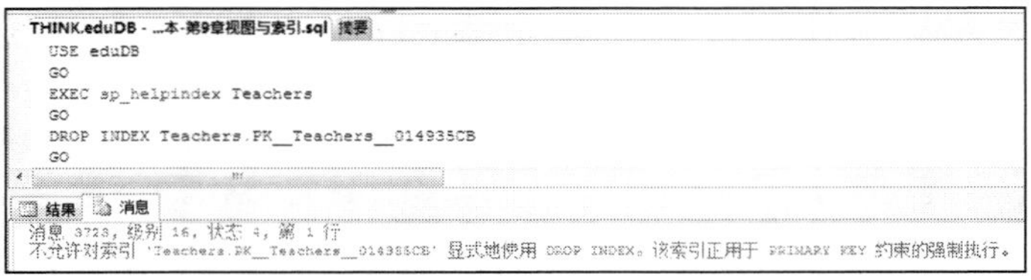

```
THINK.eduDB - ...本-第9章视图与索引.sql 摘要
USE eduDB
GO
EXEC sp_helpindex Teachers
GO
DROP INDEX Teachers.PK__Teachers__014935CB
GO
结果 消息
消息 3723，级别 16，状态 4，第 1 行
不允许对索引 'Teachers.PK__Teachers__014935CB' 显式地使用 DROP INDEX。该索引正用于 PRIMARY KEY 约束的强制执行。
```

图 9-8 删除索引

提示：

DROP INDEX 命令中指出的索引文件名 PK__Teachers__014935CB 是通过存储过程 sp_helpindex 命令查出来的。该索引删除命令失败，因为该索引为创建主键约束时系统自动创建的索引，所以不能直接删除。想要删除该索引，需要将主键约束删除，该索引将自动删除。

6. 重命名索引

在建立索引后，索引的名称是可以更改的。

使用系统存储过程 sp_helpindex 重新命名索引，sp_helpindex 的语法格式如下所示：

```
sp_rename [ @objname= ] 'object_name' , [ @newname= ] 'new_name'
   [ , [ @objtype= ] 'object_type' ]
```

语法说明：

① [@objname =] 'object_name'是用户对象或数据类型的当前名称。如果要重命名的对象是表中的列，则 object_name 的格式必须是 table.column。如果要重命名的对象是索引，则 object_name 的格式必须是 table.index。

② [@newname =] 'new_name'指定对象的新名称。table name 为索引所在的表名称。

③ [@objtype =] 'object_type'要重命名的对象的类型。

- COLUMN 指明要重命名的是列。
- DATABASE 指明要重命名的是数据库。
- INDEX 指明要重命名的是索引。
- OBJECT 指明要重命名的是约束、规则等对象。
- USERDATATYPE 指明要重命名的是通过执行 CREATE TYPE 或 sp_addtype 添加别名数据类型或 CLR 用户定义类型。

提示：

存储过程 sp_rename，不仅可以重命名索引，也可重命名数据库名、表名、列名、数据类型等。

【例 9-23】将数据库 eduDB 中表 Teachers 的聚集索引重命名为 PK_Teachers_tchID。

```
USE eduDB
GO
EXEC sp_helpindex Teachers
GO
EXEC sp_rename 'Teachers.PK__Teachers__014935CB','PK_Teachers_tchID','INDEX'
GO
```

运行结果如图 9-9 所示。

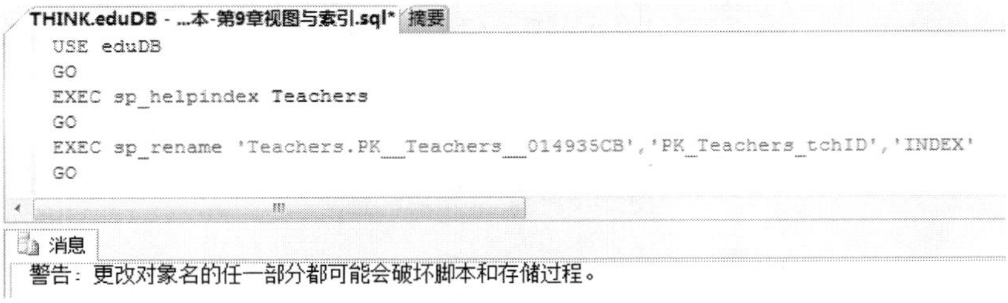

图 9-9　重命名索引

9.2.3　索引的维护

索引创建后的数据表，仍不断进行着数据的增加、删除、修改等操作，这些操作使得索引页产生碎块，数据变得杂乱无序，从而造成索引性能的下降。为了提高系统的性能，必须对索引进行维护。这些维护包括查看碎片信息、维护统计信息、分析索引性能、删除重建索引等。

1. 查看碎块信息

当对表进行大量的修改或增加大量的数据之后，或者表的查询非常慢时，应该在这些表上执行 DBCC SHOWCONTIG 语句，用以确定表或指定的索引是否产生了严重的碎块。

用 DBCC SHOWCONTIG 命令查看表的数据和索引的碎块信息，该命令的语法格式如下所示：

```
DBCC SHOWCONTIG
[ ( { 'table_name' | table_id | 'view_name' | view_id }
    [ , 'index_name' | index_id ]
)]
```

语法说明：

① 'table_name' | table_id | 'view_name' | view_id 是要检查碎片信息的表或视图。如果未指定，则检查当前数据库中的所有表和索引视图。

② 'index_name' | index_id 是要检查其碎片信息的索引。如果未指定，则该语句将处理指定表或视图的基本索引。

【例 9-24】查看数据库 eduDB 中表 Students 的索引文件 IX_Students_StdID 的碎片信息。

```
USE eduDB
GO
DBCC SHOWCONTIG (Students , IX_Students_StdID)
GO
```

运行结果如图 9-10 所示。

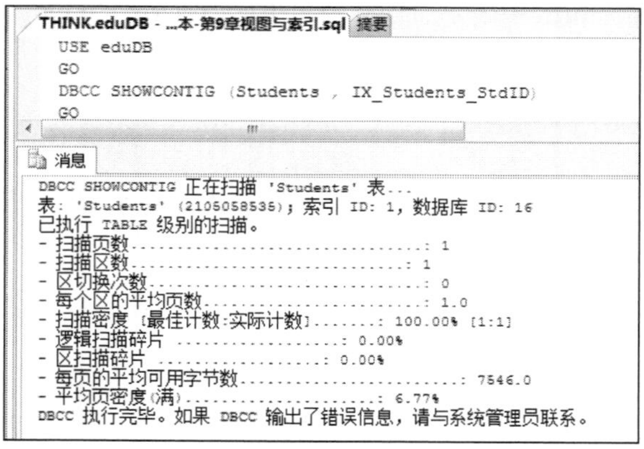

```
THINK.eduDB - ...本-第9章视图与索引.sql 摘要
USE eduDB
GO
DBCC SHOWCONTIG (Students , IX_Students_StdID)
GO

消息
DBCC SHOWCONTIG 正在扫描 'Students' 表...
表: 'Students' (2105058535); 索引 ID: 1, 数据库 ID: 16
已执行 TABLE 级别的扫描。
- 扫描页数................................: 1
- 扫描区数..............................: 1
- 区切换次数..............................: 0
- 每个区的平均页数........................: 1.0
- 扫描密度 [最佳计数:实际计数].......: 100.00% [1:1]
- 逻辑扫描碎片 ..................: 0.00%
- 区扫描碎片 ..................: 0.00%
- 每页的平均可用字节数.........................: 7546.0
- 平均页密度(满).....................: 6.77%
DBCC 执行完毕。如果 DBCC 输出了错误信息，请与系统管理员联系。
```

图 9-10　查看碎块信息

提示：

在返回的统计信息中，如果扫描密度较低，则需要进行碎块整理。其理想值为 100%。

2. 碎块整理

进行碎块整理的方法是删除并重建聚集索引。此过程中将删除碎片，通过使用指定的或现有的填充因子设置压缩页来回收磁盘空间，并在连续页中对索引行重新排序（根据需要分配新页），这样可以减少获取所请求数据所需的页读取数，从而提高磁盘性能。

3 维护索引统计信息

在创建索引时，SQL Server 会自动存储有关的统计信息。查询优化器会利用索引统计信息估算使用该索引进行查询的成本，从而确定是否使用表扫描使用索引。

随着数据的不断变化，索引和列的统计信息可能已经过时，从而导致查询优化器选择的查询处理方法不是最佳的。因此，有必要对数据库中的这些统计信息进行更新。索引统计信息更新的频率由索引中的数据量和数据改变量确定，用户应避免频繁地进行索引统计的更新。

用 UPDATE STATISTICS 命令修改索引统计信息，该命令的语法格式如下所示：

```
UPDATE STATISTICS table | view [index]
```

语法说明：

① table | view 是要更新其统计信息的表或索引视图的名称。

② index 是要更新其统计信息的索引。

【例 9-25】 对数据库 eduDB 中表 Students 中的全部索引进行统计信息更新。

```
USE eduDB
GO
UPDATE STATISTICS Students
GO
```

4. 索引性能分析

建立索引的目的是希望提高 SQL Server 数据检索的速度，如果利用索引查询的速度还不如表扫描的速度，SQL Server 就会采用表扫描而不是通过索引的方法来检索数据。因此，在建立索引后，应该根据应用系统的需要，也就是实际可能出现哪些数据检索，来对查询进行分析，以判定其是否能提高 SQL Server 的数据检索速度。

SQL Server 用 SHOWPLAN 语句和 STATISTICS IO 语句分析索引和查询性能。

（1）SHOWPLAN

SHOWPLAN 语句用来显示查询语句的执行信息，包含查询过程中连接表时所采取的每个步骤及选择哪个索引，从而帮助用户分析有哪些索引被系统采用。

使用 SHOWPLAN 语句可以查看指定查询的查询规划，该命令的语法格式如下所示：

```
SET SHOWPLAN_ALL { ON | OFF }
SET SHOWPLAN_TEXT { ON | OFF }
```

如果 SET SHOWPLAN_ALL 为 ON，则 SQL Server 将返回每个语句的执行信息，但不执行语句。Transact-SQL 语句不会被执行。在将此选项设置为 ON 后，将始终返回有关所有后续 Transact-SQL 语句的信息，直到将该选项设置为 OFF 为止。

如果 SET SHOWPLAN_ALL 为 OFF，则 SQL Server 将执行语句，但不生成报表。

【例 9-26】在数据库 eduDB 中 Students 表上查询 DptCode（所属系）为 ELTR 的学生信息，并分析哪些索引被系统采用。

```
USE eduDB
GO
SET SHOWPLAN_ALL ON
GO
SELECT * FROM Students WHERE dptCode='ELTR'
GO
SET SHOWPLAN_ALL OFF
GO
```

运行结果如图 9-11 所示。

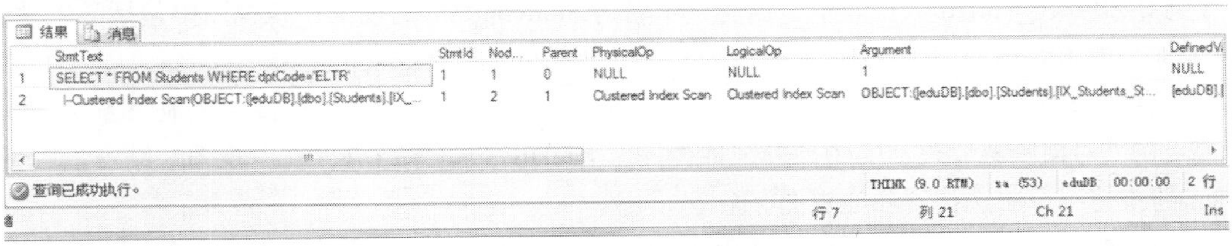

结果　消息

	StmtText	StmtId	Nod...	Parent	PhysicalOp	LogicalOp	Argument	DefinedV...
1	SELECT * FROM Students WHERE dptCode='ELTR'	1	1	0	NULL	NULL	1	NULL
2	|--Clustered Index Scan(OBJECT:([eduDB].[dbo].[Students].[IX_...	1	2	1	Clustered Index Scan	Clustered Index Scan	OBJECT:([eduDB].[dbo].[Students].[IX_Students_St...	[eduDB].[

查询已成功执行。　THINK (9.0 RTM)　sa (53)　eduDB　00:00:00　2 行

行 7　列 21　Ch 21　Ins

图 9-11　使用 SHOWPLAN 进行索引性能分析

提示：

SET SHOWPLAN_ALL 语句返回的输出结果比 SET SHOWPLAN_TEXT 语句返回的输出结果详细。

（2）STATISTICS IO

数据检索语句所花费的磁盘活动量也是用户比较关心的性能之一。通过设置 STATISTICS IO 选项，可以使 SQL Server 显示磁盘 IO 信息，也就是执行数据检索语句所花费的磁盘活动量信息。该命令的语法格式如下：

```
SET STATISTICS IO { ON | OFF }
```

如果将此选项设置为 ON，则所有后续的 Transact-SQL 语句将返回统计信息，直到将该选项设置为 OFF 为止。

【例 9-27】在数据库 eduDB 中 Students 表上查询 DptCode（所属系）为 ELTR 的学生信息，并显示查询处理过程中的磁盘活动统计信息。

```
USE BlueSkyDB
GO
SET STATISTICS IO ON
GO
SELECT * FROM Orders WHERE orderDate='2009-2-12'
GO
SET STATISTICS IO OFF
GO
```

运行结果如图 9–12 所示。

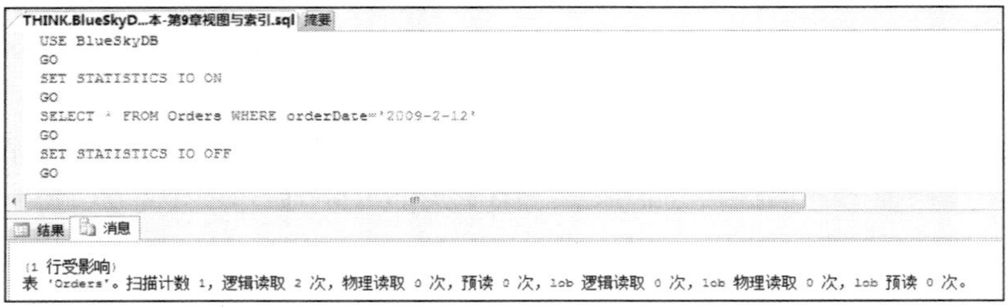

图 9–12 使用 STATISTICS IO 进行索引性能分析

9.2.4 可视化操作指导

1. 创建视图

除了可以使用 Transact – SQL 创建和管理视图以外，SQL Server 2005 还提供了可视化的工具用于创建和管理视图。

【例 9-28】 在 eduDB 数据库中，创建一个名为 StudyingInfo 的视图，该视图中包括学生姓名，课程名称，教师名称和学生成绩。

① 启动 SSMS，使用“Windows 身份验证”使“对象资源管理器”连接到本地服务器。

② 在“对象资源管理器”中展开“数据库”|eduDB 数据库结点，在“视图”结点上右击，在弹出的快捷菜单中选择“新建视图”命令。

③ 在弹出的“添加表”对话框中选中表 Studying，然后单击“添加”按钮；再选中表 Students，单击“添加”按钮；再选中表 Teachers，单击“添加”按钮；再选中表 Courses，单击“添加”按钮。完成 4 个表的添加任务后单击“关闭”按钮关闭“添加表”对话框。定义视图的工作页如图 9–13 所示。

提示：

选择四个表的方法除了一个一个添加外，还可一起添加，方法是按住“Ctrl”键后依次点击四张表，再单击“添加”按钮即可。

④ 通过单击选中表中的列前面的复选框来选择视图中包含的列（StdName、CrsName、TchName、Score），如图 9–13 所示，同时可以观察到定义视图的 Transact – SQL 语句的变化。

⑤ 在“标准”工具栏上单击“保存”按钮，在弹出的“选择名称”对话框中输入视图的名称 StudyingInfo，单击“确定”按钮保存视图的定义。

⑥ 在“对象资源管理器”窗口中展开 eduDB 数据库中的“视图”结点（如果有必要请刷新该结点），可以看到当前数据库中存在的视图。

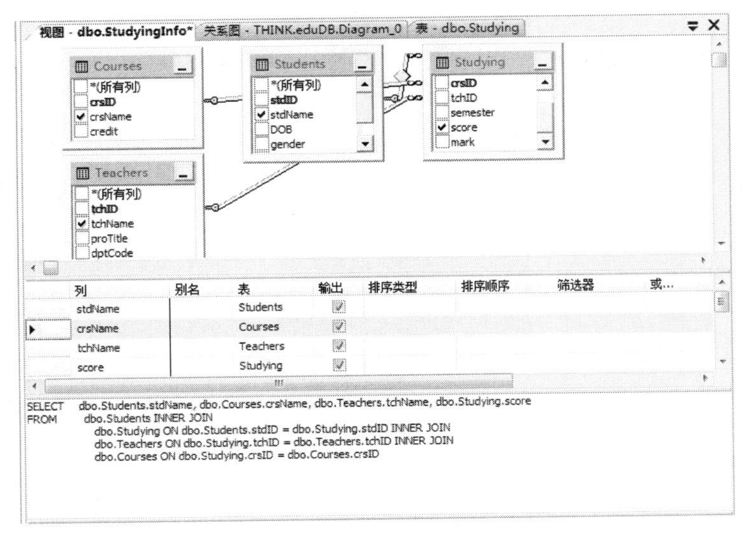

图 9–13　定义视图的工作页

2. 管理视图

① 使用视图：在“对象资源管理器”窗口中右击视图 StudyingInfo，在弹出的快捷菜单中选择“打开视图”命令，可以打开一个新的工作页并显示通过视图查询的数据。

② 修改视图定义：在“对象资源管理器”窗口中右击视图 StudyingInfo，在弹出的快捷菜单中选择“修改”命令，可以打开图 9–13 所示工作页，在该页中可以修改视图的定义。

③ 视图重命名：在“对象资源管理器”窗口中右击视图 StudyingInfo，在弹出的快捷菜单中选择“重命名”命令可以给视图改名。

④ 删除视图：在“对象资源管理器”窗口中右击视图 StudyingInfo，在弹出的快捷菜单中选择【删除】命令可以删除当前的视图。

3. 创建索引

除了可以使用 Transact – SQL 创建和管理索引以外，SQL Server 2005 还提供了可视化的工具用于创建和管理索引。

【例 9-29】在数据库 eduDB 中，为 Studying 表的 StdID、crsID、tchID 三列的组合，创建一个名为 IX_Studying_ID 的唯一非聚集索引，该索引的中间结点和叶级结点的填满度均为 70%，自动重新计算过时的统计信息，且在 tempdb 中存储临时排序结果，并将该索引创建在文件组 UGroup1 上。

① 启动 SSMS，使用“Windows 身份验证”使“对象资源管理器”连接到本地服务器。

② 在“对象资源管理器”中展开“数据库” | eduDB | “表” | Studying 结点，在“索引”结点上右击，在弹出的快捷菜单中选择“新建索引”命令，弹出的“新建索引”窗口。

③ 在“新建索引”窗口的“选择页”列表中选择“常规”选项（见图 9–14），在右侧的“索引名称”中输入索引名称 IX_Studying_ID，在“索引类型”选择“非聚集”，选中“唯一”前面的复选按钮，单击“添加”按钮，弹出“选择列”窗口。

④ 在“选择列”窗口中，选择 StdID、crsID、tchID 三列，单击“确定”按钮。

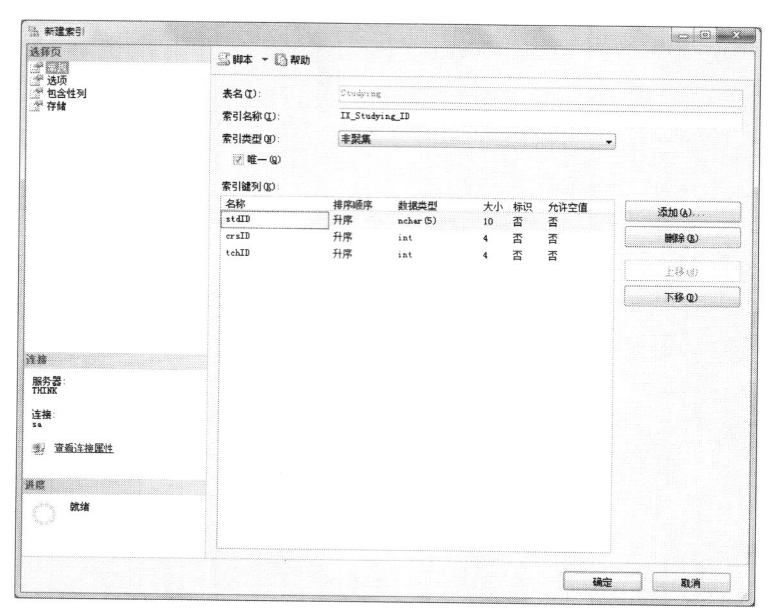

图 9-14　索引常规选项设置页

⑤ 在“新建索引”窗口的“选择页”列表中选择“选项”选项，设置索引属性，

- 该索引的中间结点和叶级结点的填满度均为 70%。
- 自动重新计算过时的统计信息。
- 在 tempdb 中存储临时排序结果。

以上 3 项设置如图 9-15 所示。

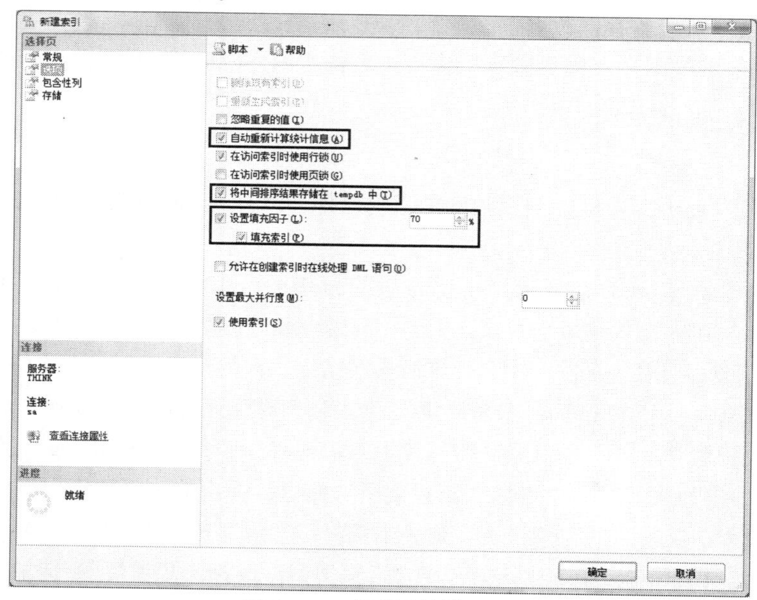

图 9-15　索引属性设置页

⑥ 在“新建索引”窗口的“选择页”列表中选择“存储”选项，将文件组设为 UGroup1，单击“确定”按钮，完成索引的创建。“存储”选项页如图 9-16 所示。

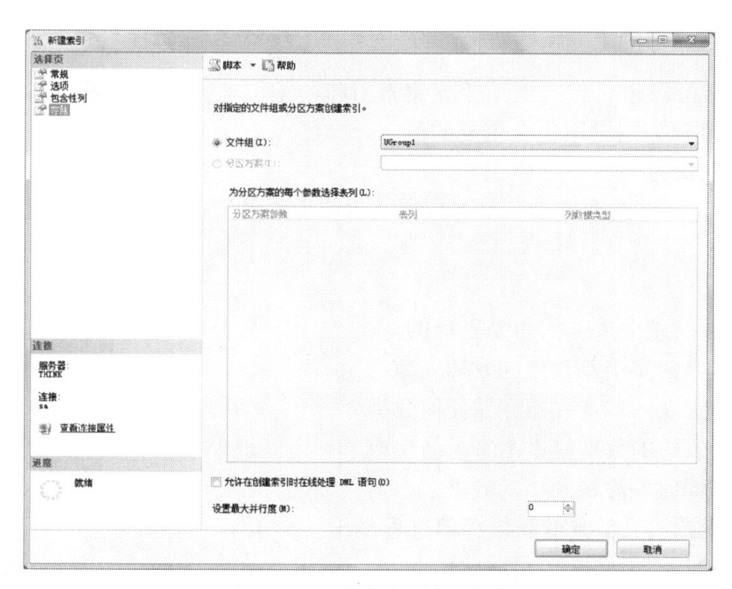

图 9-16　索引存储设置页

4. 管理索引

① 修改索引，设置相关选项：在“对象资源管理器”窗口中展开“数据库”|eduDB|“表”|Studying|“索引”结点，右击索引 IX_Studying_ID，在弹出的快捷菜单中选择“属性”命令，可以打开如图 9-13 所示工作页，在该页中可以修改索引的定义。

② 禁用索引：在“对象资源管理器”窗口中展开“数据库”|eduDB|“表”|Studying|“索引”结点，右击索引 IX_Studying_ID，在弹出的快捷菜单中选择“禁用”命令，可以禁用索引。

③ 重新生成索引、重新启用索引：在“对象资源管理器”窗口中展开“数据库”|eduDB|“表”|Studying|“索引”结点，右击索引 IX_Studying_ID，在弹出的快捷菜单中选择“重新生成”命令，可以重新启用已禁用的索引。

④ 索引重命名：在“对象资源管理器”窗口中展开“数据库”|eduDB|“表”|Studying|“索引”，右击索引 IX_Studying_ID，在弹出的快捷菜单中选择“重命名”命令，可以给索引改名。

⑤ 删除索引：在“对象资源管理器”窗口中展开“数据库”|eduDB|“表”|Studying|“索引”结点，右击索引“IX_Studying_ID”，在弹出的快捷菜单中选择“删除”命令，可以删除当前的索引。

思考与练习

一、填空题

1. 定义视图时，如果希望加密定义视图的文本，则应该使用________选项。
2. 定义视图时，使用________选项，能够保证通过视图添加到表中的行可以通过视图访问。
3. SQL Server 2005 允许用户对视图进行 SELECT、UPDATE、INSERT、DELETE 操作，其中________操作没有任何限制。
4. 数据存储到数据表中，可以采用两种方式：________和________。
5. 系统访问表中数据时，可以采用两种方法：________和________。
6. 根据索引的物理顺序与数据表的物理顺序是否相同，SQL Server 把索引分为两种类型：

________和________。

7. 一张数据表最多可以建立________个聚集索引和________个非聚集索引。
8. ________索引确保索引键不包含重复的值。
9. 创建索引时，默认为________索引。
10. 当对表进行大量的修改或增加大量的数据之后或者表的查询非常慢时，应该对表进行________操作。

二、选择题

1. 下列关于视图的描述中（　　）是正确的。
   A. 通过视图可以向多个基表中同时插入数据
   B. 视图是一种虚表，本身并不存储任何数据
   C. 视图是将基表中的数据检索出来重新生成了一个新表
   D. 删除视图将同时删除视图中的数据
2. 下列能够查看视图定义信息的系统存储过程是（　　）。
   A. sp_help　　B. sp_helpdb　　C. sp_helptext　　D. sp_helpuser
3. 下列（　　）说法是错误的。
   A. 如果视图定义中包含 GROUP BY 子句，则不能通过视图修改数据
   B. 系统不允许修改视图中的计算列、聚合列
   C. 系统不允许修改视图中的 DISTINCT 关键字作用的列
   D. 通过视图修改基表中的数据时，不用考虑基表上定义的完整性约束
4. 下列命令用来创建视图的语句是（　　）。
   A. CREATE VIEW　　B. CREATE TABLE
   C. CREATE DATABASE　　D. CREATE PROCEDURE
5. 下列说法正确的是（　　）。
   A. 只能通过视图修改数据，不能通过视图插入、删除、更新数据
   B. 如果要修改视图的定义，必须先删除该视图，然后再重新建立一个同名视图
   C. 只能创建基于一个表的视图，可以选择性的访问部分字段，且可以重命名这些字段
   D. 当基表中的数据发生变化时，从视图中查询出来的数据也随之改变
6. 有一包含几十万行数据的数据表，但检索速度很慢，下面（　　）方法能够最好的提高检索速度。
   A. 在该表上建立索引　　B. 收缩数据库
   C. 换一个高档的服务器　　D. 减少数据库占用空间
7. 下列不适合建立索引的选项是(　　)。
   A. 只有两个或很少几个值的列　　B. 定义有外键的数据列
   C. 经常检索的数据列　　D. 定义有主键的数据列
8. 执行下列语句，系统自动创建（　　）索引。

```
CREATE TABLE A(
A1 int Primary Key,
A2 char(8) Unique,
A3 bit Default 1,A4 char(4) Foreign Key References B(B1)   )
```

   A. 1个　　B. 2个　　C. 3个　　D. 多个

9. 下列（　　）子句，在创建索引的同时删除已经存在的同名索引。
   A. DROP_EXISTING = ON　　B. IGNORE_DUP_KEY = ON
   C. STATISTICS_NORECOMPUTE = ON　　D. SORT_IN_TEMPDB = ON
10. 下列能够对表中的数据行进行物理排序的是（　　）。
   A. 外键　　B. 唯一索引　　C. 聚集索引　　D. 非聚集索引

三、判断题

1. 视图可以对机密数据提供安全保护。（　　）
2. 视图定义时可以使用 INTO 子句。（　　）
3. 由于视图的优势明显，所以数据库管理员可以创建尽可能多的视图。（　　）
4. 视图定义时不可以使用 ORDER BY 子句。（　　）
5. 删除视图不会对基表产生任何影响。（　　）
6. 非聚集索引并不影响表中数据的物理顺序。（　　）
7. 创建主键约束时系统自动创建索引，该索引不能直接删除。（　　）
8. 一般先创建聚集索引，然后再创建非聚集索引。（　　）
9. 一个表可以创建若干个聚集索引和 1 个非聚集索引。（　　）
10. 如果删除的是聚集索引，表中所有非聚集索引不受影响。（　　）

四、简答题

1. 通过视图修改数据，应遵循哪些规则？
2. 请说明用户拥有的架构和用户的默认架构有什么不同。
3. SQL Server 采用两种方式创建和删除索引，分别是什么？
4. 当索引碎块影响查询性能时，简单阐述如何进行碎块整理？
5. 请简单阐述创建索引的优缺点。

五、论述题

请为“书店”表和“员工”表设置合理的索引（见表 9–1 和表 9–2），并说明为什么这样设置。

表 9–1　“书店”表中的数据

书店号	地址	邮编	电话
1	天津市和平路 2 号	300001	02223676534
2	天津市迎水道 20 号	300073	02223699876

表 9–2　“员工”表中的数据

员工号	姓名	性别	出生日期	职位	工资	照片	书店号
1	李雨涵	女	1968–3–24	经理	4500.00		1
2	魏家宝	男	1970–12–27	主管	3300.00		2
3	郭薇	女	1985–4–30	助理	2000.00		2

实践练习

1. 视图的管理

注意，首先运行脚本文件“实践前脚本-第 9 章视图与索引 1.sql”（可在网站下载），创建数据库 BookSale。

① 在数据库 BookSale 中创建一个名为 OrderInfo 的加密视图，该视图包含所有订单的详细信息，包括订单编号、订购日期、顾客姓名、书名、订货数量以及销售价格。并使用 SELECT 命令查看视图的定义。

② 在 BookSale 数据库中创建一个名为 BookInfo 的视图，该视图包含所有图书类别为“教材”的图书的详细信息和所属类别信息，要求强制检查选项。并使用存储过程查看视图的定义。

③ 在 BookSale 数据库中创建一个名为 orderPriceInfo 的视图，该视图按照订单编号对订单进行分组，统计每个订单总的销售价格。要求使用 SCHEMABINDING 选项，保证视图在被删除前，不可以删除或修改 OrderItems 表。

④ 修改视图 BookInfo 为加密视图，使该视图包含所有单价在 30 元以上的图书的详细信息，包括书名、ISBN 编号、作者、单价格以及类别编号，要求强制检查选项。

⑤ 删除视图 orderPriceInfo。

⑥ 通过为视图 OrderInfo，查看销售价格在 20–30 元之间的订单的详细信息。

⑦ 通过视图 BookInfo，插入一本图书的信息。

⑧ 通过视图 BookInfo，将书名为“新思路计算机基础”的图书的单价更新为 30，并查看更新后的结果。

⑨ 通过视图 BookInfo，将作者“当年明月”写的图书删除。

2. 索引的管理

注意，首先运行脚本文件“实践前脚本–第 9 章视图与索引 2.sql”（可在网站下载），创建数据库 BookSale。

① 查看数据库 BookSale 中表 Books 的索引信息。

② 在数据库 BookSale 中，为 OrderItems 表的 orderID 列创建一个名为 IX_OrderItems_ID 的聚集索引，要求索引列降序排列。

③ 在数据库 BookSale 中，为 OrderItems 表的 orderID 列和 bookID 列创建一个名为 IX_OrderItems_ID 的聚集索引（该索引名已经存在），并将该索引创建在文件组 UGroup1 上。

④ 在数据库 BookSale 中，为 Orders 表的 orderDate 列创建一个名为 IX_Orders_orderDate 的非聚集索引，该索引的叶级结点的填满度均为 60%，且不自动重新计算过时的统计信息。

⑤ 将数据库 BookSale 中 Orders 表的索引文件 IX_Orders_orderDate 禁用。

⑥ 将数据库 BookSale 中 Orders 表的索引文件 IX_Orders_orderDate 重新启用。

⑦ 将数据库 BookSale 中 OrderItems 表的索引文件 IX_OrderItems_ID 重新生成，该索引的中间结点和叶级结点的填满度均为 80%，且在 tempdb 中存储临时排序结果。

⑧ 删除数据库 BookSale 中 OrderItems 表的索引文件 IX_OrderItems_ID。

⑨ 查看 BookSale 数据库中的已存在表 Books 的索引文件信息，然后尝试删除创建唯一约束时自动创建的非聚集索引。

⑩ 查看 BookSale 数据库中表 Orders 的索引文件 IX_Orders_orderDate 的碎片信息。

⑪ 对 BookSale 数据库中表 Orders 中的全部索引进行统计信息更新。

第10章 安全管理

学习目标：

- 了解 SQL Server 2005 的安全管理机制。
- 理解并掌握 SQL Server 2005 服务器安全管理的方法。
- 理解并掌握数据库安全管理的方法。
- 掌握数据库对象访问权限管理方法。
- 了解架构的管理方法。

注意，首先运行脚本文件“章前脚本-第10章安全管理.sql”（可在网站下载），创建数据库eduDB及数据表。

10.1 SQL Server 2005 的安全管理机制

安全性是指保护数据库中的各种数据，以防止因非法使用而造成数据的泄密和破坏。SQL Server 2005 采用分层的安全机制，如图 10–1 所示。

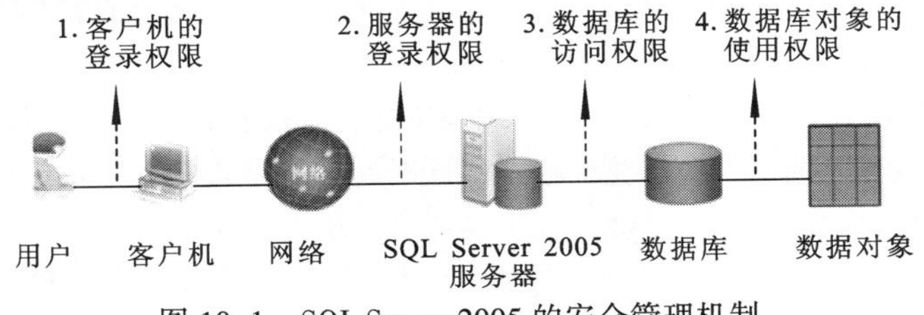

图 10–1 SQL Server 2005 的安全管理机制

第一层：SQL Server 2005 客户机的安全，即客户机的登录权限。用户首先必须能够登录到 SQL Server 2005 客户机操作系统，然后才能进一步访问 SQL Server 2005 服务器中的数据对象。

第二层：SQL Server 2005 服务器的安全，即服务器的登录权限。用户使用 SQL Server 2005 客户机登录 SQL Server 2005 服务器时，必须使用一个登录账户和密码，当与 SQL Server 2005 服务器上的账户密码相符时，才能成功连接到 SQL Server 2005 服务器以取得使用 SQL Server 2005 服务的基本权力。

第三层：数据库的安全，即数据的访问权限。任何一个登录到 SQL Server 2005 服务器上的客户机必须经过授权才能访问相应的数据库，即客户机的登录账户要与要访问的数据库的某个数据库用户账户相关联，才能访问该数据库。

第四层：数据对象的安全，即数据库对象的使用权限。用户被允许使用一个数据库后，并不是对数据库中的所有数据对象拥有所有的访问权限，访问权限的大小由数据库对象的所有者授权，常见的访问权限包括 SELECT 权限、UPDATE 权限、INSERT 权限、DELECT 权限等。

10.2 SQL Server 服务器安全管理

SQL Server 2005 对所有连接服务器的登录用户进行身份验证，并允许创建 Windows 登录用户和 SQL Server 用户进行服务器访问。为了便于管理登录用户，系统可以为登录用户分配固定服务器角色。

10.2.1 身份验证模式

SQL Server 2005 提供两种身份验证模式：一是 Windows 身份验证模式；二是混合身份验证模式，即 SQL Server 和 Windows 身份验证模式。

1. Windows 身份验证模式

将 Windows 用户或工作组映射为 SQL Server 的登录账户，即 SQL Server 集成的安全登录模式。SQL Server 对这些账户采用信任登录方式。如果这些 Windows 用户或工作组成员能够成功地登录 Windows，则 SQL Server 就承认他们是合法的 SQL Server 用户，从而允许他们连接上服务器。这种验证模式实际上是让 Windows 代替 SQL Server 执行登录审查的任务。

2. 混合身份验证模式

在混合身份验证模式下，SQL Server 系统既可以采用 Windows 身份验证方式，也可以采用 SQL Server 身份验证方式确认用户，且 Windows 身份验证方式优于 SQL Server 身份验证方式。也就是说，如果将要连接服务器的用户是通过信任连接协议登录系统的，系统自动采用 Windows 身份验证方式确认用户；如果是通过非信任连接协议登录系统的用户，系统将采用 SQL Server 身份验证方式确认用户。所以混合身份验证模式适用于非 Windows 系统环境的用户、Internet 用户或者混杂的工作组用户访问 SQL Server 的情况。

设置身份验证模式的方法如下：

① 打开 SSMS 并连接到目标服务器，在“对象资源管理器”中的目标服务器上右击，在弹出的快捷菜单中选择“属性”命令，如图 10-2 所示。

② 在“服务器属性”窗口的“选择页”列表中选择“安全性”选项，如图 10-3 所示。在右侧的“服务器身份验证”选项中选择验证模式，同时在“登录审核”选项级中设置需要的审核方式，例如只记录所有的成功登录信息或者只记录所有的失败登录信息。

图 10-2 利用对象资源管理器设置身份验证模式

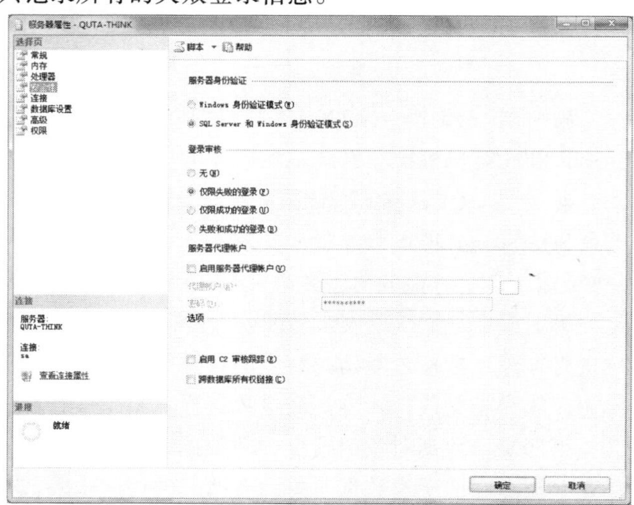

图 10-3 服务器属性窗口的安全性选项页

10.2.2　管理登录账户

1. 默认登录账户

SQL Server 2005 具有两个默认的登录账户：BULITIN\Administrator（Windows 登录账户）和 sa（SQL Server 登录账户）。这两个登录账户是默认的系统管理员，具有访问服务器范围安全对象的所有权限。

2. 创建登录账户

（1）创建 Windows 登录账户

先创建一个 Windows 用户或工作组，然后再在 SSMS 中创建基于 Windows 用户或工作组的 Windows 登录账户。

【例 10-1】创建一个名为 user1 的 Windows 登录账户。

① 创建 Windows 用户 user1。

启动“管理工具”中的“计算机管理”工具，展开“本地用户和组”结点，在“用户”选项上右击，在弹出的快捷菜单中选择“新用户”命令，在弹出的“新用户”对话框中设置一个名为 user1 的新用户，单击“创建”按钮，完成用户 user1 的创建，如图 10-4 所示。关闭“计算机管理”工具。

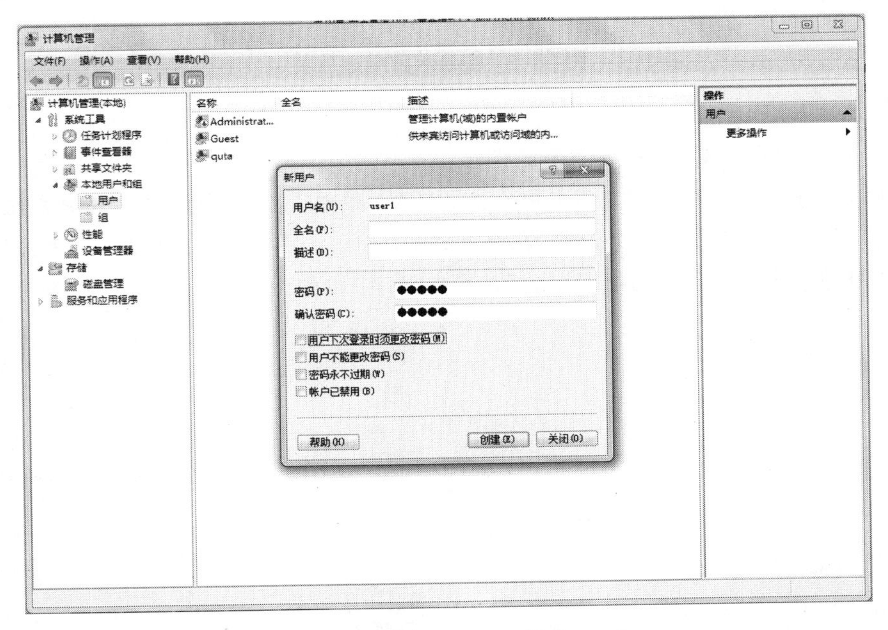

图 10-4　创建 Windows 用户 user1

② 创建基于 user1 的 Windows 登录账户。

a. 打开 SSMS 以 sa 身份连接到目标服务器，在“对象资源管理器”中展开“安全性”结点，在“登录名”结点上右击，在弹出的快捷菜单中选择“新建登录名”命令，弹出“登录名–新建”窗口。在“选择页”列表中选择“常规”选项，设置身份验证方式、登录名、登录名登录后默认的数据库等。“登录常规选项页”如图 10-5 所示。

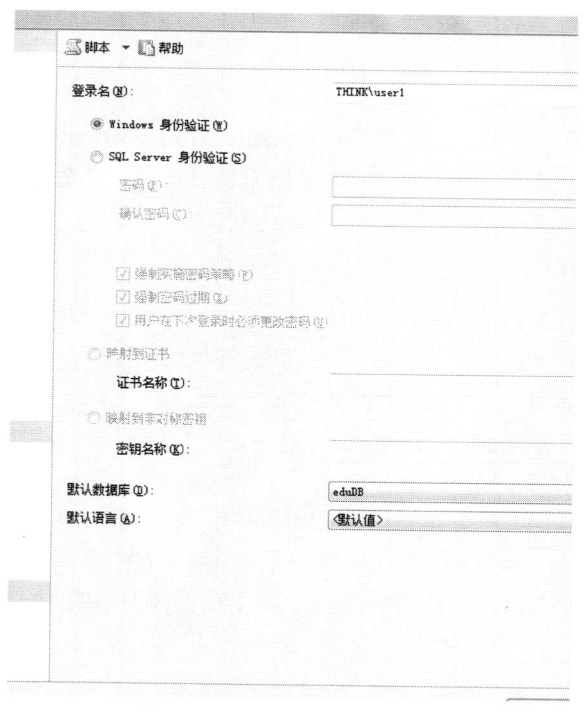

图 10-5　登录名常规选项页

提示：

登录名（域名\用户名）是如何识别的呢？

方法如下：在“登录名-新建”窗口中单击“搜索”按钮，在弹出的“选择用户或组”窗口中，如图 10-6（a）所示，单击“高级”按钮，在弹出的窗口中，如图 10-6（b）所示，单击“立即查找”按钮，在“搜索结果”列表中选择“user1”，单击“确定”按钮。

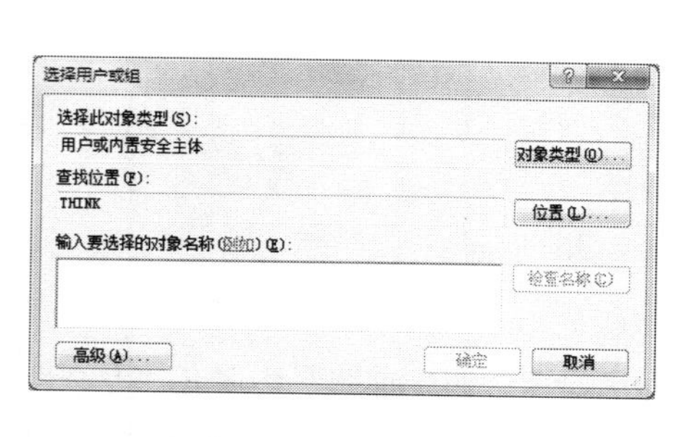

（a）

（b）

图 10-6　查找登录名

b. 在“选择页”列表中选择“服务器角色”选项，设置账户所属的固定服务器角色。登录名服务器角色常规选项页如图 10-7 所示。

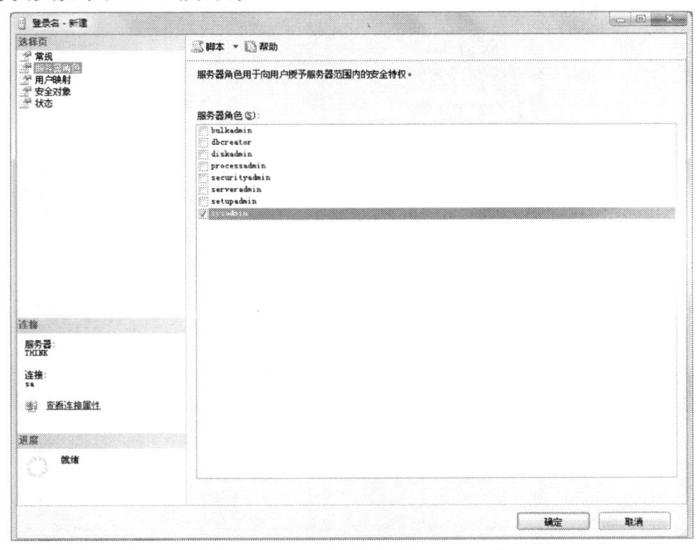

图 10-7　登录名服务器角色选项页

c. 在“选择页”列表中选择“用户映射”选项，设置账户可以访问的数据库，以及在该数据库中担任的数据库角色，即为登录账户指定一个映射到数据库中的数据库用户。登录名用户映射选项页如图 10-8 所示。

d. 在“选择页”列表中选择“安全对象”选项，为登录账户显式地授予对服务器范围的安全对象的访问权限。登录名安全对象选项页如图 10-9 所示。

e. 在“选择页”列表中选择“状态”选项，设置登录账户登录服务器的状态。登录名状态选项页如图 10-10 所示。

f. 单击“确定”按钮，关闭“登录名-新建”窗口，完成 Windows 登录账户的创建。

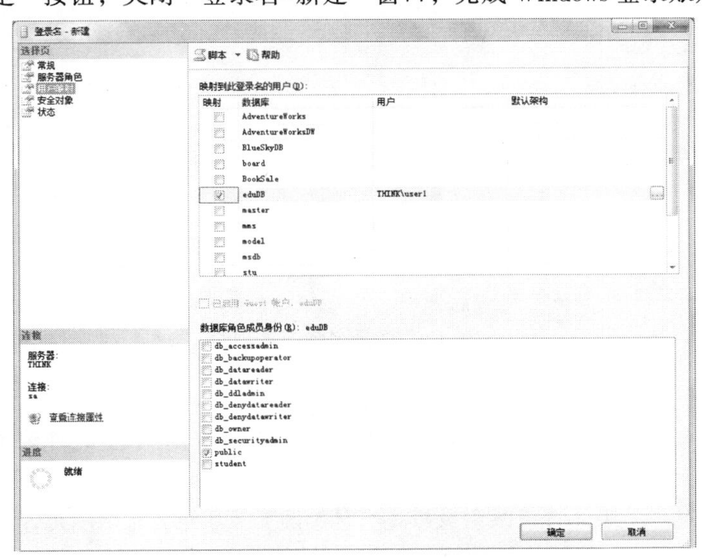

图 10-8　登录名用户映射选项页

图 10-9　登录名安全对象选项页

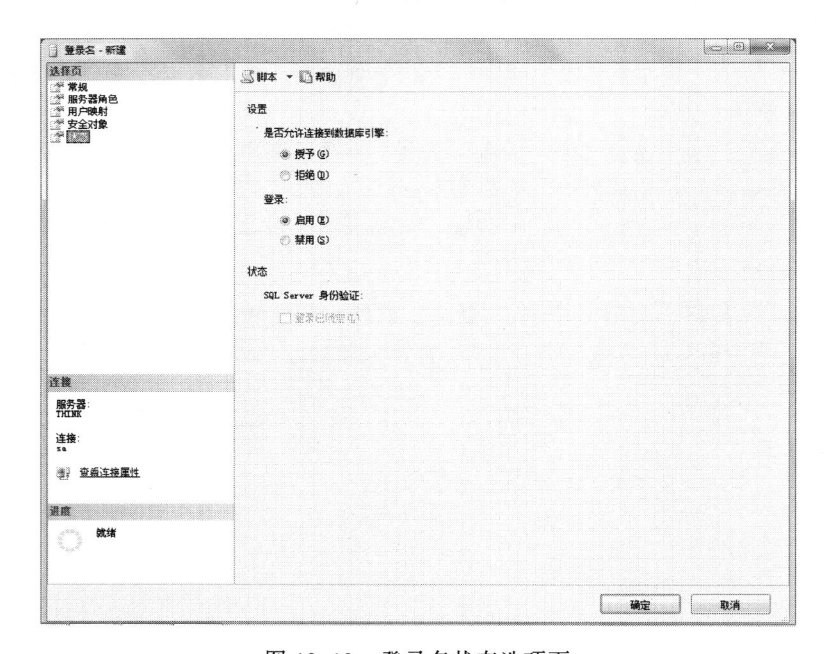

图 10-10　登录名状态选项页

提示：

"状态"选项中的"是否允许连接到数据库引擎"设置为授予，表示允许该登录账户连接到数据库服务器上。

"状态"选项中的"是否允许连接到数据库引擎"设置为拒绝，表示不允许该登录账户连接到数据库服务器上。

（2）创建 SQL Server 登录账户

【例 10-2】 创建一个名为 user2 的 SQL Server 登录账户。

打开 SSMS 以 sa 身份连接到目标服务器，在“对象资源管理器”中展开“安全性”结点，在“登录名”结点上右击，在弹出的快捷菜单中选择“新建登录名”命令，弹出“登录名-新建”窗口。在“选择页”列表中选择“常规”选项，设置身份验证方式、登录名、登录密码、登录名登录后默认的数据库等。登录常规选项页如图 10-11 所示。其他“选项页”选项同 Windows 登录账户的创建。单击“确定”按钮，关闭“登录名-新建”窗口，完成 SQL Server 登录账户的创建。

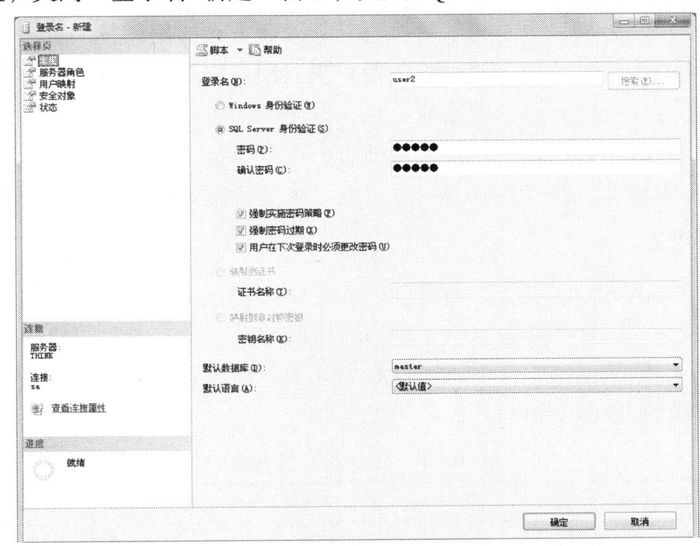

图 10–11　创建 SQL Server 登录账户 user2 的“登录名-新建”窗口

提示：

强制密码策略：密码复杂性是通过许多字符定义的，密码必须最少 6 个字符。密码必须至少包含 4 种形式文字中的 3 种：大写字母、小写字母、数字和特殊字符。密码不能匹配以下任何值：Admin, Administrator, Password, sa, sysadmin，安装 SQL Server 的主机名称，当前 Windows 账户名称的全部或部分（3 个或 3 个以上的连续字母两侧要空格，可用 tab，逗号，句号，下画线，破折号或者哈希符号分隔）。

密码过期由“密码最长有效期”组策略设置决定，账户终止取决于“账户锁定持续时间”、“账户锁定界值”和“重设账户锁定计数器的时间间隔”的值。

3. 修改登录账户

在 SSMS 中，在“对象资源管理器”中展开“安全性”|“登录名”结点，在需要修改的登录名上右击，在弹出的快捷菜单中选择“属性”命令，弹出“登录属性”窗口，在“选择页”列表中选择所需选项进行设置，单击“确定”按钮，完成修改操作。

4. 删除登录账户

在 SSMS 中，在“对象资源管理器”中展开“安全性”|“登录名”结点，在需要删除的登录名上右击，在弹出的快捷菜单中选择“删除”命令，弹出“删除对象”窗口，单击“确定”按钮，完成删除操作。

提示：

一个拥有任何安全对象、服务器级对象的登录账户不能被删除。

登录账户删除时，并不删除该登录名关联的数据库用户，从而产生孤立用户。

10.2.3 管理固定服务器角色

1. 角色

角色提供了一种把用户汇集成一个单元，然后对该单元应用权限，从而使该角色单元中的所有成员也拥有相应的权限，进一步简化了对执行日常管理工作的用户权限管理。

SQL Server 2005 系统提供了用于管理服务器权限的固定服务器角色和管理数据库权限的固定数据库角色，用户还可以创建自己的数据库角色，以便管理企业中同一类员工所执行的工作，当员工改变工作时只需把其作为指定角色的成员即可，如果该员工从指定的工作位置调走，那么可以简单地把其从角色中删除，这样就不必对员工反复地进行授予权限和收回权限。

2. 固定服务器角色

SQL Server 2005 提供一组固定服务器角色，如表 10–1 所示，该角色是管理与维护服务器对象的用户组。之所以被称为固定服务器角色，是因为这些角色所拥有的权限是固定的，不能为这些角色增加权限，也不能删除他们的权限。通过添加登录账户成为固定服务器角色的成员，就可以为登录分配相应的访问服务器安全对象的权限。

表 10–1 固定服务器角色

固定服务器角色	角 色 名 称	成员的权限
bulkadmin	块复制管理员	执行大容量插入语句
dbcreator	数据库创建者	创建和修改数据库
diskadmin	磁盘管理员	管理磁盘文件
processadmin	进程管理员	管理系统进程
securityadmin	安全管理员	管理 SQL Server 的安全性设置
serveradmin	服务器管理员	配置服务器端设置
setupadmin	安装管理员	添加和删除链接服务器
sysadmin	系统管理员	执行 SQL Server 中的任何活动，包括所有其他固定服务器角色

提示：不能自定义服务器级的角色。

3. 管理固定服务器角色

在 SSMS 中使用以下两种方式为固定服务器添加成员。

① 在“登录名”的“登录属性”窗口的“服务器角色”选项卡中将登录用户添加到指定的固定服务器角色中。

② 在“固定服务器角色”的“服务器角色属性”窗口中，为固定服务器角色添加成员。

【例 10-3】为固定服务器成员 dbcreator 添加成员 user2。

① 打开 SSMS 以 sa 身份连接到目标服务器，在“对象资源管理器”中展开“安全性”|“服务器角色”结点，右击 dbcreator，在弹出的快捷菜单中选择“属性”命令，弹出“服务器角色属性–dbcreator”窗口。

② 在“服务器角色成员身份”列表中单击“添加”按钮，弹出“选择登录名”窗口。

③ 单击“浏览”按钮，弹出“查找对象”窗口。

④ 在“匹配的对象”列表中选择 user2 复选框，单击“确定”按钮，返回“查找对象”窗口。

⑤ 单击“确定”按钮，返回“服务器角色属性”窗口。

⑥ 单击“确定”按钮，关闭“服务器角色属性-dbcreator”窗口，完成固定服务器角色成员的添加。“服务器角色属性-dbcreator”窗口如图 10-12 所示。

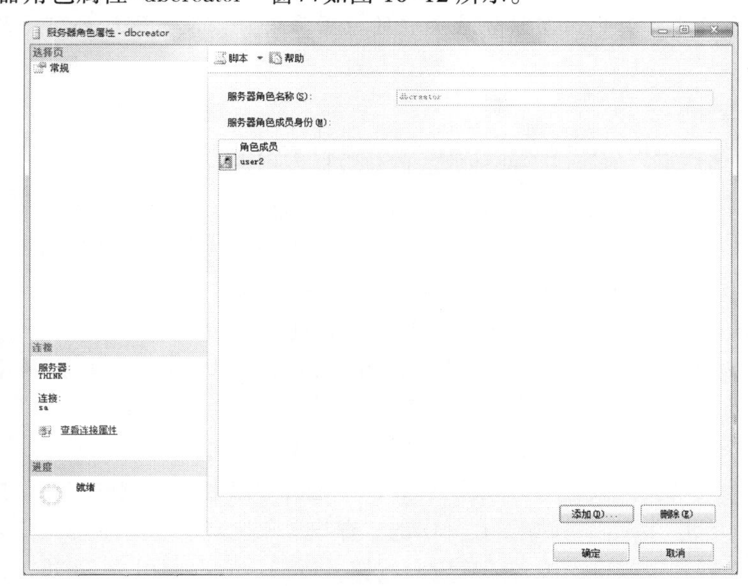

图 10-12　添加成员的“服务器角色属性”窗口

提示：

为固定服务器角色删除成员，可在“服务器角色属性”窗口中，通过“删除”按钮完成。

10.3　数据库安全管理

数据库安全管理是指将需要访问数据库的登录账户映射为数据库用户，使其具有访问数据库及其对象的合法权限，为了便于管理数据库用户，系统可以为数据库用户分配数据库角色。

10.3.1　管理数据库用户

一个登录账户成功地通过了 SQL Server 服务器验证后，若想访问某个数据库，就必须在该数据库中有对应的数据库用户，所以一个登录账户可映射到不同的数据库中成为数据库用户。

1. 默认数据库用户

SQL Server 2005 的每个数据库都提供 4 个不能被删除的默认数据库用户。

① dbo：是数据库的拥有者和管理员，不能删除。在系统数据库中，dbo 用户对应于默认的登陆账户 sa，在用户数据库中，dbo 用户对应于创建该数据库的登录账户。

② guest：不与任何登录账户关联的数据库用户，不能删除。当一个没有映射到数据库用户的登录账户试图访问一个数据库时，系统将登录映射为 guest 用户访问数据库。默认情况下不允许 guest 用户连接数据库，但可以通过激活语句激活 guest 用户。

③ INFORMATION_SCHEMA 和 sys：作为数据库用户出现在目录视图中。这两个实体是 SQL Server 所必需的，但它们不是访问数据库安全对象的主体。

2. 孤立用户

孤立用户是指没有映射到当前 SQL Server 实例中的登录名的数据库用户。在 SQL Server 2005 中，如果删除一个数据库用户映射的登录名，该用户将变为孤立用户。

提示： 删除登录名不会删除与该登录关联的数据库用户，没被删除的数据库用户成为孤立用户。

3. 创建数据库用户

在 SSMS 中，用户可以使用以下两种方法创建数据库用户：

① 在“登录名”的“登录属性-XX”窗口的“用户映射”选项中，将登录用户映射到指定的数据库中。默认情况下，数据库用户名与登录名重名，也允许对数据库用户名进行更改。

② 在数据库中创建数据库用户，同时指定与其关联的登录用户。

【例 10-4】 在 eduDB 数据库中为登录账户 user2 创建用户 user2。

① 打开 SSMS 以 sa 身份连接到目标服务器，在“对象资源管理器”中展开“数据库”| eduDB |“安全性”结点，在“用户”结点上右击，在弹出的快捷菜单中选择“新建用户”命令，弹出“数据库用户-新建”窗口。“创建数据库用户”的窗口，如图 10-13 所示。

② 在“选择页”列表中选择“常规”选项，单击“登录名”右侧的“…”按钮，弹出“选择登录名”窗口，单击“浏览”按钮，在弹出的“查找对象”窗口中选择 user2，单击“确定”按钮，返回“选择登录名”窗口，单击“确定”按钮，返回“数据库用户-新建”窗口，在“用户名”中输入 user2；在“默认架构”中选择架构 dbo 作为默认架构；在“此用户拥有的架构”列表中为用户指定架构；在“数据库角色成员身份”列表中为用户分配数据库角色。

图 10-13 创建数据库用户的“数据库用户-新建”窗口

③ 在“选择页”列表中选择“安全对象”选项，为该用户显示授予对数据库安全对象的访问权限。

④ 单击“确定”按钮，关闭“数据库用户-创建”窗口，完成数据库用户的创建。

4. 查看数据库用户

【例 10-5】查看 eduDB 数据库中的所有数据用户。

打开 SSMS 以 sa 身份连接到目标服务器，在“对象资源管理器”中展开“数据库”| eduDB |“安全性”结点，在“用户”结点上单击，右侧窗口中列出了当前数据库所有的数据库用户，如图 10-14 所示。

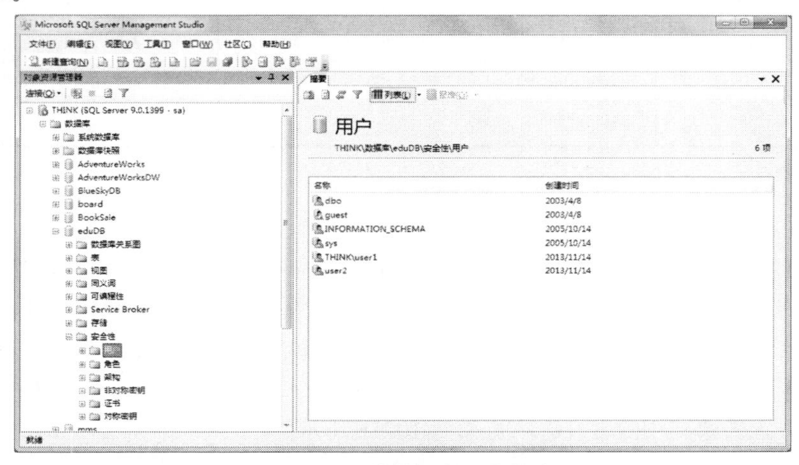

图 10-14　查看数据库用户的窗口

5. 修改和删除数据库用户

（1）修改数据库用户

在需要修改的数据库用户上右击，在弹出的快捷菜单中选择“属性”命令，在弹出的窗口中进行相应配置，单击“确定”按钮，完成修改操作。

（2）删除数据库用户

在需要删除的数据库用户上右击，在弹出的快捷菜单中选择“删除”命令，在弹出的“删除对象”窗口中单击“确定”按钮，完成删除操作。

10.3.2　管理架构

架构是一个存放数据库对象的容器，表、视图、存储过程等数据库对象必须属于某个架构。从包含关系上来讲，数据库位于服务器内部，而架构位于数据库内部，是数据库级的安全对象，是数据对象的逻辑容器。引入架构以后，访问数据库对象时，如果使用完全对象限定名称，应采用以下模式：

```
server.database.schema.object
```

即：服务器名.数据库名.架构名.数据库对象

1. 默认架构

在 SQL Server 2005 中，用户如果没有对自己的默认架构做设置，那默认架构就是 dbo。如果是访问默认架构中的对象则可以忽略架构名称，否则在访问表、视图等对象时需要指定架构名称。

假如当前数据库中有两个用户，其中 U1 的默认架构是 dbo，而 U2 的默认架构是 schema1。该数据库有两个表，其中 T1 属于默认架构 dbo，T2 属于架构 schema1。表 10-2 所示为数据库用户访问数据库对象的方式。

表 10-2 数据库用户访问数据库对象的方式

表 用户	T1 属于架构 dbo	T2 属于架构 schema1
U1 默认架构是 dbo	正确：dbo.T1 正确：T1	正确：schema1.T2 错误：T2
U2 默认架构是 schema1	正确：dbo.T1 错误：T1	正确：schema1.T2 正确：T2

2. 管理架构

默认架构 dbo 不需要创建，但其他架构需要手工添加。

【例 10-6】在 eduDB 数据库中创建一个名为 Manager 的架构，并设置其所有者为 user2。

① 打开 SSMS，以 sa 身份连接到目标服务器，在“对象资源管理器”中展开“数据库”|eduDB|“安全性”结点，在“架构”结点上右击，在弹出的快捷菜单中选择“新建架构”命令，弹出“架构–新建”窗口，在“选择页”列表中选择“常规”选项，输入“架构名称”，通过“检索”按钮选择架构所有者，新建架构的常规选项页如图 10-15 所示。

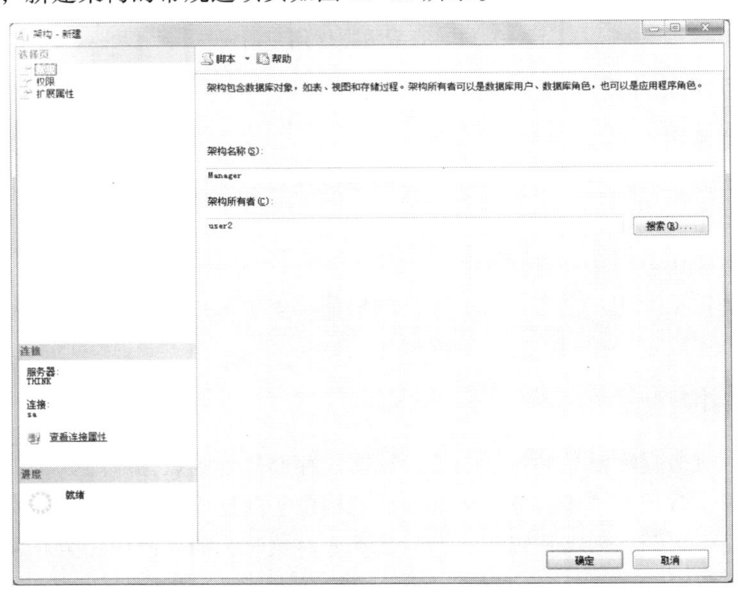

图 10-15 新建架构的常规选项页窗口

② 在“选择页”列表中选择“权限”选项，通过“添加”按钮，添加用户，并通过“显示权限”区域为指定用户设置授权。授予架构中 public 角色存储过程中的执行（EXECUTE）权限。新建架构的权限选项页如图 10-16 所示。

图 10-16　新建架构的权限选项页窗口

③ 单击“确定”按钮，关闭“新建架构”窗口，完成架构的创建。

提示：

一个架构只能有一个所有者，所有者可以是用户、数据库角色、应用程序角色。多个用户可以通过角色成员身份或 Windows 组成员身份拥有一个架构。

架构可以被修改，也可以被删除，但如果架构包含数据库对象则架构不能被删除。需要将数据库对象移动到其他架构中去，再删除。

提示：

修改数据库对象的所属架构，例如修改表的所属架构的方法如下：右击要修改的表，在弹出的快捷菜单中选择“修改”命令，在弹出的“属性”窗口中更改架构即可。

10.3.3　管理数据库角色

SQL Server 2005 的数据库角色是数据库用户构成的组。

1. 固定数据库角色

在数据库级设置了固定数据库角色，如表 10-3 所示。固定数据库角色用来提供最基本的数据库权限的管理。

表 10-3　固定数据库角色

固定数据库角色	角 色 名 称	成员的权限
db_accessadmin	访问权限管理员	可以对数据库用户进行增加或删除操作
db_backupoperator	数据库备份管理员	可以对数据库进行备份和恢复操作
db_datareader	数据检索管理员	可以在任意表中进行数据检索操作
db_datawriter	数据维护管理员	可以在任意表中执行插入、更新、删除等操作

续表

固定数据库角色	角色名称	成员的权限
db_ddladmin	数据库对象管理员	可以对表、视图、存储过程、函数等数据库对象进行增加、修改或删除操作
db_denydatareader	拒绝执行操作检索员	拒绝在任意表中进行数据检索操作
db_denydatawriter	拒绝执行数据维护管理员	拒绝在任意表中执行插入、更新、删除等操作
db_owner	数据库所有者	拥有数据库中的所有权限，是数据库中的最高管理角色
db_securityadmin	安全管理员	可以执行权限管理和角色成员管理等操作

提示：

固定数据库角色都有预先定义好的权限，不能为这些角色增加或删除权限。

2. Public 角色

除以上 9 个固定数据库角色外，还有一个特殊的角色即 public 角色，该角色有两大特点：

① 初始状态时没有权限。

② 所有的数据库用户都是它的成员。

虽然初始状态下 public 角色没有任何权限，但是可以为该角色授予权限。由于所有的数据库用户都是该角色的成员，并且这是自动的、默认的和不可变的，因此数据库中的所有用户都会自动继承 public 角色的权限。从某种程度上可以这样说，当为 public 角色授予权限时，实际上就是为所有的数据库用户授予权限。

3. 用户自定义角色

创建用户定义的数据库角色就是创建一组用户，这些用户具有相同的一组许可。如果一组用户需要执行在 SQL Server 中指定的一组操作且不存在对应的工作组，或者没有管理工作用户账号的许可，可以在数据库中建立一个用户自定义的数据库角色。SQL 用户自定义角色有两种：标准角色和应用程序角色。

① 标准角色通过对用户权限等级的认定而将用户划分为不同的用户组，使用户总是相对于一个或多个角色，从而实现管理的安全性。所有的固定数据库角色或 SQL Server 管理者自定义的某一角色都是标准角色。

② 应用程序角色是一种比较特殊的角色。当打算让某些用户只能通过特定的应用程序间接地存取数据库中的数据而不是直接地存取数据库数据时，就应该考虑使用应用程序角色。

【例 10-7】在 eduDB 数据库中创建一个自定义角色 student。

① 打开 SSMS 以 sa 身份连接到目标服务器，在“对象资源管理器”中展开“数据库” | eduDB | “安全性” | “角色”结点，在“数据库角色”结点上右击，在弹出的快捷菜单中选择“新建数据库角色”命令，弹出“数据库角色-新建”窗口。“创建自定义角色”的窗口如图 10-17 所示。

② 在“选择页”列表中选择“常规”选项，在右侧窗口的“角色名称”中输入角色的名称“student”；在“此角色拥有的架构”列表中为角色指定架构；在“此角色的成员”列表中可以为角色添加数据库用户。

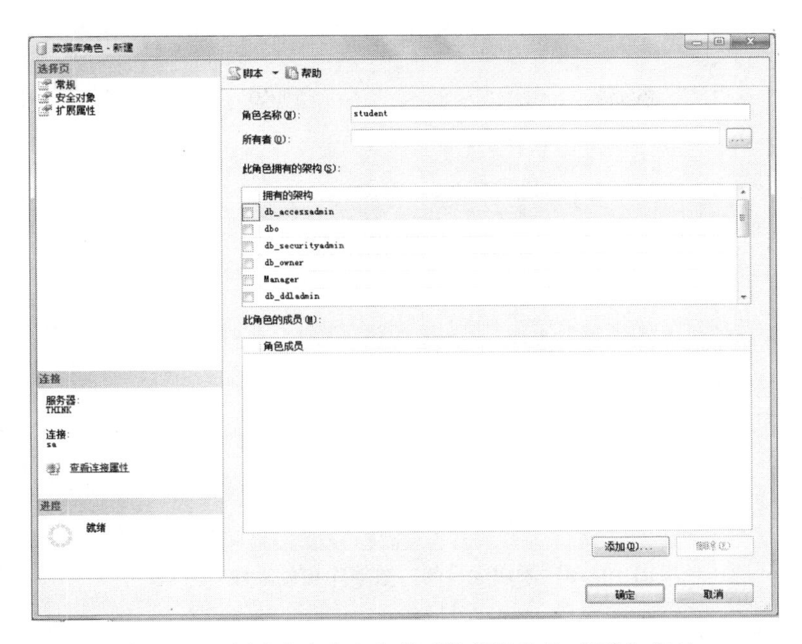

图 10-17　创建自定义角色的“数据库角色-新建”窗口

③ 在“选择页”列表中选择“安全对象”选项，为该角色授予对数据库范围的安全对象的访问权限。

④ 单击“确定”按钮，关闭“数据库角色-新建”窗口，完成自定义角色的创建。

4. 管理数据库角色的成员

在 SSMS 中，用户可以使用以下两种方法为数据库角色添加成员：

① 在“用户”的“数据库用户-××”窗口的“常规”选项卡中的“数据库角色成员身份”列表框中，将数据库用户添加到指定的数据库角色中。

② 在“数据库角色”的“数据库角色属性”窗口中，为数据库角色添加成员。

【例 10-8】 在 eduDB 数据库中将用户 THINK\user1 和 user2 添加到自定义角色 student 中去，并将角色 student 设置为架构 Manager 的所有者。

打开 SSMS 以 sa 身份连接到目标服务器，在“对象资源管理器”中展开“数据库”| eduDB |“安全性”|“角色”|“数据库角色”结点，在 student 角色上右击，在弹出的快捷菜单中选择“属性”命令，弹出“数据库角色属性-student”窗口。在“选择页”列表中选择“常规”选项，在右侧窗口的“此角色成员”列表框中单击“添加”按钮，在弹出的“选择数据用户或角色”窗口中单击“浏览”按钮，在弹出的“查找对象”窗口中选择 THINK\user1 和 user2，单击“确定”按钮返回“选择数据用户或角色”窗口，单击“确定”按钮返回“数据库角色属性-student”窗口。在“此角色拥有的架构”列表框中选择 Manager。单击“确定”按钮，关闭“数据库角色属性”窗口，完成角色成员的添加。

“数据库角色属性”窗口如图 10-18 所示。

提示：

为数据库角色删除成员，可在“数据库角色属性”窗口中，通过“删除”按钮完成。

图 10-18 添加成员的“数据库角色属性”窗口

5. 自定义角色删除

在需要删除的数据库用户上右击，在弹出的快捷菜单中选择“属性”命令，在弹出的“数据库角色属性”窗口中，删除角色成员，单击“确定”按钮。

在需要删除的数据库用户上右击，在弹出的快捷菜单中选择“删除”命令，在弹出的“删除对象”窗口中单击“确定”按钮，完成角色删除操作。

提示：不包括成员的自定义角色才能被删除。

10.4 权限管理

权限是指主体对安全对象的使用及操作的权力。权限管理是指将安全对象的权限对相关主体进行授予、拒绝和取消（收回）操作。表 10-4～表 10-6 所示分别为数据库的权限、表的权限和列的权限。

表 10-4 数据库的权限

权　限	说　明
CREATE DATABASE	创建数据库
CREATE DEFAULT	创建默认值
CREATE PROCEDURE	创建存储过程
CREATE FUNCTION	创建函数
CREATE RULE	创建规则
CREATE TABLE	创建表
CREATE VIEW	创建试图
BACKUP DATABASE	备份数据库
BACKUP LOG	备份日志

表 10-5 表的权限

权　限	说　明
ALTER	更改表定义
CONTROL	提供所有权之类的权限
DELETE	删除表中行的权限
INSERT	向表中插入行的权限
REFERENCES	通过外键引用表的权限
SELECT	在表中检索数据的权限
TAKE OWNERSHIP	取得表的所有权的权限
UPDATE	更新表中数据的权限
VIEW DEFINTION	访问表的元数据的权限

表 10-6　列的权限

权　　限	说　　明	权　　限	说　　明
SELECT	选择列的权限	VIEW DEFINTION	访问表的元数据的权限
UPDATE	更新列的权限	REFERENCES	通过外键引用列的权限

10.4.1　权限的授予

【例 10-9】在 eduDB 数据库中，授予角色 student 创建表的权限。

① 打开 SSMS,以 sa 身份连接到目标服务器,在“对象资源管理器”中展开“数据库”| eduDB |“安全性”|“角色”|“数据库角色”结点，在 student 角色上右击，在弹出的快捷菜单中选择“属性”命令，弹出“数据库角色属性-student”窗口。

② 在“选择页”列表中选择“安全对象”选项，在右侧窗口的“安全对象”中单击“添加”按钮，弹出“添加对象”对话框，在对话框中选择“特定对象”单选按钮，如图 10-19 所示。

③ 单击“确定”按钮，弹出“选择对象”对话框，单击“对象类型”按钮，弹出“选择对象类型”对话框，在对话框中选择“数据库”复选框，如图 10-20 所示。

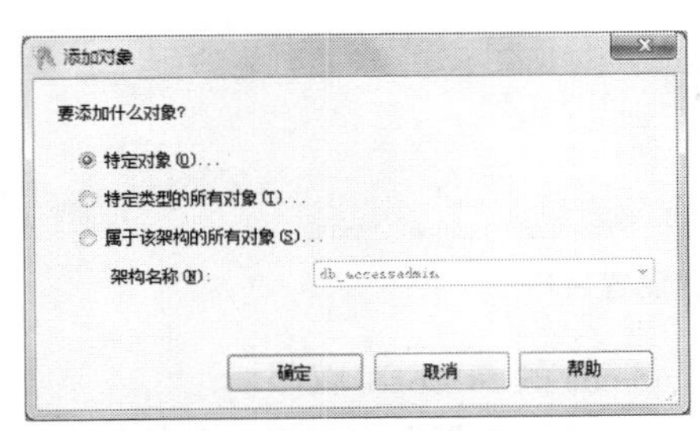

图 10-19　“添加对象”对话框

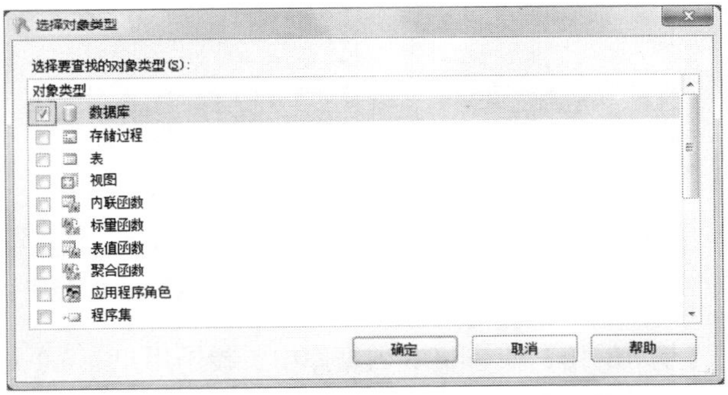

图 10-20　“选择对象类型”对话框

④ 单击“确定”按钮，返回“选择对象”对话框，单击“浏览”按钮，弹出“查找对象”对话框，选中 eduDB 复选框，如图 10-21 所示。

⑤ 单击“确定”按钮，返回“选择对象”对话框，如图 10-22 所示。

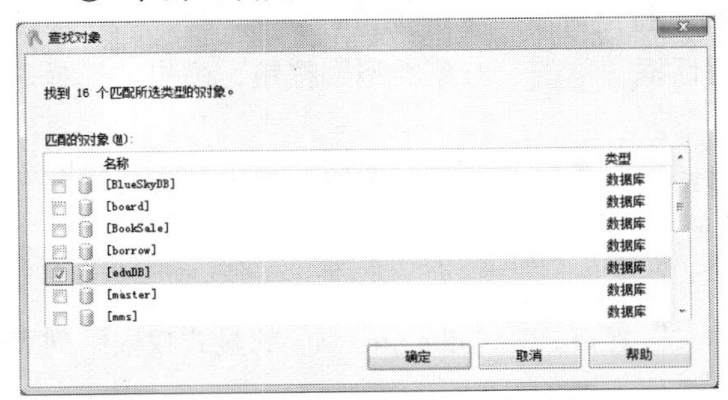

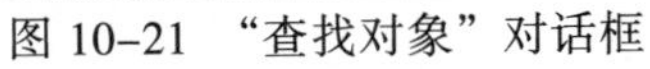
图 10-21　“查找对象”对话框

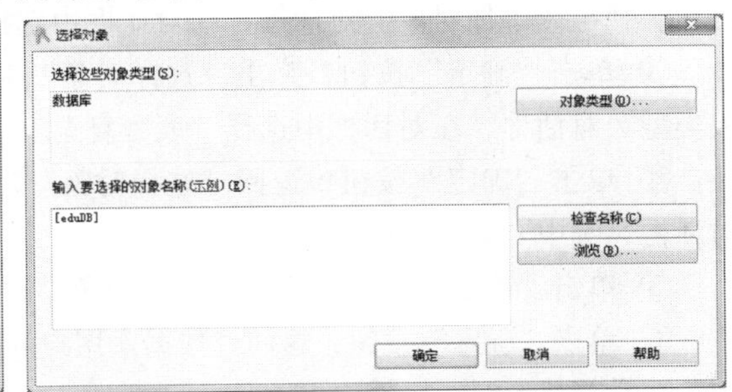

图 10-22　“选择对象”对话框

⑥ 单击“确定”按钮，返回“数据库角色属性-student”窗口，在“eduDB 的显式权限”列表中，选择授予 Create table 权限，如图 10-23 所示。

⑦ 单击“确定”按钮，关闭“数据库角色属性-student”窗口，完成授权操作。

“数据库角色授权”窗口如图 10–23 所示。

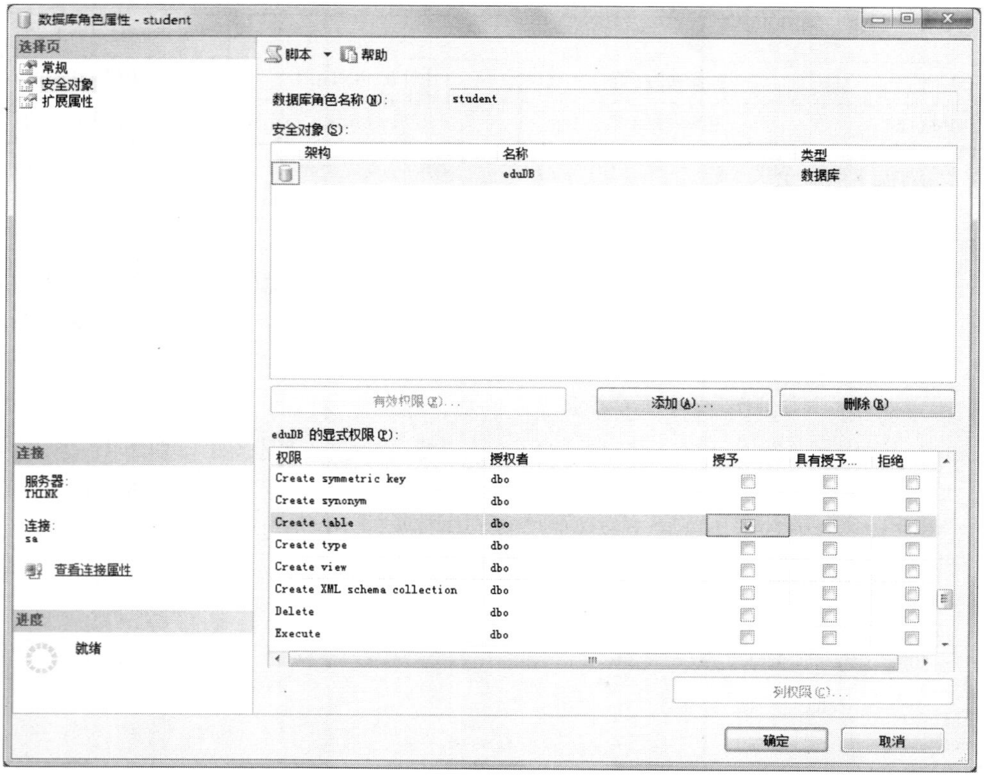

图 10–23　角色 student 授予权限的设置窗口

【例 10-10】在 eduDB 数据库中，授予用户 user2 对表 students 的 SELECT 权限。

① 打开 SSMS，以 sa 身份连接到目标服务器，在“对象资源管理器”中展开“数据库”｜“eduDB”｜“安全性”｜“用户”结点，在用户 user2 上右击，在弹出的快捷菜单中选择“属性”命令，弹出“数据库用户-user2”窗口。

② 在“选择页”列表中选择“安全对象”选项，在右侧窗口的“安全对象”中单击“添加”按钮，弹出“添加对象”对话框，在对话框中选择“特定对象”单选按钮。

③ 单击“确定”按钮，弹出“选择对象”对话框，单击“对象类型”按钮，弹出“选择对象类型”对话框，在对话框中选择“表”复选框。

④ 单击“确定”按钮，返回“选择对象”对话框，单击“浏览”按钮，弹出“查找对象”对话框，选中 dbo.Students 复选框。

⑤ 单击“确定”按钮，返回“选择对象”对话框。

⑥ 单击“确定”按钮，返回“数据库用户 user2”窗口，在“dbo.Students 的显式权限”列表中，选择授予 Select 权限。

⑦ 单击“确定”按钮，关闭“数据库用户-user2”窗口，完成授权操作。

“数据库用户授予权限”窗口如图 10–24 所示。

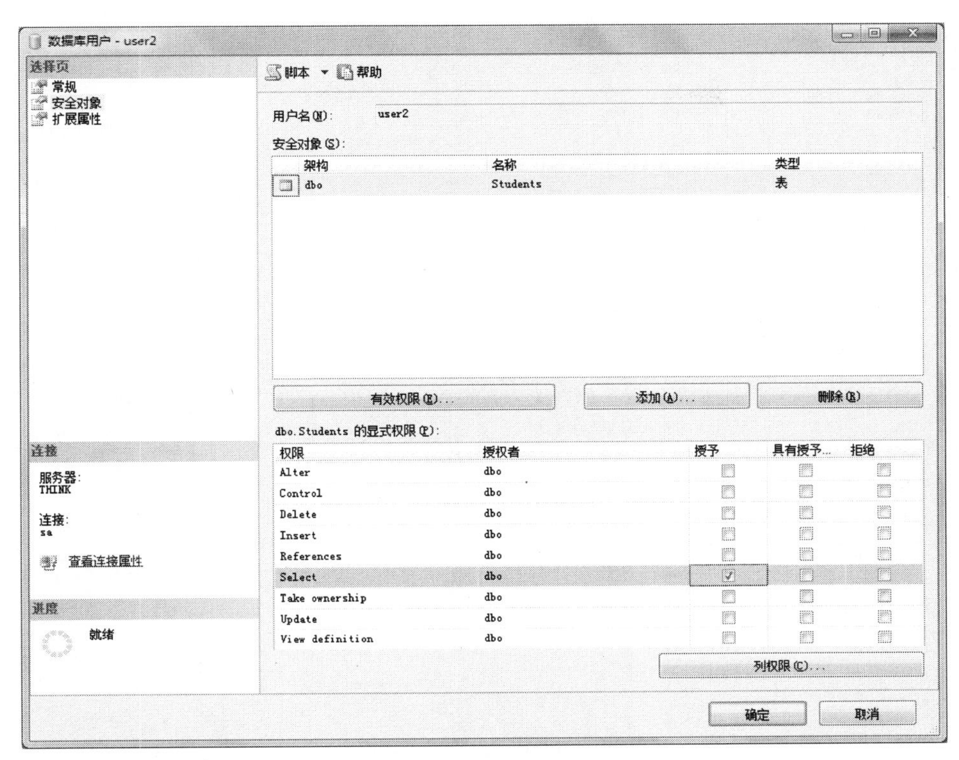

图 10-24　用户 user2 授予权限的设置窗口

10.4.2　权限的回收

取消允许权限或禁止权限。

【例 10-11】在 eduDB 数据库中，收回用户 user2 对表 students 的 SELECT 权限。

① 打开 SSMS 以 sa 身份连接到目标服务器，在“对象资源管理器”中展开“数据库”| eduDB |“安全性”|“用户”结点，在用户 user2 上右击，在弹出的快捷菜单中选择“属性”命令，弹出“数据库用户-user2”窗口。

② 在“选择页”列表中选择“安全对象”选项，在右侧窗口的“安全对象”中单击“添加”按钮，弹出“添加对象”对话框，在对话框中选择“特定对象”单选按钮。

③ 单击“确定”按钮，弹出“选择对象”对话框，单击“对象类型”按钮，弹出“选择对象类型”对话框，在对话框中选择“表”复选按钮。

④ 单击“确定”按钮，返回“选择对象”对话框，单击“浏览”按钮，弹出“查找对象”对话框，选择 dbo.Students 复选框。

⑤ 单击“确定”按钮，返回“选择对象”对话框。

⑥ 单击“确定”按钮，返回“数据库用户 user2”窗口，在“dbo.Students 的显式权限”列表中，选择收回 Select 权限。

⑦ 单击“确定”按钮，关闭“数据库用户-user2”窗口，完成收回权限操作。

“数据库用户收回权限”窗口如图 10-25 所示。

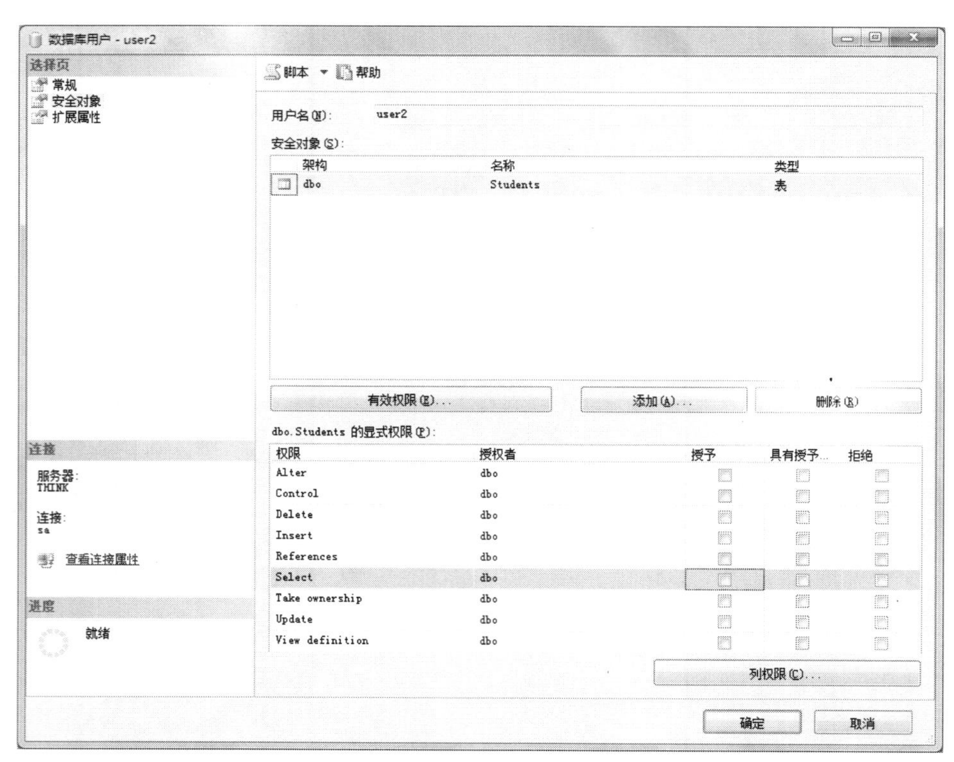

图 10-25　用户 user2 收回权限的设置窗口

10.4.3　权限的拒绝

在授予用户权限以后，数据库管理员可以根据实际情况在不回收用户访问权限的情况下，拒绝用户访问数据库对象。

【例 10-12】 在 eduDB 数据库中，拒绝角色 student 创建表的权限。

① 打开 SSMS，以 sa 身份连接到目标服务器，在“对象资源管理器”中展开“数据库”| eduDB |“安全性”|“角色”|“数据库角色”结点，在 student 角色上右击，在弹出的快捷菜单中选择“属性”命令，弹出“数据库角色属性-student”窗口。

② 在“选择页”列表中选择“安全对象”选项，在右侧窗口的“安全对象”中单击“添加”按钮，弹出“添加对象”对话框，在对话框中选择“特定对象”单选按钮。

③ 点击“确定”按钮，弹出“选择对象”对话框，单击“对象类型”按钮，弹出“选择对象类型”对话框，在对话框中选择“数据库”复选框。

④ 单击“确定”按钮，返回“选择对象”对话框，单击“浏览”按钮，弹出“查找对象”对话框，选择 eduDB 复选框。

⑤ 单击“确定”按钮，返回“选择对象”对话框。

⑥ 单击“确定”按钮，返回“数据库角色属性-student”窗口，在“eduDB 的显式权限”列表中，选择拒绝 Create table 权限。

⑦ 单击“确定”按钮，关闭“数据库角色-student”窗口，完成拒绝权限操作。

“数据库用户拒绝权限”窗口如图 10-26 所示。

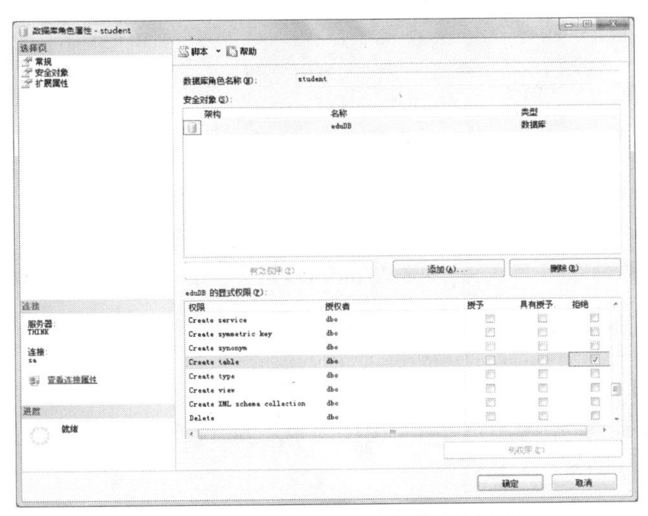

图 10-26　角色 student 拒绝权限的设置窗口

SQL 语句分析

1. 管理 Windows 登录账户

创建登录账户

```
CREATE LOGIN LoginName FROM WINDOWS
[WITH DEFAULT_DATABASE=DatabaseName]
```

修改登录账户

```
ALTER LOGIN LoginName
WITH PASSWORD = 'password'
|WITH DEFAULT_DATABASE = database
```

删除登录账户

```
DROP LOGIN LoginName
```

提示：

用“[ ]”括起来的内容是可以省略的选项。用“{ }”扩起来的内容是必须设置的选项。“[, ...n]”表示同样的选项可以重复 *n* 遍。用“<>”括起来的内容是可替代的选项，在实际编写语句时，应该用相应的选项来代替。类似“A|B”的内容表示可以选择 A，也可以选择 B，但不能同时选择 A 和 B。如果在 A 或 B 的下面添加下画线，表示该选项是默认选项。

【例 10-13】 为 Windows 组 teacher（包括用户 user3 和 user4）创建登录账户，拒绝其中的用户 user4 连接到 SQL Server 服务器。

① 创建 Windows 组 teacher，并在该组中添加两个用户 user3 和 user4。

a. 启动“管理工具”中的“计算机管理”工具，展开“本地用户和组”结点，在“用户”选项上右击，在弹出的“新用户”窗口中设置一个名为 user3 的新用户，单击“创建”按钮，完成用户 user3 的创建。再用同样的方法创建用户 user4。

b. 在“组”选项上右击，在弹出的“新建组”窗口中，设置组名为 teacher，单击“添加”按钮，弹出“选择用户”窗口，在“输入对象名称来选择”文本框中输入 THINK\user3，然后单击“确定”按钮，用户 user3 被加入组 teacher 中，再用同样的方法将 user4 加入组 teacher 中。在“新建组”窗口中单击“创建”按钮成功创建组 teacher。

c. 单击“关闭”按钮关闭“新建组”窗口，最后关闭“计算机管理”工具。

② 创建基于组 teacher 的 Windows 登录账户。

```
CREATE LOGIN [THINK\teacher] FROM WINDOWS
GO
```

提示：

创建该登录账户后，teacher 组中的任何成员可以进入操作系统以后，都可以连接并登录到 SQL Server 服务器。

Windows 登录名称的通用形式为[域名\Windows 用户或组名]，其中方括号是必须的。

③ 创建基于组 teacher 中的用户 user4 的 Windows 登录账户。

```
CREATE LOGIN [THINK\user4] FROM WINDOWS
GO
```

④ 拒绝基于组 teacher 中的用户 user4 连接到 SQL Server 服务器。

```
USE MASTER
GO
DENY CONNECT SQL TO [THINK\user4]
GO
```

提示：

只有在当前数据库是 master 时，才能授予服务器范围的权限。

被禁止连接到 SQL Server 数据库引擎的用户可以通过 GRANT CONNECT SQL TO 命令恢复连接。

2. 管理 SQL Server 登录账户

```
CREATE LOGIN LoginName
[WITH PASSWORD='password'[MUST_CHANGE]
[,DEFAULT_DATABASE=DataBaseNme]
[,CHECK_EXPIRATION={ON|OFF}][,CHECK_POLICY={ON|OFF}]]
```

【例 10-14】 创建 SQL Server 登录账户 user5，密码为“*12345”，要求用户下次登录时更改密码，用户默认数据库为 eduDB，对该账户应用本地密码策略并检查 Windows 过期策略。

```
CREATE LOGIN user5 WITH PASSWORD='*123456' MUST_CHANGE,
DEFAULT_DATABASE=eduDB,CHECK_EXPIRATION=ON,CHECK_POLICY=ON
GO
```

3. 固定服务器角色管理

为固定服务器角色分配成员	EXEC sp_addsrvrolemember 'LoginName','RoleName'
查看固定服务器角色成员	EXEC sp_helpsrvrolemember 'RoleName'
撤销固定服务器角色成员的分配	EXEC sp_dropsrvrolemember 'LoginName','RoleName'

【例 10-15】 将 sysadmin 角色分配给 SQL Server 登录账户 user5，并查看 sysadmin 角色包括哪些登录账户。

```
EXEC sp_addsrvrolemember 'user5','sysadmin'
GO
EXEC sp_helpsrvrolemember 'sysadmin'
GO
```

【例 10-16】 撤销为 user5 分配的角色 sysadmin。

```
EXEC sp_dropsrvrolemember 'user5','sysadmin'
GO
```

4. 数据库用户管理

创建数据库用户	CREATE USER Username [FOR LOGIN LoginName]
修改数据库用户	ALTER USER Username WITH NAME = newusername
删除数据库用户	DROPE USER Username

【例 10-17】 将[THINK\teacher]登录的默认数据库设置为 eduDB，并在数据库 eduDB 中添加数据库用户 teacher，再添加数据库用户 user5，并查看数据库用户。

```
ALTER LOGIN [THINK\teacher] WITH DEFAULT_DATABASE=eduDB
GO
USE eduDB
GO
CREATE USER teacher FOR LOGIN [THINK\teacher]
GO
CREATE USER user5 FOR LOGIN user5
GO
EXEC sp_helpuser
GO
```

5. 数据库角色管理

创建角色	CREATE ROLE RoleName
删除角色	DROP ROLE RoleName
为数据库角色分配成员	EXEC sp_addrolemember 'RoleName','SecurityAccount'
撤销数据库角色的分配	EXEC sp_droprolemember 'RoleName','SecurityAccount'

【例 10-18】 在数据库 eduDB 中创建一个数据库角色 leader，将数据库用户 user5 添加到数据库角色 leader 中，并查看 leader 角色包括哪些数据库用户。

```
CREATE ROLE leader
GO
EXEC sp_addrolemember 'leader','user5'
GO
EXEC sp_helprolemember 'leader'
GO
```

【例 10-19】 在数据库 eduDB 中，撤销为数据库用户 user5 分配的角色 leader，然后删除数据库角色 leader。

```
EXEC sp_droprolemember 'leader','user5'
GO
DROP ROLE leader
GO
```

6. 权限管理

授予数据库对象的访问权限	GRANT {ALL | Permission[,…n]} ON {TableName | ViewName[(Column[,…n])]} To SecurityAccount[,…n] [WITH GRANT OPTION]
授予数据库命令执行权限	GRANT {ALL | statement[,…n]} TO SecurityAccount [,…n]
收回数据库对象的访问权限	REVOKE {ALL | Permission[,…n]} ON {TableName | ViewName[(Column[,…n])]} To SecurityAccount[,…n] [CASCADE]
收回数据库命令执行权限	REVOKE {ALL | statement[,…n]} TO SecurityAccount [,…n]

拒绝数据库对象的访问权限
```
DENY {ALL | Permission[,…n]}
ON {TableName | ViewName[(Column[,…n])]}
To SecurityAccount[,…n] [WITH GRANT OPTION]
```

拒绝数据库命令执行权限
```
DENY {ALL | statement[,…n]} TO SecurityAccount
[,…n]
```

【例 10-20】 在 eduDB 数据库中，将 Students 表的查询、更新权限授予所有数据库用户。
```
GRANT SELECT,UPDATE ON Students TO public
GO
```

【例 10-21】 在 eduDB 数据库中，将创建数据视图的权限授予数据库用户 teacher。
```
USE eduDB
GO
GRANT CREATE VIEW TO teacher
GO
```

【例 10-22】 在 eduDB 数据库中，收回数据库用户 teacher 对 Students 表的更新权限。
```
REVOKE UPDATE ON Students TO teacher
GO
```

【例 10-23】 在 eduDB 数据库中，拒绝数据库用户 user5 对 Students 表的选择权限。
```
DENY SELECT ON Students TO user5
GO
```

【例 10-24】 删除 Windows 登录账户 teacher。
```
DROP LOGIN [THINK\teacher]
GO
```

思考与练习

一、填空题

1. SQL Server 2005 提供两种身份验证模式：一是________身份验证模式；二是________身份验证模式。
2. SQL Server 2005 具有两个默认的登录账户：________和________。
3. 固定服务器角色________拥有服务器范围内的最高权限。
4. 当一个没有映射到数据库用户的登录账户试图访问一个数据库时，系统将登录映射为________用户访问数据库。
5. 在 SQL Server 2005 中，用户如果没有对自己的默认架构做设置，那默认架构就是________。
6. SQL Server 2005 的每个数据库都提供 4 个不能被删除的默认数据库用户，它们分别是________、________、________和________。
7. 引入架构以后，访问数据库对象时，如果使用完全对象限定名称，应采用模式为：________。
8. 为________角色授予权限时，实际上就是为所有的数据库用户授予权限。

二、选择题

1. 下列（　　）可能是 Windows 登录账户。
   A. [NET/U1]　　B. U1　　C. NET\U1　　D. [NET\U1]
2. 下列关于数据库角色的描述中，不正确的是（　　）。
   A. public 是一个默认的数据库角色
   B. 用户既可以创建服务器角色，也可以创建数据库角色

C. SQL Server 2005 提供服务器和数据库两个级别上的角色
D. 可以将数据库用户添加到数据库角色中

3. 如果希望所有的数据库用户都拥有某个权限，则应该将该权限授予（　　）数据库用户或角色。
   A. public　　B. dbo　　C. guest　　D. sysadmin
4. 下列关于架构的描述中，正确的是（　　）。
   A. 数据库架构定义数据库目录　　B. 数据库架构组织数据库
   C. 数据库架构组织数据库对象　　D. 数据库架构定义表目录
5. 下列不属于数据库级别是的主体是（　　）。
   A. 数据库用户　　B. 数据库角色　　C. 应用程序角色　　D. 固定服务器角色
6. 下列（　　）能够连接 SQL Server2005 服务器。
   A. 数据库用户　　B. 固定数据库角色
   C. 登录名　　D. 固定服务器角色
7. 下列关于 Windows 身份验证的优点的描述中，不正确的是（　　）。
   A. 数据库管理员将工作集中于数据库管理方面，而无须管理登录用户
   B. Windows 操作系统的安全性管理功能更强
   C. Windows 操作系统的组策略支持多个用户，同时访问 SQL Server 2005
   D. 数据库管理员将工作集中于用户管理
8. 权限管理是指将安全对象的权限对相关主体操作，以下（　　）不是权限管理的操作。
   A. 授予权限　　B. 分配权限　　C. 拒绝权限　　D. 收回权限

三、判断题

1. 固定服务器角色可以被删除。（　　）
2. dbo 是数据库的拥有者和管理员，不能删除。（　　）
3. 如果要使用 guest 用户，需要先启用该用户。（　　）
4. 授予数据库角色 r1 创建表的权限，但拒绝 r1 角色成员 u1 的创建表的权限，则 u1 仍拥有创建表的权限。（　　）
5. public 角色初始状态时没有权限。（　　）
6. 包含数据库用户的自定义角色可以被删除。（　　）
7. 登录密码设置必须采用强制密码策略。（　　）
8. 登录账户删除时，并不删除该登录名关联的数据库用户，孤立用户由此产生。（　　）

四、名词术语辨析

SQL Server 预设了多个安全主体、角色等，请根据描述进行选择。

A. sa　　B. dbo　　C. guest　　D. public　　E. sysadmin　　F. db_owner

（　　）是一个固定服务器角色，该角色下的成员是 SQL Server 服务器的系统管理员，拥有最高的管理权限。
（　　）是一个固定数据库角色，该角色下的成员是数据库的拥有者，拥有数据库范围内的最高管理权限。
（　　）是一个数据库角色，所有数据库的用户都是该角色的成员。
（　　）是一个数据库用户，SQL Server 服务器登录账户都可以自动映射为该数据库用户，即可以通过这个用户访问数据库。

(　　) 是一个 SQL Server 服务器登录账户，是 SQL Server 服务器的系统管理员，自动映射为所有系统数据库和用户数据库的拥有者。

(　　) 是一个数据库用户，是该数据库的拥有者，拥有数据库范围内的最高管理权限。

(　　) 是一个数据库的默认架构，在创建数据库对象时如果没有指定属于哪个架构，则该对象自动数据这个架构。

五、简答题

1. 请简述 public 角色的特点。
2. 请说明用户拥有的架构和用户的默认架构有什么不同。
3. 在 SSMS 中，可使用两种方式为固定服务器添加成员，请分别简述。
4. 在 SSMS 中，用户可以使用两种方法创建数据库用户，请分别简述。
5. 请简述孤立用户的概念。

实践练习

注意，首先运行脚本文件"实践前脚本-第 10 章安全管理.sql"（可在网站下载），创建数据库 BookSale。

（1）以 sa 身份登录，创建一个 SQL Server 登录账户，登录名为 utest1 的，密码为 utest1，默认数据库为 master。

（2）以 utest1 登录，创建简单数据库 DB1。

（3）以 utest1 登录，创建一个 Windows 登录账户 wtest1，对应 Windows 用户 wtest1，默认数据库为 DB1。

（4）查看数据库 DB1 中的所有数据库用户。

（5）将登录账户 wtest1 映射到数据库 BookSale 中，成为该数据库的用户，名为 wtest1，并允许 wtest1 用户查询数据表中的数据。

（6）以 sa 登录，在数据库 BookSale 中创建数据表 TB1(id int not null,name nvarchar(10) not null)。授权 Utest1 允许向数据表 TB1 中添加记录、修改记录、删除记录、查询记录。

（7）以 utest1 登录后，可以备份数据库 BookSale。

（8）在 BookSale 数据库中创建一个角色 M1，将 wtest1 和 utest1 添加到角色中，允许角色 M1 对数据表 Books 进行记录的查看和更新，拒绝角色 M1 对数据表 Books 进行记录的修改和删除。

（9）在 BookSale 数据库中，拒绝数据库用户 utest1 对数据表 Books 的记录更新操作。

（10）在 BookSale 数据库中，删除角色 M1。

（11）删除登录账户 utest1。

第 11 章　数据库维护

学习目标：

- 掌握 SQL Server 数据导入与导出的方法。
- 掌握数据库收缩方法。
- 理解数据库备份与恢复的重要性及备份与恢复策略。
- 掌握数据库备份与恢复方法。
- 理解数据库事务的特点及事务并发、事务隔离的概念。
- 掌握 SQL Server 数据库事务的基本管理方法。

注意，运行脚本文件“章前脚本-第 11 章数据库维护.sql”（可在网站下载），创建数据库 eduDB。

11.1　数据导入与导出

导入数据是从外部数据源中检索数据，并将数据插入到 SQL Server 数据表中的过程，也就是把数据从其他系统引入到 SQL Server 数据库中。例如将 Microsoft Access 数据表转移到 SQL Server 数据库中，或者将一个 SQL Server 数据库中的数据转移到另一个 SQL Server 数据库中等。导出数据是将 SQL Server 数据库中的数据转换为用户指定格式的过程，也就是把数据从 SQL Server 数据库中引入到其他系统。例如将 SQL Server 的数据表转移到 Microsoft Excel 电子表格中，或者将一个 SQL Server 数据表中的数据导出到文本文件中等。

SQL Server 在原有的数据转换服务（Data Transformation Service，DTS）的基础上，提供了新的数据导入导出向导功能，该功能包含在 SQL Server 2005 提供的新服务 SSIS 中。下面主要介绍通过 SSIS 包实现数据导入导出的方法。

【例 11-1】将 eduDB 数据库表 Students 中的全部数据导出到 Excel 工作簿 student.xls 的工作表 Students 中。

① 启动 SSMS，在“对象资源管理器”窗口中展开“数据库”结点，在 eduDB 数据库结点上右击，在弹出的快捷菜单中选择“任务”|“导出数据”命令，启动“SQL Server 导入和导出向导”工具。

② 在欢迎界面中单击“下一步”按钮进入“选择数据源”步骤。数据源就是 SQL Server 的数据库 eduDB，所以在这一步中保持默认选项后单击“下一步”按钮进入“选择目标”步骤。

③ 导出操作的目标是 Excel 工作簿，所以在这一步中的设置如图 11-1 所示。单击“下一步”按钮进入“指定表复制或查询”步骤。

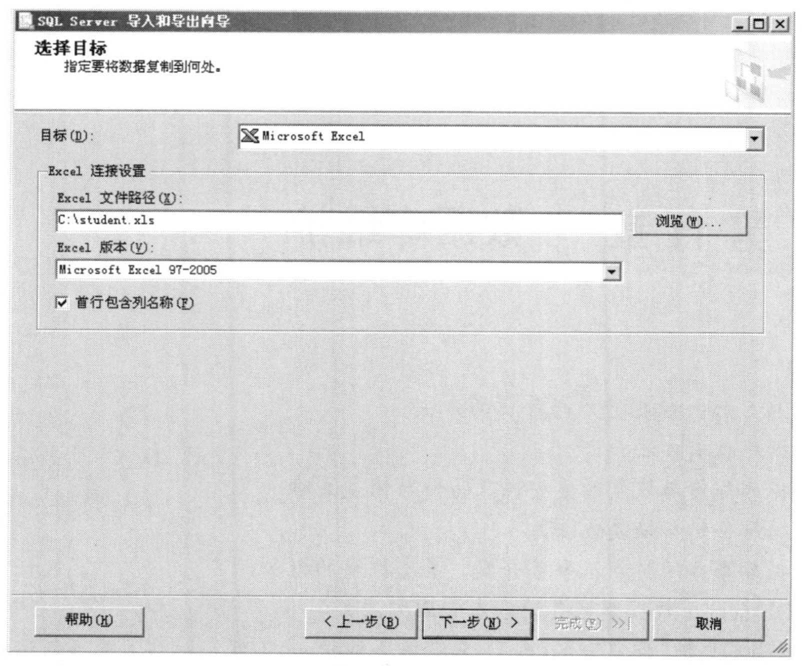

图 11-1 选择导出目标

④ 因为将 eduDB 数据库中的一个表中的数据导出，所以这里选择“复制一个或多个表或视图的数据”单选按钮。单击“下一步”按钮进入“选择源表或源视图”步骤。

⑤ 在“源”列表中选择表 Students 前的复选框，在“目标”处默认为 Students，即将数据保存到工作簿的 Students 工作表中。单击“下一步”按钮进入“保存并执行包”步骤。

⑥ 在这里保持默认并单击“完成”按钮，在“完成该向导”步骤中验证各个选项后单击“完成”按钮，导出成功后单击“关闭”按钮关闭向导。

打开 Excel 工作簿 student.xls，可以看到其中包含工作表 Students，该工作表中保存的就是 eduDB 数据库中 Students 表中的全部数据。

【例 11-2】将 eduDB 数据库中学生学号、姓名、所选修课程名称及成绩的数据导出到 Excel 工作簿 student.xsl 的工作表 Score 中。

① 在 eduDB 数据库结点上右击，在弹出的快捷菜单中选择“任务”|“导出数据”命令，启动“SQL Server 导入和导出向导”工具。

② 在欢迎界面中单击“下一步”按钮进入“选择数据源”步骤，在这一步中保持默认选项后单击“下一步”按钮进入“选择目标”步骤。

③ 将导出的目标设置为 Excel 工作簿 student.xls。单击“下一步”按钮进入“指定表复制或查询”步骤。

④ 因为这里导出的数据需要通过查询语句来确定，所以选择“编写查询以指定要传输的数据”单选按钮。单击“下一步”按钮进入“提供源查询”步骤。

⑤ 在这里输入查询语句并单击“分析”按钮对语句进行分析。结果如图 11-2 所示。如果语句没有错误则单击“下一步”按钮进入“选择源表或源视图”步骤。

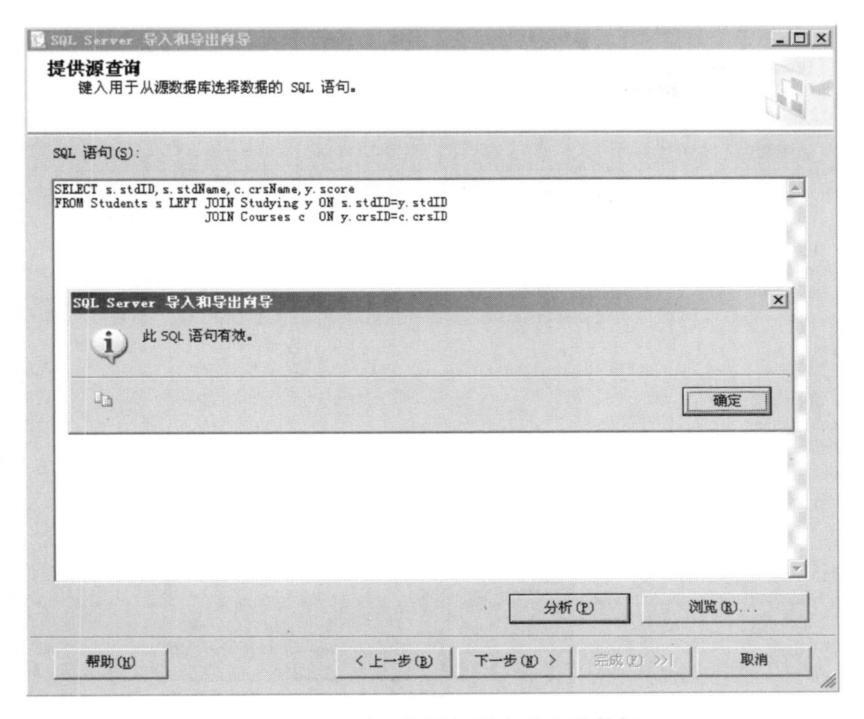

图 11-2 通过查询语句指定导出的数据

⑥ 在“源”列表中选中“查询”复选框。在“目标”列表中，将“查询”修改为 Score。单击“下一步”按钮进入“保存并执行包”步骤，在这里保持默认设置并单击“完成”按钮，在“完成该向导”步骤中验证各个选项后单击“完成”按钮，导出成功后单击“关闭”按钮关闭向导。

打开 Excel 工作簿 student.xls，可以看到其中包含工作表 Score，该工作表中保存的就是导出的学生成绩数据。

【例 11-3】将 Excel 工作簿 student.xls 的工作表 Score 中的数据导入到 eduDB 数据库的新表 Score 中。

① 在 eduDB 数据库结点上右击，在弹出的快捷菜单中选择“任务”|“导入数据”命令启动“SQL Server 导入和导出向导”工具。

② 在欢迎界面中单击“下一步”按钮进入“选择数据源”步骤，在这一步中选择 Excel 工作簿文件 student.xls。单击“下一步”按钮进入“选择目标”步骤。

③ 在这一步中保持默认选项后单击“下一步”按钮进入“指定表复制或查询”步骤。

④ 在这一步中选择“复制一个或多个表或视图的数据”单选按钮。单击“下一步”按钮进入“选择源表或源视图”步骤。

⑤ 在“源”列表中选中 Score 前的复选框。在对应的“目标”列表项中保持默认表名称 Score。结果如图 11-3 所示。单击“下一步”按钮进入“保存并执行包”步骤，在这里保持默认并单击“完成”按钮，在“完成该向导”步骤中验证各个选项后单击“完成”按钮，导入成功后单击“关闭”按钮关闭向导。

展开 eduDB 数据库中的“表”结点，可以看到新生成的表 Score。打开表 Score 就可以看到导入的学生成绩数据。

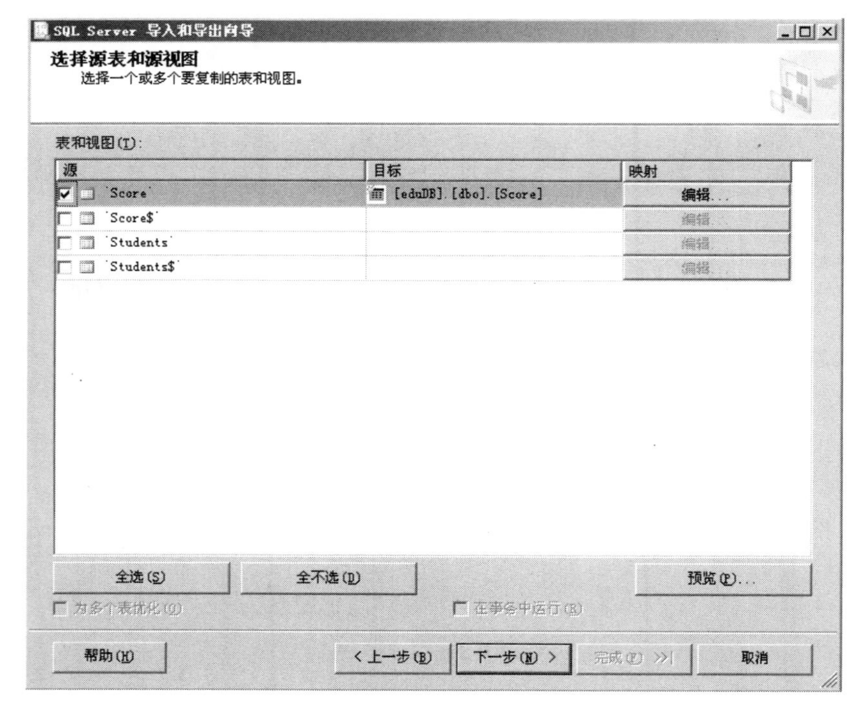

图 11-3 指定导入的工作表

11.2 数据库收缩

SQL Server 数据库文件的大小通常都大于数据库中实际存储的数据所需要的大小，尤其是在数据库中执行删除大量数据的操作后，通常都会使数据库文件大小比实际所需要的大。这样不仅会占用更多的磁盘空间，而且在分离并移动数据库时需要移动更大的数据库文件，为数据库维护带来困难。

系统管理员可以通过收缩数据库的方法将数据库文件中未使用的空间释放给操作系统，从而减小数据库的大小。这种收缩可以由系统管理员手动完成，也可以设置数据库自动收缩。

1. 自动收缩

在 SQL Server 2005 中，数据库引擎会定期检查每个数据库的空间使用情况。如果某个数据库的“自动收缩”选项设置为 True，则数据库引擎将收缩数据库中的文件。如果该选项设置为 False，则不会自动收缩数据库中的文件。该选项的默认值为 False。

【例 11-4】 将 eduDB 数据库的自动收缩选项设置为不自动收缩。

① 启动 SSMS，在“对象资源管理器”窗口中展开“数据库”结点，在 eduDB 数据库结点上右击，在弹出的快捷菜单中选择“属性”命令，弹出“数据库属性-eduDB”对话框。

② 在“选择页”列表中选择“选项”。

③ 在“其他选项”列表中展开“自动”组，将“自动收缩”选项设置为 False。结果如图 11-4 所示。

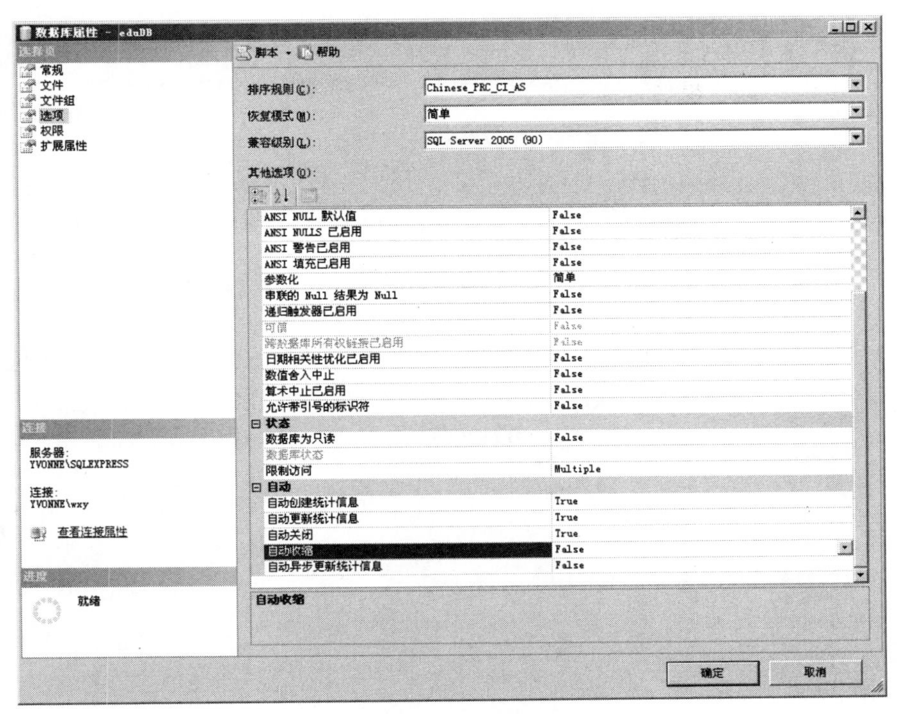

图 11-4　设置数据库不自动收缩

2. 手动收缩

可以使用手动方式对数据库文件或整个数据库进行收缩，这种收缩方式比自动收缩方式更灵活，可以选择在什么时间进行收缩操作。

（1）手动收缩数据库文件

数据库管理员可以针对某一个数据库文件进行收缩，这种收缩方式的最大优点是可以将数据库文件收缩得小于创建该文件时的初始大小。

【例 11-5】数据库 eduDB 的主数据文件的初始大小为 3 MB，将其收缩到 2 MB。

启动 SSMS，在“对象资源管理器”窗口中展开“数据库”结点，在 eduDB 数据库结点上右击，在弹出的快捷菜单中选择“任务”|“收缩”|“文件”命令，在弹出的“收缩文件-eduDB”对话框中进行收缩文件的设置，如图 11-5 所示。

收缩数据库文件时有以下几点需要注意：

① 可以选择收缩数据文件，也可以收缩日志文件。

② 选项“释放未使用的空间”的作用是将文件末尾未使用的空间全部释放给操作系统，但在文件内部并不移动数据。

③ 选项“在释放未使用的空间前重新组织页”的作用是将数据库文件中的数据向前移动，并根据用户的设置将文件收缩到指定的大小。

（2）手动收缩数据库

数据库管理员可以对整个数据库进行收缩，这种方式可以减少数据库管理员收缩单个数据库文件的工作量，但是不能将数据库文件收缩得小于创建该文件时的初始大小。

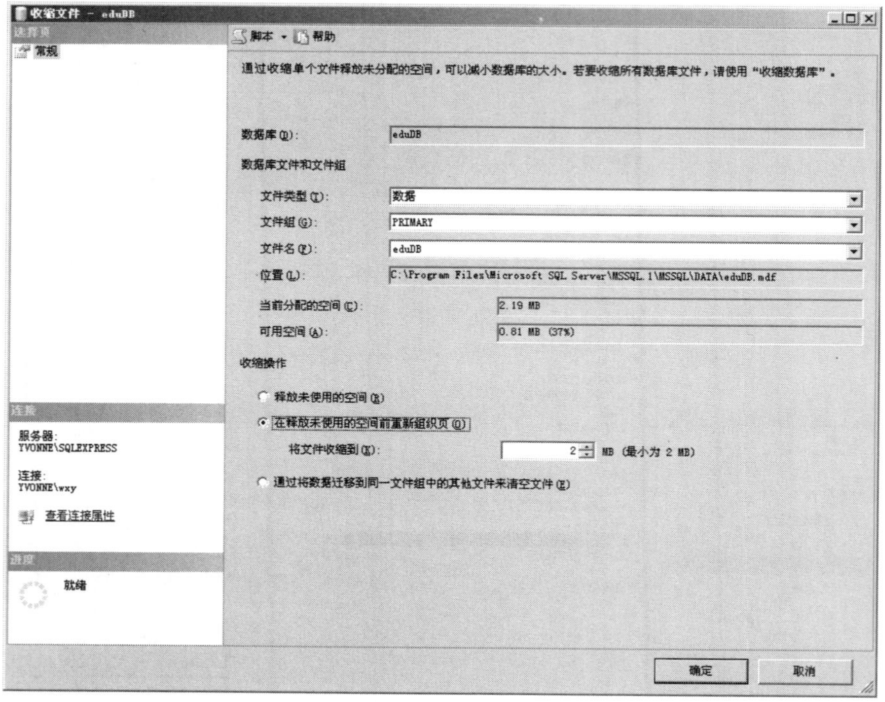

图 11-5　收缩数据库文件

【例 11-6】收缩整个数据库 eduDB。

在本例中，首先查看数据库 eduDB 的空间使用情况，然后在该数据库中创建一个表并插入大量数据。删除表时，由于 SQL Server 不能释放多余的空间，需要收缩数据库。

① 第一次观察数据库 eduDB 的空间使用情况。

```
USE eduDB
GO
SELECT name,size FROM sys.database_files
GO
```

结果如图 11-6 所示。

	name	size
1	eduDB	256
2	eduDB_log	70

图 11-6　数据库文件的最初大小

② 创建表并向表中插入大量数据。

```
CREATE TABLE T(col char(8000))
GO
DECLARE @i integer
SET @i=2000
WHILE @i>0
   BEGIN
      INSERT INTO T VALUES('A')
      SET @i=@i-1
   END
GO
```

③ 观察插入数据后数据库文件尺寸的变化。

```
SELECT name,size FROM sys.database_files
GO
```

结果如图 11-7 所示。

	name	size
1	eduDB	2176
2	eduDB_log	104

图 11-7　插入大量数据以后数据库文件的大小

向数据库中插入数据以后，可以看到数据库文件的尺寸发生了变化。

④ 删除表，包括表中的数据。

```
DROP TABLE T
GO
```

表被删除以后，表中的数据也被删除了，数据库中实际存储的数据量减少了。

⑤ 观察删除表后数据库文件的尺寸。

```
SELECT name,size FROM sys.database_files
GO
```

观察到的结果与图 11-7 的结果相同。虽然创建的表和表中的数据已经被删除了，但数据库文件的尺寸并没有同时减小，所以需要收缩数据库。

⑥ 收缩数据库。在“对象资源管理器”窗口中右键单击 eduDB 数据库，在弹出的快捷菜单中选择“任务”|“收缩”|“数据库”命令，弹出“收缩数据库”窗口，如图 11-8 所示。不要选中“在释放未使用的空间前重新组织文件，选中此选项可能影响性能”复选框，然后单击“确定”按钮，数据库将尽可能收缩到最小。但是，不可能收缩得比数据库创建时的初始大小还小。

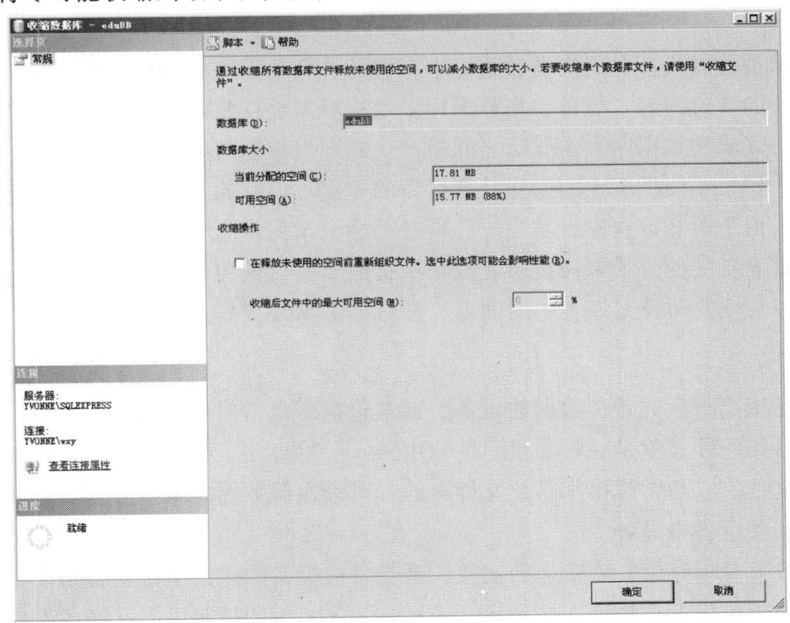

图 11-8 “收缩数据库”窗口

⑦ 观察收缩数据库以后数据库文件的尺寸。

```
SELECT name,size FROM sys.database_files
GO
```

从结果中可以看出，收缩数据库以后，数据库恢复到创建时的大小。所以在进行了大量数据插入和删除操作以后，收缩数据库是非常有必要的。

11.3 数据库备份与恢复

备份和恢复是数据库管理员维护数据库安全性和完整性的重要操作。备份是恢复数据库最容易和最能防止数据意外丢失的保证措施。备份可以防止表和数据库遭受破坏、介质失效或因用户错误而造成的数据灾难。恢复是在意外发生后，利用备份来恢复数据库的操作。

备份频率取决于修改数据库的频繁程度，以及一旦出现意外丢失的工作量大小和意外发生的可能性大小等因素。一般情况下，数据库的检索操作频繁时，备份频率较低；数据库的更新操作频繁时，备份频率较高。

11.3.1 数据库备份与恢复概述

1. 备份内容

备份是数据库管理员定期地将数据库复制到磁盘或者磁带上并保存起来的过程。这些保存起来的数据是数据库的副本。当数据库遭到破坏后，可以用备份的数据进行数据库恢复。备份是恢复的基础，恢复是备份的目的。

数据库文件是数据库在操作系统的具体实现形式，数据库管理员可以通过复制数据库文件的方式实现对数据库的备份。这种备份非常简单，恢复也非常方便。但是复制数据库文件之前需要分离数据库，会造成用户数据库服务中断。另外，备份整个数据库文件通常需要占用更多的备份设备空间。

数据库管理员可以只针对用户在数据库中存储的业务数据进行备份，这种备份被称为数据库备份，是最主要的备份内容。但是，当数据库发生故障需要恢复时，如果只使用数据库备份来恢复，那么从备份完成到数据库发生故障之间所产生的用户数据将会丢失。

日志文件中记录了数据库中的操作及数据库的变化，可以通过对数据库日志进行备份来保存数据库的变化。由于所有数据库成功完成的事务都会记录到日志中，所以在数据库发生故障时，可以通过恢复日志备份的方式来恢复所有成功执行的事务，避免用户数据的丢失。另外，通过日志备份，还可以在恢复时选定恢复的时间点，使数据库恢复更具有灵活性。

2. 备份设备

备份设备是指用来存放备份数据的设备，通常包括磁盘备份设备和磁带备份设备。

计算机通常用的硬盘就是一种磁盘。在 SQL Server 2005 中，磁盘备份设备是硬盘或其他磁盘存储媒体上的文件，它与常规操作系统文件一样。可以在服务器的本地磁盘上或共享网络资源的远程磁盘上定义磁盘备份设备。

磁带备份设备是指存储在磁带上的文件。磁带备份设备的用法与磁盘备份设备相同，但是在备份前应该将磁带备份设备物理连接到运行 SQL Server 实例的计算机上。在备份操作中，如果磁带备份设备已满，系统会提示更换磁带并继续备份操作。

实施备份前，通常要创建备份设备。备份设备实际上是以文件的方式进行存储的。为了安全，最好不要将它存储在与当前运行的 SQL Server 实例所在的同一个磁盘上。

【例 11-7】在 C 盘根目录创建一个文件夹 dump。创建一个名为 MyDiskDump 的磁盘备份设备，其物理名称为 C:\dump\dump.bak。

① 在 C 盘根目录下创建一个文件夹 dump。

② 在“对象资源管理器”窗口中展开相应的服务器结点，展开“服务器对象”结点，在“备份设备”结点上右击，在弹出的快捷菜单中选择“新建备份设备”命令。

③ 在“设备名称”文本框中输入 MyDiskDump；在“目标”处选择“文件”单选按钮并在文本框中输入 C:\dump\dump.bak。单击“确定”按钮完成备份设备的创建。

在“对象资源管理器”窗口中展开当前服务器结点，展开“服务器对象”|“备份设备结点”就可以看到所有可用的备份设备。在这里可以删除备份设备，但是备份设备对应的操作系统文件并没有被删除，需要在操作系统级别手动删除这个文件。

3. 数据库恢复模式

SQL Server 2005 系统遵循“先写日志，再操作数据库”的原则，根据对日志的处理方式的不同，SQL Server 2005 提供了 3 种恢复模式。

（1）简单恢复模式

该模式简略地记录大多数事务。在这种恢复模式下，只能备份数据库，不能备份事物日志。因此，简单恢复模式允许将数据库恢复到上次备份处，但是数据库无法恢复到故障点或指定的时间点。

（2）完整恢复模式

该模式完整地记录了所有的事务，并保留所有的事务日志记录，直到将它们备份。在完整恢复模式下既可以备份数据库，也可以备份完整的日志。因此，完整恢复模式能使数据库恢复到故障点或指定的时间点。该模式允许使用数据库备份和事务日志备份。

（3）大容量日志恢复模式

此模式简略地记录大多数大容量操作（例如，索引创建和大容量加载），完整地记录其他事务。在大容量日志恢复模式下既可以备份数据库，也可以备份完整的日志。但是大容量日志恢复模式不能恢复到指定的时间点，只允许数据库恢复到事务日志备份的结尾处。大容量日志恢复模式可以提高大容量操作的性能，常用作完整恢复模式的补充。

【例 11-8】将数据库 eduDB 的恢复模式设置为简单恢复模式。

① 启动 SSMS，在“对象资源管理器”窗口中展开“数据库”结点，在 eduDB 数据库结点上右击，在弹出的快捷菜单中选择“属性”命令，弹出“数据库属性-eduDB”窗口。

② 在“选择页”列表中选择“选项”。

③ 在“恢复模式”下拉列表中可以看到数据库的 3 种恢复模式：简单、完整和大容量日志，选择“简单”恢复模式后单击“确定”按钮完成恢复模式的设置。

11.3.2　数据库的备份与恢复

数据库备份是指对存储在数据库中的用户数据进行备份，是备份的主要内容。数据库备份分为完整数据库备份和差异数据库备份。

1. 完整数据库备份

完整数据备份将备份整个数据库。这种备份方式易于理解并且容易实现，其他的备份与还原操作都以完整数据库备份与还原操作为基础。由于是对整个数据库进行备份，所以是最占用服务器资源的备份类型，不应该频繁执行。

【例 11-9】完整备份并恢复数据库 eduDB。

如图 11-9 所示，在时间点 T1 完成了一次完整数据库备份 D1，在时间点 T2 数据库系统出现故障需要恢复备份，这时只要使用完整数据库备份 D1 直接恢复数据库就可以了。

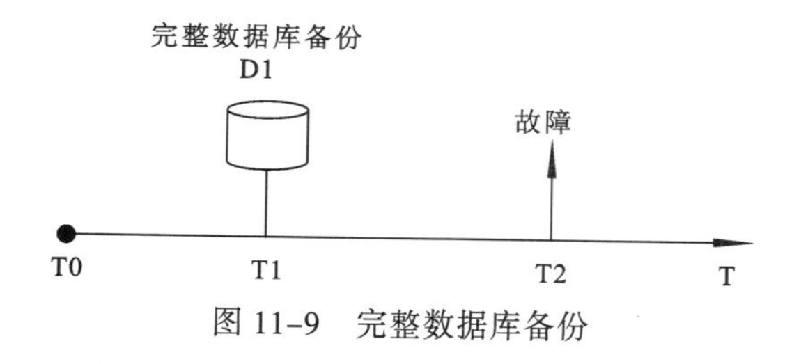

图 11-9　完整数据库备份

① 在“对象资源管理器”窗口中展开“数据库”结点，在 eduDB 数据库结点上右击，在弹出的快捷菜单中单击“任务”|“备份”命令。

② “备份数据库”对话框的设置如图 11-10 所示。其中，在“备份到”处选择“磁盘”单选按钮，选中系统默认的备份设备后单击“删除”按钮将其删除。单击“添加”按钮，在弹出的“选择备份目标”对话框中选择“备份设备”单选按钮，并在下拉列表框中选择 MyDiskDump 备份设备，单击“确定”按钮回到“备份数据库”对话框，单击“确定”按钮开始备份数据库。

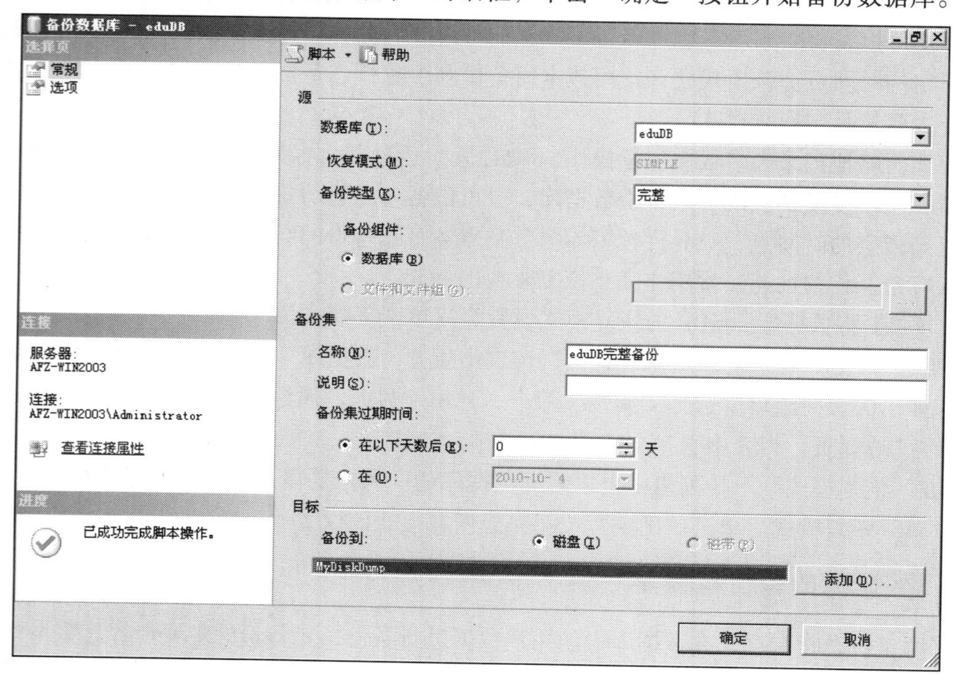

图 11-10　完整备份数据库

③ 在数据库 eduDB 中创建一个表用于测试。

```
CREATE TABLE eduDB.dbo.TestA(colA int)
GO
```

④ 利用完整数据库备份还原数据库（首先切换到其他数据库，例如 master）。在“对象资源管理器”窗口中展开“数据库”结点，在 eduDB 数据库结点上右击，在弹出的快捷菜单中选择“任务”|“还原”|“数据库”命令。“还原数据库”窗口的设置如图 11-11 所示，单击“确定”按钮完成数据库完整备份的还原。

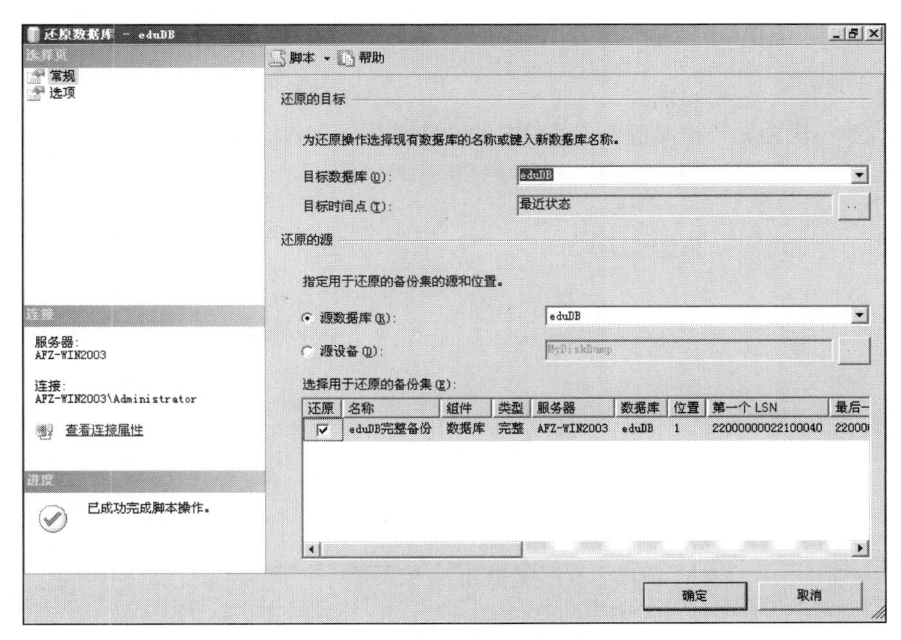

图 11-11　还原数据库完整备份

此时查看数据库 eduDB 中的表 TestTable 已经不存在了。利用完整数据库备份 D1 恢复数据库以后，数据库回到 T1 时刻的状态，那么 T1 到 T2 这一段时间所完成的数据库操作将丢失。所以这种备份策略适用于数据库更新频率较低的场合。

2. 差异数据库备份

差异数据库备份将备份自上次完整数据库备份发生以后数据库中发生的变化。这种备份方式比完整数据库备份占用的服务器资源少，可以将完整数据库备份与差异数据库备份结合起来使用以提高备份效率并降低数据损失的可能性。

【例 11-10】在 eduDB 数据库上执行差异数据库备份与恢复。

如图 11-12 所示，在时间点 T1 完成了一次完整数据库备份 D1，然后又分别完成了两次差异数据库备份 I1 和 I2。在时间点 T4 数据库出现故障需要恢复，这时首先需要使用 D1 恢复数据库。由于差异数据库备份是备份自完整数据库备份以后数据库发生的变化，所以只要再使用 I2 恢复数据库即可。此时数据库恢复到 T3 时刻的状态，当然比仅仅恢复到 T1 时刻的状态损失的数据要少。

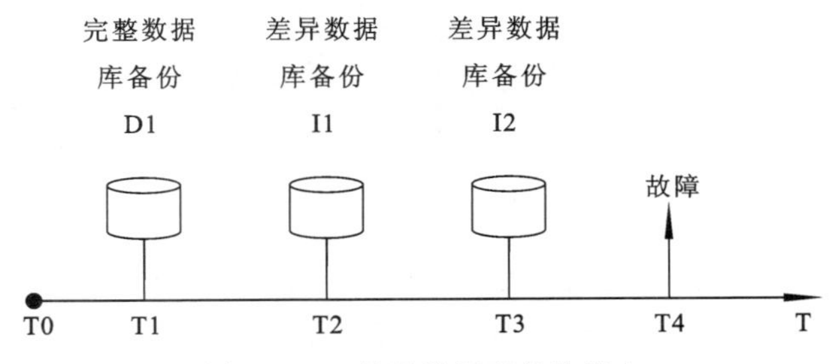

图 11-12　差异数据库备份策略

① 在数据库 eduDB 中创建测试表 TestA。

```
CREATE TABLE eduDB.dbo.TestA(colA int)
GO
```

② 完成第一次差异数据库备份。备份方法与完整数据库备份相似，如图 11-13 所示。

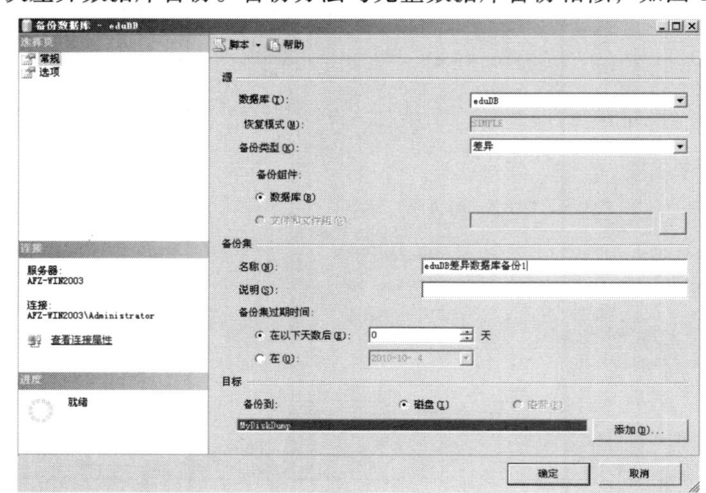

图 11-13 第一次差异数据库备份

③ 作为测试，向表中插入第一行记录。

```
INSERT INTO eduDB.dbo.TestA VALUES(1)
GO
```

④ 完成第二次差异数据库备份，注意将备份集“名称”命名为“eduDB 差异数据库备份 2”。

⑤ 作为测试，向表中插入第二行记录。

```
INSERT INTO eduDB.dbo.TestA VALUES(2)
GO
```

⑥ 利用完整数据库备份和第二个差异数据库备份恢复数据库，设置如图 11-14 所示。

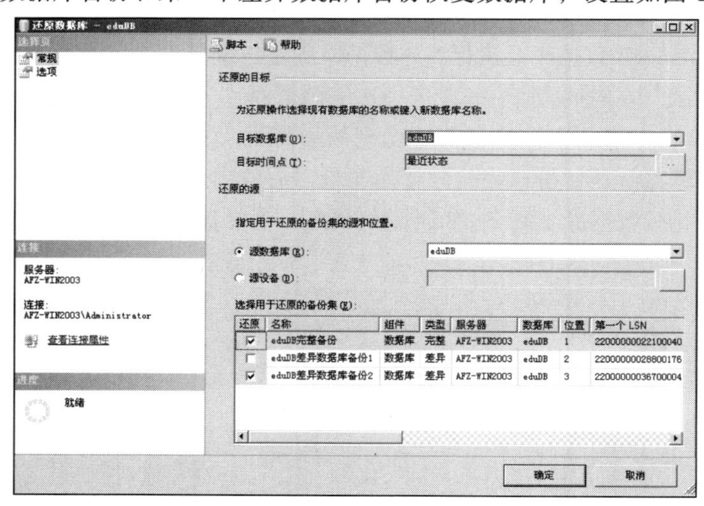

还原	名称	组件	类型	服务器	数据库	位置	第一个 LSN
☑	eduDB完整备份	数据库	完整	AFZ-WIN2003	eduDB	1	22000000022100040
☐	eduDB差异数据库备份1	数据库	差异	AFZ-WIN2003	eduDB	2	22000000028800176
☑	eduDB差异数据库备份2	数据库	差异	AFZ-WIN2003	eduDB	3	22000000036700004

图 11-14 恢复数据库备份

恢复数据库以后，数据库中的 TestTable 表存在，表中只有一条记录，也就是说在完成第 2 次差异数据库备份以后到数据库发生故障之间的用户数据丢失了。

11.3.3　事务日志的备份与恢复

结合使用完整数据库备份和差异数据库备份可以提高备份效率，降低数据丢失的风险，但是仍然存在丢失用户数据的可能性。如果希望恢复数据库中所有正确提交的事务，那么可以使用事务日志备份。通过恢复事务日志备份，可以将数据库恢复到错误发生前最后那个成功提交的事务发生后的状态；也可以将数据库恢复到指定的时间点（除大容量日志恢复模式外）。

备份事务日志就是备份用户对数据库的操作及数据库的变化。日志的备份采用增量的方式进行，即每次备份的日志内容是从上一次备份完成后所产生的新日志。

备份日志需要注意数据库的恢复模式应该设置为“完整”或“大容量日志”，在“简单”恢复模式下不能备份事务日志。在数据库恢复之前，系统将提示备份日志尾部，以保存所有正确提交的事务。

【例 11-11】对数据库 eduDB 执行事务日志备份与恢复。

如图 11-15 所示，在时间点 T1 完成了一次完整数据库备份 D1，然后又分别完成了两次事务日志备份 S1 和 S2。在时间点 T4 数据库出现故障需要恢复，这时首先需要备份日志尾部并将数据库设置为恢复状态。使用完整数据库备份恢复数据库。由于事务日志备份是备份自上一次备份发生以后的事务日志，所以需要依次使用事务日志备份 S1、S2 和日志尾部备份恢复数据库。此时数据库可以恢复到最后一个成功提交的事务完成后的状态。

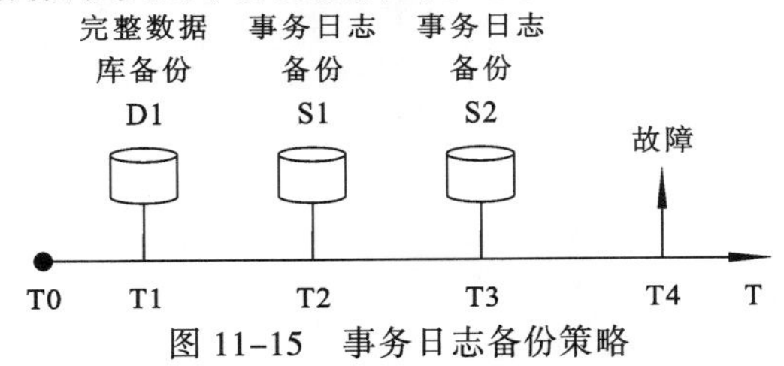

图 11-15　事务日志备份策略

① 将数据库的恢复模式设置为“完整”恢复模式。

② 完整备份数据库 eduDB 到备份设备 MyDiskDump。切换到“选项”页，该页的设置如图 11-16 所示，选中“覆盖所有现有备份集”单选按钮，即重写所有备份。单击“确定”按钮完整备份数据库。

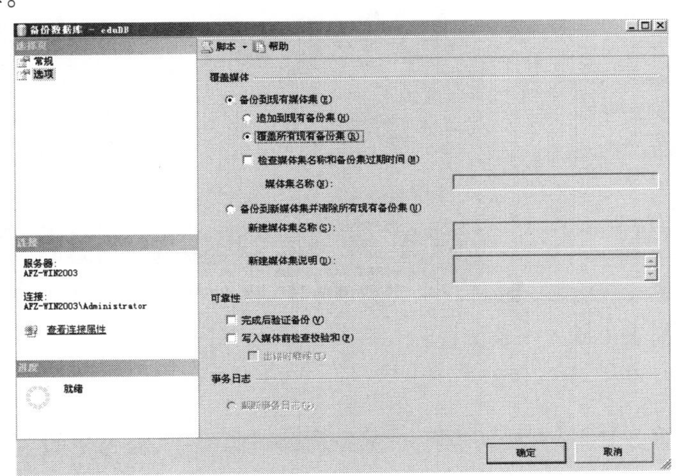

图 11-16　完整备份数据库并覆盖现有媒体集

③ 在数据库 eduDB 中创建一个表用于测试。

```
CREATE TABLE eduDB.dbo.TestB(colB int)
GO
```

④ 第一次备份事务日志。事务日志备份的“常规”和“选项”页分别如图 11-17 和图 11-18 所示。其中，“截断事务日志”是指备份数据库的事务日志以后，清空日志文件。数据库管理员通常需要定期备份事务日志，以避免日志文件被添满。

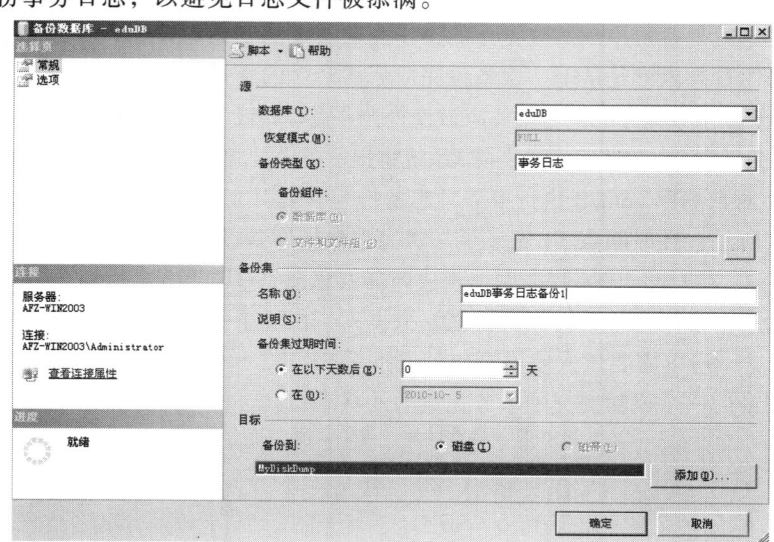

图 11-17 备份事务日志的常规页

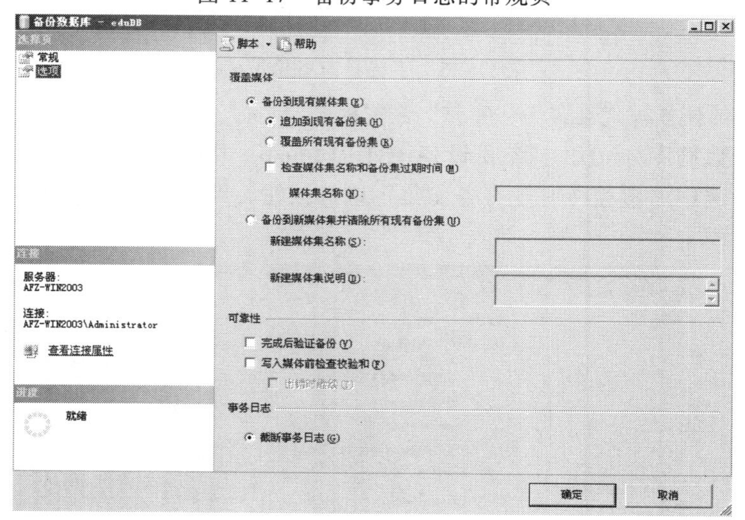

图 11-18 备份事务日志的选项页

⑤ 作为测试，向表中插入一条记录。

```
INSERT INTO eduDB.dbo.TestB VALUES(1)
GO
```

⑥ 第二次备份事务日志，方法同步骤 4，只是在“常规”页中，备份集的“名称”应该是“eduDB 事务日志备份 2”。

⑦ 作为测试，向表中插入第 2 条记录。

```
INSERT INTO eduDB.dbo.TestB VALUES(2)
GO
```

⑧ 在还原数据库之前，首先需要备份日志尾部。备份日志尾部的方法与备份日志的方法基本相同，只是在“备份数据库-eduDB”窗口中切换到“选项”页，然后选择“备份日志尾部，并使数据库处于还原状态”单选按钮。单击“确定”按钮，完成日志尾部备份。此时在“对象资源管理器”窗口中观察数据库的状态已经处于“还原”状态。

⑨ 还原数据库，还原数据库的设置如图 11-19 所示。由于日志的备份采用增量的方式，所以两个日志备份都需要恢复。

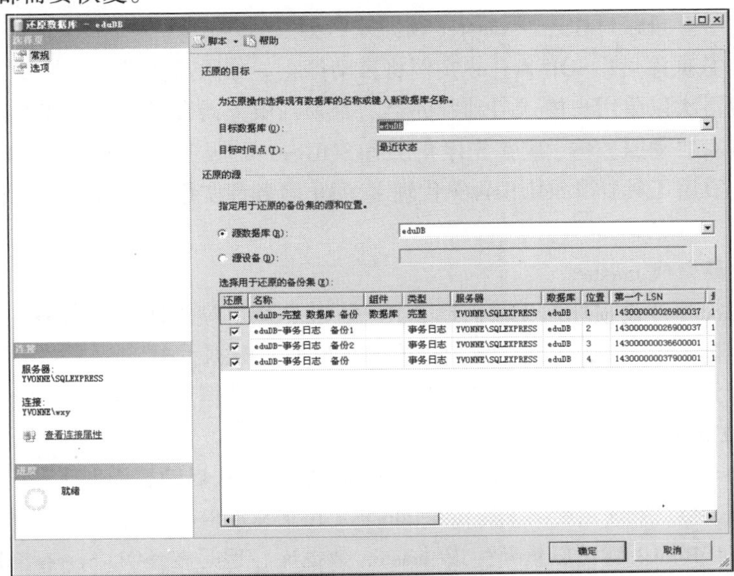

图 11-19　还原数据库

恢复数据库后，表 TestB 中有 2 条记录都存在，也就是说所有数据库操作都没有丢失。

11.3.4　系统数据库的备份与恢复

系统数据库保存着 SQL Server 2005 的许多重要数据信息，如果这些数据丢失了，就会给系统带来非常严重的后果，所以要经常备份系统数据库，可以在发生系统故障（例如硬盘故障）时还原和恢复 SQL Server 系统。对系统数据库的说明如表 11-1 所示。

表 11-1　系统数据库及其备份情况

系统数据库	说　明	是否需要备份
master	记录 SQL Server 系统的所有系统级信息的数据库	必须经常备份 master，以便根据业务需要充分保护数据
model	在 SQL Server 实例上创建的所有数据库的模板	必须经常备份 model 以满足业务需要
msdb	SQL Server 代理用来安排警报和作业以及记录操作员信息的数据库	更新时备份 msdb
tempdb	用于保存临时或中间结果集的工作空间	无法备份 tempdb 系统数据库

1. 备份和还原 master 数据库

若要还原任何数据库，必须运行 SQL Server 实例。只有在 master 可供访问并且少部分可用时，才能启动 SQL Server 实例。如果 master 数据库不可用，则可以通过下列两种方式之一将该数据库恢复到可用状态。

（1）从当前数据库备份还原 master

如果可以启动服务器实例，就应该能够从完整备份还原 master。如果创建数据库备份后更改了 master 数据库，则那些更改在还原备份时将丢失。例如，如果执行备份后创建了一些 SQL Server 登录账户，则那些登录账户在还原 master 数据库后会丢失。

还原 master 数据库后，SQL Server 实例将自动停止。如果需要进一步修复并希望防止多重连接到服务器，应再次以单用户模式启动服务器。否则，服务器会以正常方式重新启动。如果选择以单用户模式重新启动服务器，应首先停止所有 SQL Server 服务（服务器实例本身除外），并停止所有 SQL Server 实用工具（如 SQL Server 代理）。停止服务和实用工具可以防止它们尝试访问服务器实例。

（2）完全重新生成 master

如果由于 master 严重损坏而无法启动 SQL Server，则必须重新生成 master。然后，应该还原 master 的最新完整备份，因为重新生成数据库会导致所有数据丢失。

如果出现以下两种情况，必须重新生成损坏的 master 数据库。

① master 数据库的当前备份不可用。

② 存在 master 数据库备份，但由于 SQL Server 实例无法启动，因此无法还原备份。

在 SQL Server 2000 中，使用实用工具 Rebuildm.exe（位于 SQL Server 2000 安装目录的子目录\Microsoft SQL Server\80\Tools\Binn）就可以重新生成 master 数据库，但是在 SQL Server 2005 下，已经废止 Rebuildm.exe 程序。若要重新生成 master 数据库，需要运行 setup.exe，即 SQL Server 2005 安装程序。

2. 备份和还原 model 和 msdb 数据库

重新生成 master 数据库后，最好备份 model 和 msdb 数据库。备份 model 和 msdb 数据库的方式与备份用户数据库相同。定期检查 model 和 msdb 数据库是否发生了更改，如果是，则进行备份。

执行任一更新数据库的操作后，必须备份 model 或 msdb 数据库。

如果 model 数据库因媒体故障而受到一定程度的损坏，而且当前没有可用的备份，则添加到 model 中的所有用户特定模板信息都将丢失，必须手动重新创建。

如果 msdb 数据库被损坏，SQL Server 代理使用的所有计划信息都将丢失，必须手动重新创建。备份与还原历史记录信息也将丢失。

在下列情况下，需要从备份中还原 model 数据库或 msdb 数据库。

① 重新生成了 master 数据库。

② model 数据库或 msdb 数据库已损坏(如由于媒体故障)。

11.4 事务的管理

前面第 5 章中已经提到过，事务是构成单一逻辑工作单元的操作集合。一个事务中可能只包含一个操作，也可能包含一系列的操作。这些操作要么全部执行，要么全部不执行。

11.4.1 事务概述

1. 事务的状态

通常一个事务会有两种输出结果。如果一个事务成功执行，则这个事务被提交（Committed），数据库会进入一个新的一致状态。如果事务没有成功执行，那么事务会被中止（Aborted），数据库将回到事务开始以前的那个一致状态。这时，称事务被回滚（Rollback）。图 11-20 所示为事务执行过程中所处的各种可能的状态。

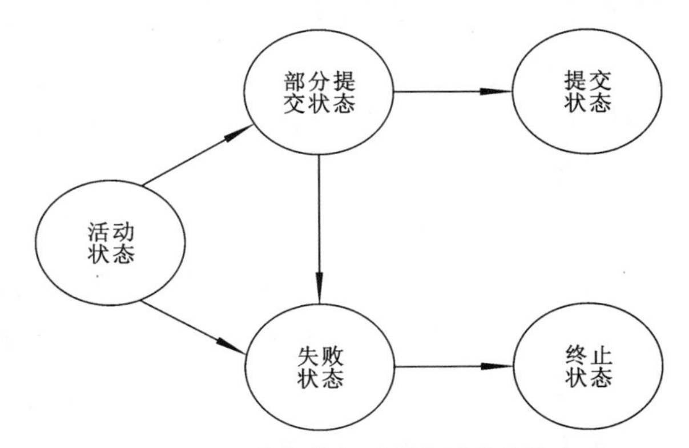

图 11-20 事务执行过程中可能的状态

① 活动状态（active）：事务执行时处于这个状态。

② 部分提交状态（partially committed）：事务的最后一条语句执行之后进入此状态。

③ 失败状态（failed）：当事务中的操作不能继续后进入此状态。

④ 中止状态（aborted）：事务回滚，并且数据库已恢复到事务开始执行以前的状态后，事务处于中止状态。

⑤ 提交状态（committed）：事务成功执行之后进入提交状态。

事务从活动状态开始，当完成它的最后一条语句后就进入了部分提交状态。此刻，事务的全部操作已经执行完，但由于实际输出可能仍临时驻留在主存储器中，而在其成功完成前可能出现硬件故障，因此事务仍有可能失败，所以称事务进入部分提交状态。

接着数据库系统将事务所做的更新写入磁盘，确保即使出现故障，事务所做的更新也会保留在磁盘上。

系统判定事务不能继续正常执行后（如由于硬件或逻辑错误），事务进入失败状态。这种事务必须回滚。这样，事务就进入了中止状态。

事务进入中止状态后，系统有两种选择：

① 重启事务（restart）。当引起事务中止的错误是软件或硬件错误，而不是事务内部逻辑错误时，可以重新启动事务。重新启动的事务是一个新事务。

② 杀死事物（kill）。这样做通常是由于事务内部逻辑出现错误，只有重写应用程序才能改正。

事务的提交状态和中止状态都是事务的结束状态。

2. 设计事务

为了保证数据库中的数据总是正确的，要求事务必须满足 ACID 四个特性。

当用户设计 SQL Server 事务时，必须注意以下几点：

① 定义事务的外延。开发者需要定义事务从哪里开始，到哪里结束。事务越短越好，但是同时要做到尽量符合实际业务的需要。

② 定义事务的错误管理。在事务中，并不是所有的错误都会使事务自动回滚，开发者应该对事务中的错误进行管理，保证错误出现时，使用专门的命令来回滚事务。

③ 正确使用隔离级别。如果将每个事务都与其他事务隔离开来执行，那么就会降低系统并行执行的效率。在使用事务时，如果能够设定恰当的隔离级别，那么既可以保证事务正确执行，也可以发挥系统并行执行的高效性。

11.4.2 SQL Server 事务的模式

在 SQL Server 2005 中，默认情况下，事务按连接级别进行管理，一个连接的事务模式发生变化对任何其他连接的事务模式没有影响。SQL Server 在每个连接上可以选择使用自动提交事务、显示事务或隐式事务模式中的一种。

1. 自动提交事务

自动提交事务是 SQL Server 数据库引擎的默认模式，不必指定任何语句来控制事务。在 SQL Server 中，每个单独的 Transact-SQL 语句都在其完成后自动提交，如果遇到错误自动回滚该语句。

2. 显式事务

如果需要将多条语句放在一个事务中执行，那么用户可以选择使用显式事务模式。在显式事务模式下，用户需要定义事务从哪里开始。如果事务能够正确执行，则要提交事务。如果事务不能正确执行，则要回滚事务。

在显式事务模式下，每个事务均以 BEGIN TRANSACTION 语句显示开始，以 COMMIT 或 ROLLBACK 语句显示结束。

【例 11-12】将向表中插入 3 条记录的操作放在一个显示事务中执行，观察执行的结果。

① 在查询编辑器中输入并执行以下 Transact-SQL 语句：

```
CREATE TABLE eduDB.dbo.TestC(colC int NOT NULL)
GO
BEGIN TRY
   BEGIN TRANSACTION
      INSERT INTO eduDB.dbo.TestC VALUES(1)
      INSERT INTO eduDB.dbo.TestC VALUES(NULL)
      INSERT INTO eduDB.dbo.TestC VALUES(3)
   COMMIT TRANSACTION
END TRY
BEGIN CATCH
   SELECT ERROR_NUMBER() AS ErrorNumber,
         ERROR_SEVERITY() AS ErrorSeverity,
         ERROR_STATE() AS ErrorState,
         ERROR_LINE() AS ErrorLine,
         ERROR_MESSAGE() AS ErrorMessage
   ROLLBACK TRANSACTION
END CATCH
GO
```

上述语句执行结果如图 11-21 所示。

结果 | 消息

	ErrorNumber	ErrorSeverity	ErrorState	ErrorLine	ErrorMessage
1	515	16	2	4	不能将值 NULL 插入列 'colC'，表 'eduDB.dbo.TestC'；列不允许有空值...

图 11-21 显式事务模式下捕获错误并回滚事务

② 输入并执行以下 SELECT 语句检查事务是否被回滚。

```
SELECT * FROM eduDB.dbo.TestC
GO
```

表 TestC 中没有任何记录。因为第二条 INSERT 语句出现错误，所以流程跳到 CATCH 块。在 CATCH 块中，首先通过使用错误函数显示错误信息，然后显式地将整个事务回滚，所以系统回到事务开始以前的状态，表中没有插入任何记录。

3. 隐式事务

可以使用语句 SET IMPLICIT_TRANSACTIONS ON 将事务设置为隐式事务的模式。当连接以隐式事务模式进行操作时，SQL Server 将在提交或回滚当前事务后自动启动新事务，无须描述事务的开始。但是，用户必须使用 COMMIT 或 ROLLBACK 语句显式地结束事务。

将隐式事务模式设置为打开之后，在首次执行表 11-2 中的任何语句时，都会自动启动一个事务。

表 11-2 在隐式事务模式下能够自动开始一个事务的 Transact-SQL 语句

ALTER TABLE	GRANT	FETCH	DELETE
CREATE	REVOKE	INSERT	SELECT
DROP	OPEN	UPDATE	TRUNCATE TABLE

11.4.3 事务的隔离

1. 事务的并发执行

在 SQL Server 数据库系统中，多个事务可以并发执行。事务并发执行有以下两个优点：

① 提高吞吐量和资源利用率。计算机系统中的 CUP 运算和磁盘 I/O 操作可以并行运行。当一个事务在磁盘上进行读写操作时，另一个事务可以在 CPU 上运行。这样，系统的吞吐量增加了，即给定时间内系统执行的事务的数量增加了。相应地，CPU 与磁盘的利用率也增加了。

② 减少等待时间。如果短的事务等待长的事务完成后再执行，可能导致难以预测的延迟。如果各个事务并发执行，共享 CUP 周期与磁盘存取，可以减少事务的平均响应时间。

2. 加锁机制

事务的并发执行可以提高数据库系统的效率，但是由于事务之间的相互干扰也会给数据库系统带来很多问题。数据库管理系统引入锁的机制来解决并发访问带来的问题。锁是用来同步多个用户同时对同一个数据项的访问的一种机制。在事务对数据项进行操作（如读取或修改数据）之前，它必须保护自己不受其他事务对同一数据项进行修改的影响。事务通过请求锁定数据项来达到此目的。锁有多种模式，如果某个事务已获得特定数据项的某种模式的锁，则其他事务不能获得会与该锁模式发生冲突的锁。如果事务请求的锁模式与已授予同一数据项的锁模式发生冲突，则数据库引擎将暂停事务请求，直到第一个锁释放。基本的锁模式包括共享锁（S 锁）和排他锁（X 锁）。

① 共享锁（S 锁）：当事务获得了数据项上的共享锁后，该事务只能读不能写该数据项。例如 SELECT 语句只读取数据，所以事务中使用 SELECT 时会获得相应数据上的共享锁。

② 排他锁（X 锁）：当事务获得了数据项上的排他锁后，该事务既可以读也可以写该数据项。例如在事务中使用 UPDATE 语句时，会获得相应数据的排他锁。

从表 11-3 中可以看出，当一个事务获得了某个数据项上的共享锁后，允许其他事务获得相同数据项上的共享锁，但不允许获得相同数据项上的排他锁。也就是说，当一个事务读数据的时候，允许其他事务读同一数据，但不允许其他事务更改这一数据。当一个事务获得了某个数据项上的排他锁以后，则其他事务既不能获得该数据项上的共享锁，也不能获得该数据项上的排他锁。

表 11-3　表上锁的相容性矩阵

	S	X
S	相容	不相容
X	不相容	不相容

SQL Server 2005 还提供了更新锁（U 锁），当 SQL Server 定位表中必须修改的行时，这种锁首先定义为共享锁，但在执行实际数据修改之前，这种锁会升级为排他锁。

锁定可分为 3 个不同的级别，可以在行、页或表 3 个层次进行锁定。SQL Server 以动态增加机制为基础，自动将资源锁定在适合任务的级别，并尽量减小锁定的开销。SQL Server 总会尝试精细地锁住资源。在大多数情况下，它会首先基于行级加锁，如果锁住的行太多，会提升锁至表级。这个过程是自动完成的。

3. 事务的隔离

为了避免并发产生的错误并提高数据库系统执行效率，SQL Server 对事务的并发执行设置了不同的隔离级别。隔离属性是事务的基本属性之一，它能够使事务免受其他并发事务执行的更新的影响。每个事务的隔离级别是可以自定义的。

国际标准定义了下列隔离级别，SQL Server 2005 数据库引擎支持所有这些隔离级别。

① 未提交读：隔离事务的最低级别，只能保证不读取物理上损坏的数据。在这种隔离级别下，在事务读数据时不使用任何类型的锁，也不检查读取的数据上是否已经存在锁。也就是说，在未提交读级别运行的事务，不会发出共享锁来防止其他事务修改当前事务读取的数据。未提交读的事务也不会被排他锁阻塞。设置未提交读隔离级别的语句为：

```
SET TRANSACTION ISOLATION LEVEL READ UNCOMMITTED
```

② 已提交读：数据库引擎的默认隔离级别。在这种隔离级别下，事务要等待数据项上的排他锁被释放以后才会读该数据项，而且只读取提交以后的数据。事务读数据项时会在该数据项上加共享锁，并且读操作一结束，该共享锁就会被释放，并不等到事务结束。设置已提交读隔离级别的语句为：

```
SET TRANSACTION ISOLATION LEVEL READ COMMITTED
```

该隔离级别是数据库引擎的默认隔离级别。当打开一个连接以后，不进行任何设置，则事务使用已提交读隔离级别。

③ 可重复读：这一隔离级别与已提交读的区别是事务读操作的共享锁会等到事务结束以后再释放。设置可重复读隔离级别的语句为：

```
SET TRANSACTION ISOLATION LEVEL REPEATABLE READ
```

④ 可序列化：该隔离级别与可重复读的区别是事务的读操作不仅会锁定被读取的数据，还会锁定被读取的范围。这样，就阻止了新数据插入读操作所读取的范围。设置可序列化隔离级别的语句为：

```
SET TRANSACTION ISOLATION LEVEL SERIALIZABLE
```

此外，SQL Server 还有两种使用行版本控制来读取数据的事务隔离级别。当事务使用行版本控制时，即使数据被其他事务加上了排他锁，当前的事务也可以读取数据，但此时读取的是该数据最后一次提交的版本。由于不必等到锁释放就可以进行读操作，因此查询性能可以大大增强。

① 快照：在该隔离级别下，事务的读操作不会为数据项加共享锁，这样一来，即使其他的事务已排他地锁定了数据项，当前事务也可以读取该数据项。此时，事务读取的是该数据项最后提交的版本。另外，在快照隔离级别下，事务不能更改已被其他事务更改过的数据。设置快照隔离级别的方法是：

首先将 ALLOW_SNAPSHOT_ISOLATION 数据库选项设置为 ON。

```
ALTER DATABASE DatabaseName
   SET ALLOW_SNAPSHOT_ISOLATION ON
```

然后设置快照隔离级别。

```
SET TRANSACTION ISOLATION LEVEL SNAPSHOT
```

② 已提交读快照：已提交读快照隔离级别与快照隔离级别的区别在于，在其他事务提交数据更改后，读取修改的数据。另外，能够更新由其他事务修改的数据。设置已提交读快照隔离级别的方法是：

首先设置已提交读隔离级别（如果当前连接已经处于该默认隔离级别下，则不需要设置）。

```
SET TRANSACTION ISOLATION LEVEL READ COMMITTED
```

然后将 READ_COMMITTED_SNAPSHOT 数据库选项设置为 ON。

```
ALTER DATABASE DatabaseName
SET ALLOW_SNAPSHOT_ISOLATION ON
```

【例 11-13】使用已提交读隔离级别。

① 创建表 TestD 并插入实验数据。

```
CREATE TABLE eduDB.dbo.TestD(colD int)
GO
INSERT INTO eduDB.dbo.TestD VALUES(1)
INSERT INTO eduDB.dbo.TestD VALUES(2)
INSERT INTO eduDB.dbo.TestD VALUES(3)
GO
```

② 开始一个事务，并使用查询语句显示表 TestD 的全部记录。注意，不要结束这个事务。

```
BEGIN TRANSACTION
SELECT * FROM eduDB.dbo.TestD
GO
```

③ 打开另一个查询编辑器窗口（记为查询窗口 2），在该窗口中执行连接的第二个会话的语句。在查询窗口 2 中开始一个事务，使用 UPDATE 语句将 colD 的值为 2 的记录的 colD 的值改为 20。注意，不要结束这个事务。

```
BEGIN TRANSACTION
UPDATE eduDB.dbo.TestD SET colD=20 WHERE colD=2
GO
```

由于已提交读隔离级别的事务在读取完数据以后便立即释放共享锁，也就是说会话 1 中的事务虽然没有结束，但它的共享锁已经被释放了。所以会话 2 中的 UPDATE 语句能够正常运行。

④ 切换回查询窗口 1，再一次查询表 TestD 的全部记录。

```
SELECT * FROM eduDB.dbo.TestD
GO
```

可以看到这个查询被阻塞。因为查询窗口 2 中的事务将数据排他锁定，在事务没有结束以前，排他锁不会被释放，其他事务无法读取被排他锁定的数据。

⑤ 切换回查询窗口 2，提交事务。

```
COMMIT TRANSACTION
GO
```

切换回查询窗口 1，可以看到查询窗口 1 中的查询操作已经完成，得到的结果与第一次查询时得到的结果不同。也就是说，在查询窗口 1 中的事务读取了查询窗口 2 的事务提交以后的数据。这种情况就是不可重复读。

⑥ 提交查询窗口 1 中的事务。

```
COMMIT TRANSACTION
GO
```

【例 11-14】使用可重复读隔离级别。

① 打开一个查询编辑器窗口（记为查询窗口 1），在该窗口中执行连接的第一个会话的语句。首先使用以下语句设置可重复读隔离级别。

```
USE eduDB
GO
SET TRANSACTION ISOLATION LEVEL REPEATABLE READ
```

② 开始一个事务，并使用以下查询语句显示 TestD 表中的全部记录。注意，不要结束这个事务。

```
BEGIN TRANSACTION
SELECT * FROM TestD
GO
```

③ 打开另一个查询编辑器窗口（记为查询窗口 2），在该窗口中执行连接的第二个会话的语句。在查询窗口 2 中开始一个事务，使用 UPDATE 语句将 colD 的值为 3 的记录的 colD 的值改为 30。

```
BEGIN TRANSACTION
UPDATE eduDB.dbo.TestD SET colD=30 WHERE colD=3
GO
```

因为查询窗口 1 中的事务没有结束，共享锁没有被释放，当前的事务无法修改数据。

④ 在查询窗口 2 中单击“SQL 编辑器”工具栏上的“取消执行查询”按钮取消当前的更新操作（如果当前窗口中没有显示“SQL 编辑器”工具栏，可以打开“视图”菜单，指向“工具栏”菜单项，在弹出的下一级子菜单中单击“SQL 编辑器”菜单项，调出“SQL 编辑器”工具栏）。

⑤ 在查询窗口 1 中提交事务，然后重新设置默认的已提交读隔离级别。

```
COMMIT TRANSACTION
GO
SET TRANSACTION ISOLATION LEVEL READ COMMITTED
GO
```

4. 死锁

死锁是指会导致永久阻塞的特殊阻塞场景。当系统中有两个或两个以上的事务都处于等待状态，并且每个事务都在等待另一个事务解除封锁，它才能继续下去，结果造成任何一个事务都无法继续执行，这种现象称为死锁。表 11-4 所示是两个事务进入死锁状态的例子。

表 11-4　死锁的例子

时　　间	事务 T_1	事务 T_2	时　　间	事务 T_1	事务 T_2
t_0	WRITE _LOCK A		t_4		WRITE _LOCK A
t_1	WRITE A		t_5	WRITE _LOCK B	wait
t_2		WRITE _LOCK B	t_6	wait	wait
t_3		WRITE B			

在时刻 t_0，事务 T_1 在数据项 A 上加排他锁。随后，事务 T_1 更改数据项 A。在时刻 t_2，事务 T_2 在数据项 B 上加排他锁。随后，事务 T_2 更改数据项 B。在时刻 t_4，事务 T_2 打算更改数据项 A，但由于 A 已被排他锁定，事务 T_2 进入等待状态。在时刻 t_5，事务 T_1 也要更改数据项 B，但 B 已被其他事务排他锁定，事务 T_1 也进入等待状态。这两个事务由于相互等待对方释放锁，所以谁都不能继续执行。在时刻 t_6，系统发生了死锁。

为了解决死锁的问题，Microsoft SQL Server 数据库引擎的死锁监视器定期检查陷入死锁的任务。如果监视器检测到循环依赖关系，将选择其中一个事务作为牺牲品，然后终止该事务并提示错误。这样，其他事务就可以完成其任务。对于事务已错误终止的应用程序，它还可以重试该事务，但通常要等到与它一起陷入死锁的其他事务完成后执行。

尽管死锁不能完全避免，但遵守特定的编码惯例可以将发生死锁的机会降至最低。为了防止并处理死锁，应该遵守以下原则：

① 最少化阻塞的原则。阻塞越少，发生死锁的机会就越少。

② 在事务中，要顺序地访问数据库对象。如果以上示例中的两个事务都按照相同的顺序访问表，就不会发生死锁。

③ 在错误处理程序中检查错误 1205 并在错误发生时重新提交事务。

④ 在错误处理程序中加入一个过程，将错误的详细信息写入日志。

如果遵守这些规则，就会减少死锁发生的可能性。当死锁发生时，由于系统会自动确定一个被回滚的事务，因此用户无法发现问题。如果将死锁错误的详细信息写入日志，用户就可以通过日志来监视死锁。

11.4.4　SQL 语句分析

1. 备份语句

（1）备份数据库

```
BACKUP DATABASE { DatabaseName }
TO < BackupDevice > [ ,...n ]
[ WITH  [DESCRIPTION = { 'text' } ]
        [ [ , ] DIFFERENTIAL ]
        [ [ , ] { INIT | NOINIT } ]
        [ [ , ] NAME = { BackupSetName } ] ]
```

（2）备份事务日志

```
BACKUP LOG { DatabaseName }
TO <BackupDevice> [ ,...n ]
[ WITH  [DESCRIPTION = { 'text' } ]
        [ [ , ] { INIT | NOINIT } ]
```

```
        [ [ , ] NAME = { BackupSetName } ]
        [ [ , ] NO_TRUNCATE ]
        [ [ , ] { NORECOVERY | STANDBY = UndoFileName } ] ]
< BackupDevice >: : =
{{ LogicalBackupDeviceName }| { DISK| TAPE } ={ 'PhysicalBackupDeviceName'}}
```

语法说明：

① DatabaseName 指定备份的数据库名称。

② BackupDevice 指定用于备份操作的逻辑备份设备或物理备份设备。可以指定多个备份设备。LogicalBackupDeviceName 是备份设备的逻辑名称，数据库将备份到该设备中。{DISK|TAPE}='PhysicalBackupDeviceName'允许在指定的磁盘或磁带设备上创建备份。在执行 BACKUP 语句之前不必存在指定的物理设备。

③ DESCRIPTION= { 'text' }指定备份描述文本，最长可达 255 个字符。

④ DIFFERENTIAL 指定数据库备份类型为差异数据库备份。

⑤ INIT 表示覆盖所有的备份集，即重写所有备份；NOINIT 表示本次备份追加到指定的媒体集上，以保留现有的备份集。NOINIT 是默认设置。

⑥ NAME = { BackupSetName }指定备份集的名称，最长可达 128 个字符。如未指定 NAME，它将为空。

⑦ NO_TRUNCATE 是指不考虑数据库的状态即可进行数据库备份，如允许在数据库损坏时备份日志。

⑧ NORECOVERY 是指备份日志的尾部并使数据库处于恢复状态。STANDBY = StandbyFileName 备份日志的尾部并使数据库处于只读和备用状态。

2. 恢复语句

（1）还原数据库

```
RESTORE DATABASE { DatabaseName }
[ FROM <BackupDevice> [ ,...n ] ]
[ WITH   [ [ , ] FILE={ FileNumber } ]
         [ [ , ] { RECOVERY | NORECOVERY | STANDBY={StandbyFileName } } ]
         [ [ , ] REPLACE ] ]
```

（2）还原事务日志

```
RESTORE LOG { DatabaseName }
[ FROM <BackupDevice> [ ,...n ] ]
[ WITH   [ [ , ] FILE={ FileNumber } ]
         [ [ , ] { RECOVERY | NORECOVERY | STANDBY={StandbyFileName } } ]
         [ [ , ] REPLACE ] ]
< BackupDevice >::=
{{ LogicalBackupDeviceName } | { DISK| TAPE }={ 'PhysicalBackupDeviceName'}}
```

语法说明：

① FILE = { FileNumber }标识要还原的备份集。例如，FileNumber 为 1 指示备份媒体中的第一个备份集，FileNumber 为 2 指示备份媒体的第二个备份集。未指定时，默认值是 1。

② RECOVERY 指定还原操作回滚任何未提交的事务。在恢复进程后即可随时使用数据库。该参数为默认值。NORECOVERY 指定还原操作不回滚任何未提交的事务。这时数据库处于恢复状态，用户不能使用该数据库。STANDBY = {StandbyFileName }指定了一个备用文件，其位置存储

在数据库的日志中。如果某个现有文件使用了指定的名称，该文件将被覆盖，否则数据库引擎会创建该文件。

③ REPLACE 指定即使存在另一个具有相同名称的数据库，SQL Server 也应该创建指定的数据库及其相关文件。在这种情况下将删除现有的数据库。如果没有指定 REPLACE 选项，则会进行安全检查，以防止意外覆盖其他数据库。

3. 数据库备份与恢复举例

【例 11-15】在数据库 eduDB 上先后各执行了一次完整数据库备份、一次差异数据库备份和一次日志备份。恢复数据库前首先备份日志尾部，然后依次恢复完整数据库备份、差异数据库备份、日志备份和日志尾部备份。

① 将数据库设置为完整恢复模式。

```
USE master
GO
ALTER DATABASE eduDB SET RECOVERY FULL
GO
```

说明：其中 FULL 表示完整恢复模式。SIMPLE 表示简单恢复模式。BULK_LOGGED 表示大容量日志恢复模式。

② 创建磁盘备份设备 NewDump，对应的存储路径为 C:\dump\NewDump.bak。

```
EXEC sp_addumpdevice 'disk', 'NewDump', 'C:\dump\NewDump.bak'
GO
```

说明：选项 disk 表示硬盘文件作为备份设备。取值 tape 表示使用 Microsoft Windows 支持的磁带设备。

③ 创建一个表作为测试。

```
CREATE TABLE eduDB.dbo.T(col char(1))
GO
```

④ 完整备份数据库。

```
BACKUP DATABASE eduDB TO NewDump WITH INIT, NAME='完整数据库备份'
GO
```

⑤ 向表中插入一条记录作为测试。

```
INSERT INTO eduDB.dbo.T VALUES('A')
GO
```

⑥ 差异备份数据库。

```
BACKUP DATABASE eduDB TO NewDump WITH DIFFERENTIAL, NAME='差异数据库备份'
GO
```

⑦ 向表中插入一条记录作为测试。

```
INSERT INTO eduDB.dbo.T VALUES('B')
GO
```

⑧ 备份一次事务日志。

```
BACKUP LOG eduDB TO NewDump WITH NAME='日志备份'
GO
```

⑨ 向表中插入一条记录作为测试。

```
INSERT INTO eduDB.dbo.T VALUES('C')
GO
```

⑩ 在准备还原数据库之前，首先备份日志尾部。

```
BACKUP LOG eduDB TO NewDump WITH NAME='日志尾部备份', NORECOVERY
GO
```

⑪ 恢复数据库的完整备份。

```
RESTORE DATABASE eduDB FROM NewDump WITH FILE=1, NORECOVERY, REPLACE
GO
```

⑫ 恢复数据库差异备份。

```
RESTORE DATABASE eduDB FROM NewDump WITH FILE=2, NORECOVERY
GO
```

⑬ 恢复日志备份。

```
RESTORE LOG eduDB FROM NewDump WITH FILE=3, NORECOVERY
GO
```

⑭ 恢复日志尾部备份。

```
RESTORE LOG eduDB FROM NewDump WITH FILE=4, RECOVERY
GO
```

当前，表 T 中有 3 条记录，也就是说所有数据库操作都没有丢失。

思考与练习

一、填空题

1. 在 SQL Server 2005 中，可以使用两种类型的备份设备，分别是________和________。
2. 在 SQL Server 2005 数据库中，可以选择 3 种恢复模式，分别是________、________和________。
3. 事务的 4 个特性分别是________、________、________和________。
4. 在 SQL Server 中，开始一个事务使用的语句是________；事务结束后，如果提交该事务使用的语句是________，如果回滚事务使用的语句是________。
5. 在 SQL Server 中，事务是可以并发执行的，为了避免并发执行时发生错误，SQL Server 采用________机制。
6. 在 SQL Server 中，为了提高读操作的性能，使用________方式，使得即使数据被其他事务加上了排他锁，当前的事务也可以读取数据，但此时读取的是该数据最后一次提交的版本。

二、选择题

1. 使用（　　）方式可以将数据库收缩得小于创建该数据库时的大小。

   A. 自动收缩　　B. 手动收缩数据库

   C. 手动收缩数据库文件　　D. A、B 或 C

2. 使用（　　）可以实现时间点恢复。

   A. 完整数据库备份　　B. 差异数据库备份

   C. 日志备份　　D. 文件备份

3. 数据库处于（　　）恢复模式时无法备份事务日志。

   A. 完整　　B. 简单

   C. 大容量日志　　D. 都可以备份事务日志

4. （　　）备份是其他备份的基础，是恢复数据库的起始备份。

   A. 完整数据库备份　　B. 差异数据库备份

   C. 日志备份　　D. 不需要任何起始备份

5. 以下（　　）系统数据库不需要备份。
   A. master　　B. model　　C. msdb　　D. tempdb
6. SQL Server 连接默认使用的事务模式是（　　）。
   A. 显式事务　　B. 隐式事务　　C. 自动提交事务　　D. 嵌套事务
7. SQL Server 连接默认使用的隔离级别是（　　）。
   A. 已提交读　　B. 未提交读　　C. 可序列化　　D. 可重复读
8. 若要避免幻读的出现，则可以使用（　　）隔离级别。
   A. 已提交读　　B. 未提交读　　C. 可序列化　　D. 可重复读

三、判断题

1. 不能将一个 SQL Server 2005 数据库中的表导出到另一个 SQL Server 2005 的数据库中。（　　）
2. 在将 SQL Server 2005 数据库中的数据导出到其他系统中时，可以通过 SQL 语句或视图导出数据。（　　）
3. SQL Server 2005 数据库在默认状态下处于自动收缩状态，这是最优设置，可以减轻数据库管理员的工作量。（　　）
4. 差异数据库备份采用的是差异备份方式，而事物日志备份采用增量备份方式。（　　）
5. 每个备份设备上只能保存一份备份集合。（　　）
6. 用户数据库需要备份，系统数据库也需要备份。（　　）
7. 在 SQL Server 中一旦发生死锁的状况，则两个事务就都不能继续执行了，需要系统管理员介入。（　　）
8. 事务之间的隔离越严格，则产生阻塞的风险就越大；而隔离级别太低，则容易产生并发访问错误。（　　）

四、名词术语辨析

国际标准定义了下列隔离级别，请根据描述选择正确的隔离级别。

A. 已提交读　　B. 未提交读　　C. 可序列化　　D. 可重复读

（　　）在事务读数据的时候不使用任何类型的锁。
（　　）读数据时需要加共享锁，但读操作结束后共享锁即被释放，并不等到事务结束。
（　　）读数据时需要加共享锁，直到事务结束后才会释放共享锁。
（　　）读数据时需要加共享锁，不仅会锁定被读取的数据，还会锁定被读取的范围。

五、简答题

1. 简述实现数据库收缩的 3 种方法及其特点。
2. 简述数据库备份和差异数据库备份的区别。
3. 简述为了避免或减少死锁产生的影响，设计事务时应该注意遵循怎样的原则。

六、论述题

大型超市的数据库系统中保存着超市所销售的产品信息、顾客信息及顾客的购物信息等，请结合完整数据库备份、差异数据库备份及日志备份设计一份备份方案并给出数据库系统出现故障时的恢复方案。

实 践 练 习

注意，首先运行脚本文件“实践前脚本-第 11 章数据库维护.sql”（可在网站下载），创建数据库 BookSale。

1. 数据导入与导出

（1）将数据库 BookSale 中所有用户表导出到 Access 数据库 Book.mdb 中（首先创建 Access 数据库 Book.mdb）。

（2）将所有图书的销售记录，包括书号、书名、单价、订单号、订购数量、顾客姓名导出到 Excel 工作簿 Book.xls 的工作表“销售”中。

（3）将 BookSale 数据库中的 Books 表导入到系统数据库 model 中。

2. 数据库收缩

（1）在数据库 BookSale 中添加一个大小为 10 MB 的次数据文件。

（2）将新添加的次数据文件收缩到 2 MB。

（3）仿照例 11-6 的方法通过创建表的方式增大数据库，然后再删除表，观察数据库空间使用情况的变化。

（4）整体收缩数据库，使它的数据文件恢复到创建时的大小。

3. 数据库备份与恢复

（1）创建磁盘备份设备 MyDump.bak。

（2）将数据库的恢复模式修改为完整恢复模式。

（3）完整备份数据库到备份设备 MyDump.bak，这是备份设备上的第一个备份集。

（4）在数据库中创建一个表 MyTable。

（5）执行一次差异数据库备份，注意要追加到备份设备中，成为第 2 个备份集。

（6）在表中插入第一条记录。

（7）执行一次事务日志备份追加到备份设备中，成为第 3 个备份集。

（8）在表中插入二条记录。

（9）备份日志尾部并使数据库处于恢复状态。

（10）恢复数据库，使得 MyTable 表中只有第一条记录(请考虑应该恢复哪些备份集)。

4. 事务管理

在这个实践练习中计划为 BookSale 数据库的图书订购数据做数据转移的操作，具体操作内容是建立表 OrderArchive，其结构与 OrderItems 表相同。将 OrderItems 表中全部记录复制到 OrderArchive 表中，然后删除 OrderItems 表中的相应记录。

为了确保整个操作过程中的数据正确，通过使用显式事务模式使得任何错误的发生都会使得整个操作过程被回滚。另外，为了保证在事务执行过程中所读取的数据不被修改，使用可重复读隔离级别的连接来完成该任务。

（1）在数据库 BookSale 中创建表 OrderArchive。

（2）设置可重复读隔离级别。

（3）开始一个事务；使用 INSERT INTO...SELECT 语句从 OrderItems 表中查找全部记录并插入 OrderArchive 表中；删除 OrderItems 表中的全部记录。如果操作过程中没有错误，提交事务；如果操作过程中发生错误则回滚事务。

（4）将当前连接重新设置回默认的已提交读隔离级别。

附录 A　教学管理系统

教学管理系统是一个基于 C/S 模式的教学信息化管理系统。系统中主要保存系部、班级、学生、教师和课程的信息，另外还记录了学生选修课程的信息。教学管理系统数据库中各个表的结构见表 A-1 至表 A-6。

表 A-1　Departments 表的结构

列　名	数据类型	允许空	约　束	说　明
dptCode	nchar(4)	×	主键	系部代号
dptName	nvarchar(50)	×		系部名称
location	nvarchar(50)	×		系地址
dean	nvarchar(50)	×		系主任

表 A-2　Classes 表的结构

列　名	数据类型	允许空	约　束	说　明
classCode	nchar(4)	×	主键	班级代号
className	nvarchar(50)	×		班级名称
dptCode	nchar(4)	×	外键	系代号

表 A-3　Students 表的结构

列　名	数据类型	允许空	约　束	说　明
stdID	nchar(5)	×	主键	学号
stdName	nchar(4)	×		学生姓名
DOB	datetime	×		出生日期
gender	nchar(2)	×	DEFAULT '男'	性别
classCode	nchar(4)	√	外键	班级代号
dptCode	nchar(4)	×	外键	系部代号

表 A-4　Teachers 表的结构

列　名	数据类型	允许空	约　束	说　明
tchID	int	×	主键，标识列	教师编号
tchName	nvarchar(50)	×		教师姓名
proTitle	nvarchar(20)	√		职称
dptCode	nchar(4)	×	外键	系部代号

表 A-5 Courses 表的结构

列 名	数据类型	允许空	约 束	说 明
crsID	int	×	主键，标识列	课程编号
crsName	nvarchar(50)	×		课程名称
credit	tinyint	×		学分

表 A-6 表 Studying 的结构

<table>
<tr><th>列 名</th><th>数据类型</th><th>允许空</th><th colspan="2">约 束</th><th>说 明</th></tr>
<tr><td>stdID</td><td>nchar(5)</td><td>×</td><td rowspan="2">主键</td><td>外键</td><td>学号</td></tr>
<tr><td>crsID</td><td>int</td><td>×</td><td>外键</td><td>课程编号</td></tr>
<tr><td>tchID</td><td>int</td><td>×</td><td colspan="2">外键</td><td>教师编号</td></tr>
<tr><td>semester</td><td>nchar(12)</td><td>×</td><td colspan="2"></td><td>学期</td></tr>
<tr><td>score</td><td>decimal(5,2)</td><td>√</td><td colspan="2"></td><td>成绩</td></tr>
<tr><td>mark</td><td>nchar(2)</td><td>√</td><td colspan="2"></td><td>标志</td></tr>
</table>

教学管理系统的数据库中各个表的实验数据见表 A-7 至表 A-12。

表 A-7 Departments 表中的实验数据

dptCode	dptName	location	dean
IFRM	信息系	A 座	陈武
ELTR	自动化系	B 座	胡柳
MCHN	机械系	A 座	郭奇

表 A-8 Classes 表中的实验数据

classCode	className	dptCode
IF08	信息管理技术 1 班	IFRM
IF09	信息管理技术 1 班	IFRM
SF08	软件技术 1 班	IFRM
EL08	应用电子 1 班	ELTR
MC08	数控机床技术 1 班	MCHN

表 A-9 Students 表中的实验数据

stdID	stdName	DOB	gender	classCode	dptCode
01001	张艺	1990-10-15	女	IF08	IFRM
01002	王尔	1991-1-9	男	IF08	IFRM
01003	张志民	1991-12-27	女	IF09	IFRM
01004	李想	1991-11-3	女	IF09	IFRM
01005	韩鹏	1992-3-5	男	IF09	IFRM
01006	李利	1991-5-20	男	SF08	IFRM

续表

stdID	stdName	DOB	gender	classCode	dptCode
01007	王小悦	1990-9-29	女	SF08	IFRM
02001	李散	1990-11-11	男	EL08	ELTR
02002	李想	1991-3-19	男	EL08	ELTR
03001	赵斯	1990-12-12	女		MCHN

表 A-10 Teachers 表中的实验数据

tchID	tchName	proTitle	dptCode
1	韩鹏	讲师	IFRM
2	王晓燕	副教授	IFRM
3	高威	副教授	ELTR
4	李海朋	讲师	MCHN

表 A-11 Courses 表中的实验数据

crsID	crsName	credit	crsID	crsName	credit
1	软件工程	3	5	接口技术	3
2	数据结构	4	6	自动原理	2
3	数据库原理与应用	2	7	数字电路	3
4	Java 语言	3	8	机械制图	4

表 A-12 Studying 表中的实验数据

stdID	crsID	tchID	semester	score	mark
01001	1	2	2009-2010-01		缺考
01001	3	2	2009-2010-02	77	
01002	1	2	2009-2010-01	78	
01002	3	2	2009-2010-02	76	
01002	2	2	2009-2010-02	98	
02001	5	3	2009-2010-01	89	
02001	6	3	2009-2010-02	88	
03001	8	4	2009-2010-02	80	
01003	3	2	2009-2010-02	76	
01003	4	1	2009-2010-02		免考
01004	3	2	2009-2010-02	65	
01004	4	1	2009-2010-02	82	

附录 B　在线图书销售系统

在线图书销售系统是一个基于 B/S 模式电子商务系统。该系统的数据库中主要保存顾客、图书、图书评价和图书销售情况的数据。在线图书销售系统数据库中各个表的结构见表 B-1 至表 B-6。

表 B-1　Categories 表的结构

列　　名	数 据 类 型	允　许　空	约　　束	说　　明
ctgID	int	×	主键，标识列	类别编号
ctgName	nvarchar(50)	×		类别名称

表 B-2　Books 表的结构

列　　名	数 据 类 型	允　许　空	约　　束	说　　明
bookID	int	×	主键，标识列	图书编号
title	nvarchar(50)	×		书名
ISBN	nchar(13)	×		ISBN 编号
author	nvarchar(50)	×		作者
unitPrice	money	×		单价
publisher	nvarchar(50)	√		出版社
ctgID	int	×	外键	类别编号

表 B-3　Customers 表的结构

列　　名	数 据 类 型	允　许　空	约　　束	说　　明
cstID	int	×	主键，标识列	顾客编号
cstName	nvarchar(20)	×		顾客姓名
emailAddress	nvarchar(50)	√		E-Mail 地址
password	nvarchar(50)	×		登录密码

表 B-4　Orders 表的结构

列　　名	数 据 类 型	允　许　空	约　　束	说　　明
orderID	int	×	主键，标识列	订单编号
orderDate	datetime	×	默认值为 GETDATE()	订购日期
shipDate	datetime	√		发货日期
status	nvarchar(50)	×		订单状态
cstID	int	×	外键	顾客编号

表 B-5 OrderItems 表的结构

列 名	数 据 类 型	允 许 空	约 束		说 明
orderID	int	×	主键	外键	订单编号
bookID	int	×		外键	图书编号
quantity	int	×	默认值为 1		订购数量
salePrice	money	×			销售价格

表 B-6 Comments 表的结构

列 名	数 据 类 型	允 许 空	约 束	说 明
cmmID	int	×	主键，标识列	评价编号
rating	tinyint	×	默认值为 5	评价等级
comment	nvarchar(500)	×		评价内容
cstID	int	×	外键	顾客编号
bookID	int	×	外键	图书编号

在线图书销售系统数据库各个表中的实验数据见表 B-7 至表 B-12。

表 B-7 表 Categories 中的实验数据

ctgID	ctgName
1	技术
2	文学
3	教材

表 B-8 Books 表中的实验数据

bookID	title	ISBN	author	unitPrice	Publisher	ctgID
1	新思路计算机应用基础	9787113152413	邓蓓-孙锋	38.00	中国铁道出版社	3
2	ASP.NET 2.0 入门经典	9787115158284	Scott Mitchell	49.00	人民邮电出版社	1
3	SQL Server 2005 实用教程	9787512100596	王秀英	32.00	清华大学出版社	3
4	数据库原理与应用	9787302181743	孙锋	33.00	清华大学出版社	3
5	杜拉拉升职记	9787561339121	李可	26.00	陕西师范大学出版社	2
6	夏洛的网	7532733416	White E.B	17.00	上海译文出版社	2
7	管理信息系统	7111156242	祝士明	21.00	机械工业出版社	3
8	系统防真导论	730203821x	肖田元	23.50	清华大学出版社	1
9	Java 编程思想	711116220x	Bruce Eckel	95.00		1

表 B-9 Customers 表中的实验数据

cstID	cstName	emailAddress	password
1	sunny	sunny76@abc.com	123456
2	王利婉	liwan80@abc.com	248268
3	lisa	lisa@abc.com	111111

表 B-10　Orders 表中的实验数据

orderID	orderDate	shipDate	status	cstID
1	2009-10-14	2009-10-17	已付款	3
2	2009-10-15	2009-10-18	已付款	1
3	2010-1-12	2010-1-15	已发货	1
4	2010-2-1	2010-2-4	已发货	2
5	2010-3-15		未发货	3
6	2010-3-16		未发货	1

表 B-11　OrderItems 表中的实验数据

orderID	bookID	quantity	price
1	1	1	22.4
1	2	1	39.2
2	6	5	13.6
3	9	1	76.0
3	5	1	20.8
4	1	2	22.4
4	2	2	39.2
4	9	2	76.0
4	5	2	20.8
5	6	5	13.6
6	7	1	16.8

表 B-12　Comments 表中的实验数据

cmmID	rating	comment	cstID	bookID
1	5	非常适合教学使用	2	1
2	4	ASP.NET 的基础知识	3	2